STM32F103x 微控制器与 μC/OS-Ⅱ操作系统

贾丹平　桂　珺　主　编

刘　博　赵柏山　徐耀松　副主编

电子工业出版社

Publishing House of Electronics Industry

北京·BEIJING

内 容 简 介

本书以引导读者快速全面掌握 STM32F103x 系列嵌入式微控制器为目的，由浅入深地带领读者走进嵌入式世界。本书共分为两部分：第一部分以嵌入式基本概念为平台，介绍嵌入式微控制器各模块的使用方法、库函数，从简单的单模块知识到复杂的多模块应用，涵盖 Cortex-M3 体系结构、开发平台、复位和时钟控制器、NVIC 和 EXTI 模块、GPIO 模块、FSMC 模块、模数转换器模块、通用定时器模块、通信模块等常用功能模块。第二部分主要介绍 μC/OS-II 操作系统的概念与应用，讲解 μC/OS-II 操作系统的内核、常用的系统服务等知识。本书注重理论知识和实践能力的结合，推荐初学者使用库函数设计嵌入式程序以避免复杂的寄存器操作。

本书可以用作高校嵌入式课程教材，也可以用作 STM32F103x 系列嵌入式微控制器爱好者的学习用书和嵌入式应用工程技术人员的参考用书。

图书在版编目（CIP）数据

STM32F103x 微控制器与 μ C/OS-II 操作系统 / 贾丹平，桂珺主编. —北京：电子工业出版社，2017.1
普通高等教育仪器类"十三五"规划教材
ISBN 978-7-121-30354-8

Ⅰ. ①S…　Ⅱ. ①贾… ②桂…　Ⅲ. ①微控制器－高等学校－教材　Ⅳ. ①TP332.3

中国版本图书馆 CIP 数据核字（2016）第 274226 号

策划编辑：赵玉山
责任编辑：赵玉山　　特约编辑：邹小丽
印　　刷：三河市鑫金马印装有限公司
装　　订：三河市鑫金马印装有限公司
出版发行：电子工业出版社
　　　　　北京市海淀区万寿路 173 信箱　邮编　100036
开　　本：787×1 092　1/16　印张：21.75　字数：557 千字
版　　次：2017 年 1 月第 1 版
印　　次：2021 年 8 月第 6 次印刷
定　　价：49.00 元

凡所购买电子工业出版社图书有缺损问题，请向购买书店调换。若书店售缺，请与本社发行部联系，联系及邮购电话：（010）88254888，88258888。

质量投诉请发邮件至 zlts@phei.com.cn，盗版侵权举报请发邮件至 dbqq@phei.com.cn。

本书咨询联系方式：zhaoys@phei.com.cn。

普通高等教育仪器类"十三五"规划教材

编委会

主　任：丁天怀（清华大学）

委　员：陈祥光（北京理工大学）

　　　　王　祁（哈尔滨工业大学）

　　　　王建林（北京化工大学）

　　　　曾周末（天津大学）

　　　　余晓芬（合肥工业大学）

　　　　侯培国（燕山大学）

前　言

Cortex-M3 是 ARM 公司 2004 年推出的基于 ARM V7 架构的新型微处理器内核，是市场上出现较早、功耗较低、普及程度较高的 32 位 ARM 处理器。Cortex-M3 采用了新型的单线调试技术，拥有独立的指令总线和数据总线，并集成了必要的存储器和功能模块，降低了设计和应用的难度。STM32F103x 系列嵌入式处理器是意法半导体有限公司（STMicroelectronics, ST）推出的一款 32 位基于 ARM Cortex-M3 内核的嵌入式微控制器，主要针对控制领域中的实时应用领域，具有较强的控制功能和一定的数字信号处理能力，除可用于传统 8051 系列微控制器的应用领域外，还可用于 DSP 处理器的领域。

本书以引导读者快速全面掌握 STM32 系列嵌入式处理器为目的，由浅入深地带领读者走进嵌入式世界。全书共分为两部分：第一部分以嵌入式基本概念为平台，介绍嵌入式微控制器各模块的使用方法、例程，从简单的单模块知识到复杂的多模块应用。第二部分主要介绍μc/os-II 操作系统的概念与应用。各章节内容安排如下：

第 1 章　简要介绍嵌入式系统的概念、特点、分类、结构以及常见嵌入式操作系统和嵌入式系统的设计方法。通过本章的学习，可使读者初步建立起嵌入式系统开发的整体框架和知识体系。

第 2 章　介绍 Cortex-M3 处理器体系结构，包括 Thumb-2 指令集、流水线技术、操作模式、寄存器配置、存储器结构、异常与处理等内容，帮助读者初步了解 Cortex-M3 处理器的整体架构。

第 3～4 章　介绍 STM32F1 系列微控制器结构及软件开发平台，包括 STM32F1 系列微控制器的系统结构、嵌入式闪存、启动配置及功率管理等。还介绍了 MDK-ARM5.0 开发平台。帮助读者在了解 STM32F1 微控制器的基本参数、重要特性的基础上，掌握 Keil 集成开发环境的应用方法。

第 5～18 章　介绍 STM32F103x 嵌入式系统各功能模块的功能、特性、使用方法及相关库函数。包括复位与时钟控制 RCC 模块、通用输入输出接口（GPIO）模块、中断模块、通用定时器模块、USART 串口模块、模数转换器模块、系统节拍定时器模块、Flash 存储器模块、SPI 模块、DMA 模块和 FSMC 模块等，使读者了解 STM32F103x 嵌入式系统各功能模块的编程方法。

第 19～21 章　介绍 μC/OS-II 嵌入式实时操作系统内核的相关知识。包括 μC/OS-II 实时操作系统的基本概念和内核结构、μC/OS-II 任务管理、时间管理和内存管理的机制及 μC/OS-II 的使用方法。

本书适用于 STM32F103x 嵌入式处理器的初学者，可作为高等院校仪器仪表、电子信息、自动控制等专业嵌入式系统课程的教材，也可作为从事嵌入式系统应用开发工程师的参考资料。

本书由贾丹平编写第 1～4、14 章，桂珺编写第 5～10 章，刘博编写第 15～16、18～21 章，赵柏山编写第 11～13 章，徐耀松编写第 17 章。全书由桂珺负责规划、内容安排，贾丹平负责审阅校订。本书在编写过程中参考和借鉴了大量相关资料及网络资源，在此谨对这些作者表示衷心的感谢。

由于编者水平和经验所限，加之时间仓促，书中难免有疏漏和不妥之处，恳请各位老师及同行批评指正，并请您将阅读中发现的错误发送到：qianrushijiaocai@163.com。

贾丹平

2016.10

目　　录

第1章　嵌入式系统概述 ··· （1）
　1.1　嵌入式系统简介 ·· （1）
　　1.1.1　嵌入式系统定义 ·· （1）
　　1.1.2　嵌入式系统的特点 ·· （2）
　　1.1.3　嵌入式系统的应用领域 ·· （3）
　1.2　嵌入式系统的组成 ·· （4）
　1.3　嵌入式处理器 ·· （5）
　　1.3.1　嵌入式处理器的分类 ·· （5）
　　1.3.2　嵌入式处理器的选型原则 ·· （6）
　1.4　嵌入式操作系统 ··· （7）
　1.5　ARM 处理器简介 ··· （10）
　　1.5.1　ARM 处理器的进化过程 ·· （10）
　　1.5.2　ARM 处理器的开发工具 ·· （12）
　1.6　嵌入式系统的设计方法 ··· （13）
　　1.6.1　嵌入式系统的总体结构 ·· （13）
　　1.6.2　嵌入式系统设计过程 ·· （14）
　　1.6.3　嵌入式系统的软/硬件协同设计技术 ··· （15）
　思考与练习 ··· （16）
第2章　ARM Cortex-M3 内部结构 ·· （17）
　2.1　Cortex-M3 简介 ·· （17）
　2.2　指令集 ··· （20）
　2.3　流水线 ··· （21）
　2.4　寄存器组 ·· （22）
　2.5　操作模式和特权等级 ·· （25）
　2.6　异常、中断和向量表 ·· （26）
　2.7　存储器映射 ·· （29）
　2.8　调试支持 ·· （30）
　思考与练习 ··· （30）
第3章　STM32F1 系列微控制器简介 ··· （31）
　3.1　基于 Cortex-M3 内核的 STM32F1 微控制器概述 ·· （31）
　3.2　STM32F1 微控制器的系统结构 ·· （33）
　3.3　STM32F1 微控制器的存储器结构与映射 ··· （34）
　3.4　STM32F1 微控制器的嵌入式闪存 ··· （36）
　3.5　STM32F1 微控制器的启动配置 ·· （37）
　3.6　STM32F1 微控制器的电源控制 ·· （38）

3.7　STM32F1 微控制器的复位 ··· （39）

3.8　STM32F1 微控制器的调试端口 ·· （41）

思考与练习 ··· （41）

第 4 章　建立 MDK-ARM5.0 开发平台 ·· （42）

4.1　MDK-ARM 简介 ··· （42）

4.2　CMSIS 标准简介 ··· （44）

4.3　STM32 标准外设库 ·· （45）

4.4　安装 MDK-ARM5.0 ·· （49）

4.5　创建工程模板 ··· （52）

思考与练习 ··· （57）

第 5 章　复位与时钟控制器 ·· （58）

5.1　STM32F103x 微控制器时钟模块简介 ·· （58）

5.1.1　HSE 时钟 ··· （60）

5.1.2　HSI 时钟 ··· （60）

5.1.3　PLL ·· （61）

5.1.4　LSE 时钟 ··· （61）

5.1.5　LSI 时钟 ··· （61）

5.1.6　系统时钟的选择 ··· （62）

5.1.7　时钟安全系统 ··· （62）

5.1.8　RTC 时钟 ··· （62）

5.1.9　看门狗时钟 ··· （62）

5.1.10　时钟输出 ·· （62）

5.1.11　片上外设时钟 ·· （63）

5.2　RCC 库函数说明 ··· （63）

5.2.1　库函数 RCC_DeInit ·· （65）

5.2.2　库函数 RCC_HSEConfig ··· （65）

5.2.3　库函数 RCC_WaitForHSEStartUp ·· （65）

5.2.4　库函数 RCC_AdjustHSICalibrationValue ···································· （66）

5.2.5　库函数 RCC_HSICmd ·· （66）

5.2.6　库函数 RCC_PLLConfig ··· （66）

5.2.7　库函数 RCC_PLLCmd ·· （67）

5.2.8　库函数 RCC_SYSCLKConfig ·· （67）

5.2.9　库函数 RCC_GetSYSCLKSource ··· （68）

5.2.10　库函数 RCC_HCLKConfig ··· （68）

5.2.11　库函数 RCC_PCLK1Config ·· （69）

5.2.12　库函数 RCC_PCLK2Config ·· （69）

5.2.13　库函数 RCC_ITConfig ··· （70）

5.2.14　库函数 RCC_USBCLKConfig ··· （70）

5.2.15　库函数 RCC_ADCCLKConfig ··· （70）

5.2.16　库函数 RCC_LSEConfig ·· （71）

5.2.17　库函数 RCC_LSICmd ··· （71）

　　5.2.18　库函数 RCC_RTCCLKConfig ·······································（72）

　　5.2.19　库函数 RCC_RTCCLKCmd ···（72）

　　5.2.20　库函数 RCC_GetClocksFreq ·······································（72）

　　5.2.21　库函数 RCC_AHBPeriphClockCmd ······························（73）

　　5.2.22　库函数 RCC_APB2PeriphClockCmd ····························（73）

　　5.2.23　库函数 RCC_APB1PeriphClockCmd ····························（74）

　　5.2.24　库函数 RCC_APB2PeriphResetCmd ····························（75）

　　5.2.25　库函数 RCC_APB1PeriphResetCmd ····························（75）

　　5.2.26　库函数 RCC_BackupResetCmd ·································（75）

　　5.2.27　库函数 RCC_ClockSecuritySystemCmd ······················（76）

　　5.2.28　库函数 RCC_MCOConfig ···（76）

　　5.2.29　库函数 RCC_GetFlagStatus ·······································（76）

　　5.2.30　库函数 RCC_ClearFlag ···（77）

　　5.2.31　库函数 RCC_GetITStatus ···（77）

　　5.2.32　库函数 RCC_ClearITPendingBit ·································（78）

5.3　使用 RCC 库函数建立系统时钟 ···（78）

　　5.3.1　建立系统时钟的一般流程 ···（78）

　　5.3.2　实例 ···（79）

思考与练习 ···（79）

第 6 章　I/O 端口模块 ··（81）

6.1　概述 ··（81）

6.2　GPIO 库函数说明 ··（83）

　　6.2.1　库函数 GPIO_DeInit ···（84）

　　6.2.2　库函数 GPIO_AFIODeInit ···（84）

　　6.2.3　库函数 GPIO_Init ···（84）

　　6.2.4　库函数 GPIO_StructInit ···（86）

　　6.2.5　库函数 GPIO_ReadInputDataBit ··································（86）

　　6.2.6　库函数 GPIO_ReadInputData ·····································（87）

　　6.2.7　库函数 GPIO_ReadOutputDataBit ································（87）

　　6.2.8　库函数 GPIO_ReadOutputData ···································（87）

　　6.2.9　库函数 GPIO_SetBits ···（88）

　　6.2.10　库函数 GPIO_ResetBits ···（88）

　　6.2.11　库函数 GPIO_WriteBit ···（88）

　　6.2.12　库函数 GPIO_Write ···（88）

　　6.2.13　库函数 GPIO_PinLockConfig ····································（89）

　　6.2.14　库函数 GPIO_EventOutputConfig ·······························（89）

　　6.2.15　库函数 GPIO_EventOutputCmd ·································（90）

　　6.2.16　库函数 GPIO_PinRemapConfig ··································（90）

　　6.2.17　库函数 GPIO_EXTILineConfig ···································（91）

思考与练习 ···（91）

第7章　中断和事件 ·· （92）

7.1　嵌套向量中断控制器 ··· （92）

7.2　外部中断/事件控制器 ··· （95）

7.3　NVIC 库函数说明 ··· （96）

7.3.1　库函数 NVIC_PriorityGroupConfig ································· （97）

7.3.2　库函数 NVIC_Init ··· （97）

7.3.3　库函数 NVIC_SetVectorTable ·· （99）

7.3.4　库函数 NVIC_SystemLPConfig ····································· （100）

7.4　EXTI 库函数说明 ··· （100）

7.4.1　库函数 EXTI_DeInit ··· （101）

7.4.2　库函数 EXTI_Init ··· （101）

7.4.3　库函数 EXTI_StructInit ··· （102）

7.4.4　库函数 EXTI_GenerateSWInterrupt ································· （103）

7.4.5　库函数 EXTI_GetFlagStatus ··· （103）

7.4.6　库函数 EXTI_ClearFlag ··· （103）

7.4.7　库函数 EXTI_GetITStatus ·· （103）

7.4.8　库函数 EXTI_ClearITPendingBit ····································· （104）

思考与练习 ··· （104）

第8章　系统时基定时器 ·· （105）

8.1　概述 ·· （105）

8.2　SysTick 库函数说明 ·· （106）

思考与练习 ··· （106）

第9章　实时时钟和备份寄存器 ··· （107）

9.1　实时时钟简介 ·· （107）

9.2　后备寄存器简介 ·· （111）

9.3　RTC 库函数说明 ··· （112）

9.3.1　库函数 RTC_ITConfig ·· （112）

9.3.2　库函数 RTC_EnterConfigMode ····································· （113）

9.3.3　库函数 RTC_ExitConfigMode ······································ （113）

9.3.4　库函数 RTC_GetCounter ··· （113）

9.3.5　库函数 RTC_SetCounter ··· （113）

9.3.6　库函数 RTC_SetPrescaler ··· （114）

9.3.7　库函数 RTC_SetAlarm ··· （114）

9.3.8　库函数 RTC_WaitForLastTask ······································· （114）

9.3.9　库函数 RTC_WaitForSynchro ······································· （114）

9.3.10　库函数 RTC_GetFlagStatus ··· （115）

9.3.11　库函数 RTC_ClearFlag ··· （115）

9.3.12　库函数 RTC_GetITStatus ··· （115）

9.3.13　库函数 RTC_ClearITPendingBit ····································· （116）

9.4　BKP 库函数说明 ··· （116）

9.4.1　库函数 BKP_DeInit ·· （116）

9.4.2　库函数 BKP_Init ·· （117）

9.4.3　库函数 BKP_TamperPinCmd ·· （117）

9.4.4　库函数 BKP_ITConfig ·· （117）

9.4.5　库函数 BKP_RTCOutputConfig ·· （117）

9.4.6　库函数 BKP_SetRTCCalibrationValue ·· （118）

9.4.7　库函数 BKP_WriteBackupRegister ·· （118）

9.4.8　库函数 BKP_ReadBackupRegister ··· （119）

9.4.9　库函数 BKP_GetFlagStatus ··· （119）

9.4.10　库函数 BKP_ClearFlag ··· （119）

9.4.11　库函数 BKP_GetITStatus ·· （119）

9.4.12　库函数 BKP_ClearITPendingBit ·· （120）

思考与练习 ··· （120）

第 10 章　嵌入式闪存 ··· （121）

10.1　嵌入式闪存简介 ·· （121）

10.1.1　嵌入式闪存的组织方式 ··· （121）

10.1.2　嵌入式闪存的读操作 ··· （122）

10.1.3　嵌入式编程和擦除控制器 ·· （123）

10.2　FLASH 库函数说明 ·· （128）

10.2.1　库函数 FLASH_SetLatency ·· （129）

10.2.2　库函数 FLASH_HalfCycleAccessCmd ·· （129）

10.2.3　库函数 FLASH_PrefetchBufferCmd ·· （130）

10.2.4　库函数 FLASH_Unlock ··· （130）

10.2.5　库函数 FLASH_Lock ··· （130）

10.2.6　库函数 FLASH_ErasePage ··· （130）

10.2.7　库函数 FLASH_EraseAllPages ··· （131）

10.2.8　库函数 FLASH_EraseOptionBytes ·· （131）

10.2.9　库函数 FLASH_ProgramWord ··· （131）

10.2.10　库函数 FLASH_ProgramHalfWord ·· （131）

10.2.11　库函数 FLASH_ProgramOptionByteData ··· （132）

10.2.12　库函数 FLASH_EnableWriteProtection ··· （132）

10.2.13　库函数 FLASH_ReadOutProtection ·· （133）

10.2.14　库函数 FLASH_UserOptionByteConfig ··· （133）

10.2.15　库函数 FLASH_GetUserOptionByte ·· （133）

10.2.16　库函数 FLASH_GetWriteProtectionOptionByte ··· （134）

10.2.17　库函数 FLASH_GetReadOutProtectionStatus ··· （134）

10.2.18　库函数 FLASH_GetPrefetchBufferStatus ·· （134）

10.2.19　库函数 FLASH_ITConfig ·· （134）

10.2.20　库函数 FLASH_GetFlagStatus ·· （135）

10.2.21　库函数 FLASH_ClearFlag ··· （135）

10.2.22　库函数 FLASH_GetStatus ··· （135）

10.2.23　库函数 FLASH_WaitForLastOperation ·· （136）

思考与练习 .... （136）

第 11 章　USART 串口模块 .... （137）

11.1　USART 串口简介 .... （137）
11.1.1　功能概述 .... （138）
11.1.2　发送器 .... （139）
11.1.3　接收器 .... （140）
11.1.4　产生分数比特率 .... （141）
11.1.5　多处理器通信 .... （142）
11.1.6　LIN 模式 .... （143）
11.1.7　USART 同步模式 .... （143）
11.1.8　单线半双工 .... （144）
11.1.9　智能卡模式 .... （145）
11.1.10　红外模式 .... （146）
11.1.11　USART 的中断请求 .... （147）

11.2　USART 库函数说明 .... （148）
11.2.1　库函数 USART_DeInit .... （149）
11.2.2　库函数 USART_Init .... （149）
11.2.3　库函数 USART_StructInit .... （151）
11.2.4　库函数 USART_Cmd .... （151）
11.2.5　库函数 USART_ITConfig .... （151）
11.2.6　库函数 USART_DMACmd .... （152）
11.2.7　库函数 USART_SetAddress .... （152）
11.2.8　库函数 USART_WakeUpConfig .... （152）
11.2.9　库函数 USART_ReceiverWakeUpCmd .... （153）
11.2.10　库函数 USART_LINBreakDetectiLengthConfig ... （153）
11.2.11　库函数 USART_LINCmd .... （153）
11.2.12　库函数 USART_SendData .... （154）
11.2.13　库函数 USART_ReceiveData .... （154）
11.2.14　库函数 USART_SendBreak .... （154）
11.2.15　库函数 USART_SetGuardTime .... （154）
11.2.16　库函数 USART_SetPrescaler .... （155）
11.2.17　库函数 USART_SmartCardCmd .... （155）
11.2.18　库函数 USART_SmartCardNackCmd .... （155）
11.2.19　库函数 USART_HalfDuplexCmd .... （155）
11.2.20　库函数 USART_IrDAConfig .... （156）
11.2.21　库函数 USART_IrDACmd .... （156）
11.2.22　库函数 USART_GetFlagStatus .... （156）
11.2.23　库函数 USART_ClearFlag .... （157）
11.2.24　库函数 USART_GetITStatus .... （157）
11.2.25　库函数 USART_ClearITPendingBit .... （158）

思考与练习 .... （158）

第 12 章 SPI 模块 ······(159)

12.1 SPI 简介 ······(159)

12.1.1 引脚概述 ······(160)

12.1.2 数据传输模式 ······(161)

12.1.3 SPI 从模式 ······(162)

12.1.4 SPI 主模式 ······(163)

12.1.5 状态标志 ······(163)

12.1.6 利用 DMA 的 SPI 通信 ······(164)

12.1.7 SPI 中断 ······(164)

12.2 SPI 库函数说明 ······(164)

12.2.1 库函数 SPI_DeInit ······(165)

12.2.2 库函数 SPI_Init ······(165)

12.2.3 库函数 SPI_StructInit ······(167)

12.2.4 库函数 SPI_Cmd ······(167)

12.2.5 库函数 SPI_I2S_ITConfig ······(168)

12.2.6 库函数 SPI_I2S_DMACmd ······(168)

12.2.7 库函数 SPI_I2S_SendData ······(168)

12.2.8 库函数 SPI_I2S_ReceiveData ······(169)

12.2.9 库函数 SPI_NSSInternalSoftwareConfig ······(169)

12.2.10 库函数 SPI_SSOutputCmd ······(169)

12.2.11 库函数 SPI_DataSizeConfig ······(170)

12.2.12 库函数 SPI_TransmitCRC ······(170)

12.2.13 库函数 SPI_CalculateCRC ······(170)

12.2.14 库函数 SPI_GetCRC ······(170)

12.2.15 库函数 SPI_GetCRCPolynomial ······(171)

12.2.16 库函数 SPI_BiDirectionalLineConfig ······(171)

12.2.17 库函数 SPI_I2S_GetFlagStatus ······(171)

12.2.18 库函数 SPI_I2S_ClearFlag ······(172)

12.2.19 库函数 SPI_I2S_GetITStatus ······(172)

12.2.20 库函数 SPI_I2S_ClearITPendingBit ······(172)

思考与练习 ······(173)

第 13 章 I2C 模块 ······(174)

13.1 I2C 简介 ······(174)

13.1.1 功能描述 ······(175)

13.1.2 I2C 从模式 ······(176)

13.1.3 I2C 主模式 ······(177)

13.1.4 错误条件 ······(179)

13.1.5 SDA/SCL 线控制 ······(180)

13.1.6 DMA 请求 ······(180)

13.1.7 I2C 的中断 ······(181)

13.2 I2C 库函数说明 ······(182)

13.2.1　库函数 I2C_DeInit ⋯⋯⋯⋯⋯⋯⋯⋯⋯⋯⋯⋯⋯⋯⋯⋯⋯⋯⋯⋯⋯⋯⋯（183）

13.2.2　库函数 I2C_Init ⋯⋯⋯⋯⋯⋯⋯⋯⋯⋯⋯⋯⋯⋯⋯⋯⋯⋯⋯⋯⋯⋯⋯⋯（183）

13.2.3　库函数 I2C_StructInit ⋯⋯⋯⋯⋯⋯⋯⋯⋯⋯⋯⋯⋯⋯⋯⋯⋯⋯⋯⋯⋯⋯（184）

13.2.4　库函数 I2C_Cmd ⋯⋯⋯⋯⋯⋯⋯⋯⋯⋯⋯⋯⋯⋯⋯⋯⋯⋯⋯⋯⋯⋯⋯⋯（185）

13.2.5　库函数 I2C_ITConfig ⋯⋯⋯⋯⋯⋯⋯⋯⋯⋯⋯⋯⋯⋯⋯⋯⋯⋯⋯⋯⋯⋯（185）

13.2.6　库函数 I2C_DMACmd ⋯⋯⋯⋯⋯⋯⋯⋯⋯⋯⋯⋯⋯⋯⋯⋯⋯⋯⋯⋯⋯⋯（186）

13.2.7　库函数 I2C_SendData ⋯⋯⋯⋯⋯⋯⋯⋯⋯⋯⋯⋯⋯⋯⋯⋯⋯⋯⋯⋯⋯⋯（186）

13.2.8　库函数 I2C_ReceiveData ⋯⋯⋯⋯⋯⋯⋯⋯⋯⋯⋯⋯⋯⋯⋯⋯⋯⋯⋯⋯（186）

13.2.9　库函数 I2C_DMALastTransferCmd ⋯⋯⋯⋯⋯⋯⋯⋯⋯⋯⋯⋯⋯⋯⋯⋯（186）

13.2.10　库函数 I2C_GenerateSTART ⋯⋯⋯⋯⋯⋯⋯⋯⋯⋯⋯⋯⋯⋯⋯⋯⋯⋯（187）

13.2.11　库函数 I2C_GenerateSTOP ⋯⋯⋯⋯⋯⋯⋯⋯⋯⋯⋯⋯⋯⋯⋯⋯⋯⋯（187）

13.2.12　库函数 I2C_AcknowledgeConfig ⋯⋯⋯⋯⋯⋯⋯⋯⋯⋯⋯⋯⋯⋯⋯⋯（187）

13.2.13　库函数 I2C_OwnAddress2Config ⋯⋯⋯⋯⋯⋯⋯⋯⋯⋯⋯⋯⋯⋯⋯⋯（187）

13.2.14　库函数 I2C_DualAddressCmd ⋯⋯⋯⋯⋯⋯⋯⋯⋯⋯⋯⋯⋯⋯⋯⋯⋯（188）

13.2.15　库函数 I2C_GeneralCallCmd ⋯⋯⋯⋯⋯⋯⋯⋯⋯⋯⋯⋯⋯⋯⋯⋯⋯（188）

13.2.16　库函数 I2C_Send7bitAddress ⋯⋯⋯⋯⋯⋯⋯⋯⋯⋯⋯⋯⋯⋯⋯⋯⋯（188）

13.2.17　库函数 I2C_ReadRegister ⋯⋯⋯⋯⋯⋯⋯⋯⋯⋯⋯⋯⋯⋯⋯⋯⋯⋯（189）

13.2.18　库函数 I2C_SoftwareResetCmd ⋯⋯⋯⋯⋯⋯⋯⋯⋯⋯⋯⋯⋯⋯⋯⋯（189）

13.2.19　库函数 I2C_SMBusAlertConfig ⋯⋯⋯⋯⋯⋯⋯⋯⋯⋯⋯⋯⋯⋯⋯⋯（189）

13.2.20　库函数 I2C_TransmitPEC ⋯⋯⋯⋯⋯⋯⋯⋯⋯⋯⋯⋯⋯⋯⋯⋯⋯⋯（190）

13.2.21　库函数 I2C_PECPositionConfig ⋯⋯⋯⋯⋯⋯⋯⋯⋯⋯⋯⋯⋯⋯⋯⋯（190）

13.2.22　库函数 I2C_CalculatePEC ⋯⋯⋯⋯⋯⋯⋯⋯⋯⋯⋯⋯⋯⋯⋯⋯⋯⋯（190）

13.2.23　库函数 I2C_GetPEC ⋯⋯⋯⋯⋯⋯⋯⋯⋯⋯⋯⋯⋯⋯⋯⋯⋯⋯⋯⋯⋯（190）

13.2.24　库函数 I2C_ARPCmd ⋯⋯⋯⋯⋯⋯⋯⋯⋯⋯⋯⋯⋯⋯⋯⋯⋯⋯⋯⋯（191）

13.2.25　库函数 I2C_StretchClockCmd ⋯⋯⋯⋯⋯⋯⋯⋯⋯⋯⋯⋯⋯⋯⋯⋯（191）

13.2.26　库函数 I2C_FastModeDutyCycleConfig ⋯⋯⋯⋯⋯⋯⋯⋯⋯⋯⋯⋯（191）

13.2.27　库函数 I2C_GetLastEvent ⋯⋯⋯⋯⋯⋯⋯⋯⋯⋯⋯⋯⋯⋯⋯⋯⋯⋯（191）

13.2.28　库函数 I2C_CheckEvent ⋯⋯⋯⋯⋯⋯⋯⋯⋯⋯⋯⋯⋯⋯⋯⋯⋯⋯（192）

13.2.29　库函数 I2C_GetFlagStatus ⋯⋯⋯⋯⋯⋯⋯⋯⋯⋯⋯⋯⋯⋯⋯⋯⋯（192）

13.2.30　库函数 I2C_ClearFlag ⋯⋯⋯⋯⋯⋯⋯⋯⋯⋯⋯⋯⋯⋯⋯⋯⋯⋯⋯（193）

13.2.31　库函数 I2C_GetITStatus ⋯⋯⋯⋯⋯⋯⋯⋯⋯⋯⋯⋯⋯⋯⋯⋯⋯⋯（193）

13.2.32　库函数 I2C_ClearITPendingBit ⋯⋯⋯⋯⋯⋯⋯⋯⋯⋯⋯⋯⋯⋯⋯（194）

思考与练习 ⋯⋯⋯⋯⋯⋯⋯⋯⋯⋯⋯⋯⋯⋯⋯⋯⋯⋯⋯⋯⋯⋯⋯⋯⋯⋯⋯⋯⋯（194）

第 14 章　DMA 控制器 ⋯⋯⋯⋯⋯⋯⋯⋯⋯⋯⋯⋯⋯⋯⋯⋯⋯⋯⋯⋯⋯⋯⋯⋯（195）

14.1　DMA 简介 ⋯⋯⋯⋯⋯⋯⋯⋯⋯⋯⋯⋯⋯⋯⋯⋯⋯⋯⋯⋯⋯⋯⋯⋯⋯⋯⋯（195）

14.2　DMA 库函数说明 ⋯⋯⋯⋯⋯⋯⋯⋯⋯⋯⋯⋯⋯⋯⋯⋯⋯⋯⋯⋯⋯⋯⋯（199）

14.2.1　库函数 DMA_DeInit ⋯⋯⋯⋯⋯⋯⋯⋯⋯⋯⋯⋯⋯⋯⋯⋯⋯⋯⋯⋯（200）

14.2.2　库函数 DMA_Init ⋯⋯⋯⋯⋯⋯⋯⋯⋯⋯⋯⋯⋯⋯⋯⋯⋯⋯⋯⋯⋯（200）

14.2.3　库函数 DMA_StructInit ⋯⋯⋯⋯⋯⋯⋯⋯⋯⋯⋯⋯⋯⋯⋯⋯⋯⋯（201）

14.2.4　库函数 DMA_Cmd ⋯⋯⋯⋯⋯⋯⋯⋯⋯⋯⋯⋯⋯⋯⋯⋯⋯⋯⋯⋯（202）

14.2.5　库函数 DMA_ITConfig ⋯⋯⋯⋯⋯⋯⋯⋯⋯⋯⋯⋯⋯⋯⋯⋯⋯⋯（202）

　　　　14.2.6　库函数 DMA_GetCurrDataCounte ···（203）

　　　　14.2.7　库函数 DMA_GetFlagStatus ···（203）

　　　　14.2.8　库函数 DMA_ClearFlag ···（203）

　　　　14.2.9　库函数 DMA_GetITStatus ···（203）

　　　　14.2.10　库函数 DMA_ClearITPendingBit ··（204）

　　思考与练习 ···（204）

第 15 章　FSMC 模块 ··（205）

　15.1　FSMC 简介 ···（205）

　15.2　与非总线复用模式的异步 16 位 NOR 闪存接口 ··（207）

　　　15.2.1　FSMC 的配置 ··（207）

　　　15.2.2　时序计算 ···（209）

　　　15.2.3　硬件连接 ···（210）

　　　15.2.4　从外部 NOR 闪存存储器执行代码 ···（211）

　15.3　与非总线复用的 16 位 SRAM 接口 ··（211）

　　　15.3.1　FSMC 配置 ··（211）

　　　15.3.2　时序计算 ···（212）

　　　15.3.3　硬件连接 ···（213）

　15.4　与 8 位的 NAND 闪存存储器接口 ··（213）

　　　15.4.1　FSMC 配置 ··（213）

　　　15.4.2　时序计算 ···（215）

　　　15.4.3　硬件连接 ···（217）

　　　15.4.4　错误校验码计算 ···（217）

　15.5　FSMC 库函数说明 ··（218）

　　思考与练习 ···（219）

第 16 章　模数转换器模块 ··（220）

　16.1　ADC 简介 ···（220）

　　　16.1.1　功能描述 ···（221）

　　　16.1.2　自校准 ···（223）

　　　16.1.3　可编程的采样时间 ··（224）

　　　16.1.4　外部触发转换 ···（224）

　　　16.1.5　双 ADC 模式 ··（225）

　　　16.1.6　温度传感器 ··（226）

　　　16.1.7　ADC 的中断事件 ··（227）

　16.2　ADC 库函数说明 ··（227）

　　　16.2.1　库函数 ADC_DeInit ··（228）

　　　16.2.2　库函数 ADC_Init ··（228）

　　　16.2.3　库函数 ADC_StructInit ··（230）

　　　16.2.4　库函数 ADC_Cmd ···（231）

　　　16.2.5　库函数 ADC_ITConfig ··（231）

　　　16.2.6　库函数 ADC_DMACmd ··（231）

　　　16.2.7　库函数 ADC_ResetCalibration ···（232）

16.2.8　库函数 ADC_GetResetCalibrationStatus ·································（232）

16.2.9　库函数 ADC_StartCalibration ···（232）

16.2.10　库函数 ADC_GetCalibrationStatus ·····································（233）

16.2.11　库函数 ADC_SoftwareStartConvCmd ·································（233）

16.2.12　库函数 ADC_GetSoftwareStartConvStatus ·····························（233）

16.2.13　库函数 ADC_DiscModeChannelCountConfig ····························（233）

16.2.14　库函数 ADC_DiscModeCmd ···（234）

16.2.15　库函数 ADC_RegularChannelConfig ····································（234）

16.2.16　库函数 ADC_ExternalTrigConvConfig ··································（235）

16.2.17　库函数 ADC_GetConversionValue ·······································（235）

16.2.18　库函数 ADC_GetDuelModeConversionValue ····························（235）

16.2.19　库函数 ADC_AutoInjectedConvCmd ·····································（236）

16.2.20　库函数 ADC_InjectedDiscModeCmd ·····································（236）

16.2.21　库函数 ADC_ExternalTrigInjectedConvConfig ···························（236）

16.2.22　库函数 ADC_ExternalTrigInjectedConvCmd ····························（237）

16.2.23　库函数 ADC_SoftwareStartinjectedConvCmd ····························（237）

16.2.24　库函数 ADC_GetsoftwareStartinjectedConvStatus ························（237）

16.2.25　库函数 ADC_InjectedChannleConfig ····································（238）

16.2.26　库函数 ADC_InjectedSequencerLengthConfig ···························（238）

16.2.27　库函数 ADC_SetInjectedOffset ···（238）

16.2.28　库函数 ADC_GetInjectedConversionValue ·······························（239）

16.2.29　库函数 ADC_AnalogWatchdogCmd ·····································（239）

16.2.30　库函数 ADC_AnalogWatchdongThresholdsConfig ························（239）

16.2.31　库函数 ADC_AnalogWatchdongSingleChannelConfig ·····················（240）

16.2.32　库函数 ADC_TampSensorVrefintCmd ···································（240）

16.2.33　库函数 ADC_GetFlagStatus ··（240）

16.2.34　库函数 ADC_ClearFlag ···（241）

16.2.35　库函数 ADC_GetITStatus ···（241）

16.2.36　库函数 ADC_ClearITPendingBit ··（241）

　　思考与练习 ···（241）

第 17 章　定时器模块 ··（243）

17.1　TIM 简介 ···（243）

17.1.1　计数功能 ···（244）

17.1.2　时钟选择 ···（248）

17.1.3　捕获/比较通道 ··（250）

17.1.4　定时器同步 ···（261）

17.2　TIM 库函数说明 ··（265）

17.2.1　库函数 TIM_DeInit ···（268）

17.2.2　库函数 TIM_TimeBaseInit ··（268）

17.2.3　库函数 TIM_OC1Init ··（269）

17.2.4　库函数 TIM_ICInit ···（270）

17.2.5　库函数 TIM_BDTRConfig ·· （271）

17.2.6　库函数 TIM_TimeBaseStructInit ·· （272）

17.2.7　库函数 TIM_OCStructInit ··· （273）

17.2.8　库函数 TIM_ICStructInit ·· （273）

17.2.9　库函数 TIM_BDTRStructInit ·· （274）

17.2.10　库函数 TIM_Cmd ··· （274）

17.2.11　库函数 TIM_ITConfig ··· （274）

17.2.12　库函数 TIM_GenerateEvent ··· （275）

17.2.13　库函数 TIM_DMAConfig ·· （275）

17.2.14　库函数 TIM_DMACmd ·· （276）

17.2.15　库函数 TIM_InternalClockConfig ······································ （277）

17.2.16　库函数 TIM_ITRxExternalClockConfig ································ （277）

17.2.17　库函数 TIM_TIxExternalClockConfig ································· （278）

17.2.18　库函数 TIM_ETRClockMode1Config ·································· （278）

17.2.19　库函数 TIM_ETRClockMode2Config ·································· （279）

17.2.20　库函数 TIM_ETRConfig ··· （279）

17.2.21　库函数 TIM_SelectInputTrigger ·· （279）

17.2.22　库函数 TIM_PrescalerConfig ·· （280）

17.2.23　库函数 TIM_CounterModeConfig ······································ （280）

17.2.24　库函数 TIM_ForcedOC1Config ·· （281）

17.2.25　库函数 TIM_ARRPreloadConfig ······································· （281）

17.2.26　库函数 TIM_SelectCOM ··· （281）

17.2.27　库函数 TIM_SelectCCDMA ·· （281）

17.2.28　库函数 TIM_CCPreloadControl ··· （282）

17.2.29　库函数 TIM_OC1PreloadConfig ·· （282）

17.2.30　库函数 TIM_OC1FastConfig ··· （282）

17.2.31　库函数 TIM_ClearOC1Ref ··· （283）

17.2.32　库函数 TIM_UpdateDisableConfig ····································· （283）

17.2.33　库函数 TIM_EncoderInterfaceConfig ··································· （283）

17.2.34　库函数 TIM_OC1PolarityConfig ······································· （284）

17.2.35　库函数 TIM_OC1NPolarityConfig ····································· （284）

17.2.36　库函数 TIM_CCxCmd ··· （284）

17.2.37　库函数 TIM_CCxNCmd ··· （285）

17.2.38　库函数 TIM_SelectOCxM ·· （285）

17.2.39　库函数 TIM_UpdateRequestConfig ····································· （285）

17.2.40　库函数 TIM_SelectHallSensor ··· （286）

17.2.41　库函数 TIM_SelectOnePulseMode ····································· （286）

17.2.42　库函数 TIM_SelectOutputTrigger ······································ （286）

17.2.43　库函数 TIM_SelectSlaveMode ··· （287）

17.2.44　库函数 TIM_SelectMasterSlaveMode ·································· （288）

17.2.45　库函数 TIM_SetAutoreload ·· （288）

　　17.2.46　库函数 TIM_SetCompare1 ···（288）

　　17.2.47　库函数 TIM_SetIC1Prescaler ···（288）

　　17.2.48　库函数 TIM_SetClockDivision ··（289）

　　17.2.49　库函数 TIM_GetCapture1 ··（289）

　　17.2.50　库函数 TIM_GetCounter ···（289）

　　17.2.51　库函数 TIM_GetPrescaler ···（289）

　　17.2.52　库函数 TIM_GetFlagStatus ··（290）

　　17.2.53　库函数 TIM_ClearFlag ···（290）

　　17.2.54　库函数 TIM_GetITStatus ··（291）

　　17.2.55　库函数 TIM_ClearITPendingBit ···（291）

　思考与练习 ···（291）

第 18 章　看门狗模块 ···（292）

　18.1　独立看门狗简介 ··（292）

　18.2　窗口看门狗简介 ··（293）

　18.3　IWDG 库函数说明 ···（295）

　　18.3.1　库函数 IWDG_WriteAccessCmd ···（295）

　　18.3.2　库函数 IWDG_SetPrescaler ···（296）

　　18.3.3　库函数 IWDG_SetReload ···（296）

　　18.3.4　库函数 IWDG_ReloadCounter ··（296）

　　18.3.5　库函数 IWDG_Enable ···（296）

　　18.3.6　库函数 IWDG_GetFlagStatus ···（297）

　18.4　WWDG 库函数说明 ···（297）

　　18.4.1　库函数 WWDG_DeInit ··（297）

　　18.4.2　库函数 WWDG_SetPrescaler ···（297）

　　18.4.3　库函数 WWDG_SetWindowValue ··（298）

　　18.4.4　库函数 WWDG_EnableIT ···（298）

　　18.4.5　库函数 WWDG_SetCounter ···（298）

　　18.4.6　库函数 WWDG_Enable ···（298）

　思考与练习 ···（299）

第 19 章　μC/OS-Ⅱ操作系统概述 ···（300）

　19.1　μC/OS-Ⅱ简介 ···（300）

　19.2　实时系统概念 ··（300）

　　19.2.1　前后台系统 ···（301）

　　19.2.2　代码的临界段 ··（301）

　　19.2.3　任务 ···（301）

　　19.2.4　内核 ···（302）

　　19.2.5　调度 ···（303）

　　19.2.6　可重入型 ···（303）

　　19.2.7　不可剥夺型内核 ··（303）

　　19.2.8　可剥夺型内核 ··（303）

　　19.2.9　时间片轮番调度法 ···（304）

　　　　19.2.10　任务优先级 ·· （304）

　　　　19.2.11　死锁 ·· （304）

　　　　19.2.12　同步 ·· （304）

　　　　19.2.13　任务间的通信 ·· （305）

　　　　19.2.14　时钟节拍 ·· （305）

　　　　19.2.15　临界段 ·· （306）

　　19.3　内核结构 ··· （306）

　　　　19.3.1　任务控制块 ··· （306）

　　　　19.3.2　任务调度 ·· （307）

　　　　19.3.3　给调度器上锁和开锁 ·· （307）

　　　　19.3.4　空闲任务 ·· （308）

　　　　19.3.5　统计任务 ·· （308）

　　　　19.3.6　μC/OS 中的中断处理 ·· （308）

　　　　19.3.7　时钟节拍 ·· （309）

　　　　19.3.8　μC/OS-Ⅱ初始化与启动 ··· （309）

　　思考与练习 ··· （309）

第 20 章　任务管理与通信 ·· （310）

　　20.1　任务管理 ··· （310）

　　　　20.1.1　建立任务 ·· （311）

　　　　20.1.2　任务堆栈 ·· （311）

　　　　20.1.3　删除任务 ·· （311）

　　　　20.1.4　请求删除任务 ··· （312）

　　　　20.1.5　改变任务的优先级 ·· （312）

　　　　20.1.6　挂起任务 ·· （313）

　　　　20.1.7　恢复任务 ·· （313）

　　20.2　任务之间的通信 ··· （313）

　　　　20.2.1　事件控制块 ··· （313）

　　　　20.2.2　信号量 ··· （315）

　　　　20.2.3　邮箱 ··· （316）

　　　　20.2.4　消息队列 ·· （318）

　　思考与练习 ··· （320）

第 21 章　时间管理和内存管理 ··· （321）

　　21.1　时间管理 ··· （321）

　　　　21.1.1　任务延时函数 ··· （321）

　　　　21.1.2　按时分秒延时函数 ·· （322）

　　　　21.1.3　让处在延时期的任务结束延时 ··· （322）

　　　　21.1.4　系统时间 ·· （322）

　　21.2　内存管理 ··· （323）

　　　　21.2.1　内存控制块 ··· （323）

　　　　21.2.2　建立一个内存分区 ·· （323）

　　　　21.2.3　分配一个内存块 ·· （324）

21.2.4　释放一个内存块 ··（324）

21.2.5　查询一个内存分区的状态 ··（324）

21.2.6　等待一个内存块 ··（325）

思考与练习 ··（325）

参考文献 ···（326）

第1章

嵌入式系统概述

1.1 嵌入式系统简介

21 世纪的世界是信息化的世界，电子技术、信息技术、计算机技术、网络技术、无线通信技术已经彻底改变了人们的生活方式。在这些技术的基础上，一门新兴的技术——嵌入式系统技术（Embedded System Technology）已经应用于科技、工业、运输及日常生活领域。每个普通人都可能拥有使用嵌入式技术的电子产品，小到 MP3、移动电话、PDA 等微型数字化产品，大到网络家电、智能家电、车载电子设备等。目前，各种各样的新型嵌入式系统设备在应用数量上已经远远超过了通用计算机。在工业和服务业领域中，使用嵌入式技术的数字机床、智能工具、工业机器人、服务机器人正在逐渐改变着传统的工业生产和服务方式。

1.1.1 嵌入式系统定义

嵌入式系统技术是当今最热门的概念之一，然而到底什么是嵌入式系统呢？什么样的技术可以称之为嵌入式系统技术呢？

在讨论嵌入式系统定义之前，先来看一看图 1-1 所示的几个嵌入式系统的典型应用。

图 1-1　嵌入式系统的典型应用实例

嵌入式系统本身是一个相对模糊的定义。由于目前嵌入式系统已经渗透到日常生活中的各个方面，在工业、服务业、消费电子等领域的应用范围不断扩大，使得难以给出"嵌入式系统"一个明确而统一的定义。

根据 IEEE（国际电气和电子工程师协会）的定义：嵌入式系统是"用于控制、监视或者辅助操作机器和设备的装置"（原文为 devices used to control，monitor，or assist the operation of equipment，machinery or plants）。这主要是从应用上加以定义的，从中可以看出嵌入式系统是软件和硬件的综合体，还可以涵盖机械等附属装置。

Computer as Components-Principles of Embedded Computing System Design 一书的作者 Wayne Wolf 认为："什么是嵌入式计算系统?如果不严格地定义，它是任何一个包含可编程计算机的设备，但是它本身却不是一个通用计算机。"

Embedded Microcontrollers 一书的作者 Todd D.Morton 认为："嵌入式系统是一种电子系统，它包含微处理器或者微控制器，但是我们不认为它是计算机——计算机隐藏或者嵌入在系统中。"

Embedded Software Primer 一书的作者 Davie E.Simon 认为："人们使用嵌入式系统这个术语，指的是隐藏在任一产品中的计算机系统。"

不过，上述定义并不能充分体现出嵌入式系统的精髓。目前国内一个普遍被认同的定义是：以应用为中心、以计算机技术为基础，软/硬件可裁剪，使用应用系统对功能、可靠性、成本、体积、功耗严格要求的专用计算机系统。

可以从以下几个方面来理解国内对嵌入式系统的定义。

● 嵌入式系统是面向用户、面向产品、面向应用的，它必须与具体应用相结合才会具有生命力，才更具有优势。

● 嵌入式系统是将先进的计算机技术、半导体技术和电子技术以及各个行业的具体应用相结合后的产物。这一点就决定了它必然是一个技术密集、资金密集、高度分散、不断创新的知识集成系统。所以，任何嵌入式系统产品必须有一个正确定位的应用领域与技术特点。

● 嵌入式系统必须根据应用需求可对软/硬件进行裁剪，满足应用系统的功能、可靠性、成本、体积等要求。所以，如果能建立相对通用的软/硬件基础，然后在其上开发出适应各种需要的系统，是一个比较好的发展模式。

● 嵌入式系统本身还是一个外延极广的名词。凡是与产品结合在一起的具有嵌入式特点的控制系统都可以叫嵌入式系统，而且有时很难给它下一个准确的定义。现在人们讲嵌入式系统时，某种程度上是指近些年来比较热的具有操作系统的嵌入式系统，本书也在沿用这一观点。

1.1.2　嵌入式系统的特点

作为专用计算机系统的嵌入式系统与通用计算机系统相比，具有以下几个重要特征：

● 嵌入式系统通常是面向特定应用的。嵌入式 CPU 与通用型的最大不同就是嵌入式 CPU 大多工作在为特定用户群设计的系统中，它通常都具有低功耗、体积小、集成度高等特点，能够把通用 CPU 中许多由板卡完成的任务集成在芯片内部，从而有利于嵌入式系统设计趋于小型化，移动能力大大增强，跟网络的结合也越来越紧密。

● 实时操作系统支持。嵌入式系统的应用程序可以不需要操作系统的支持而直接运行，但是为了合理地调度多任务，充分利用系统资源，用户必须自行选配实时操作系统开发平台，这样才能保证程序执行的实时性和可靠性，减少开发时间，保障软件质量。

- 嵌入式系统与具体应用有机地结合在一起，它的升级换代也是和具体产品同步进行的，因此嵌入式系统产品一旦进入市场，具有较长的生命周期。
- 为了提高执行速度和系统可靠性，嵌入式系统中的软件一般都固化在存储器芯片或单片机本身中，而不存储于磁盘等载体中。
- 专门开发工具支持。嵌入式系统本身不具备自主开发能力，必须有一套开发工具和环境才能进行开发。开发工具和环境一般基于通用计算机的软硬件设备、逻辑分析仪和信号示波器等。

1.1.3　嵌入式系统的应用领域

嵌入式技术可应用在工业控制、手持设备、交通管理、信息家电、智能家庭管理系统等方面。

- **工业控制**

在工控领域，嵌入式设备早已得到广泛应用。工业生产自动化需要完成智能化、数字化改造，智能控制设备、智能仪表、自动控制等为嵌入式系统提供了很大的市场。基于嵌入式芯片的工业自动化设备具有很大的发展空间，目前已经有大量的 8 位、16 位、32 位嵌入式微控制器应用在工业过程控制、数控机床、电力系统、电网安全、电网设备监测、石油化工系统等领域。就传统的工业控制产品而言，低端型号往往采用 8 位单片机，但是随着技术的发展，32 位、64 位的微处理器逐渐成为工业控制设备的核心，在未来几年内必将获得更大的发展。

- **手持设备**

手持设备包括手机、MP3、数码相机、掌上电脑。中国拥有最大的手持设备用户群，而掌上电脑由于易于使用，携带方便，价格便宜，未来几年将在我国得到快速发展，掌上电脑与手机已呈现嵌合趋势。用掌上电脑或手机上网，人们可以随时随地获取信息。

- **交通管理**

在车辆导航、流量控制、信息监测与汽车服务方面，嵌入式系统技术已经获得了广泛的应用，内嵌 GPS 模块的移动定位终端已经在各种运输行业成功使用。目前 GPS 设备已经从尖端产品进入普通百姓的家庭，只需要几千元，就可以随时随地找到你的位置。

- **信息家电**

在后 PC 时代，嵌入式系统技术将无处不在。家用电器将向数字化和网络化发展，电视机、冰箱、微波炉、电话等都将嵌入计算机并通过家庭控制中心与 Internet 连接转变为智能网络家电。届时，人们远程用手机等就可以控制家里的电器，还可以实现远程医疗、远程教育等。目前智能小区的发展为机顶盒打开了市场，机顶盒将成为网络终端，它不仅可以使模拟电视接收数字电视节目，而且可以上网、炒股、点播电影、实现交互式电视，依靠网络服务器提供各种服务。

- **智能家庭管理系统**

智能家庭管理系统包括水、电、煤气表的远程自动抄表、安全防火、防盗系统等。其中嵌入的专用控制芯片将代替传统的人工检查，并实现更快速、更准确和更安全的性能。目前在家庭服务领域，一些手持设备已经体现出嵌入式系统的优势。

1.2　嵌入式系统的组成

由于嵌入式系统是计算机结构中的一个分支，所以它在硬件上的组成与标准的计算机类似，其中最主要的部分也是微处理器。与标准的计算机结构相同，嵌入式系统中也包含了中央处理器、内存、输入输出设备，只不过在嵌入式系统里，这些单元以比较特殊的形式存在。例如，计算机的标准输入设备为键盘，但是家用电器的标准输入设备可能就是它的触控面板。从这些方面，我们也可以感受到嵌入式系统与一般通用计算机之间的差别。

嵌入式系统一般有 3 个主要的组成部分。

（1）硬件。图 1-2 给出了嵌入式系统的硬件组成。其中，处理器是系统的运算核心；存储器（ROM、RAM）用来保存可执行代码，以及中间结果；输入输出设备完成与系统外部的信息交换；其他部分辅助系统完成功能。

（2）应用软件。应用软件是完成系统功能的主要软件，它可以由单独的一个任务来实现，也可以由多个并行的任务来实现。

（3）实时操作系统（Real-Time Operating System，RTOS）。该系统用来管理硬件资源和应用软件，并提供一种机制，使得处理器分时地执行各个任务并完成一定的时限要求。

由于小型嵌入式系统可能只完成一个任务，因此不需要操作系统；而复杂的嵌入式系统一般会利用操作系统来减少开发的工作量，并提高产品的可靠性；如果系统复杂而且有实时性的要求，则需要实时操作系统来调度多个任务的执行并满足一定的延时要求。

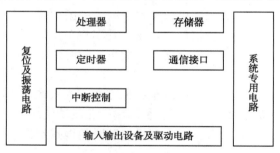

图 1-2　嵌入式系统的硬件组成

嵌入式系统的关键在于结合系统硬件电路与其特定的软件，以达到系统运行性能成本的最高比。系统中硬件的设计包括微处理器及存储器电路的设计、网络功能设计、无线通信设计及接口电路设计等；而嵌入式软件则专门负责硬件电路的驱动、控制处理，以提升硬件产品的价值，是硬件产品不可或缺的重要部分，它常以固件的形式出现，如控制或驱动程序等。

由于嵌入式系统领域的硬件、软件种类繁多，产品研发需要适应多种不同硬件与软件的组合。为了克服多样化，现在的研发方式多以平台化设计（Platform-Based Design，PBD）为主。平台化设计的基本思路是，以某一种基础的硬件与软件参考设计（Reference Design）为平台，自行加上额外所需要的硬件与软件，以适应多样化的产品需求，而不必每款产品都从头设计。这种设计方式可以缩短研发进程，加速产品的上市时间。这样的参考设计平台大多由微处理器制造公司提供，例如，Intel、三星、Motorola 等厂商提供微处理器的参考设计电路，以及建议的外围设备布局，包括内存、基本 I/O 甚至包括 LCD 控制接口、IDE 设备接口等，并配合某一款操作系统，例如，Linux、WindowsCE，以及相应的软件源代码。将这样的组合包以授权的方式提供给产品开发厂商来开发产品，一般这样的组合包称为"板级支持包"（Board Support Package，BSP）。

由于嵌入式系统的硬件强调的不是执行速度而是功能稳定，因此硬件设计方面的技术瓶颈并不高；反而在软件组件方面，强调系统集成及友善的用户界面。随着网络与无线通信的发展需要，软件组件的发展更加重要。未来的软件开发将逐渐由现在的简易窗口与低速通信，向高速通信与多样化的用户界面发展。

1.3　嵌入式处理器

1.3.1　嵌入式处理器的分类

嵌入式系统的核心部件是嵌入式处理器，据不完全统计，到 2000 年，全世界嵌入式处理器的品种总量已经超过 1000 种，流行的体系结构有 30 多个系列，其中 8051 体系占了多半。生产 8051 单片机的半导体厂家有 20 多个，共 350 多种衍生产品，仅 Philips 就有近百种。现在几乎每个半导体制造商都生产嵌入式处理器，而且越来越多的公司有自己的处理器设计部门。

微处理器可以分成几种不同的等级，一般用字符宽度来区分：8 位微处理器大部分用在低端应用上，也包括了外围设备或是内存的控制器；16 位微处理器通常用在比较精密的应用上，需要比较长的字符宽度来处理；32 位微处理器大部分是 RISC 的微处理器，可提供高性能的运算能力，以满足需要大量运算的应用。

但是从应用的角度来划分，嵌入式处理器包含下面几种类型：

（1）嵌入式微处理器（Embedded MicroProcessor Unit，EMPU）

嵌入式微处理器的基础是通用计算机中的 CPU。在应用中，将微处理器装配在专门设计的电路板上，只保留与嵌入式应用有关的功能，这样可以大大减小系统体积和功耗。为了满足嵌入式应用的特殊要求，嵌入式微处理器虽然在功能上和标准微处理器基本是一样的，但在工作温度、抗电磁干扰、可靠性等方面一般都做了各种增强。嵌入式处理器目前主要有 PowerPC、68000、MIPS、ARM 系列等。

（2）嵌入式微控制器（MicroController Unit，MCU）

嵌入式微控制器又称单片机，就是将整个计算机系统集成到一块芯片中。嵌入式微控制器一般以某一种微处理器内核为核心，芯片内部集成 ROM、RAM、总线逻辑、定时器等各种必要的功能模块。与嵌入式微处理器相比，微控制器的最大特点是单片化，体积大大减小，从而使功耗和成本下降，可靠性提高。

微控制器是目前嵌入式系统应用的主流。由于微控制器的片上资源一般比较丰富，适合于控制，因此称为微控制器。为适应不同的应用需求，一般一个系列的单片机具有多种衍生产品，每种衍生产品的处理器内核都是一样的，不同的是存储器和外设的配置及封装。这样可以最大限度地与应用需求相匹配，从而降低功耗和成本。

嵌入式微控制器目前的品种和数量最多，比较有代表性的通用系列包括 8051、P51XA、68300 等。

（3）嵌入式 DSP（Embedded Digital Signal Processor，EDSP）

DSP 处理器是专门用于信号处理方面的处理器，其在系统结构和指令算法方面进行了特殊设计，使其适合于执行 DSP 算法，编译效率较高，指令执行速度也较高。在数字滤波、FFT、频谱分析等方面，DSP 算法正在大量进入嵌入式领域。

推动嵌入式 DSP 发展的一个重要因素是嵌入式系统的智能化。例如，各种带有智能逻辑的消费类产品、生物信息识别终端、带有加解密算法的键盘、ADSL 接入、实时语音压缩解压系统、虚拟现实显示等。这类智能化算法一般运算量都比较大，特别是向量运算、指针线性寻址等较多，而这些正是 DSP 的长处。

嵌入式 DSP 有两个发展来源：一是 DSP 经过单片化、EMC 改造、增加片上外设成为嵌入式 DSP，TI 公司的 TMS320C2000/C5000 等属于此范畴；二是在通用单片机或片上系统（SoC）中增加 DSP 协处理器，例如 Intel 的 MCS-296。DSP 的设计者们把重点放在了处理连续的数据流上。如果嵌入式应用中强调对连续的数据流的处理及高精度复杂运算，则应该选用 DSP 器件。

（4）嵌入式片上系统（System on Chip，SoC）

随着 VLSI 设计的普及和半导体工艺的迅速发展，可以在一块硅片上实现一个更为复杂的系统，这就是 SoC。各种通用处理器内核和其他外围设备都将成为 SoC 设计公司的标准库中的器件，用标准的 VHDL 等硬件描述语言描述。用户只需定义出整个应用系统，仿真通过后就可以将设计图交给半导体工厂制作芯片样品。这样，整个嵌入式系统大部分都可以集成到一块芯片中，应用系统的电路板将变得很简洁，这将有利于减小体积和功耗，提高系统的可靠性。

SoC 可以分为通用和专用两类。通用系列包括 Motorola 的 M-Core、某些 ARM 系列器件、Echelon 和 Motorola 联合研制的 Neuron 芯片等。专用 SoC 一般专用于某类系统中，不为一般用户所知。一个有代表性的产品是 Philips 的 Smart XA，它将 XA 单片机内核和支持超过 2048 位复杂 RSA 算法的 CCU 单元制作在一块硅片上，形成一个可加载 Java 或 C 语言的专用的 SoC，可用于 Internet 安全方面。

1.3.2 嵌入式处理器的选型原则

针对各种嵌入式应用的需求，各半导体厂商都投入了很大的精力研发和生产相应的 CPU 及协处理器芯片。用于嵌入式系统的微处理器必须高度集成、低功耗、低成本。针对每一类应用来说，可选择的处理器都是多种多样的。

与 PC 市场不同的是，没有一种微处理器或微处理器公司可以主导嵌入式系统，仅以 32 位的 CPU 而言，就有 100 种以上嵌入式微处理器。由于嵌入式系统设计的差异性极大，因此没有一种微处理器能适用于所有的应用，同样适合于某一应用的微处理器也是多样化的。

调查市场上已有的 CPU 供应商，有些公司如 Motorola、Intel、AMD 很有名气，而有一些小的公司如 QED 虽然名气很小，但也生产很优秀的微处理器。另外，有一些公司，如 ARM、MIPS 等，只设计但并不生产 CPU，他们向世界各地的半导体制造商提供 IP 授权。ARM 是近年来在嵌入式系统市场上最有影响力的微处理器，ARM 的低功耗设计非常适合于小的电源供电系统，如移动电话、掌上电脑等。

设计者在选择处理器时要考虑的主要因素有：

（1）CPU 的处理速度。一个处理器的性能取决于多方面的因素：时钟频率，内部寄存器的大小、指令是否对等处理所有的寄存器等。对于许多需要处理器的嵌入式系统来说，目的不是挑选速度最快的处理器，而是选取能够完成功能要求的处理器和 I/O 子系统。如果你的设计是面向高性能的应用，那么建议选择某些新型处理器，因其性价比极高。

（2）技术指标。当前，许多嵌入式处理器都集成了外围设备的功能，从而减少了芯片的数量，进而降低了整个系统的开发费用。开发人员需要根据应用需求选择合适的微处理器，满足对片上外设的要求。

（3）处理器的功耗。嵌入式微处理器市场最大并且增长最快的是手持设备、电子记事本、PDA、手机、GPS 导航器、智能家电等消费类电子产品，这些产品中微处理器的典型特点是高性能、低功耗。许多 CPU 生产厂家已经进入这个领域，生产出了适合这一市场的微处理器。

（4）处理器的软件支持工具。由于仅有一个强大的处理器，没有好的软件开发工具的支持，也不能发挥出处理器的性能，因此合适的软件开发工具能够加速产品的开发，加快系统的实现速度，并能提高可靠性。

（5）处理器是否内置调试工具。处理器如果内置调试工具则可以大大缩短调试周期，降低调试的难度，进而缩短产品的上市时间。

（6）处理器供应商是否提供评估板。许多处理器供应商可以提供评估板来验证理论是否正确，验证设计是否得当。

选择一个嵌入式系统所需要的微处理器，在很多时候运算速度并不是最重要的考虑内容，有时候也必须考虑微处理器制造厂商对于该微处理器的支持态度，有些嵌入式系统产品使用周期长达几十年，如果五六年之后需要维修，却已经找不到该种处理器的话，势必要淘汰全部产品。所以许多专门生产嵌入式系统微处理器的厂商，都会为嵌入式系统的微处理器留下足够的库存或者生产线，即使过了较长时间仍然可以找到相同型号的微处理器或者完全兼容的替代品。

1.4 嵌入式操作系统

操作系统的基本思想是隐藏底层不同硬件的差异，向在其上运行的应用程序提供同一个调用接口。应用程序通过这一接口实现对硬件的使用和控制，不必考虑不同硬件操作方式的差异。这样软件设计人员就不必关心具体硬件的操作细节，能够专注于应用程序开发。

但是，由于编写一个操作系统来隐藏不同的硬件，并提供统一的编程接口，是一件很困难的事情。所以很多产品厂商选择购买操作系统，在此基础上开发自己的应用程序，形成产品。事实上，因为嵌入式系统是将所有程序，包括操作系统、驱动程序、应用程序的程序代码全部烧写进存储器里执行，所以操作系统在这里的角色更像是一套函数库。

操作系统主要完成三项任务：内存管理、多任务管理和外围设备管理。这三项机制提供给应用程序设计者许多良好的特性。但是在嵌入式系统中并非必备，小型系统可能并不需要操作系统，但是复杂的大型嵌入式系统通常会使用操作系统来进行有效的管理。

嵌入式操作系统负责嵌入式系统的全部软/硬件资源的分配、调度、控制、协调；它必须体现其所在系统的特征，能够通过加载/卸载某些模块来达到系统所要求的功能。

嵌入式操作系统是相对于一般操作系统而言的，它除了具备一般操作系统最基本的功能，如任务调度、同步机制、中断处理、文件处理等外，还有以下特点：

- 强稳定性，弱交互性：嵌入式系统一旦开始运行就不需要用户过多干预，负责系统管理的嵌入式操作系统具有很强的稳定性；
- 较强的实时性：嵌入式操作系统实时性一般较强，可用于各种设备的控制中；
- 可伸缩性：开放、可伸缩性的体系结构；
- 外设接口的统一性：提供各种设备驱动接口。

嵌入式系统的操作系统核心通常要求体积很小，因为硬件存储器的容量有限，除了应用程序之外，不希望操作系统占用太大的存储空间。事实上，嵌入式操作系统可以很小，只提供基本的管理功能和调度功能，缩小到 10KB 到 20KB 之间的嵌入式操作系统比比皆是，相信用惯微软的 Windows 系统的用户，可能会觉得不可思议。

早期的嵌入式系统，多半是执行特定功能的设备，其需要的嵌入式操作系统，强调的是性能稳定，只需搭配简单的应用程序。嵌入式操作系统主要用途是控制系统负载，以及监控应用程序的运行。这一时期的嵌入式操作系统，大部分是由系统制造厂商自行开发的，是一个封闭式系统架构。

20 世纪 80 年代中期以后，随着产业自动化、通信数字化的潮流兴起，嵌入式系统的实时性要求升高。在软件方面，实时操作系统成为主流，系统制造厂商逐渐开始采用专业厂商提供的开放式架构实时操作系统。这一阶段的嵌入式操作系统开始具备文件管理、设备管理、多任务、图形用户界面等功能，并提供了一些应用程序接口，使得应用软件的开发变得更加简单。

20 世纪 90 年代末期到 21 世纪，信息技术的发展进入了网络普及的后 PC 时代，通用型操作系统也进入了嵌入式领域，与实时操作系统共同竞争新兴的信息家电市场。由于宽带网络的普及和主流产品的多功能化，这一阶段的系统架构更加复杂。

随着网络环境的普及，嵌入式操作系统不仅需要支持各种网络通信协议，而且各种应用程序对编程接口的要求也不断提高。信息家电的兴起使得各类消费类电子产品的功能日趋复杂。例如手持式设备结合手机、PDA、数码相机、掌上型游戏机等功能，视频转换器集合数字录放机、游戏机、家庭网关器等功能。因此未来的嵌入式操作系统所要执行的功能将越来越多，这对嵌入式操作系统本身也提出了更高的技术要求。

尽管不同的应用场合会产生不同特点的嵌入式操作系统，但都会有一个核心（Kernel）和一些系统服务。操作系统必须提供一些系统服务供应用程序调用，包括文件系统、内存分配、I/O 存取服务、中断服务、任务（Task）服务、时间服务等，设备驱动程序则是要建立在 I/O 存取和中断服务上的。有些嵌入式操作系统也会提供多种通信协议，以及用户接口函数库等。

实时嵌入式操作系统的种类繁多，大体可分为两种——商用型和免费型。商用型的实时操作系统功能稳定、可靠，有完善的技术支持和售后服务，但往往价格昂贵。

（1）VxWorks

VxWorks 操作系统是美国 WindRiver 公司于 1983 年设计开发的一种实时嵌入式操作系统（RTOS），由于具有高性能的系统内核和友好的用户开发环境，在实时嵌入式操作系统领域牢牢占据着一席之地。值得一提的是，美国 JPL 实验室研制的著名"索杰纳"火星车采用的就是 VxWorks 操作系统。

VxWorks 的突出特点是：可靠性、实时性和可裁剪性。它是目前嵌入式系统领域中使用最广泛、市场占有率最高的操作系统。它支持多种处理器，如 x86、i960、Motorola MC68xxx、Power PC 等。大多数的 VxWorks API 是专有的，采用 GNU 的编译和调试器。

（2）嵌入式 Linux

免费软件 Linux 的出现对目前商用嵌入式操作系统带来了冲击。作为候选的嵌入式操作系统，Linux 有一些吸引人的优势，它可以移植到多个有不同结构的 CPU 和硬件平台上，具有很好的稳定性、各种性能的升级能力，而且更容易开发。

由于嵌入式系统越来越追求数字化、网络化和智能化，因此原来在某些设备或领域中占主导地位的软件系统越来越难以为继，因为要达到上述要求，整个系统必须是开放的，提供标准的 API，并能够方便地与众多第三方的软硬件沟通。

在这些方面，Linux 有着得天独厚的优势。首先，Linux 是开放源码的，不存在黑箱技术，遍布全球的众多 Linux 爱好者又是 Linux 开发的强大技术后盾；其次，Linux 的内核小、功能强大、运行稳定、系统健壮、效率高；第三，Linux 是一种开放源码的操作系统，易于定制剪裁，在价格上极具竞争力；第四，Linux 不仅支持 x86CPU，还可以支持其他数种 CPU 芯片；第五，有大量的且不断增加的开发工具，这些工具为嵌入式系统的开发提供了良好的开发环境；第六，Linux 沿用了 UNIX 的发展方式，遵循国际标准，可以方便地获得众多第三方软硬件厂商的支持；最后，Linux 内核的结构在网络方面是非常完整的。此外，在图像处理、文件管理及多任务支持等诸多方面，Linux 的表现也都非常出色，因此它不仅可以充当嵌入式系统的开发平台，其本身也是嵌入式系统应用开发的较好工具。

国际上许多大型跨国企业，已经瞄准了后 PC 时代的下一代计算设备——嵌入式计算设备，其中一些著名的公司更是选中了 Linux 操作系统作为开发嵌入式产品的工具。现在国外基于嵌入式 Linux 系统的产品已问世的有：韩国三星公司的 Linux PDA、可联网的 Linux 照相机等。

我国也有不少厂家推出了基于 Linux 的嵌入式系统。例如，中科红旗软件技术有限公司既开发了嵌入式 Linux 系统基本开发平台，又提供了可供裁剪的嵌入式 Linux 图形用户界面、窗口系统和网络浏览器，并且与许多硬件厂家合作开发出了一批基于 Linux 的嵌入式系统产品，包括机顶盒、彩票机等，现在已进入交换机等网络接入设备领域，相信随着技术的进步和需求的推动，基于 Linux 的嵌入式系统在今后会得到较大的发展。

（3）μC/OS-II

μC/OS-II 是 Jean J.Labrosse 在 1990 年前后编写的一个实时操作系统内核。可以说 μC/OS-II 也像 Linus Torvalds 实现 Linux 一样，完全出于个人对实时内核的研究兴趣而产生的，并且开放源代码。如果作为非商业用途，μC/OS-II 是完全免费的，其名称 μC/OS-II 来源于术语 Micro-Controller Operating System（微控制器操作系统）。它通常也称为 MUCOS 或者 UCOS。

经过十多年的发展，特别是在 2001 年国内翻译出版了系统介绍 μC/OS-II 的书籍之后，μC/OS-II 在国内开始得到迅速普及和广泛应用，使用 μC/OS-II 开发嵌入式应用系统的人越来越多，尤其是高校和研究机构将 μC/OS-II 直接作为实时操作系统的教学材料。

严格地说，μC/OS-II 只是一个实时操作系统内核，它仅仅包含了任务调度、任务管理、时间管理、内存管理、任务间通信和同步等基本功能，没有提供输入输出管理、文件管理、网络等额外的服务。但由于 μC/OS-II 良好的可扩展性和源码开放，这些功能完全可以由用户根据需要自己实现。目前，已经出现了基于 μC/OS-II 的相关应用，包括文件系统、图形系统以及第三方提供的 TCP/IP 网络协议等。

μC/OS-II 的目标是实现一个基于优先级调度的抢占式实时内核，并在这个内核之上提供最基本的系统服务，例如信号量、邮箱、消息队列、内存管理、中断管理等。虽然 μC/OS-II 并不是一个商业实时操作系统，但 μC/OS-II 的稳定性和实用性却被数百个商业级的应用所验证，其应用领域包括便携式电话、运动控制卡、自动支付终端、交换机等。

μC/OS-II 获得广泛使用不仅仅是因为它的源码开放，还有一个重要原因，就是它的可移植性。μC/OS-II 的大部分代码都是用 C 语言编写的，只有与处理器的硬件相关的一部分代码用汇编语言编写。可以说，μC/OS-II 在最初设计时就考虑到了系统的可移植性，这一点和同样源码开放的 Linux 很不一样，后者在开始的时候只是用于 x86 体系结构，后来才将和硬件相关的代码单独提取出来。

目前 μC/OS-II 支持 ARM、PowerPC、MIPS、68k 和 x86 等多种体系结构，已经被移植到上百种嵌入式处理器上，包括 Intel 公司的 StrongAM、80x86 系列，Motorola 公司的 M68H 系列、飞利浦和三星公司基于 ARM 核的各种微处理器等。

（4）WindowsCE

从多年前发表 WindowsCE 开始，微软就开始涉足嵌入式操作系统领域，如今历经

WindowsCE 2.0、3.0，新一代的 WindowsCE 呼应微软.NET 的意愿，定名为"WindowsCE．NET"（目前最新版本为 5.0）。WindowsCE 主要应用于 PDA 以及智能电话（Smart Phone）等多媒体网络产品，而不是用于 x86 微处理器的平台上。WindowsCE.NET 的目的，是让不同语言所编写的程序可以在不同的硬件上执行，也就是所谓的.NET Compact Framework，在 Framework 下的应用程序与硬件互相独立。而核心本身是一个支持多线程以及多 CPU 的操作系统。在工作调度方面，为了提高系统的实时性，主要设置了 256 级的工作优先级以及可嵌入式中断处理。

如同在 PC Desktop 环境中，WindowsCE 系列在通信和网络以及多媒体方面极具优势。其提供的协议软件非常完整，如基本的 PPP、TCP/IP、IrDA、ARP、ICMP、PPTP、SNMP、HTTP 等几乎应有尽有，甚至还提供了有保密与验证的加密通信，如 PCT/SSL。而在多媒体方面，目前在 PC 上执行的 Windows Media 和 DirectX 都已经应用到 WindowsCE 3.0 以上的平台。其主要功能就是对图形、影音进行编码译码，以及对多媒体信号进行处理。

（5）Android 操作系统

Android 是一种基于 Linux 的自由及开放源代码的操作系统，主要用于移动设备，如智能手机和平板电脑。Android 的系统架构和其操作系统一样，采用了分层的架构，从高层到低层分别是应用程序层、应用程序框架层、系统运行库层和 Linux 内核层。2007 年 11 月，Google 与 84 家硬件制造商、软件开发商及电信营运商组建开放手机联盟，共同研发改良 Android 系统。随后 Google 以 Apache 开源许可证的授权方式，发布了 Android 的源代码。2012 年 11 月数据显示，Android 占据全球智能手机操作系统市场 76%的份额，中国市场占有率为 90%。2013 年全世界采用这款系统的设备数量已经达到 10 亿台。

1.5　ARM 处理器简介

1.5.1　ARM 处理器的进化过程

ARM（Advanced RISC Machine）是一个公司的名称，也是一类微处理器的通称，还是一种技术的名称。ARM 在 1990 年成立，当时由三家公司——苹果电脑、Acorn 电脑公司、以及 VLSI 技术（公司）合资。在 1991 年，ARM 推出了 ARM6 处理器家族，VLSI 则是第一个吃螃蟹的人。后来，陆续有其他巨头，包括 TI、NEC、Samsung、ST 等，都获取了 ARM 授权，根据各自不同的应用领域，加入适当的外围电路，从而形成自己的 ARM 微处理器芯片。截至 2012 年底，ARM 总共拥有 300 多家伙伴的 956 份可带来收入的有效授权，包括 Cortex-A 132 份、Mali GPU 75 份、Cortex-R 33 份、Cortex-M 168 份、经典处理器 524 份、其他 24 份。基于这些授权的处理器已经累计出售了 300 多亿颗。ARM 预计，到 2017 年 ARM 架构应用处理器规模将达到 40 亿颗、实时嵌入式处理器 140 亿颗、微控制器 230 亿颗，合计达 410 亿颗。

ARM 十几年如一日地开发新的处理器内核和系统功能块，包括流行的 ARM7TDMI 处理器，还有更新的高档产品 ARM1176TZ(F)-S 处理器，后者能做高档手机。功能的不断进化，处理水平的持续提高，年深日久造就了一系列的 ARM 架构。要说明的是，架构版本号和名字中的数字并不是一码事。比如，ARM7TDMI 是基于 ARMv4T 架构的（T 表示支持"Thumb 指令"）；ARMv5TE 架构则是伴随着 ARM9E 处理器家族亮相的。ARM9E 家族成员包括 ARM926E-S 和 ARM946E-S。ARMv5TE 架构添加了"服务于多媒体应用增强的 DSP 指令"。

后来又推出了 ARM11，ARM11 是基于 ARMv6 架构建成的。基于 ARMv6 架构的处理器包括 ARM1136J(F)-S，ARM1156T2(F)-S，以及 ARM1176JZ(F)-S。ARMv6 是 ARM 进化史上的一个重要里程碑：从那时候起，许多突破性的新技术被引进，存储器系统加入了很多崭新的特性，单指令流多数据流（SIMD）指令也是从 v6 开始首次引入的。而最前卫的新技术，就是经过优化的 Thumb-2 指令集，它专为低成本的单片机及汽车组件市场服务。

ARMv6 的设计中还有另一个重大的决定：虽然这个架构要能上能下，从最低端的 MCU 到最高端的"应用处理器"都通吃，但不能因此就这也会，那也会，但是都不精。仍须定位准确，使处理器的架构能胜任每个应用领域。结果就是，要使 ARMv6 能够灵活地配置和裁剪。对于成本敏感市场，要设计一个少门数的架构，让它有极强的确定性；另一方面，在高端市场上，不管是功能丰富的还是高性能的，都要有拿得出手的好东西。

最近几年，基于 ARMv6 开始的新设计理念，ARM 进一步扩展了它的 CPU 设计，成果就是 ARMv7 架构的闪亮登场。在这个版本中，内核架构首次从单一款式变成 3 种款式，如图 1-3 所示。

● A 系列：用于高性能的"开放应用平台"——越来越接近电脑了。
● R 系列：用于高端的嵌入式系统，尤其是那些带有实时要求的，又要快又要实时。
● M 系列：用于深度嵌入的，单片机风格的系统中——本书的主角。

让我们再近距离地考察这 3 种系列。

A 系列（ARMv7－A）：需要运行复杂应用程序的"应用处理器"。支持大型嵌入式操作系统，比如 Android，Linux，以及微软的 Windows CE 和智能手机操作系统 Windows Mobile。这些应用需要很高的处理性能，并且需要硬件 MMU 的完整而强大的虚拟内存机制，基本上配有 Java 支持，有时还要求一个安全的程序执行环境。典型的产品包括智能手机和平板电脑，电子钱包以及金融事务处理机。

R 系列（ARMv7-R）：硬实时且高性能的处理器。标的是高端实时市场。那些高级的应用，像高档轿车的组件、大型发电机控制器、机器手臂控制器等，它们使用的处理器不但要强大，还要极其可靠，对事件的反应也要极其敏捷。

M 系列（ARMv7-M）：认准了单片机的应用而量身定制。在这些应用中，尤其是对于实时控制系统，低成本、低功耗、极速中断反应以及高处理效率，都是至关重要的。

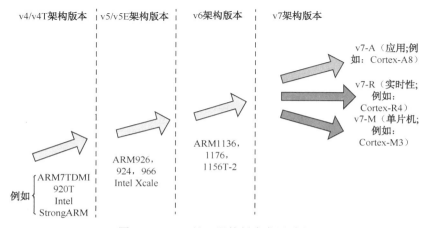

图 1-3　ARM 处理器的版本发展过程

以前，ARM 使用一种基于数字的命名法（见表 1-1）。在早期，还在数字后面添加字母后缀，用来进一步明细该处理器支持的特性。就拿 ARM7TDMI 来说，T 代表 Thumb 指令集，

D 是支持 JTAG 调试（Debugging），M 意指硬件乘法器，I 则对应一个嵌入式 ICE 模块。后来，这 4 项基本功能成了任何新产品的标配，于是就不再使用这 4 个后缀——相当于默许了。但是新的后缀不断加入，包括定义存储器接口的、定义高速缓存的以及定义"紧耦合存储器"（TCM）的，于是形成了新一套命名法，这套命名法也使用到 ARM11 系列处理器上。随着 v7 版本进入市场，ARM 处理器开始应用 Cortex 命名规则。

表 1-1　ARM 处理器命名规则

处理器名字	架构版本号	存储器管理特性	其 他 特 性
ARM7TDMI	v4T		
ARM7TDMI-S	v4T		
ARM7EJ-S	v5E		DSP，Jazelle
ARM920T	v4T	MMU	
ARM922T	v4T	MMU	
ARM926EJ-S	v5E	MMU	DSP，Jazelle
ARM946E-S	v5E	MPU	DSP
ARM966E-S	v5E		DSP
ARM968E-S	v5E		DMA，DSP
ARM966HS	v5E	MPU（可选）	DSP
ARM1020E	v5E	MMU	DSP
ARM1022E	v5E	MMU	DSP
ARM1026EJ-S	v5E	MMU　或 MPU	DSP，Jazelle
ARM1136J（F）-S	v6	MMU	DSP，Jazelle
ARM1176JZ（F）-S	v6	MMU+TrustZone	DSP，Jazelle
ARM11 MPCore	v6	MMU+多处理器缓存支持	DSP
ARM1156T2（F）-S	v6	MPU	DSP
Cortex-M3	v7 - M	MPU（可选）	NVIC
Cortex-R4	v7 - R	MPU	DSP
Cortex-R4F	v7 - R	MPU	DSP+浮点运算
Cortex-A8	v7 - A	MMU+TrustZone	DSP，Jazelle

1.5.2　ARM 处理器的开发工具

嵌入式应用从以前的简单控制发展到今天，已经有很多非常复杂、非常高端的应用。由于这种复杂性的提高，目前在嵌入式应用的开发过程中，工具所起的作用越来越大。如何帮助工程师完成负责的系统设计，成功地实现多种内核在同一个系统中的协同工作，是嵌入式系统工具必须达到的目标。可以说，是工具在帮助实现应用。当然，反过来，嵌入式应用的发展也在推动着工具的发展。

不同系列的处理器和不同的操作系统平台需要使用不同的开发环境进行嵌入式软件开发，

表 1-2 列出了目前常用的开发工具。

表 1-2　常用的开发工具

开 发 工 具	处 理 器	操 作 系 统
Keil μVision4	ARM 全系列处理器	无或简单操作系统（如μC/OS-II）
IAR EWARM	ARM 全系列处理器	无或简单操作系统（如μC/OS-II）
Microsoft Visual Studio	高端 ARM 处理器	Window CE
Ecllipse	高端 ARM 处理器	嵌入式 Linux，Android

1.6　嵌入式系统的设计方法

1.6.1　嵌入式系统的总体结构

在不同的应用场合，嵌入式系统呈现出的外观和形式各不相同。但通过对其内部结构进行分析，可以发现，一个嵌入式系统一般都由嵌入式微处理器系统和被控对象组成。其中嵌入式微处理器系统是整个系统的核心，由硬件层、中间层、软件层和功能层组成。被控对象可以是各种传感器、电机、输入输出设备等，可以接收嵌入式微处理器系统发出的控制命令，执行所规定的操作或任务。下面对嵌入式系统的主要组成进行简单描述。

（1）硬件层

硬件层由嵌入式微处理器、外围电路和外部设备组成。在一片嵌入式微处理器基础上增加电源电路、复位电路、调试接口和存储器电路，就构成一个嵌入式核心控制模块。其中操作系统和应用程序都可以固化在 ROM 或者 Flash 中。为方便使用，有的模块在此基础上增加了 LCD、键盘、USB 接口，以及其他一些功能的扩展电路和接口。

嵌入式系统的硬件层是以嵌入式处理器为核心的，最初的嵌入式处理器都是为通用目的而设计的。后来随着微电子技术的发展出现了 ASIC（专用的集成电路），ASIC 是一种为具体任务而特殊设计的专用集成电路。由于 ASIC 在设计过程中进行了专门优化，其性能、性价比都非常高。采用 ASIC 可以减少系统软硬件设计的复杂度，降低系统成本。有的嵌入式微处理器利用 ASIC 来实现，但 ASIC 的前期设计费用非常高，而且 ASIC 一旦设计完成，就无法升级和扩展，一般只有在一些产量非常大的产品设计中才考虑使用 ASIC。

（2）中间层

硬件层与软件层之间为中间层，也称为 BSP（板级支持包），将系统软件与底层硬件部分隔离，使得系统的底层设备驱动程序与硬件无关，一般应具有相关硬件的初始化、数据的输入输出操作和硬件设备的配置等功能。BSP 是主板硬件环境和操作系统的中间接口，是软件平台中具有硬件依赖性的那一部分，主要目的是为了支持操作系统，使之能够更好地运行于硬件主板上。

纯粹的 BSP 所包含的内容一般说来是与系统有关的驱动程序，如网络驱动程序和系统中的网络协议，串口驱动程序和系统的下载调试等。离开这些驱动程序系统就不能正常工作。

（3）软件层

软件层主要是操作系统，有的还包括文件系统、图形用户接口和网络系统等。操作系统是嵌入式应用软件的基础和开发平台，实际上是一段程序，系统复位后首先执行，相当于用户的主程序，用户的其他应用程序都建立在操作系统之上。操作系统是一个标准的内核，将中断、

I/O、定时器等资源都封装起来，以方便用户使用。

操作系统的引入大大提高了嵌入式系统的功能，方便了应用软件的设计，但同时也占用了宝贵的嵌入式系统资源。一般在大型的或需要多任务的应用场合才考虑使用嵌入式操作系统。

（4）功能层

功能层由基于操作系统开发的应用程序组成，用来完成对被控对象的控制功能。功能层是面向被控对象和用户的，为了方便用户操作，往往需要具有友好的人机界面。

对于一些复杂的系统，在系统设计的初期阶段就要对系统的需求进行分析，确定系统的功能，然后将系统的功能映射到整个系统的硬件、软件和执行装置的设计过程中，这个过程称为系统的功能实现。

1.6.2　嵌入式系统设计过程

嵌入式系统的应用开发是按照一定的流程进行的，一般由五个阶段构成：需求分析、体系结构设计、硬件/软件设计、系统集成和代码固化。各个阶段之间往往要求不断地重复和修改，直至最终完成设计目标。

（1）需求分析

嵌入式系统的特点决定了系统在开发初期的需求分析中就要搞清楚需要完成的任务。在此阶段需要分析系统的需求，系统的需求一般分为功能需求和非功能需求两方面。功能需求是系统的基本功能，如输入输出信号、操作方式等；非功能需求包括系统性能、成本、功耗、体积、重量等因素。

根据系统的需求，确定设计任务和设计目标，并提炼出设计规格说明书，作为正式指导设计和验收的标准。

（2）体系结构设计

需求分析完成后，根据提炼出的设计规格说明书，进行体系结构的设计。系统的体系结构描述了系统如何实现所述的功能和非功能需求，包括对硬件、软件的功能划分，以及系统的软件、硬件和操作系统的选型等。

（3）软/硬件设计

基于体系结构对系统的软、硬件进行详细设计。为了缩短产品开发周期，设计往往是并行的。对于每一个处理器的硬件平台都是通用的、固定的、成熟的，在开发过程中减少了硬件系统错误的引入机会。同时，嵌入式操作系统屏蔽掉了低层硬件的很多复杂信息，开发者利用操作系统提供的 API 函数可以完成大部分功能。对于一个完整的嵌入式应用系统的开发，应用系统的程序设计是嵌入式系统设计一个非常重要的方面，程序的质量直接影响整个系统功能的实现，好的程序设计可以克服系统硬件设计的不足，提高应用系统的性能；反之，会使整个应用系统无法正常工作。

不同于基于 PC 平台的程序开发，嵌入式系统的程序设计具有其自身的特点，程序设计的方法也会因系统或人而异。

（4）系统集成和代码固化

把系统中的软件、硬件集成在一起，进行调试，发现并改进单元设计过程中的错误。

嵌入式软件开发完成以后，大多数在目标环境的非易失性存储器中运行，程序写入到 Flash 中固化，保证每次运行后下一次运行无误，所以嵌入式软件开发与普通软件开发相比，增加了固化阶段。嵌入式应用软件调试完成以后，编译器要对源代码重新编译一次，以产生固化到目标环境的可执行代码，再烧写到 Flash。可执行代码烧写到目标环境中固化后，整个嵌入式系统的开发就基本完成了，剩下的就是对产品的维护和更新了。

1.6.3　嵌入式系统的软/硬件协同设计技术

传统的嵌入式系统设计方法，硬件和软件分为两个独立的部分，由硬件工程师和软件工程师按照拟定的设计流程分别完成。这种设计方法只能改善硬件/软件各自的性能，而有限的设计空间不可能对系统做出较好的性能综合优化。从理论上来说，每一个应用系统，都存在一个适合该系统的硬件、软件功能的最佳组合，如何从应用系统需求出发，依据一定的指导原则和分配算法对硬件/软件功能进行分析及合理的划分，从而使系统的整体性能、运行时间、能量耗损、存储能量达到最佳状态，已成为软/硬件协同设计的重要研究内容之一。

系统协同设计与传统设计相比有两个显著的区别：

（1）描述硬件和软件使用统一的表示形式；

（2）软/硬件划分可以选择多种方案，直到满足要求。

显然，这种设计方法对于具体的应用系统而言，容易获得满足综合性能指标的最佳解决方案。传统方法虽然也可改进软/硬件性能，但由于这种改进是各自独立进行的，不一定使系统综合性能达到最佳。

传统的嵌入式系统开发采用的是软件开发与硬件开发分离的方式，其过程可描述如下：

（1）需求分析；

（2）软/硬件分别设计、开发、调试、测试；

（3）系统集成；

（4）集成测试；

（5）若系统正确，则结束，否则继续进行；

（6）若出现错误，需要对软/硬件分别验证和修改；返回（3），再继续进行集成测试。

虽然在系统设计的初始阶段考虑了软/硬件的接口问题，但由于软、硬件分别开发，各自部分的修改和缺陷很容易导致系统集成出现错误。由于设计方法的限制，这些错误不但难以定位，而且更重要的是，对它们的修改往往会涉及整个软件结构或硬件配置的改动。显然，这是灾难性的。

为避免上述问题，一种新的开发方法应运而生——软/硬件协同设计方法。首先，应用独立于任何硬件和软件的功能性规格方法对系统进行描述，采用的方法包括有限态自动机（FSM）、统一化的规格语言（CSP、VHDL）或其它基于图形的表示工具，其作用是对硬/软件统一表示，便于功能的划分和综合；然后，在此基础上对软/硬件进行划分，即对软/硬件的功能模块进行分配。但是，这种功能分配不是随意的，而是从系统功能要求和限制条件出发，依据算法进行的。完成软/硬件功能划分之后，需要对划分结果做出评估。一种方法是性能评估，另一种方法是对硬件、软件综合之后的系统依据指令级评价参数做出评估。如果评估结果不满足要求，说明划分方案选择不合理，需重新划分硬/软件模块，以上过程重复，直至系统获得一个满意的软/硬件实现为止。

软/硬件协同设计过程可归纳为：

（1）需求分析；

（2）软/硬件协同设计；

（3）软/硬件实现；

（4）软/硬件协同测试和验证。

这种方法的特点是在协同设计、协同测试和协同验证上，充分考虑了软/硬件的关系，并在设计的每个层次上给以测试验证，使得尽早发现和解决问题，避免灾难性错误的出现。

思考与练习

1. 简述嵌入式系统的定义？
2. 常用的嵌入式操作系统包括哪些？
3. 嵌入式处理器从应用角度可以分为几类？
4. 嵌入式系统设计过程有哪些阶段？
5. 嵌入式系统协同设计与传统设计相比有哪些区别？

第 2 章

ARM Cortex-M3 内部结构

2.1 Cortex-M3 简介

针对微控制器领域，ARM 公司于 2006 年推出了 Cortex-M3 微处理器核。Cortex-M3 是一款具有低功耗、少门数、短中断延时、低调试成本的 32 位标准处理器。Cortex-M3 采用的 v7 指令集，它的速度比 ARM7 快三分之一，功耗低四分之三，并且能实现更小的芯片面积，利于将更多功能整合在更小的芯片中。

Cortex-M3 是一个 32 位处理器内核。内部的数据总线是 32 位的，寄存器和存储器接口也是 32 位的。ARM 提供的 Cortex-M3 处理器由处理器内核、向量中断控制器（NVIC），总线接口、调试接口和选配的存储器保护单元（MPU）与跟踪单元（ETM）等构件组成。Cortex-M3 的内部结构如图 2-1 所示，图中虚线代表的部分模块属于选配单元，并不存在于全部 Cortex-M3 系列处理器中。Cortex-M3 内部模块的缩写和含义参见表 2-1。

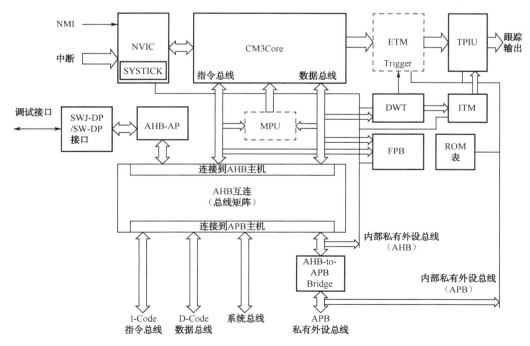

图 2-1　Cortex-M3 处理器系统框图

表 2-1　Cortex-M3 内部模块的缩写及含义

缩　　写	含　　义
NVIC	嵌套向量中断控制器
SYSTICK Timer	一个简易的周期定时器，用于提供时基，多为操作系统所使用
MPU	存储器保护单元（可选）
CM3BusMatrix	内部的 AHB 互连
AHB to APB	把 AHB 转换为 APB 的总线桥
SW-DP/SWJ-DP	串行线/串口线 JTAG 调试端口（DP）。通过串行线调试协议或者是传统的 JTAG 协议（专用于 SWJ-DP），都可以用于实现与调试接口的连接
AHB-AP	AHB 访问端口，它把串行线/SWJ 接口的命令转换成 AHB 数据传送
ETM	嵌入式跟踪宏单元（可选组件），调试用。用于处理指令跟踪
DWT	数据观察点及跟踪单元，调试用。这是一个处理数据观察点功能的模块
ITM	指令跟踪宏单元
TPIU	跟踪单元的接口单元。所有跟踪单元发出的调试信息都要先送给它，它再转发给外部跟踪
FPB	Flash 地址重载及断点单元
ROM 表	一个小的查找表，其中存储了配置信息

Cortex-M3 处理器的主要特点包括：

- 内核为哈佛结构，采用带有分支预测的 3 级指令流水线；
- 支持高效的 Thumb-2 指令子集；
- 32 位硬件乘法和除法运算；
- 内置嵌套向量中断控制器，尤其是 Cortex-M3 紧密耦合部分；
- 定义了统一的存储器映射；
- 支持"位带"，实现原子性的单比特读写；
- 支持地址非对齐的存储器访问；
- 支持串行调试接口；
- 支持低功耗模式。

　　Cortex-M3 采用了哈佛结构，拥有独立的指令总线和数据总线，可以让取指与数据访问并行执行。这样一来数据访问不再占用指令总线，从而提升了性能。为实现这个特性，Cortex-M3 内部含有多条总线接口，每条都为自己的应用场合优化过，并且它们可以并行工作。但是另一方面，指令总线和数据总线共享同一个存储器空间（一个统一的存储器系统）。换句话说，虽然拥有两条总线，但是可寻址空间仍然为 4GB。

　　比较复杂的应用可能需要更多的存储系统功能，为此 Cortex-M3 提供一个可选的 MPU，而且在需要的情况下也可以使用外部 Cache。另外在 Cortex-M3 中，小端模式和大端模式都是支持的。Cortex-M3 内部还集成了调试组件，用于在硬件水平上支持调试操作，如指令断点、数据观察点等。另外，为支持更高级的调试，还有其他可选组件，包括指令跟踪和多种类型的调试接口。

　　可见，Cortex-M3 处理器是以一个"处理器子系统"呈现的，其 CPU 内核本身与 NVIC 和一系列调试块都亲密耦合。

　　CM3Core：Cortex-M3 处理器的中央处理核心。

嵌套向量中断控制器 NVIC：NVIC 是一个在 CM3 中内建的中断控制器。中断的具体路数由芯片厂商定义。NVIC 是与 CPU 紧密耦合的，它还包含了若干个系统控制寄存器。因为 NVIC 支持中断嵌套，使得在 Cortex-M3 上处理嵌套中断时清爽而强大。它还采用了向量中断的机制。在中断发生时，它会自动取出对应的服务例程入口地址，并且直接调用，无须软件判定中断源，为缩短中断延时做出了非常重要的贡献。

SysTick 定时器：系统滴答定时器是一个非常基本的倒计时定时器，用于在每隔一定的时间产生一个中断，即使是系统在睡眠模式下也能工作。它使得 OS 在各 Cortex-M3 器件之间的移植中不必修改系统定时器的代码，移植工作一下子容易多了。SysTick 定时器也是作为 NVIC 的一部分实现的。

存储器保护单元（MPU）：MPU 是一个选配的单元，有些 Cortex-M3 芯片可能没有配备此组件。如果有，则它可以把存储器分成一些 regions，并分别予以保护。例如，它可以让某些 regions 在用户级下变成只读，从而阻止一些用户程序破坏关键数据。

BusMatrix：BusMatrix 是 Cortex-M3 内部总线系统的核心。它是一个 AHB 互连的网络，通过它可以让数据在不同的总线之间并行传送——只要两个总线主机不试图访问同一块内存区域。BusMatrix 还提供了附加的数据传送管理设施，包括一个写缓冲以及一个按位操作的逻辑［位带（bit-band）］。

AHB to APB：它是一个总线桥，用于把若干个 APB 设备连接到 Cortex-M3 处理器的私有外设总线上（内部的和外部的）。这些 APB 设备常见于调试组件。Cortex-M3 还允许芯片厂商把附加的 APB 设备挂在这条 APB 总线上，并通过 APB 接入其外部私有外设总线。

框图中其他的组件都用于调试，通常不会在应用程序中使用。

SW-DP/SWJ-DP：串行线调试端口（SW-DP）/串口线 JTAG 调试端口（SWJ-DP）都与 AHB 访问端口（AHB-AP）协同工作，以使外部调试器可以发起 AHB 上的数据传送，从而执行调试活动。在处理器核心的内部没有 JTAG 扫描链，大多数调试功能都是通过在 NVIC 控制下的 AHB 访问来实现的。SWJ-DP 支持串行线协议和 JTAG 协议，而 SW-DP 只支持串行线协议。

AHB-AP：AHB 访问端口通过少量的寄存器，提供了对全部 Cortex-M3 存储器的访问功能。该功能块由 SW-DP/SWJ-DP 通过一个通用调试接口（DAP）来控制。当外部调试器需要执行动作的时候，就要通过 SW-DP/SWJ-DP 来访问 AHB-AP，从而产生所需的 AHB 数据传送。

嵌入式跟踪宏单元（ETM）：ETM 用于实现实时指令跟踪，但它是一个选配件，所以不是所有的 Cortex-M3 产品都具有实时指令跟踪能力。ETM 的控制寄存器是映射到主地址空间上的，因此调试器可以通过 DAP 来控制它。

数据观察点及跟踪单元（DWT）：通过 DWT，可以设置数据观察点。当一个数据地址或数据的值匹配了观察点，就产生了一次匹配命中事件。匹配命中事件可以用于产生一个观察点事件，后者能激活调试器以产生数据跟踪信息，或者让 ETM 联动。

指令跟踪宏单元（ITM）：ITM 有多种用法。软件可以控制该模块直接把消息送给 TPIU（类似 printf 风格的调试）；还可以让 DWT 匹配命中事件通过 ITM 产生数据跟踪包，并把它输出到一个跟踪数据流中。

跟踪端口的接口单元（TPIU）：TIPU 用于和外部的跟踪硬件（如跟踪端口分析仪）交互。在 Cortex-M3 的内部，跟踪信息都被格式化成"高级跟踪总线（ATB）包"，TPIU 重新格式化这些数据，从而让外部设备能够捕捉到它们。

FPB：FPB 提供 Flash 地址重载和断点功能。Flash 地址重载是指当 CPU 访问的某条指令匹配到一个特定的 Flash 地址时，将把该地址重映射到 SRAM 中指定的位置，从而取指后返回的是另外的值。此外，匹配的地址还能用来触发断点事件。Flash 地址重载功能对于测试工作很有用。例如，通过使用 FPB 来改变程序流程，就可以给那些不能在普通情形下使用的设备添加诊断程序代码。

ROM 表：它只是一个简单的查找表，提供了存储器映射信息，这些信息包括了多种系统设备和调试组件。当调试系统定位各调试组件时，它需要找出相关寄存器在存储器的地址，这些信息由此表给出。绝大多数情况下，因为 Cortex-M3 有固定的存储器映射，所以各组件都对号入座——拥有一致的起始地址。但是因为有些组件是可选的，还有些组件是可以由制造商另行添加的，各芯片制造商可能需要定制他们芯片的调试功能。在这种情况下，必须在 ROM 表中给出这些特殊的信息，这样调试软件才能判定正确的存储器映射，进而可以检测可用的调试组件是何种类型。

通常情况下，芯片厂商都会钩住（hook up）所有送往存储器和外设的总线信号。并且在少数情况下，芯片厂商把总线连接到了总线桥上，并且允许外部总线系统连接到芯片上。Cortex-M3 处理器的总线接口是基于 AHB-Lite 和 APB 协议的，它们的规格在 AMBA 规格书（第 4 版）中给出。

指令总线是一条基于 AHB-Lite 总线协议的 32 位总线，负责在 0x0000_0000～0x1FFF_FFFF 之间的取指操作。取指以字的长度执行，即使对于 16 位指令也是如此。因此 CPU 内核可以一次取出两条 16 位 Thumb 指令。

数据总线也是一条基于 AHB-Lite 总线协议的 32 位总线，负责在 0x0000_0000～0x1FFF_FFFF 之间的数据访问操作。尽管 Cortex-M3 支持非对齐访问，但你绝不会在该总线上看到任何非对齐的地址，这是因为处理器的总线接口会把非对齐的数据传送都转换成对齐的数据传送。因此，连接到数据总线上的任何设备都只需支持 AHB-Lite 的对齐访问，不需要支持非对齐访问。

系统总线也是一条基于 AHB-Lite 总线协议的 32 位总线，负责在 0x2000_0000～0xDFFF_FFFF 和 0xE010_0000～0xFFFF_FFFF 之间的所有数据传送。和数据总线一样，所有的数据传送都是对齐的。

外部私有外设总线是一条基于 APB 总线协议的 32 位总线。此总线负责 0xE004_0000-0xE00F_FFFF 之间的私有外设访问。但是，由于此 APB 存储空间的一部分已经被 TPIU、ETM 以及 ROM 表用掉了，只留下 0xE004_2000～E00F_F000 这个区间用于配接附加的（私有）外设。

调试访问端口总线接口是一条基于"增强型 APB 规格"的 32 位总线，它专用于挂接调试接口，例如 SWJ-DP 和 SW-DP。

2.2　指令集

Cortex-M3 只使用 Thumb-2 指令集。这是个了不起的突破，因为它允许 32 位指令和 16 位指令直接混编，代码密度与处理性能均很强大且易于使用。

在过去，做 ARM 开发必须处理好两个状态，即：使用 32 位的 ARM 指令集的 ARM 状态和使用 16 位的 Thumb 指令集的 Thumb 状态。当处理器在 ARM 状态下时，所有的指令均是 32 位的（哪怕只是个 "NOP" 指令），此时性能相当高。而在 Thumb 状态下，所有的指令均是 16 位的，代码密度提高了一倍。不过，Thumb 状态下的指令功能只是 ARM 下的一个子集，结果可能需要更多条指令去完成相同的工作，导致处理性能下降。为了取长补短，很多应用程序都混合使用 ARM 和 Thumb 代码段。然而，这种混合使用是有额外开销的，时间上的和空间上的都有，主要发生在状态切换之时。另一方面，ARM 代码和 Thumb 码需要以不同的方式编译，这也增加了软件开发管理的复杂度。

伴随着 Thumb-2 指令集的横空出世，终于可以在单一的操作模式下完成所有处理。事实上，Cortex-M3 内核干脆都不支持 ARM 指令，中断也在 Thumb 状态下处理（以前的 ARM 总是在 ARM 状态下处理所有的中断和异常）。它使 Cortex-M3 在三个方面都比传统的 ARM 处理器更先进：

- 消除了状态切换的额外开销，节省了执行时间和指令空间；
- 不再需要把源代码文件分成按 ARM 编译的和按 Thumb 编译的，软件开发的管理大大减负；
- 无须再反复地求证和测试究竟该在何时何地切换到何种状态下，这样的程序才最有效率。

因为 Cortex-M3 只能使用最新的 Thumb-2，旧的应用程序需要移植和重建。对于大多数 C 源程序，只需简单地重新编译就能重建，汇编代码则可能需要大面积地修改和重写，才能使用 Cortex-M3 的新功能，并且融入 Cortex-M3 新引入的统一汇编器框架（unified assembler framework）中。

Cortex-M3 并不支持所有的 Thumb-2 指令，ARMv7-M 的规格书只要求实现 Thumb-2 的一个子集。举例来说，协处理器指令就被裁掉了。Cortex-M3 也没有实现 SIMD 指令集。过去的一些 Thumb 指令不再需要，因此也被排除。

2.3　流水线

Cortex-M3 处理器使用一个三级流水线。流水线的三级分别是取指、解码和执行，如图 2-2 所示。

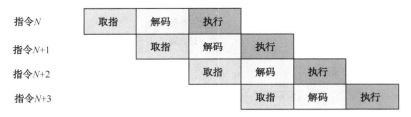

图 2-2　Cortex-M3 的三级流水线

当运行的指令大多数都是16 位时，处理器会每隔一个周期做一次取指。这是因为 Cortex-M3 有时可以一次取多条指令（32 位），因此在第一条指令取来时，也顺带着把第二条指令取来了。此时总线接口就可以在下次再取指。或者如果缓冲区是满的，总线接口就空闲下来。有些指令的执行需要多个周期，在这期间流水线就会暂停。

当执行到跳转指令时，需要清洗流水线，处理器不得不从跳转目的地重新取指。为了改善这种情况，Cortex-M3 支持一定数量的 v7M 新指令，可以避免很多短程跳转。

由于流水线的存在，以及出于对 Thumb 代码兼容的考虑，读取 PC 会返回当前指令地址+4 的值。这个偏移量总是 4，不管是执行 16 位指令还是 32 位指令，这就保证了在 Thumb 和 Thumb2

之间的一致性。

在处理器内核的预取单元中也有一个指令缓冲区，它允许后续的指令在执行前先在里面排队，也能在执行未对齐的 32 位指令时，避免流水线"断流"。不过该缓冲区并不会在流水线中添加额外的级数，因此不会恶化跳转导致性能下降。

2.4 寄存器组

Cortex-M3 是一个 32 位处理器内核，内部的数据总线是 32 位的，寄存器和存储器接口也是 32 位的。Cortex-M3 拥有通用寄存器 R0～R15 以及一些特殊功能寄存器，如图 2-3 所示。R0～R12 是最"通用目的"的，但是绝大多数的 16 位指令只能使用 R0～R7（低组寄存器），而 32 位的 Thumb-2 指令则可以访问所有通用寄存器。特殊功能寄存器有预定义的功能，而且必须通过专用的指令来访问。

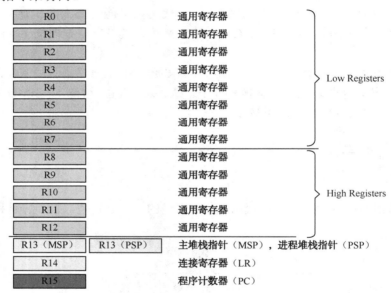

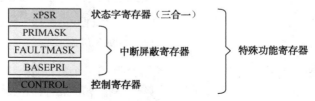

图 2-3　Cortex-M3 的寄存器组

R0～R7 也被称为低组寄存器。所有指令都能访问它们。它们的字长全是 32 位，复位后的初始值是不可预料的。R8～R12 也被称为高组寄存器。这是因为只有很少的 16 位 Thumb 指令能访问它们，32 位的指令则不受限制。它们也是 32 位字长，且复位后的初始值是不可预料的。

R13 是堆栈指针。在 Cortex-M3 处理器内核中共有两个堆栈指针，于是也就支持两个堆栈。

当引用 R13（或写作 SP）时，引用到的是当前正在使用的那一个，另一个必须用特殊的指令来访问（MRS，MSR 指令）。这两个堆栈指针分别是：

- 主堆栈指针（MSP），或写作 SP_main。这是复位后默认的堆栈指针，它由操作系统内核、异常服务例程以及所有需要特权访问的应用程序代码来使用。
- 进程堆栈指针（PSP），或写作 SP_process。用于常规的应用程序代码（不处于异常服务例程中时）。

要注意的是，并不是每个应用都必须使用两个堆栈指针。简单的应用程序只使用 MSP 就够了。堆栈指针用于访问堆栈，并且 PUSH 指令和 POP 指令默认使用 SP。

堆栈是一种存储器的使用模型，它由一块连续的内存，以及一个栈顶指针组成，用于实现"先进后出"的缓冲区。其最典型的应用，就是在数据处理前先保存寄存器的值，在处理任务完成后再从中恢复先前保护的这些值。

在执行 PUSH 和 POP 操作时，那个通常被称为 SP 的地址寄存器，会自动被调整，以避免后续的操作破坏先前的数据。在程序中为了突出重点，可以使用 SP 表示 R13。在程序代码中，MSP 和 PSP 都被称为 R13/SP。不过，可以通过 MRS/MSR 指令来指名道姓地访问具体的堆栈指针。

寄存器的 PUSH 和 POP 操作永远都是 4 字节对齐的——也就是说它们的地址必须是 0x4,0x8,0xc,……这样一来，R13 的最低两位被硬线连接到 0，并且总是读出 0（Read As Zero）。

R14 是链接器（LR）。在一个汇编程序中，可以把它写作 LR 和 R14。LR 用于在调用子程序时存储返回地址。例如，当使用 BL（分支并连接，Branch and Link）指令时，就自动填充 LR 的值。

```
main ;主程序
…
BL function1      ; 使用"分支并连接"指令呼叫 function1
                  ; PC = function1，并且 LR = main 的下一条指令地址
…
Function1
…                 ; function1 的代码
BX LR             ; 函数返回（如果 function1 要使用 LR，必须在使用前 PUSH，
                  ; 否则返回时程序就可能出错）
```

尽管 PC 的 LSB 总是 0（因为代码至少是字对齐的），LR 的 LSB 却是可读可写的。这是历史遗留的产物。在以前，由位 0 来指示 ARM/Thumb 状态。因为有些 ARM 处理器支持 ARM 和 Thumb 状态并存，为了方便汇编程序移植，Cortex-M3 需要允许 LSB 可读可写。

R15 是程序计数器，在汇编代码中也可以使用名字"PC"来访问它。因为 Cortex-M3 内部使用了指令流水线，读 PC 时返回的值是当前指令的地址+4。如果向 PC 中写数据，就会引起一次程序的分支（但是不更新 LR 寄存器）。Cortex-M3 中的指令至少是半字对齐的，所以 PC 的 LSB 总是读回 0。然而，在分支时，无论是直接写 PC 的值还是使用分支指令，都必须保证加载到 PC 的数值是奇数（即 LSB = 1），用以表明这是在 Thumb 状态下执行。倘若写了 0，则视为企图转入 ARM 模式，CM3 将产生一 fault 异常。

Cortex-M3 中的特殊功能寄存器包括：

- 程序状态寄存器组（PSRs 或 xPSR）
- 中断屏蔽寄存器组（PRIMASK，FAULTMASK，以及 BASEPRI）

● 控制寄存器（CONTROL）

它们只能被专用的 MSR 和 MRS 指令访问，而且它们也没有存储器地址。

● MRS　　　　　<gp_reg>,　　<special_reg> ;读特殊功能寄存器的值到通用寄存器
● MSR　　　　　<special_reg>, <gp_reg> ;写通用寄存器的值到特殊功能寄存器

程序状态寄存器在其内部又被分为三个子状态寄存器，如图 2-4 所示。

● 应用程序 PSR（APSR）
● 中断号 PSR（IPSR）
● 执行 PSR（EPSR）

	31	30	29	28	27	26:25	24	23:20	19:16	15:10	9	8	7	6	5	4:0
APSR	N	Z	C	V	Q											
IPSR													Exception Number			
EPSR						ICI/IT	T			ICI/IT						

图 2-4　Cortex-M3 中的程序状态寄存器（xPSR）

通过 MRS/MSR 指令，这 3 个 PSR 不仅可以单独访问，也可以组合访问（2 个组合，3 个组合都可以）。当使用三合一的方式访问时，应使用名字"xPSR"或者"PSR"，如图 2-5 所示。

	31	30	29	28	27	26:25	24	23:20	19:16	15:10	9	8	7	6	5	4:0
xPSR	N	Z	C	V	Q	ICI/IT	T			ICI/IT			Exception Number			

图 2-5　组合后的程序状态寄存器（xPSR）

PRIMASK，FAULTMASK 和 BASEPRI 这 3 个寄存器用于控制异常的使能和失能，参见表 2-2。

表 2-2　Cortex-M3 的屏蔽寄存器

名　字	功 能 描 述
PRIMASK	这是个只有 1 个位的寄存器。当它置 1 时，就关掉所有可屏蔽的异常，只剩下 NMI 和硬 fault 可以响应。它的默认值是 0，表示没有关中断
FAULTMASK	这是个只有 1 个位的寄存器。当它置 1 时，只有 NMI 才能响应，所有其他的异常，包括中断和 fault，全部屏蔽。它的默认值也是 0，表示没有关异常
BASEPRI	这个寄存器最多有 9 位（由表达优先级的位数决定），它定义了被屏蔽优先级的阈值。当它被设成某个值后，所有优先级号大于等于此值的中断都被关（优先级号越大，优先级越低），但若被设成 0，则不关闭任何中断，0 也是默认值

对于实时性较强的时间关键任务而言，PRIMASK 和 BASEPRI 对于暂时关闭中断是非常重要的。而 FAULTMASK 则可以被 OS 用于暂时关闭 fault 处理功能，这种处理在某个任务崩溃时可能需要。因为在任务崩溃时，常常伴随着大量 faults。在系统处理时，通常不再需要一一响应这些 faults。总之，FAULTMASK 就是专门留给 OS 用的。

只有在特权级下，才允许访问这三个寄存器。要访问 PRIMASK、FAULTMASK 以及 BASEPRI，同样要使用 MRS/MSR 指令。为了快速地开关中断，CM3 还专门设置了一条 CPS 指令。

控制寄存器用于定义特权级别，还用于选择当前使用哪个堆栈指针，如表 2-3 所示。

表 2-3 Cortex-M3 的控制寄存器

位	功能
CONTROL[1]	堆栈指针选择 0 = 选择主堆栈指针 MSP（复位后默认值） 1 = 选择进程堆栈指针 PSP 在线程级可以使用 PSP。在 handler 模式下，只允许使用 MSP，所以此时不得往该位写 1
CONTROL[0]	0 = 特权级的线程模式 1 = 用户级的线程模式 handler 模式永远都是特权级的

CONTROL[1]，在 Cortex-M3 的 handler 模式中，CONTROL[1]总是 0。在线程模式中则可以为 0 或 1。仅当处于特权级的线程模式下，此位才可写，其他场合下禁止写此位。改变处理器的模式也有其他的方式：在异常返回时，通过修改 LR 的位 2，也能实现模式切换。

CONTROL[0]，仅在特权级下操作时才允许写该位。一旦进入了用户级，唯一返回特权级的途径，就是触发一个（软）中断，再由服务例程改写该位。

CONTROL 寄存器也是通过 MRS 和 MSR 指令来操作的。

2.5 操作模式和特权等级

Cortex-M3 处理器支持两种处理器的操作模式，还支持两级特权操作，如图 2-6 所示。两种操作模式分别为 handler mode 和 thread mode。引入两个模式的本意，是用于区别普通应用程序的代码和异常服务例程的代码——包括中断服务例程的代码。

Cortex-M3 的另一个侧面则是特权的分级——特权级和用户级，如图 2-6 所示。这可以提供一种存储器访问的保护机制，使得普通的用户程序代码不能意外地甚至是恶意地执行涉及要害的操作。处理器支持两种特权级，这也是一个基本的安全模型。

	特权级	用户级
异常handler的代码	handler模式	错误的用法
主应用程序的代码	线程模式	线程模式

图 2-6 Cortex-M3 的操作模式和特权级别

在 Cortex-M3 运行主应用程序时（线程模式），既可以使用特权级，也可以使用用户级；但是异常服务程序必须在特权级下执行。

复位后，处理器默认进入线程模式、特权级访问。在特权级下，程序可以访问所有范围的存储器（如果有 MPU，还要在 MPU 规定的禁地之外），并且可以执行所有指令。在特权级下的程序可以为所欲为，一旦进入用户级，再不能简简单单地试图改写 CONTROL 寄存器就回到特权级，它必须先执行一条系统调用指令（SVC）。这会触发 SVC 异常，然后由异常服务程序

（通常是操作系统的一部分）接管，如果批准了进入，则异常服务程序修改控制寄存器，才能在用户级的线程模式下重新进入特权级。事实上，从用户级到特权级的唯一途径就是异常：如果在程序执行过程中触发了一个异常，处理器总是先切换进入特权级，并且在异常服务例程执行完毕退出时，再返回先前的状态。

合法的操作模式切换方式如图 2-7 所示。

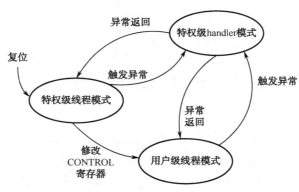

图 2-7　合法的操作模式切换图

通过引入特权级和用户级，就能够在硬件水平上限制某些不受信任的或者还没有调试好的程序，不让它们随便地配置涉及要害的寄存器，因而系统的可靠性得到了提高。进一步，如果配置了 MPU，它还可以作为特权机制的补充——保护关键的存储区域不被破坏，这些区域通常是操作系统的区域。

举例来说，操作系统的内核通常都在特权级下执行，所有没有被 MPU 禁掉的存储器都可以访问。在操作系统开启了一个用户程序后，通常都会让它在用户级下执行，从而使系统不会因某个程序的崩溃或恶意破坏而受损。

2.6　异常、中断和向量表

Cortex-M3 采用了 ARMv7-M 开创的一个全新的异常模型。这种异常模型与传统 ARM 处理器使用完全是两码事。新的异常模型"使能"了非常高效的异常处理。它支持 16-4-1 = 11 种系统异常（保留了 4+1 个异常），外加 240 个外部中断输入（IRQ），参见表 2-4。具体使用了 240 个中断源中的多少个，则由芯片制造商决定。由外设产生的中断信号，除了 SysTick 的之外，全都连接到 NVIC 的中断输入信号线。

作为中断功能的强化，NVIC 还有一条 NMI 输入信号线。NMI 究竟被拿去做什么，还要视处理器的设计而定。在多数情况下，NMI 会被连接到一个看门狗定时器，有时也会是电压监视功能块，以便在电压掉至危险级别后警告处理器。NMI 可以在任何时间被激活，甚至是在处理器刚刚复位之后。

表 2-4 列出了 Cortex-M3 可以支持的所有异常。有一定数量的系统异常是用于 fault 处理的，它们可以由多种错误条件引发。NVIC 还提供了一些 fault 状态寄存器，以便于 fault 服务程序找出导致异常的具体原因。

表 2-4　Cortex-M3 中的异常类型

编　号	类　型	优 先 级	简　　介
0	N/A	N/A	没有异常在运行
1	复位	−3（最高）	复位
2	NMI	−2	不可屏蔽中断（来自外部 NMI 输入脚）
3	硬（hard）fault	−1	所有被除能的 fault，都将"上访"成硬 fault。除能的原因包括当前被禁用，或者 FAULTMASK 被置位
4	MemManage fault	可编程	存储器管理 fault，MPU 访问犯规以及访问非法位置均可引发。企图在"非执行区"取指也会引发此 fault
5	总线 fault	可编程	从总线系统收到了错误响应，原因可以是预取流产（Abort）或数据流产，或者企图访问协处理器
6	用法（usage）fault	可编程	由于程序错误导致的异常。通常是使用了一条无效指令，或者是非法的状态转换，例如尝试切换到 ARM 状态
7~10	保留	N/A	N/A
11	SVCall	可编程	执行系统服务调用指令（SVC）引发的异常
12	调试监视器	可编程	调试监视器（断点、数据观察点、或者是外部调试请求）
13	保留	N/A	N/A
14	PendSV	可编程	为系统设备而设的"可悬挂请求"（pendable request）
15	SysTick	可编程	系统滴答定时器
16	IRQ #0	可编程	外中断#0
17	IRQ #1	可编程	外中断#1
...	...	...	...
255	IRQ #239	可编程	外中断#239

　　Cortex-M3 在内核搭载了一个中断控制器——嵌套向量中断控制器 NVIC（Nested Vectored Interrupt Controller）。它与内核是紧密耦合的，底层的异常和中断管理均由 NVIC 完成，能够大幅度提高中断或异常的响应速度。

　　NVIC 提供五种主要功能。

　　（1）可嵌套中断支持

　　可嵌套中断支持的作用范围很广，覆盖了所有的外部中断和绝大多数系统异常。外在表现是，这些异常都可以被赋予不同的优先级。当前优先级被存储在 xPSR 的专用字段中。当一个异常发生时，硬件会自动比较该异常的优先级是否比当前的异常优先级更高。如果发现来了更高优先级的异常，处理器就会中断当前的中断服务程序（或者是普通程序），而服务新来的异常，即立即抢占。

　　（2）向量中断支持

　　当开始响应一个中断后，Cortex-M3 会自动定位一张向量表，并且根据中断号从表中找出 ISR 的入口地址，然后跳转过去执行。不需像以前的 ARM 那样，由软件来分辨到底是哪个中断发生了，也无须半导体厂商提供私有的中断控制器来完成这种工作。因此中断延迟时间大为缩短。

　　（3）动态优先级调整支持

　　软件可以在运行时期更改中断的优先级。如果在某 ISR 中修改了所对应中断的优先级，而且这个中断又有新的实例处于挂起中（pending），也不会自己打断自己，从而没有重入（reentry）。

（4）中断延迟大大缩短

Cortex-M3 为了缩短中断延迟，引入了几个新特性。包括自动的现场保护和恢复，以及其他的措施，用于缩短中断嵌套时的 ISR 间延迟。

（5）中断可屏蔽

既可以屏蔽优先级低于某个阈值的中断/异常（设置 BASEPRI 寄存器），也可以全体封杀（设置 PRIMASK 和 FAULTMASK 寄存器）。这是为了让时间关键（time-critical）的任务能在死线（deadline，或最后期限）到来前完成，而不被干扰。

当一个发生的异常被 Cortex-M3 内核接收，对应的异常 handler（异常处理程序）就会执行。为了决定 handler 的入口地址，Cortex-M3 使用了“向量表查表机制”。这里使用一张向量表，参见表 2-5。

表 2-5 Cortex-M3 异常向量表

异 常 类 型	表项地址偏移量	异 常 向 量
0	0x00	MSP 的初始值
1	0x04	复位
2	0x08	NMI
3	0x0C	硬 fault
4	0x10	MemManage fault
5	0x14	总线 fault
6	0x18	用法 fault
7～10	0x1c～0x28	保留
11	0x2c	SVC
12	0x30	调试监视器
13	0x34	保留
14	0x38	PendSV
15	0x3c	SysTick
16	0x40	IRQ #0
17	0x44	IRQ #1
18～255	0x48～0x3FF	IRQ #2～#239

向量表其实是一个 WORD（32 位整数）数组，每个下标对应一种异常，该下标元素的值则是该异常 handler 的入口地址。向量表的存储位置是可以设置的，通过 NVIC 中的一个重定位寄存器来指出向量表的地址。在复位后，该寄存器的值为 0。因此，在地址 0 处必须包含一张向量表，用于初始时的异常分配。

举个例子，如果发生了异常 15（SysTick），则 NVIC 会计算出偏移量是 15*4 = 0x3C，然后从那里取出异常服务程序的入口地址并跳入。0 号异常的功能则是个另类，它并不是什么入口地址，而是给出了复位后 MSP 的初值。

2.7　存储器映射

总体来说，Cortex-M3 支持 4GB 存储空间，如图 2-8 所示，被划分成若干区域。其他的 ARM 架构允许半导体厂家决定它们的存储器映射，而 Cortex-M3 预先定义好了"粗线条的"存储器映射。

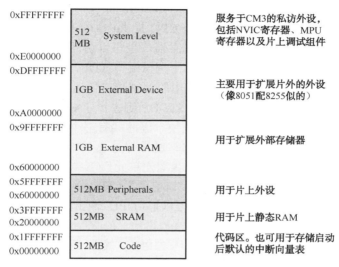

图 2-8　Cortex-M3 预定义的存储器映射

Cortex-M3 的内部拥有一个总线基础设施，专用于优化对这种存储器结构的使用。程序可以在代码区，内部 SRAM 区以及外部 RAM 区中执行。但是因为指令总线与数据总线是分开的，最理想的是把程序放到代码区，从而使取指和数据访问各自使用自己的总线，并行不悖。在此之上，Cortex-M3 甚至还允许这些区域之间"越权使用"。比如说，数据存储器也可以被放到代码区，而且代码也能够在外部 RAM 区中执行。

通过把片上外设的寄存器映射到外设区，就可以简单地以访问内存的方式来访问这些外设的寄存器，从而控制外设的工作。因此，片上外设可以使用 C 语言来操作，这大大减少了程序设计人员的工作量。这种预定义的映射关系，也使得对访问速度可以做高度的优化，而且对于片上系统的设计而言更易集成（另外，不用每学一种不同的单片机就要熟悉一种新的存储器映射）。

Cortex-M3 用于普通应用时，片内存储区足够使用。通过外接存储器，预先设定的大范围外部 RAM 和设备区使 Cortex-M3 也可用于需要大数据量的复杂应用。

处于最高地址的系统级存储区，是 Cortex-M3 内部模块的私有区域，包括中断控制器、MPU 以及各种调试组件。所有这些设备均使用固定的地址。通过把基础设施的地址定死，就至少在内核水平上为应用程序的移植扫清了障碍。

2.8 调试支持

Cortex-M3 在内核级上搭载了若干种调试相关的特性。最主要的就是程序执行控制，包括停机（halting）、单步执行（stepping）、指令断点、数据观察点、寄存器和存储器访问、性能速写（profiling）以及各种跟踪机制。

Cortex-M3 的调试系统基于 ARM 最新的 CoreSight 架构。不同于以往的 ARM 处理器，内核本身不再含有 JTAG 接口。取而代之的是 CPU 提供称为"调试访问接口"（DAP）的总线接口。通过这个总线接口，可以访问芯片的寄存器，也可以访问系统存储器，甚至是在内核运行的时候访问。对此总线接口的使用，是由一个调试端口（DP）设备完成的。调试端口不属于内核，但它们是在芯片的内部实现的。目前可用的调试端口包括 SWJ-DP（既支持传统的 JTAG 调试，也支持新的串行线调试协议），另一个 SW-DP 则去掉了对 JTAG 的支持。另外，也可以使用 ARM CoreSight 产品家族的 JTAG-DP 模块。因此共有三个调试端口可以选择，芯片制造商可以从中选择一个，以提供具体的调试接口（通常都是选 SWJ-DP）。

此外，内核还能挂载一个所谓的"嵌入式跟踪宏单元"（ETM）。ETM 可以不断地发出跟踪信息，这些信息通过一个被称为"跟踪端口接口单元"（TPIU）的模块而送到内核的外部，再在芯片外面使用一个"跟踪信息分析仪"，就可以把 TIPU 输出的"已执行指令信息"捕捉到，并且送给调试主机。

在 Cortex-M3 中，调试动作能由一系列的事件触发，包括断点、数据观察点、fault 条件，或者是外部调试请求输入的信号。当调试事件发生时，Cortex-M3 可能会停机，也可能进入调试监视器异常 handler。具体如何反应，则根据与调试相关寄存器的配置。

"指令追踪宏单元"（ITM）有自己的办法把数据送往调试器。通过把数据写到 ITM 的寄存器中，调试器能够通过跟踪接口来收集这些数据，并且显示或者处理它。此法不但容易使用，而且比 JTAG 的输出速度更快。

所有这些调试组件都可以由 DAP 总线接口来控制，内核提供 DAP 接口。此外，运行中的程序也能控制它们。所有的跟踪信息都能通过 TPIU 访问到。

思考与练习

1. 目前 ARM 的 Cortex 系列处理器分为哪几类？
2. Cortex-M3 处理器由哪几部分构件组成？
3. 一个中断产生后 NVIC 如何获取中断服务地址？
4. Cortex-M3 系列处理器支持哪些种类的调试端口？
5. Cortex-M3 系列处理器的内部总线、寄存器和存储器接口是多少位？指令集有哪些特点？内核的通用寄存器为 R0-R15 的用途是什么？

第3章

STM32F1 系列微控制器简介

3.1 基于 Cortex-M3 内核的 STM32F1 微控制器概述

意法半导体（STMicroelectronics）集团于 1987 年 6 月成立，由意大利的 SGS 微电子公司和法国 Thomson 半导体公司合并而成。1998 年 5 月，SGS-Thomson Microelectronics 将公司名称改为意法半导体有限公司，是世界最大的半导体公司之一。从成立之初至今，ST 的增长速度超过了半导体工业的整体增长速度。自 1999 年起，ST 始终是世界十大半导体公司之一。据最新的工业统计数据，意法半导体（STMicroelectronics）是全球第五大半导体厂商，居世界领先水平。例如，意法半导体是世界第一大专用模拟芯片和电源转换芯片制造商、世界第一大工业半导体和机顶盒芯片供应商，而且在分立器件、手机相机模块和车用集成电路领域居世界前列。

2006 年，ARM 推出 Cortex-M3 内核后，意法半导体随之开发出 STM32 系列产品。STM32F1 系列微控制器主要分为两个系列：增强型和基本型。增强型系列产品将 32 位微控制器的性能和功能引向一个更高的级别。内部的 Cortex-M3 内核工作在 72MHz，能实现高速运算。基本型系列是 STM32 系列的入门产品，只有 16 位 MCU 的价格却具有 32 位微控制器的性能。STM32 系列微控制器丰富的外设给产品开发带来了出色的扩展能力。随之，意法半导体又逐步推出 STM32L 系列低功耗微控制器、STM32F2 系列高性能微控制器及基于 Cortex-M4 内核的 STM32F4 系列。

STM32F1 系列微控制器的现有产品主要有 STM32F103x 系列，其中分为 STM32F101xx、STM32F103xx、STM32F105xx 和 STM32F107xx 4 种。

STM32F101xx 系列为基本系列，工作在 36MHz 主频下；STM32F103xx、STM32F105xx 和 STM32F107xx 这三种为增强型系列，工作在 72MHz 主频下，带有片内 SARM 和丰富的外设。

STM32F103x 系列处理器拥有丰富的外设，使其广泛应用于以下领域：

- 工业：可编程逻辑控制器（PLC）、变频器、打印机、扫描仪、工控网络；
- 建筑和安防：警报系统、可视电话、HVAC；
- 低功耗：血糖测量仪、电表、电池供电应用；
- 家电：电机控制、应用控制；
- 消费类：PC 外设、游戏机、数码相机、GPS 平台。

采用 Cortex-M3 内核的 STM32F1 系列微控制器具有以下优势。

（1）先进的内核结构

- 哈佛结构。使其在 Dhrystone benchmark 上有着出色的表现，可以达到 1.25DMIPS/MHz，

而功耗仅为 0.19 mW/MHz;

● Thumb-2 指令集以 16 位的代码密度带来了 32 位的性能;

● 内置了快速的中断控制器,提供了优越的实时特性,中断间的延迟时间降到只需 6 个 CPU 周期,从低功耗模式唤醒的时间也只需 6 个 CPU 周期;

● 单周期乘法指令和硬件除法指令。

（2）杰出的功耗控制

高性能并非意味着高耗能,STM32F1 经过特殊的处理,针对应用中三种主要的能耗需求进行了优化,这三种能耗需求分别是运行模式下高效率的动态耗电机制、待机状态时极低的电能消耗和电池供应时的低电压工作能力。为此,STM32F1 提供了三种低功耗模式和灵活的时钟控制机制,用户可以根据自己所需的耗电/性能要求进行合理优化。

（3）最大程度的集成整合

● STM32F1 内嵌电源监控器,减少了对外部器件的需求,包括上电复位,低电压检测,掉电检测和自带时钟的看门狗定时器;

● 使用一个主晶振可以驱动整个系统,低成本的 4～16MHz 即可驱动 CPU、USB 以及所有外设,使用内嵌 PLL 产生多种频率,可以为内部时钟选择 32kHz 的晶振;

● 内嵌出厂前调校的 8MHz RC 振荡电路,可以作为主时钟源。

● 额外的针对 RTC 或看门狗的低频率 RC 电路;

● LQPF 100 封装芯片的最小系统只需要 7 个外部无源器件;

● 易于开发,可使产品快速进入市场。使用 STM32F1,可以很轻松地完成产品的开发,ST 提供了完整、高效的开发工具和库函数,帮助开发者缩短系统开发时间。

（4）出众及创新的外设

STM32 的优势来源于两路高级外设总线（APB）结构,其中一个高速 APB（可达 CPU 的运行频率）,连接到该总线上的外设能以更高的速度运行。

● USB 接口速度可达 12Mbits/s;

● USART 接口速度高达 4.5Mbits/s;

● SPI 接口速度可达 18Mbits/s;

● IC 接口速度可达 400kHz;

● GPIO 的最大翻转频率为 18 MHz;

● PWMD 定时器最高可使用 72 MHz 时钟输入。

电机控制在 MCU 中是最为常见的应用,针对电机控制 STM32F1 对片上外围设备进行了一些功能创新。STM32F1 增强型系列处理器内嵌了很适合三项无刷电机控制的定时器和 ADC,其高级 PWM 定时器可提供:

● 6 路 PWM 输出;

● 死区产生;

● 边沿对齐和中心对称波形;

● 可编程防范机制以便防止对寄存器的非法写入;

● 编码器输入接口。

3.2　STM32F1 微控制器的系统结构

　　STM32F1 系列微控制器的系统结构的主要部分包括五个驱动单元和三个被动单元：Cortex-M3 内核指令总线（I-Bus）、数据总线（D-bus）、系统总线（S-bus）、GP-DMA（通用 DMA）、以太网 DMA；内部 SRAM、内部闪存存储器、AHB 到 APB 桥（AHB2APB2）（该桥用来连接所有的 APB 设备）。这些部分通过一个多级的 AHB 总线构架相互连接，如图 3-1 所示。

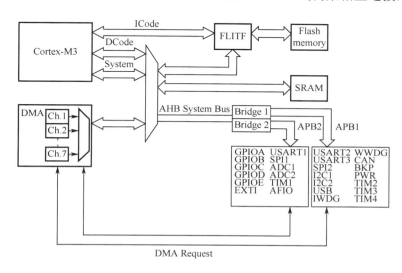

图 3-1　STM32F1 系列微控制器系统框图

　　ICode 总线：该总线将 Cortex-M3 内核的指令总线与闪存存储器指令接口相连接。指令预取操作在该总线上进行。

　　DCode 总线：该总线将 Cortex-M3 内核的 DCode 总线与闪存存储器的数据接口相连接（常量加载和调试访问）。

　　系统总线：该总线将 Cortex-M3 内核的系统总线（外设总线）连接到一个总线矩阵，总线矩阵协调着内核和 DMA 间的访问。

　　DMA 总线：该总线将 DMA 的 AHB 主机接口连接到一个总线矩阵，总线矩阵协调着 CPU 的 DCode 和 DMA 到 SRAM、闪存和外设的访问。

　　总线矩阵：此总线矩阵协调内核系统总线和 DMA 主控总线之间的访问仲裁，此仲裁利用轮换算法。此总线矩阵由 3 个驱动部件（CPU 的 DCode、系统总线和 DMA 总线）和 3 个被动部件（闪存存储器接口、SRAM 和 AHB/APB 桥）构成。

　　为了允许 DMA 访问，AHB 外设通过一个总线矩阵连接到系统总线。2 个 AHB/APB 桥在 AHB 和 2 个 APB 总线之间提供完全同步的连接。APB1 被限制在 36MHz，APB2 工作在全速状态（根据设备的不同可以达到 72MHz）。

　　STM32F103xxx 微控制器的 Cortex-M3 内核，采用适合于微控制器应用的三级流水线，增加了分支预测功能。现代处理器大多采用指令预取和流水线技术，以提高处理器的指令执行速度。流水线处理器在正常执行指令时，如果碰到分支（跳转）指令，由于指令执行的顺序可能会发生变化，指令预取队列和流水线中的部分指令就可能作废，而需要从新的地址重新取指、执行，这样就会使流水线"断流"，处理器性能因此而受到影响。特别是现代 C 语言程序，经编译器优化生成的目标代码中，分支指令所占比例可达 10%～20%，对流水线处理器的影响会更大。为此，现代高性能流水线处理器中一般都加入了分支预测部件，就是在处理器从存储器预取指令时，当遇到分支跳转指令，能自动预测跳转是否会发生，再从预测的方向进行取指，从而提供给流水线连续的指令流，流水线就可以不断地执行有效指令，保证了其性能的发挥。

STM32F103xxx 内核的预取部件具有分支预测功能，可以预取分支目标地址的指令，使分支延时减少到一个时钟周期。

从内核访问指令和数据的不同空间与总线结构，可以把处理器分为哈佛结构和普林斯顿结构（或冯·诺伊曼结构）。冯·诺伊曼结构的机器指令、数据和 I/O 公用一条总线，这样内核在取指时就不能进行数据读写，反之亦然。这在传统的非流水线处理器（如 MCS51）上没有什么问题，它们取指、执行分时进行，不会发生冲突。但在流水线处理器上，由于取指、译码和执行是同时进行的（不是同一指令），用一条总线就会发生总线冲突，必须插入延时等待，从而影响了系统性能，ARM7TDMI 内核就是这种结构。

而哈佛结构的处理器采用独立的指令总线和数据总线，可以同时进行取指和数据读写操作，从而提高了处理器的运行性能。

3.3　STM32F1 微控制器的存储器结构与映射

STM32F1 微控制器程序存储器、数据存储器、寄存器和 I/O 端口公用一个 4GB 的线性地址空间。数据字节以小端格式存放在存储器中，在小端存储格式中，低地址存放的是字数据的低字节，高地址中存放的是字数据的高字节。可访问的存储器空间被分成 8 个主要块，每个块为 512MB。

其他所有没有分配给片上存储器和外设的存储器空间都是保留的地址空间。

STM32F103xxx 的存储器系统与传统 ARM 架构相比已经有突破性的改变。

● 存储器映射改变为预定义形式，并且严格规定好哪个位置使用哪条总线；
● STM32F103xxx 的存储器系统支持所谓的"位带"（bit-band）操作。通过它，实现了对单一比特的原子操作。但位带操作仅适用于一些特殊的存储器区域中；
● STM32F103xxx 的存储器系统支持非对齐访问和互斥访问。最后，STM32F103xxx 的存储器系统支持 hoth 小端配置和大端配置。

Cortex-M3 规定的存储器空间的粗线条使用分区映射，这有利于软件在各种 Cortex-M3 芯片间的移植。可寻址的 4GB 空间使用划分如图 3-2 所示。在 0x2000_0000～0xDFFF_FFFF 的 4个区域（片上 SRAM、片上外设、片外 RAM 和片外外设）以及 0xE010_0000～0xFFFF_FFFF 的区域都是通过 Cortex-M3 的系统总线访问的，包括所有的数据传送、取指和数据访问。在 0x0000_0000～0xlFFF_FFFF 的代码区有两条总线连接处理器内核，ICode 总线负责代码区的取指操作，DCode 总线负责数据区的数据访问操作。

程序和数据存储器位于代码、片内 SRAM 和片外 RAM 区域，每个区域最大为 512MB。程序可以在代码区、内部 SRAM 区以及外部 RAM 区中执行。但是因为指令区总线与数据区总线是分开的，把程序放到代码区可以使取指和数据访问使用各自的总线，提高运行速度。

STM32F103x 存储空间的高地址位置用于调试组件等私有外设，这个地址段被取为"私有外设区"。

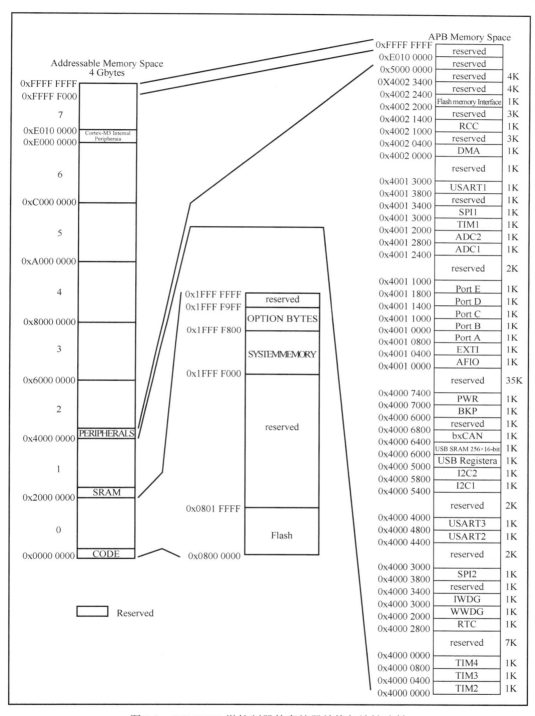

图 3-2　STM32F1 微控制器的存储器结构与地址映射

Cortex-M3 存储器映射包括两个位带（bit-band）区。这两个位带区将别名存储器区中的每个字映射到位带存储器区的一个位，在别名存储区写入一个字具有对位带区的目标位执行读-改-写操作的相同效果。

在 STM32F103x 中，外设寄存器和 SRAM 都被映射到一个位带区中，这允许执行单一的位带的写和读操作。下面的映射公式给出了别名区中的每个字是如何对应位带区的相应位的：

bit_word_addr = bit_band_base+(byte_offset×32)+(bit_number×4)

其中：

bit_word_addr 是别名存储器区中字的地址，它映射到某个目标位。

bit_band_base 是别名区的起始地址。

byte_offset 是包含目标位的字节在位段里的序号。

bit_number 是目标位所在位置（0～31）。

下面的例子说明如何映射别名区中 SRAM 地址为 0x20000300 的字节中的位 2：

0x22006008 = 0x22000000+(0x300×32)+(2×4)

对 0x22006008 地址的写操作与对 SRAM 中地址 0x20000300 字节的位 2 执行读-改-写操作有着相同的效果。读 0x22006008 地址返回 SRAM 中地址 0x20000300 字节的位 2 的值（0x01 或 0x00）。

位带操作有什么优越性呢？最简单的就是通过 GPIO 的引脚来单独控制每个 LED 的点亮与熄灭。另外，也对操作串行接口器件提供了很大的方便。总之，位带操作对硬件 I/O 密集的底层程序最有用处。对于大范围使用位标志的系统程序来说，位带机制也是一大好处。

位带操作还能用来化简跳转的判断，现在只需从位带别名区读取状态位和比较并跳转两步，这使代码更简洁，这只是位带操作优越性的初等体现；位带操作还有一个重要的好处是在多任务中，用于实现共享资源在任务间的"互锁"访问。多任务的共享资源必须满足一次只有一个任务访问它，即所谓的"原子操作"。

3.4　STM32F1 微控制器的嵌入式闪存

STM32F1 系列微控制器集成了高性能的嵌入式闪存（Flash）模块，主要用于存储系统 bootloader、用户选项字节和用户程序。用户可以使用在线系统编程（ISP）、JTAG 调试下载工具、在线应用编程（IAP）三种方法对嵌入式闪存进行更新。可以使用在线应用编程方法对已烧写的程序进行修改，或存取常数数据。无论采用何种方法，嵌入式闪存的操作必须通过 Flash 编程与擦除控制器（Flash Program and Erase Controller）单元模块实现。高性能的闪存模块有以下的主要特性：

● 单 Bank 最大容量为 512KB；

● 存储器结构：闪存存储器由主存储块和信息块组成；

● 带预取缓冲器的读接口（每字为 2×64 位）；

● 选择字节加载器；

● 闪存编程/擦除操作；

● 访问/写保护。

不同微控制器的闪存容量不同，主存储模块的组织结构也不同。本书以单 Bank 最大的 512KB 闪存为例进行介绍，闪存组织方式参见表 3-1。

闪存的指令和数据访问是通过 AHB 总线完成的。预取模块是用于通过 ICode 总线读取指令的。仲裁作用在闪存接口，并且 DCode 总线上的数据访问优先。读访问可以有以下配置选项：

● 等待时间：可以随时更改的用于读取操作的等待状态的数量。

表 3-1　512KB 嵌入式闪存的组织方式

模　块	名　称	地　址	大小（字节）
主存储块	页 0	0x0800 0000 -0x0800 07FF	4 x 2K
	页 1	0x0800 0800 - 0x0800 0FFF	
	页 2	0x0800 1000 - 0x0800 17FF	
	页 3	0x0800 1800 - 0x0800 1FFF	
	…	…	…
	页 255	0x0807 F800 - 0x0807 FFFF	2K
信息块	系统存储器	0x1FFF F000 - 0x1FFF F7FF	2K
	用户选择字节	0x1FFF F800 - 0x1FFF F80F	16
寄存器	FLASH_ACR	0x4002 2000 - 0x4002 2003	4
	FALSH_KEYR	0x4002 2004 - 0x4002 2007	4
	FLASH_OPTKEYR	0x4002 2008 - 0x4002 200B	4
	FLASH_SR	0x4002 200C - 0x4002 200F	4
	FLASH_CR	0x4002 2010 - 0x4002 2013	4
	FLASH_AR	0x4002 2014 - 0x4002 2017	4
	保留	0x4002 2018 - 0x4002 201B	4
	FLASH_OBR	0x4002 201C - 0x4002 201F	4
	FLASH_WRPR	0x4002 2020 - 0x4002 2023	4

● 预取缓冲区（2 个 64 位）：在每一次复位以后被自动打开，由于每个缓冲区的大小（64 位）与闪存的带宽相同，因此只需通过一次读闪存的操作即可更新整个缓冲区的内容。由于预取缓冲区的存在，CPU 可以工作在更高的主频。CPU 每次取指最多为 32 位的字，取一条指令时，下一条指令已经在缓冲区中等待。

● 半周期：用于功耗优化。闪存编程一次可以写入 16 位（半字）。闪存擦除操作可以按页面擦除或完全擦除（全擦除）。全擦除不影响信息块。

为了确保不发生过度编程，闪存编程和擦除控制器块是由一个固定的时钟控制的。写操作（编程或擦除）结束时可以触发中断。仅当闪存控制器接口时钟开启时，此中断可以用来从 WFI 模式退出。

3.5　STM32F1 微控制器的启动配置

在 STM32F103x 中，可以通过 BOOT[1:0]引脚选择三种不同的启动方式，参见表 3-2。

表 3-2 启动配置

启动模式选择引脚		启 动 模 式	说　　　明
BOOT1	BOOT0		
X	0	用户闪存存储器	用户闪存存储器被选为启动区域，正常启动
0	1	系统存储器	系统存储器被选为启动区域，串口下载
1	1	内嵌 SRAM	内嵌 SRAM 被选为启动区域，调试

在系统复位后，SYSCLK 的第 4 个上升沿，BOOT 引脚的值将被锁存。用户可以通过设置 BOOT1 和 BOOT0 引脚的状态，选择复位后的启动模式。从待机模式退出时，BOOT 引脚的值将被重新锁存，因此在待机模式下，BOOT 引脚应保持为需要的启动配置。在启动延迟之后，CPU 从地址 0x0000 0000 获取堆栈顶的地址，并从启动存储器的 0x0000_0004 指示的地址开始执行代码。因为固定的存储器映像，代码区始终从地址 0x0000_0000 开始（通过 ICode 和 DCode 总线访问），而数据区（SRAM）始终从地址 0x2000_0000 开始（通过系统总线访问）。Cortex-M3 的 CPU 始终从 ICode 总线获取复位向量，即启动仅适合从代码区开始（典型的从 Flash 启动）。STM32F103x 微控制器实现了一个特殊的机制，系统可以不仅仅从 Flash 存储器或系统存储器启动，还可以从内置 SRAM 启动。

从主闪存存储器启动：主闪存存储器被映射到启动空间（0x0000_0000），但仍然能够在它原有的地址（0x0800_0000）访问它，即闪存存储器的内容可以在两个地址区域访问，即 0x0000_0000 或 0x0800_0000。

从系统存储器启动：系统存储器被映射到启动空间（0x0000 0000），但仍然能够在它原有的地址（互联型产品原有地址为 0x1FFF_B000，其他产品原有地址为 0x1FFF_F000）访问它。

从内置 SRAM 启动：只能在 0x2000_0000 开始的地址区访问 SRAM。

3.6 STM32F1 微控制器的电源控制

STM32 的工作电压（V_{DD}）为 2.0～3.6V，通过内置的电压调节器提供所需的 1.8V 电源。当主电源 V_{DD} 掉电后，通过 V_{BAT} 引脚为实时时钟（RTC）和备份寄存器提供电源。

为了提高转换的精确度，ADC 使用一个独立的电源供电，过滤和屏蔽来自印制电路板上的毛刺干扰。ADC 的电源引脚为 V_{DDA}，独立的电源地引脚为 V_{SSA}。如果有 V_{REF}-引脚（根据封装而定），它必须连接到 V_{SSA}。使用 100 引脚封装微控制器时，为了确保输入为低压时获得更好精度，用户可以连接一个独立的外部参考电压 ADC 到 V_{REF}+和 V_{REF}-引脚上。V_{REF}+的电压范围为 0V～V_{DDA}。使用 64 引脚或以下封装微控制器时，ADC 的电源和地的引脚与内部的 ADC 参考电压的引脚相连。

使用电池或其他电源连接到 V_{BAT} 引脚上，当 V_{DD} 断电时，可以保存备份寄存器的内容。V_{BAT} 引脚也为 RTC 供电，这保证当主要电源被切断时 RTC 能继续工作，切换到 V_{BAT} 供电由复位模块中的掉电复位功能控制。如果应用中没有使用外部电池，V_{BAT} 必须连接到 V_{DD} 引脚上。STM32F1 微控制器的电源控制模块如图 3-3 所示。

复位后调节器总是使能的。根据应用方式它以三种不同的模式工作：

● 运转模式：调节器以正常功耗模式提供 1.8V 电源（内核、内存和外设）；

- 停止模式：调节器以低功耗模式提供 1.8V 电源，以保存寄存器和 SRAM 的内容；
- 待机模式：调节器停止供电。除了备用电路和备份领域以外，寄存器和 SRAM 的内容全部丢失。

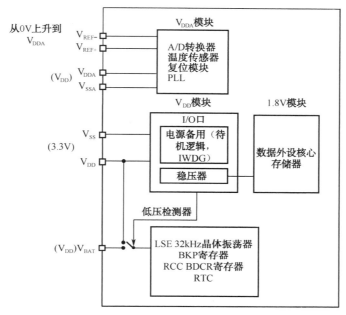

图 3-3　电源控制模块框图

在系统或电源复位以后，微控制器处于运行状态。运行状态下的 HCLK 为 CPU 提供时钟，内核执行程序代码。当 CPU 不需继续运行时，可以利用多个低功耗模式来节省功耗。例如等待某个外部事件时，根据最低电源消耗、最快启动时间和可用的唤醒源的需求，选取一个最佳的折中方案来帮助用户选定一个低功耗模式。

STM32F103x 有三种低功耗模式：

- 睡眠模式（Cortex-M3 内核停止，外设仍在运行）；
- 停止模式（所有的时钟都已停止）；
- 待机模式（1.8V 电源关闭）；

此外，在运行模式下，可以通过以下方式中的一种降低功耗：

- 降低系统时钟；
- 关闭 APB 和 AHB 总线上未被使用的外设时钟。

3.7　STM32F1 微控制器的复位

STM32F1 微控制器支持三种复位形式：分别为系统复位、上电复位和备份区域复位。

系统复位将复位除时钟控制寄存器 RCC_CSR 中的复位标志和备份区域中的寄存器以外的所有寄存器。

当以下事件中的一件发生时，产生一个系统复位：

- NRST 引脚上的低电平（外部复位）；

- 窗口看门狗计数终止（WWDG 复位）；
- 独立看门狗计数终止（IWDG 复位）；
- 软件复位（SW 复位）；
- 低功耗管理复位 。

可通过查看 RCC_CSR 控制状态寄存器中的复位状态标志位来确认复位事件来源。

在以下两种情况下可产生低功耗管理复位：

- 在进入待机模式时产生低功耗管理复位：通过将用户选项字节中的 nRST_STDBY 位置 1，将使能该复位。这时，即使执行了进入待机模式的过程，系统也将被复位而不是进入待机模式。
- 在进入停止模式时产生低功耗管理复位：通过将用户选项字节中的 nRST_STOP 位置 1，将使能该复位。这时，即使执行了进入停机模式的过程，系统也将被复位而不是进入停机模式。

当以下事件之一发生时，产生电源复位：

- 上电/掉电复位（POR/PDR 复位）；
- 从待机模式中返回。

电源复位将复位除了备份区域外的所有寄存器。复位源将作用于 RESET 引脚，并在复位过程中保持低电平。复位入口矢量被固定在地址 0x0000_0000-0x0000_0004。芯片内部的复位信号会在 NRST 引脚上输出，脉冲发生器保证每一个复位源都能有至少 20μs 的脉冲延时；当 NRST 引脚被拉低产生外部复位时，将产生复位脉冲。复位电路如图 3-4 所示。

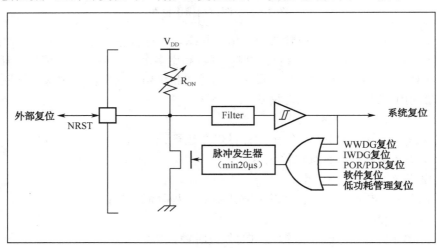

图 3-4　复位电路

当以下事件之一发生时，产生备份区域复位。

- 软件复位，备份区域复位可由设置备份区域控制寄存器 RCC_BDCR 中的 BDRST 位产生。
- 在 V_{DD} 和 V_{BAT} 两者掉电的前提下，V_{DD} 或 V_{BAT} 上电将引发备份区域复位。

3.8　STM32F1 微控制器的调试端口

　　在使用 STM32F1 微控制器进行嵌入式开发的过程中，程序的调试是一个非常重要的环节。意法半导体在设计 STM32F13 微控制器时选择了既支持传统 JTAG 调试也支持新的串行调试协议的 SWJ-DP 调试端口。该端口支持两种接口标准：5 针的 JTAG 端口和 2 针的 SWD 串行接口。这两种接口都需要牺牲通用 I/O 来供给调试器仿真器使用。复位之后，CPU 会将这些引脚置于第 2 功能状态，所以此时调试端口就可以使用了。如果开发人员希望使用这些引脚作为通用 I/O，则必须在应用程序中将它们切换回通用 I/O 状态。STM32F1 微控制器上的 5 针 JTAG 接口一般以 20 针的 JTAG 标准调试端口引出；而 2 针串行接口使用 GPIOA.13 作为串行数据线，使用 GPIOA.14 作为串行时钟线。

思考与练习

　　1. 采用 Cortex-M3 内核的 STM32F1 系列微控制器具有哪些特点？

　　2. STM32F103x 系列微控制器的系统结构的主要部分包括哪些？

　　3. 说明在 STM32F103x 系列中别名区中的每个字是如何对应位带区的相应位的。计算别名区中 SRAM 地址为 0x20000400 的字节中的位 4 的映射地址。

　　4. 在 STM32F103x 中，有哪几种启动方式？说明启动过程。

　　5. STM32F103x 的低功耗工作模式有几种？

　　6. 哪几种事件发生时会产生一个系统复位？

第4章

建立 MDK-ARM5.0 开发平台

4.1 MDK-ARM 简介

Keil 开发工具源自德国的 Keil 公司，被全球超过 10 万的嵌入式开发工程师验证和使用。2006 年 ARM 公司收购了 Keil，随后推出了用于开发 ARM7、ARM9 和 Cortex-M 处理器的开发工具 MDK-ARM（Microcontroller Development Kit）。MDK-ARM 是 Keil 公司集成开发环境 μVision IDE 与 ARM 公司高效编译工具 RVCT（Real View Compile Tools）的完美结合，支持自动配置启动代码，集成 Flash 烧写模块以及强大的设备模拟和性能分析等单元。RealView 编译器的最新版本比 ARM 之前的 ADS 开发工具的性能提高了 20%。MDK-ARM 适合不同层次的开发者使用，包括专业的应用程序开发工程师和嵌入式软件开发的入门者。目前，MDK-ARM 在国内 ARM 开发工具市场已经达到 90%的占有率。

MDK-ARM 主要包含以下四个核心组成部分：

- μVision IDE：是一个集项目管理器、源代码编辑器、调试器于一体的强大集成开发环境。
- RVCT：ARM 公司提供的编译工具链，包含编译器、汇编器、链接器和相关工具。
- RL-ARM：实时库，可将其作为工程的库来使用。
- ULINK/JLINK USB-JTAG 仿真器：用于连接目标系统的调试接口（JTAG 或 SWD 方式），帮助用户在目标硬件上调试程序。

μVision IDE 是一个基于 Windows 操作系统的嵌入式软件开发平台，集编译器、调试器、项目管理器和一些 Make 工具于一体。具有如下主要特征：

- 项目管理器，用于产生和维护项目；
- 处理器数据库，集成了一个能自动配置选项的工具；
- 带有用于汇编、编译和链接的 Make 工具；
- 全功能的源码编辑器；
- 模板编辑器，可用于在源码中插入通用文本序列和头部块；
- 源码浏览器，用于快速寻找、定位和分析应用程序中的代码和数据；
- 函数浏览器，用于在程序中对函数进行快速导航；
- 函数略图（Function Outlining），可形成某个源文件的函数视图。
- 带有一些内置工具，例如"Find in Files"等；
- 集模拟调试和目标硬件调试于一体；
- 配置向导，可实现图形化的快速生成启动文件和配置文件；

- 可与多种第三方工具和软件版本控制系统接口；
- 带有 Flash 编程工具对话窗口；
- 丰富的工具设置对话窗口；
- 完善的在线帮助和用户指南。

RealView 编译工具集 RVCT 是 ARM 公司多年发展所积累的成果，RVCT 在业界被认为是面向 ARM 技术的编译器中能够提供最佳性能的编译工具。RVCT 的开发致力于高性能和高代码密度，以降低产品成本。RVCT 编译器能生成优化的 32 位 ARM 指令集、16 位的 Thumb 指令集以及最新的 Thumb-2 指令集代码，完全支持 ISO 标准 C 和 C++。

MDK-ARM 的 RealView 编译工具集用于将 C/C++源文件转换为可重定位的目标模块，并生成 μVision IDE 调试器可用的调试信息。其主要包括以下几个核心部分：

- armcc：ARM C/C++编译器；
- armasm：ARM 宏汇编器；
- armLink：ARM 链接器；
- 其他工具：库管理器 armar、十六进制文件产生器 FromELF。

RealView 实时库是为解决基于 ARM MCU 的嵌入式系统中实时及通信问题而设计的紧密耦合库集合。其主要特征如下：

- 带有实时内核 RTX，免版税使用，但源码需要付费；
- 带有 TCP/IP 网络协议族，完整的嵌入式网络协议族；
- 带有 Flash 文件系统，可在内存和存储系统中产生、修改文件；
- 带有 CAN 协议，通用 ARM MCU 设备的 CAN 驱动；
- 带有 USB 协议，适用于标准 Windows 设备类；
- 带有例子和模板，可帮助用户快速开始使用 RL-ARM 组件；
- 在 MDK-ARM 中集成了对 RTL 的配置以及一些工具；
- 所有 RL-ARM 组件都免版税使用。

当然不需要实时内核 RTX 也完全可以实现嵌入式程序，但如果利用像 RTX 这样的实时内核，能够节省开发时间，并使软件开发变得容易。

μVision IDE 调试器用于调试和测试应用程序，它提供了两种操作模式：模拟调试模式和目标硬件调试模式。可以在 Options for Target-Debug 对话框内进行选择。

模拟调试模式可在无目标系统硬件情况下，模拟微控制器的许多特性。在目标硬件准备好之前，将 μVision IDE 调试器配置为软件模拟，可以测试和调试所开发的嵌入式应用。

μVision IDE 能仿真大量的片上外围设备，包括串口、外部 I/O 及时钟等。在为目标程序选择 CPU 时，相应的片上外围接口就已被从处理器库中选定了。这一强大的模拟功能是许多其他嵌入式开发工具所不具备的。

在目标硬件调试模式下，使用硬件仿真调试器与目标硬件连接。如 ULINK、ULINKPro、CoLinkEx、JLink 等。

使用 MDK-ARM 作为嵌入式开发工具，其开发的流程与其他开发工具基本一样，一般可以分以下几步：

（1）新建一个工程，从处理器库中选择目标芯片；

（2）自动生成启动文件或使用芯片厂商提供的基于 CMSIS 标准的启动文件及固件库；

（3）配置编译器环境；

（4）用 C 语言或汇编语言编写源文件；

（5）编译目标应用程序；

（6）修改源程序中的错误；

（7）调试应用程序。

4.2　CMSIS 标准简介

近期的调查结果显示，嵌入式软件开发已经被嵌入式行业公认为是最主要的开发成本。因此，ARM 与诸多芯片和软件工具厂商合作，将所有 Cortex 芯片厂商产品的软件接口标准化，制定了 CMSIS 标准。ARM Cortex 微控制器软件接口标准（CMSIS，Cortex Microcontroller Software Interface Standard）是 Cortex-M 系列处理器与供应商无关的硬件抽象层。CMSIS 可实现与处理器和外设之间的一致且简单的软件接口，从而简化软件的重用，缩短微控制器开发人员的学习过程，并缩短新设备的上市时间。

ARM 公司于 2008 年 11 月 12 日发布了 ARM Cortex 微控制器软件接口标准 CMSIS 1.0。CMSIS 的现有标准是 CMSIS 2.0，与之前的版本相比有了一些新的变化。CMSIS 包含以下组件：

- CMSIS-CORE：提供与 Cortex-M0、Cortex-M3、Cortex-M4、SC000 和 SC300 处理器与外围寄存器之间的接口。
- CMSIS-DSP：包含以定点（分数 q7、q15、q31）和单精度浮点（32 位）实现的 60 多种函数的 DSP 库。
- CMSIS-RTOS API：用于线程控制、资源和时间管理的实时操作系统的标准化编程接口。
- CMSIS-SVD：包含完整微控制器系统（包括外设）的程序员视图的系统视图描述 XML 文件。

此标准可进行全面扩展，以确保适用于所有 Cortex-M 处理器系列的微控制器。其中包括所有设备，从最小的 8 KB 设备，直至带有精密通信外设（例如以太网或 USB）的设备。

本书以 STM32F103x 微控制器为对象，介绍 CMSIS 2.0 标准中 Cortex-M3 部分的软件架构，如图 4-1 所示。

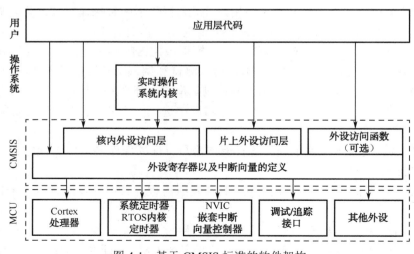

图 4-1　基于 CMSIS 标准的软件架构

与 CMSIS 1.x 版本相比，CMSIS 2.0 去除了中间层，增加了一个可选的外设访问函数（Access

Functions for Peripherals）。

　　基于 CMSIS 标准的软件架构主要分为以下四层：用户应用层、操作系统层、CMSIS 层以及硬件寄存器层。其中 CMSIS 层起着承上启下的作用，一方面该层对硬件寄存器层进行了统一的实现，屏蔽了不同厂商对 Cortex-M 系列微处理器核内外设寄存器的不同定义，另一方面又向上层的操作系统和应用层提供接口，简化了应用程序开发的难度，使开发人员能够在完全透明的情况下进行一些应用程序的开发。也正是如此，CMSIS 层的实现也相对复杂，下面将对 CMSIS 层的结构进行剖析。

　　CMSIS 层主要分为三个部分。

　　（1）核内外设访问层（CPAL，Core Peripheral Access Layer）：该层由 ARM 负责实现。包括对寄存器名称、地址的定义，对核寄存器、NVIC、调试子系统的访问接口定义以及对特殊用途寄存器的访问接口（例如 CONTROL，xPSR）定义。由于对特殊寄存器的访问以内联方式定义，所以针对不同的编译器，ARM 统一用 _INLINE 来屏蔽差异。该层定义的接口函数均是可重入的。

　　（2）片上外设访问层（DPAL，Device Peripheral Access Layer）：该层由芯片厂商负责实现。该层的实现与 CPAL 类似，负责对硬件寄存器地址以及外设访问接口进行定义。该层可调用 CPAL 层提供的接口函数，同时根据处理器特性对异常向量表进行扩展，以处理相应外设的中断请求。

　　（3）外设访问函数（AFP，Access Function for Peripheral）：该层也由芯片厂商负责实现，主要是提供访问片上外设的访问函数，这一部分是可选的。

　　对一个 Cortex-M 微控制系统而言，CMSIS 通过以上三个部分实现了访问外设寄存器和异常向量的通用方法；定义了核内外设的寄存器名称和核异常向量的名称；为 RTOS 核定义了与处理器独立的接口，包括 Debug 通道。

　　这样芯片厂商就能专注于对其产品的外设特性进行差异化设计，并且消除对微控制器进行编程时需要维持不同的、互相不兼容的标准，以达到低成本开发的目的。

4.3　STM32 标准外设库

　　STM32 标准外设库之前的版本也称固件函数库或简称固件库，是一个固件函数包，它由程序、数据结构和宏组成，包括了 STM32 微控制器所有外设的性能特征。该函数库还包括每一个外设的驱动描述和应用实例，为开发者访问底层硬件提供了一个中间 API，通过使用固件函数库，无须深入掌握底层硬件细节，开发者就可以轻松应用每一个外设。因此，使用固态函数库可以大大减少用户的程序编写时间，进而降低开发成本。每个外设驱动都由一组函数组成，这组函数覆盖了该外设的所有功能。每个器件的开发都由一个通用 API 驱动，API 对该驱动程序的结构、函数和参数名称都进行了标准化。

　　所有的驱动源代码都符合"Strict ANSI-C"标准（项目与范例文件符合扩充 ANSI-C 标准）。ST 公司已经把驱动源代码文档化，它们同时兼容 MISRA-C2004 标准。由于整个函数库按照"Strict ANSI-C"标准编写，不受不同开发环境的影响。该固态函数库通过校验所有库函数的输入值来实现实时错误检测，该动态校验提高了软件的鲁棒性。实时检测适合于用户应用程序的开发和调试，但这会增加成本，可以在最终应用程序代码中移去，以优化代码大小和执行速度。因为该固件库是通用的，并且包括了所有外设的功能，所以应用程序代码的大小和执行速度可能不是最优的。对大多数应用程序来说，用户可以直接使用，对于那些在代码大小和执行速度方面有严格要求的应用程序，该固件库驱动程序可以作为如何设置外设的一份参考资料，根据实际需求对其进行调整。

　　ST 公司 2007 年 10 月发布了 v1.0 版本的固件库，MDK-ARM3.22 之前的版本均支持该库。2008 年 6 月发布了 v2.0 版的固件库，从 2008 年 9 月推出的 MDK-ARM3.23 版本至今均使用 v2.0 版本的固件库。v3.0 以后的版本相对之前的版本改动较大，本书使用目前较新的 STM32F103x 标准外设库 v3.5 版本。

　　v3.5 版本的标准外设库 stm32f10x_stdperiph_lib.zip，可以通过意法半导体的官网下载（http://www.st.com/internet/com/SOFTWARE_RESOURCES/SW_COMPONENT/FIRMWARE/stm32f10x_stdperiph_lib.zip），下载成功后将压缩包解压，解压后外设库的文件结构如图 4-2 所示。

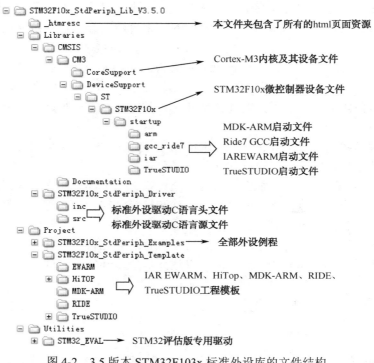

图 4-2　3.5 版本 STM32F103x 标准外设库的文件结构

　　标准外设库的第一部分 Libraries 包含基于 CMSIS 标准的 Cortex-M3 内核设备文件、STM32F103x 系列微控制器的设备文件、用于不同开发环境的 STM32F103x 启动文件和 STM32F103x 的片上外设的驱动文件（STM32F103x_StdPeriph_Driver）。第二部分是用于不同开发环境的 STM32F103x 系列微控制器的项目模板及全部片上外设的例程。第三部分是 ST 官方评估版的专用驱动资源。标准外设库中头文件引用关系如图 4-3 所示。

　　标准库文件中虽然包含了大量的代码文件，但对于用户来说绝大部分文件不需要进行修改，只需要将这些文件添加进项目工程中即可。但用户必须对 stm32f10x_conf.h 文件进行修改，进行参数配置。用户的应用程序主要在 application.c（在实际中常为 main.c）中实现，如果需要使用中断则需要在 stm32f10x_it.c 中添加相应的中断服务程序。如果需修改中断服务程序的原型则需修改 stm32f10x_it.h 文件。具体的文件说明请参见表 4-1。

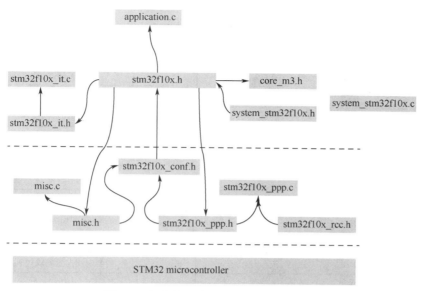

图 4-3　标准外设库中头文件的引用关系

表 4-1　标准外设库的主要文件说明

文 件 名	具体功能说明
core_cm3.h core_cm3.c	Cortex-M3 内核设备文件包含 NVIC、SysTick 等访问 Cortex-M3 的 CPU 寄存器和内核功能模块的函数
stm32f103x.h	这个文件包含了 STM32F103x 全系列所有外设寄存器的定义（寄存器的基地址和布局）、位定义、中断向量表、存储空间的地址映射等
system_stm32f10x.h system_stm32f10x.c	微控制器专用系统文件包括初始化微控制器函数、配置 SysTick 时钟函数及更新 SystemFrequncy 系统时钟频率全局变量
startup_stm32f10x_xd.s	处理器启动代码
stm32f10x_conf.h	固件库配置文件，通过更改包含的外设头文件来选择固件库所使用的外设，在新建程序和进行功能变更之前应当首先修改对应的配置
stm32f10x_it.h stm32f10x_it.c	外设中断函数文件用户可以相应地加入自己的中断程序的代码，对于指向同一个中断向量的多个不同中断请求，用户可以通过判断外设的中断标志位来确定准确的中断源，执行相应的中断服务函数
stm32f10x_ppp.h stm32f10x_ppp.c	外设驱动函数文件包括了相关外设的初始化配置和部分功能的应用函数，这部分是进行编程功能实现的重要组成部分
application.c	用户程序文件，通过标准外设库提供的接口进行相应的外设配置和功能设计

　　STM32F103x 系列微控制器集成了较多的片上外设模块。为节省篇幅，本书对经常使用的模块进行了缩写，具体缩写名称参见按照表 4-2。

表 4-2　本书使用的片上外设模块缩写

缩　写	外设/单元
ADC	模数转换器
BKP	备份寄存器
CAN	控制器局域网模块
DMA	直接内存存取控制器
EXTI	外部中断事件控制器
FLASH	闪存存储器
GPIO	通用输入输出
I2C	内部集成电路
IWDG	独立看门狗
NVIC	嵌套中断向量列表控制器
PWR	电源/功耗控制
RCC	复位与时钟控制器
RTC	实时时钟
SPI	串行外设接口
SysTick	系统嘀嗒定时器
TIM	通用定时器
TIM1	高级控制定时器
USART	通用同步异步接收发射端
WWDG	窗口看门狗

标准外设库中的文件和函数遵从以下命名规则：
- PPP 表示任一外设缩写，例如 ADC；
- STM32F103x 系统、源程序文件和头文件命名都以"stm32f10x_"开头，例如 stm32f10x_conf.h；
- 常量仅被应用于一个文件的，定义于该文件中；被应用于多个文件的，在对应头文件中定义。所有常量都由英文字母大写书写；
- 寄存器作为常量处理。它们的命名都由英文字母大写书写；
- 外设函数的命名以该外设的缩写加下画线为开头。每个单词的第一个字母都由英文字母大写书写，例如 SPI_SendData；
- 在函数名中，只允许存在一个下画线，用以分隔外设缩写和函数名的其他部分；
- 名为 PPP_Init 的函数，其功能是根据 PPP_InitTypeDef 中指定的参数，初始化外设 PPP，例如 TIM_Init；
- 名为 PPP_DeInit 的函数，其功能为复位外设 PPP 的所有寄存器至默认值，例如 TIM_DeInit；
- 名为 PPP_StructInit 的函数，其功能为通过设置 PPP_InitTypeDef 结构中的各种参数来定义外设的功能，例如 USART_StructInit；
- 名为 PPP_Cmd 的函数，其功能为使能或者失能外设 PPP，例如 SPI_Cmd；
- 名为 PPP_ITConfig 的函数，其功能为使能或者失能来自外设 PPP 的某中断源，例如 RCC_ITConfig；

- 名为 PPP_DMAConfig 的函数，其功能为使能或者失能外设 PPP 的 DMA 接口，例如 TIM1_DMAConfig；
- 用以配置外设功能的函数，总是以字符串 "Config" 结尾，例如 GPIO_PinRemapConfig；
- 名为 PPP_GetFlagStatus 的函数，其功能为检查外设 PPP 某标志位被设置与否，例如 I2C_GetFlagStatus；
- 名为 PPP_ClearFlag 的函数，其功能为清除外设 PPP 标志位，例如 I2C_ClearFlag；
- 名为 PPP_GetITStatus 的函数，其功能为判断来自外设 PPP 的中断发生与否，例如 I2C_GetITStatus；
- 名为 PPP_ClearITPendingBit 的函数，其功能为清除外设 PPP 中断待处理标志位，例如 I2C_ClearITPendingBit。

4.4　安装 MDK-ARM5.0

目前最新版的 MDK-ARM 是 2013 年 10 月发布 5.00 版，该版本在 V4 版的基础上增加了 packinstaller 和中间件，V5 版本 μVision IDE 的使用方法和功能与 V4 版本没有区别。为保证兼容 V4 版本开发的程序，建议安装适用于 Cortex-M3 的传统支持包 mdkcm500u1.exe。获取 MDK-ARM 的安装包主要有两种途径：

（1）联系产品供应商，购买 MDK- ARM 的安装程序。

（2）从 http://www. Embedinfo.com 或 https://www. keil.com 下载 MDK-ARM 的轻量版 mdk500.exe（代码不超过 32KB）。

MDK-ARMV5.00 版的安装过程从单一的安装文件改变为一组安装文件，包括用于安装 μVision IDE、编译器、链接器、调试器、仿真器及 ARM CMSIS 和 Keil 中间件的 MDK-ARM 核心安装文件和用于设备家族包及例程的程序包安装文件。

第一步：双击安装文件 MDK500.exe，出现如图 4-4 所示界面，单击 Next 按钮。

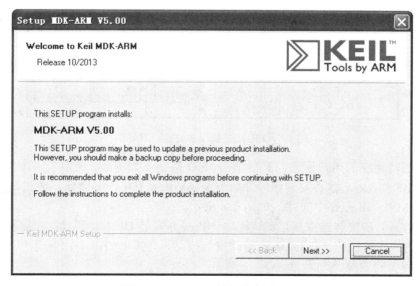

图 4-4　MDK5 安装程序启动界面

第二步：勾选同意授权协议，然后单击 Next 按钮，如图 4-5 所示。

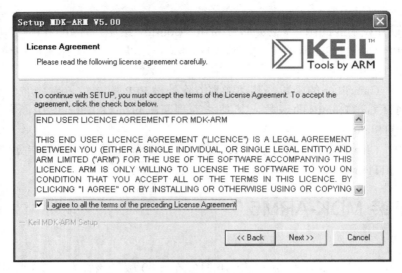

图 4-5　MDK 安装程序许可协议界面

第三步：设置 MDK-ARM 的安装文件夹和支持包的安装路径，然后单击 Next 按钮，如图 4-6 所示。

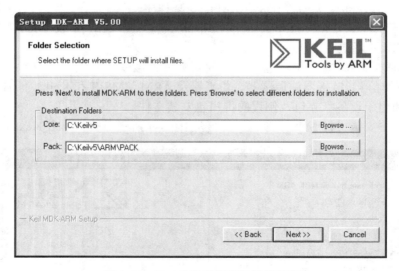

图 4-6　MDK 安装程序路径设置界面

第四步：填写相应的用户信息，然后单击 Next 按钮，如图 4-7 所示。

第五步：MDK-ARM 核心安装程序开始安装 μVision IDE、编译器、链接器、调试器、仿真器及 ARM CMSIS 和 Keil 中间件，如图 4-8 所示。

第六步：当第五步安装结束后，安装程序会查找并安装 ULINK 驱动，若出现如图 4-9 所示的警告，单击仍然继续按钮。若 ULINK 自动安装成功，会弹出如图 4-10 所示界面。单击 Finish 按钮结束核心程序的安装。

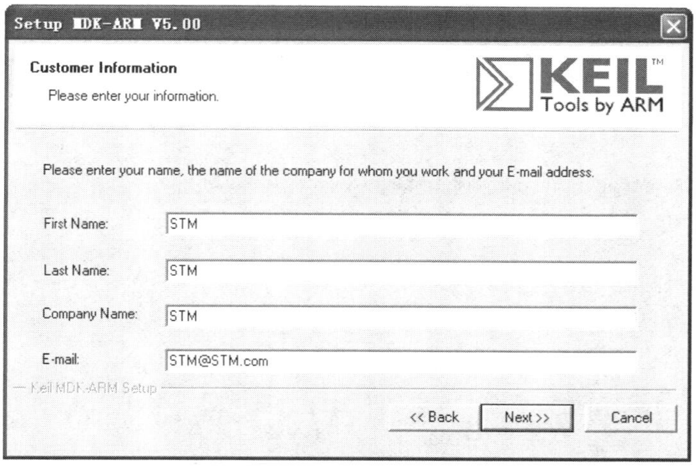

图 4-7　MDK 安装程序输入个人信息界面

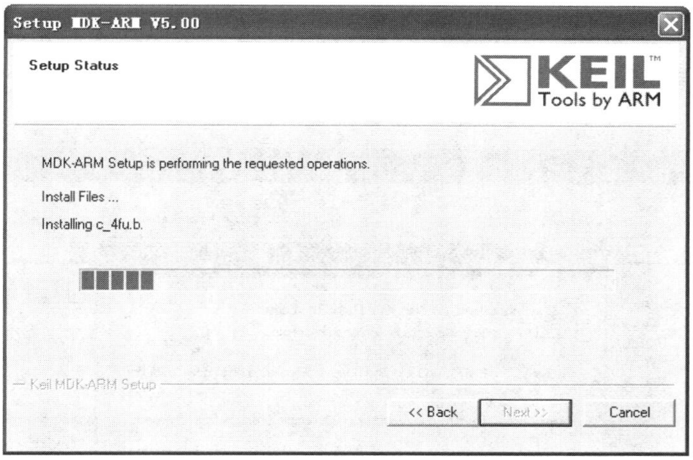

图 4-8　MDK 安装程序安装进程界面

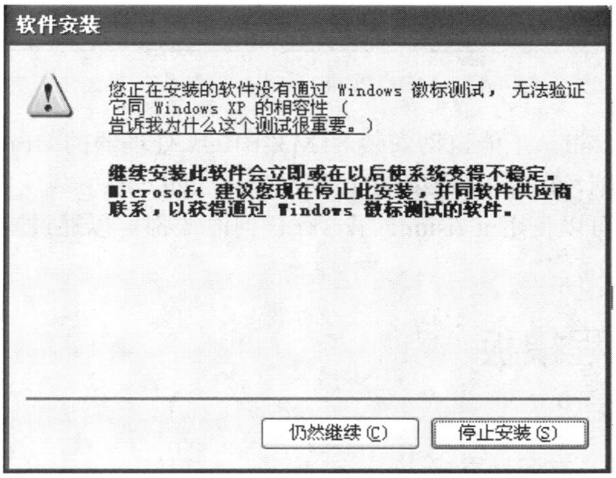

图 4-9　MDK 安装程序兼容性警告界面

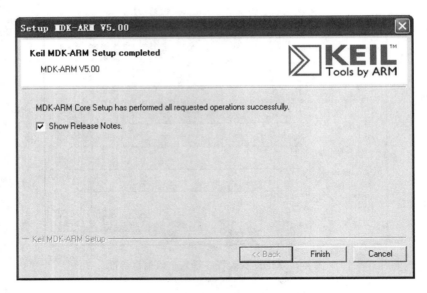

图 4-10 MDK 安装程序安装结束界面

第七步：核心程序安装完成后，Pack Installer 程序会自动运行，如图 4-11 所示。单击 OK 按钮等待安装结束。

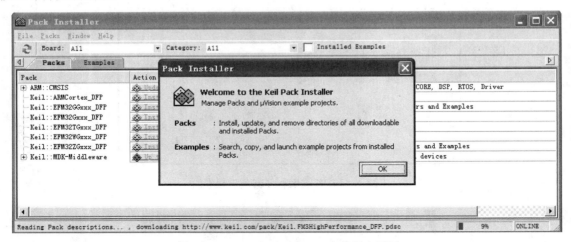

图 4-11 MDK Pack Installer 安装程序界面

第八步：若 Pack Installer 未能自动安装 STM32F103x 处理器的 DFP 包，可以手动安装，此时需要计算机连接互联网，Pack Installer 会自动从www.keil.com下载所需要的安装包。

安装全部结束后就可以使用 μVision5 了，在任何时候都可以通过工具栏中的 Pack Installer 按钮安装所需的支持包。

4.5　创建工程模板

创建 MDK-ARM 项目有两种方式：

（1）直接使用标准外设库中提供的 MDK-ARM 的模板进行项目开发，该项目模板的配置基于 ST 的 EVAL 评估版，所以开发人员必须根据自己项目的硬件修改模板的配置参数，包括应用程序文件和标准外设库的相对路径。

（2）创建用户自己的项目模板。首先将标准外设库的全部文件复制到新建的项目模板中，根据用户的硬件和需求对项目进行设定。在不改变硬件的前提下，用户每次开发一个项目都可以从此模板开始。本书建议读者采用此种方式。

在建立工程前请下载 STM32 V3.5 版标准外设库，并掌握标准外设库的文件夹结构和文件的包含关系。

第一步：在建立工程之前，用户应该在计算机的某个目录下面建立一个文件夹，用于保存全部的 STM32 工程，例如 STM32Projects。以后所有的代码文件全部存放在这个文件夹中，当用户复制这个文件夹到其他计算机时，全部的源代码的相对路径保持不变。以处理器 STM32F103ZET6 为例，在 STM32Projects 新建名为 STM32F103ZET6 Template 的文件夹用于保存即将创建的工程模板。若用户处理器型号不同，可使用其他处理器型号作为模板名称。

第二步：启动 μVision5，可以看到 IDE 中有一个默认的工程，选择菜单中的 Project→Close Project，关闭这个工程。单击 Keil 菜单中的 Project→New Uvision Project ，然后将目录定位到刚才建立的文件夹 STM32Projecsts\STM32F103ZET6 Template 之下，我们的工程文件都保存到 STM32F103ZET6 Template 文件夹中。工程命名为 STM32F103ZET6 Template，单击保存按钮，如图 4-12 和图 4-13 所示。

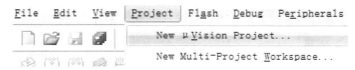

图 4-12　菜单中的新建工程按钮

图 4-13　创建名为 STM32F103ZET6 Template 的新工程

第三步：选择目标设备，即选择用户使用的处理器，本书以 STM32F103ZET6 处理器为例，因此选择 STM32F103ZE 处理器。在选择目标设备前，必须确保 Pack Installer 已经成功安装 STM32F103xDFP 包，如图 4-14 所示。

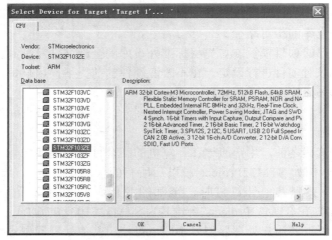

图 4-14　选择处理器

第四步：选择处理器，并单击 OK 按钮后，μVision5 会自动弹出新增管理运行时环境界面，如图 4-15 所示，可以在此界面添加相应的软件库。本书在此处不添加任何软件库，后续步骤中会手动添加所需的 V3.5 版 STM32F103x 标准外设库。在熟练使用 μVision5 及标准外设库后，用户可以通过此方式创建工程模板。建立的 STM32F103ZET6 Template 工程如图 4-16 所示。

Software Component	S...	Variant	Version	Description
Board Support		MCBSTM32C	1.0.0	Keil Development Board MCBSTM32C
CMSIS				Cortex Microcontroller Software Interface Components
Device				Startup, System Setup
Drivers				Unified Device Drivers
File System		MDK-Pro	5.0.4	File Access on various storage devices
Graphics		MDK-Pro	5.22.1	User Interface on graphical LCD displays
Network		MDK-Pro	5.0.4	IP Networking using Ethernet or Serial protocols
USB		MDK-Pro	5.0.4	USB Communication with various device classes

图 4-15　管理运行时环境界面

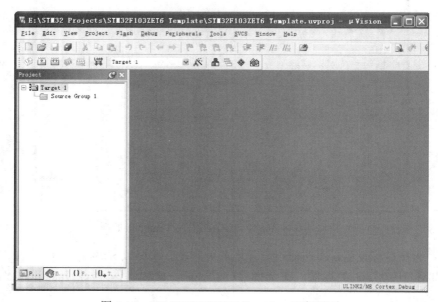

图 4-16　STM32F103ZET6 Template 工程界面

第五步：在 STM32Projecsts\STM32F103ZET6 Template 目录下建立下列目录结构：

- STM32Projecsts\STM32F103ZET6 Template\startup，定位到解压后的标准外设库文件夹 STM32F103x_StdPeriph_Lib_V3.5.0\Libraries\CMSIS\CM3\DeviceSupport\ST\STM32F103x\startup\arm，将全部文件复制到此目录。

- STM32Projecsts\STM32F103ZET6 Template\device，定位到解压后的标准外设库文件夹 STM32F103x_StdPeriph_Lib_V3.5.0\Libraries\CMSIS\CM3\CoreSupport，将两个文件 core_cm3.c 和 core_cm3.h 复制到此目录。定位到解压后的标准外设库文件夹 STM32F103x_StdPeriph_Lib_V3.5.0\Libraries\CMSIS CM3\DeviceSupport\ST\STM32F103x，将 stm32f10x.h，system_stm32f10x.c，system_stm32f10x.h 3 个文件复制到此目录。

- STM32Projecsts\STM32F103ZET6 Template\drivers，定位到解压后的标准外设库文件夹 STM32F103x_StdPeriph_Lib_V3.5.0\Libraries\STM32F103x_StdPeriph_Driver，将 inc 和 src 文件夹复制到此目录。

- STM32Projecsts\STM32F103ZET6 Template\main，定位到解压后的标准外设库文件夹 STM32F103x_StdPeriph_Lib_V3.5.0\Project\STM32F103x_StdPeriph_Templat，将 4 个文件 main.c，stm32f10x_conf.h，stm32f10x_it.c，stm32f10x_it.h 复制到此目录。

第六步：继续操作 µVision5，单击工具栏中的 按钮或者右击左侧工程窗口中的 Target1，选择 Manage Project Items 菜单打开管理工程界面。管理工程界面如图 4-17 所示。

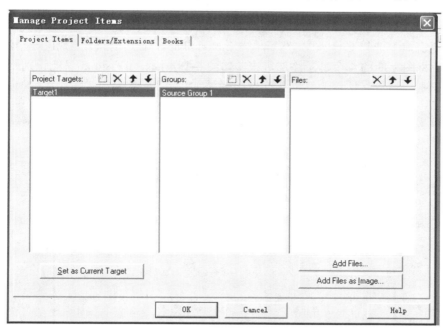

图 4-17　STM32F103ZET6 Template 管理工程界面

第七步：双击 Target1，将工程名称修改为 STM32F103ZET6 Template。将 Groups 窗口中原有的 Source Group1 删除，新增 4 个组，组名分别为 main，device，drivers，startup。

第八步：将已经复制到 STM32F103ZET6 Template 工程目录下的各代码文件添加到工程中。依次选择相应的组，并单击 Add Files 按钮，将相同名称的文件夹中的 C 和汇编语言源文件添加到工程中。在添加 drivers 组的文件时需要选择 drivers\src 文件夹下的全部源文件，也可以根据需求选择性地添加相应驱动模块的源文件。在添加 startup 组时需要根据处理器嵌入式闪存容量添加相应的文件，也可以添加全部汇编启动文件，如图 4-18 所示。

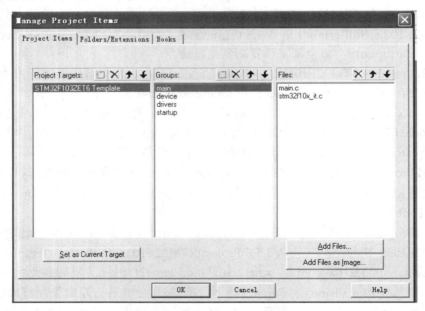

图 4-18　添加组和源文件后的管理界面

第九步：配置工程路径。回到工程主菜单，单击工具栏中魔术棒（Target Options）[图标]，在弹出的选项窗口中选择 C/C++页，然后单击 Include Paths 右边的按钮。弹出一个添加 Path 的对话框，然后将图上面的 4 个目录添加进去，如图 4-19 所示。μVision5 只能识别路径中标示的目录，不能识别子目录，所以驱动的头文件路径添加为 drivers\inc。

图 4-19　添加文件路径界面

第十步：配置预处理标号。单击 OK 按钮后。在窗口的第一个编辑框 Define 中添加预处理标号 STM32F10X_HD, USE_STDPERIPH_DRIVER。

完成全部操作后将下列程序覆盖 main.c 文件中的自带源代码。

```
#include "stm32f10x.h"
int main（void）
{
    SystemInit（）;
    while（1）
    {
    }
}
```

单击 Build 按钮，编译结果显示无错误无警告，工程模板建立成功。

思考与练习

1．MDK- ARM 主要包含几个组成部分？
2．当使用 MDK- ARM 作为嵌入式开发工具时，说明其开发的流程。
3．标准外设库的第一部分 libraries 包含哪些文件？
4．简要说明 CMSIS 标准软件架构的结构，以及各结构的作用。
5．简要说明 CMSIS 层各部分的作用。

第5章

复位与时钟控制器

有关 STM32F103x 系列微控制器复位的内容在第 3 章已经介绍过。本章主要介绍 STM32F103x 系列微控制器的复位与时钟控制器（简称 RCC）中的时钟模块及相关库函数的使用方法。

5.1 STM32F103x 微控制器时钟模块简介

STM32F103x 系列微控制器支持三种不同的时钟源驱动系统时钟（SYSCLK）：

● HSI 振荡器时钟；
● HSE 振荡器时钟；
● PLL 时钟。

STM32F103x 系列微控制器有以下两种二级时钟源：

● 40kHz 低速内部振荡器：可以用于驱动独立看门狗和通过程序选择驱动 RTC。RTC 用于从停机/待机模式下自动唤醒系统。
● 32.768kHz 低速外部晶振：可用来通过程序选择驱动 RTC（RTCCLK）。

当不被使用时，任一个时钟源都可被独立地启动或关闭，由此优化系统功耗。系统的时钟树如图 5-1 所示。

当 HSI 被用作 PLL 时钟的输入时，系统时钟的最大频率不得超过 64MHz。用户可通过多个预分频器配置 AHB、高速 APB（APB2）和低速 APB（APB1）域的频率。AHB 和 APB2 域的最大频率是 72MHz。APB1 域的最大允许频率是 36MHz，SDIO 接口的时钟频率固定为 HCLK/2。

RCC 通过 AHB 时钟 8 分频后供给 Cortex 系统定时器的（SysTick）外部时钟。通过对 SysTick 控制与状态寄存器的设置，可选择上述时钟或 Cortcx AHB 时钟作为 SysTick 时钟。

ADC 时钟由高速 APB2 时钟经 2、4、6 或 8 分频后获得。

定时器时钟频率分配由硬件按两种情况自动设置：当相应的 APB 预分频系数是 1 时，定时器的时钟频率与所在 APB 总线频率一致；否则，定时器的时钟频率被设为与其相连的 APB 总线频率的两倍。

FCLK 是 Cortex-M3 的自由运行时钟。

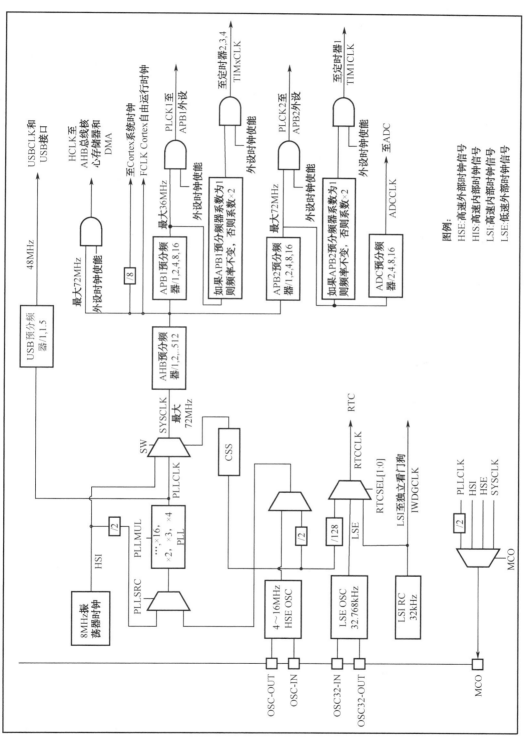

图5-1　STM32F103x系列微控制器的时钟树

5.1.1 HSE 时钟

高速外部时钟信号（HSE）由两种时钟源产生，即 HSE 外部晶体/陶瓷谐振器和 HSE 用户外部时钟，如图 5-2 所示。为了减少时钟输出的失真和缩短启动稳定时间，晶体/陶瓷谐振器和负载电容器必须尽可能地靠近振荡器引脚，且负载电容值必须根据所选择的振荡器来调整。

当使用用户外部时钟源（HSE 旁路）时，必须提供外部时钟，它的频率最高可达 25MHz。用户可通过设置在时钟控制寄存器中的 HSEBYP 和 HSEON 位来选择这一模式。外部时钟信号（50%占空比的方波、正弦波或三角波）必须连到 OSC_IN 引脚，同时保证 OSC_OUT 引脚悬空。

当使用外部晶体/陶瓷谐振器（HSE 晶体）时，4～16MHz 外部振荡器可为系统提供更为精确的主时钟。通过读取 RCC_WaitForHSEStartUp()的返回值，如果返回值为 SUCCESS，则表示高速外部振荡器稳定且就绪。在启动时，直到函数 RCC_GetFlagStatus（RCC_FLAG_HSERDY）参数被硬件置 1，时钟才被释放出来。如果在 RCC 中断控制函数 RCC_ITConfig（RCC_IT_HSERDY）中允许产生中断，将会产生相应中断。HSE 晶体可以通过设置时钟控制函数 RCC_HSEConfig（RCC_HSE_ON）或 RCC_HSEConfig（RCC_HSE_OFF）来启动和关闭。

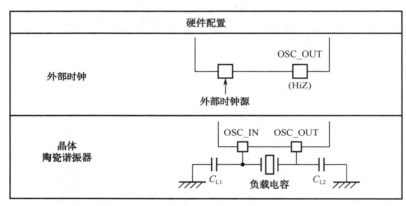

图 5-2 HSE 时钟源

5.1.2 HSI 时钟

高速内部时钟信号（HSI）由内部 8MHz 的 RC 振荡器产生，可直接作为系统时钟或在二分频后作为 PLL 输入。HSI RC 振荡器能够在不需要任何外部器件的条件下提供系统时钟，它的启动时间比 HSE 晶体振荡器短，然而，即使在校准之后它的时钟频率精度仍较差。

制造工艺决定了不同芯片的 RC 振荡器频率会不同，这就是为什么每个芯片的 HSI 时钟频率在出厂前已经被 ST 校准到 1%（25℃）的原因。系统复位时，工厂校准值被装载到函数 RCC_AdjustHSICalibrationValue（u8 HSICalibrationValue）中。如果用户的应用基于不同的电压或环境温度，将会影响 RC 振荡器的精度。可以通过在时钟控制寄存器中的 HSITRIM[4:0]位来调整 HSl 频率。

通过读取函数 RCC_GetFlagStatus（RCC_FLAG_HSIRDY）标志位判断 HSI RC 振荡器是否稳定。在时钟启动过程中，直到参数 RCC_FLAG_HSIRDY 被硬件置 1，HSI 输出时钟才被释放。HSI 可调用函数 RCC_HSICmd（ENABLE）来启动，调用 RCC_HSICmd（DISABLE）可以停止 HSI。如果 HSE 晶体振荡器失效，HSI 时钟会被作为备用时钟源。

5.1.3　PLL

内部 PLL 可以用来倍频 HSI RC 的输出时钟或 HSE 晶体输出时钟，如图 5-1 所示。PLL 的设置（选择 HSI 振荡器除 2 或 HSE 振荡器为 PLL 的输入时钟，并选择倍频因子）必须在其被激活前完成，一旦 PLL 被激活，这些参数就不能被改动。

如果 PLL 中断在时钟中断寄存器中被允许，当 PLL 准备就绪时，可产生中断申请。如果需要在应用中使用 USB 接口，PLL 必须被设置为输出 48MHz 或 72MHz 时钟，用于提供 48MHz 的 USBCLK 时钟。

5.1.4　LSE 时钟

低速外部时钟（LSE）是一个 32.768kHz 的低速外部晶体或陶瓷谐振器，它为实时时钟或其他定时功能提供一个低功耗且精确的时钟源。LSE 通过调用函数 RCC_LSEConfig（RCC_LSE_ON）和 RCC_LSEConfig（RCC_LSE_OFF）启动和关闭。

通过读取函数 RCC_GetFlagStatus（RCC_FLAG_LSIRDY）的返回值指示 LSE 晶体振荡是否稳定。在启动阶段，直到这个位被硬件置 1 后，LSE 时钟信号才被释放出来。如果调用函数 RCC_ITConfig（RCC_IT_LSERDY，ENABLE）便解中断，可产生中断申请。

在此模式中必须提供一个 32.768kHz 频率的外部时钟源（LSE 旁路），可以通过设置库函数 RCC_LSEConfig（RCC_LSE_ON）与 RCC_LSEConfig（RCC_LSE_Bypass）来选择此模式。具有 50%占空比的外部时钟信号（方波、正弦波或三角波）必须连到 OSC32_IN 引脚，同时保证 OSC32_OUT 引脚悬空。

5.1.5　LSI 时钟

内部低速时钟（LSI）为一个低功耗时钟源，它可以在停机和待机模式下保持运行，为独立看门狗和自动唤醒单元提供时钟。LSI 时钟频率大约为 40kHz（在 30kHz 和 60kHz 之间）。

LSI RC 可以通过操作库函数 RCC_LSICmd（FunctionalState NewState）中的 NewState 参数取 ENABLE 或者 DISABLE 来启动或关闭。在库函数 RCC_GetFlagStatus（RCC_FLAG_LSIRDY）指示低速内部振荡器是否稳定。在启动阶段，直到这个位被硬件设置为 1 后，此时钟才被释放。如果在库函数 RCC_ITConfig（RCC_IT_LSIRDY，ENABLE）中被允许，将产生 LSI 中断申请。

可以通过校准（仅适用于大容量系列微控制器）内部低速振荡器 LSI 来补偿其频率偏移，从而获得精度可接受的 RTC 时间基数，以及独立看门狗（IWDG）的超时时间（当这些外设以 LSI 为时钟源时）。校准可以通过使用 TIM5 的输入时钟（TIM5_CLK）测量 LSI 时钟频率实现。测量以 HSE 的精度为保证，软件可以通过调整 RTC 的 20 位预分频器来获得精确的 RTC 时钟基数，并通过计算得到精确的独立看门狗（IWDG）的超时时间。

LSI 校准分四步进行：

（1）打开 TIM5，设置通道 4 为输入捕获模式；

（2）设置 AFIO MAPR 的 TIM5 CH4 IREMAP 位为 1，在内部将 LSI 连接到 TIM5 的通道 4；

（3）通过 TIM5 的捕获/比较 4 通道事件或者中断来测量 LSI 时钟频率；

（4）根据测量结果和期望的通道 RTC 时间基数和独立看门狗的超时时间，设置 20 位预分频器。

5.1.6　系统时钟的选择

系统复位后，HSI 振荡器被选为系统时钟。当时钟源被直接或通过 PLL 间接作为系统时钟时，它将不能被停止。只有当目标时钟源准备就绪时，从一个时钟源到另一个时钟源的切换才会发生。在被选择时钟源没有就绪时，系统时钟的切换不会发生，直至目标时钟源就绪，才发生切换。可以通过库函数 RCC_GetFlagStatus（u8 RCC_FLAG）的 RCC_FLAG 来查询所需要的时钟是否已经准备好了，通过库函数 RCC_SYSCLKConfig（u32 RCC_SYSCLKSource）的 RCC_SYSCLKSource 来指定哪个时钟被用作系统时钟。

5.1.7　时钟安全系统

时钟安全系统可以通过软件激活，一旦其被激活，时钟监测器将在 HSE 振荡器启动延迟后被使能，并在 HSE 时钟关闭后关闭。如果 HSE 时钟发生故障，HSE 振荡器被自动关闭，时钟失效事件将被送到高级定时器 TIM1 的刹车输入端，并产生时钟安全中断 CSSI，允许软件完成营救操作。此 CSSI 中断连接到 Cortex-M3 的 NMI 中断。

一旦 CSS 被激活，并且 HSE 时钟出现故障，CSS 中断就产生，并且 NMI 也自动产生。NMI 将被不断执行，直到 CSS 中断挂起位被清除。因此，在 NMI 的处理程序中必须通过设置库函数 RCC_ClearITPendingBit（u8 RCC_IT）中的 RCC_IT_CSS 位来清除 CSS 中断。

如果 HSE 振荡器被直接或间接地作为系统时钟（间接的意思是它被作为 PLL 输入时钟，并且 PLL 时钟被作为系统时钟），时钟故障将导致系统时钟自动切换到 HSI 振荡器，同时外部 HSE 振荡器被关闭。在时钟失效时，如果 HSE 振荡器时钟（被分频或未被分频）是用作系统时钟的 PLL 的输入时钟，PLL 也将被关闭。

5.1.8　RTC 时钟

通过设置库函数 RCC_RTCCLKConfig（u32 RCC_RTCCLKSource）来设置 RTC 时钟，RTCCLK 时钟源可以由 HSE/128、LSE 或 LSI 时钟提供。除非备份域复位，此选择不能被改变。LSE 时钟在备份域中，但 HSE 和 LSI 时钟不是，因此：

- 如果 LSE 被选为 RTC 时钟，只要 VBAT 维持供电，尽管 V_{DD} 供电被切断，RTC 仍继续工作；
- 如果 LSI 被选为自动唤醒单元（AWU）时钟，若 V_{DD} 供电被切断，AWU 状态不能被保证。
- 如果 HSE 时钟 128 分频后作为 RTC 时钟，若 V_{DD} 供电被切断或内部电压调压器被关闭（1.8V 域的供电被切断），则 RTC 状态不确定。

5.1.9　看门狗时钟

如果独立看门狗已经由硬件选项或软件启动，LSI 振荡器将被强制在打开状态，并且不能被关闭。在 LSI 振荡器稳定后，时钟供应给独立看门狗。

5.1.10　时钟输出

STM32F103x 微控制器允许输出时钟信号到外部 MCO 引脚。相应的 GPIO 端口寄存器必须被配置为相应功能。SYSCLK、HSI、HSE 和除 2 的 PLL 时钟信号可被选作 MCO 时钟。

5.1.11　片上外设时钟

STM32F103x 微控制器的所有外设的时钟都可以独立地打开或关闭，这样可以只把使用的那部分外设时钟打开，这样做的好处是，可以降低系统的能耗，满足低功耗的要求。

用户可通过多个预分频器配置 AHB、高速 APB（APB2）和低速 APB（APB1）域的频率。AHB 和 APB2 域的最大频率是 72MHz，APB1 域的最大允许频率是 36MHz，下面简要介绍各个片上外设的时钟情况。

- USB 时钟：来源于 PLLCLK。通过 USB 分频器为 USB 外设提供 48MHz 时钟。由于 USB 时钟分频器只能 1 分频（即不分频）和 1.5 分频，所以 PLL 输出的时钟频率只能是 48MHz 和 72MHz。当需要使用 USB 时，PLLCLK 时钟只能设定为 48MHz 和 72MHz。
- 独立看门狗时钟：来源于内部的低速 RC 时钟，可以提供 30～60kHz 之间，标准值为 40kHz 的时钟。当独立看门狗打开时，这个时钟被强制打开，并且不会被关闭。
- I^2S 时钟：直接来源于系统时钟，通过使能控制位来控制该外设时钟。
- AHB 时钟：为其他外设时钟提供时钟源。AHB 时钟通过系统时钟 1，2，…，512 分频而来，最高为 72MHz。
- DMA 时钟：来源于 AHB，最高可以达到 72MHz。
- APB2 高速时钟：来源于 AHB 时钟 1、2、4、8、16 分频，最高可以到 72MHz。连接 APB2 时钟的是系统的高速外设，有 TIM1、TIM8、SPI1、USART1、ADC1、ADC2、ADC3 和所有 I/O 口等，这些外设时钟都可以单独打开和关闭。
- APB1 低速时钟：来源于 AHB 时钟 1、2、4、8、16 分频，最高可达 36MHz。连接在 APB1 时钟上的是系统的低速外设，有 TIM2～TIM7、窗口看门狗、USART2～USART5、SPI2、SPI3、CAN、I2C1、I2C2、BKP 后备域、电源控制和 DAC 时钟，这些外设可以单独打开和关闭。

5.2　RCC 库函数说明

标准外设库的 RCC 库包含了常用的时钟模块的操作，通过对函数的调用可以实现系统时钟和外设时钟的设置。全部函数的简要说明参见表 5-1。

表 5-1　RCC 库函数列表

函　　数	描　　述
RCC_DeInit	将外设 RCC 寄存器重设为默认值
RCC_HSEConfig	设置外部高速晶振（HSE）
RCC_WaitForHSEStartUp	等待 HSE 起振
RCC_AdjustHSICalibrationValue	调整内部高速晶振（HSI）校准值
RCC_HSICmd	使能或者失能内部高速晶振（HSI）
RCC_PLLConfig	设置 PLL 时钟源及倍频系数
RCC_PLLCmd	使能或者失能 PLL
RCC_SYSCLKConfig	设置系统时钟（SYSCLK）

函　数	描　述
RCC_GetSYSCLKSource	返回用作系统时钟的时钟源
RCC_HCLKConfig	设置 AHB 时钟（HCLK）
RCC_PCLK1Config	设置低速 APB 时钟（PCLK1）
RCC_PCLK2Config	设置高速 APB 时钟（PCLK2）
RCC_ITConfig	使能或者失能指定的 RCC 中断
RCC_USBCLKConfig	设置 USB 时钟（USBCLK）
RCC_ADCCLKConfig	设置 ADC 时钟（ADCCLK）
RCC_LSEConfig	设置外部低速晶振（LSE）
RCC_LSICmd	使能或者失能内部低速晶振（LSI）
RCC_RTCCLKConfig	设置 RTC 时钟（RTCCLK）
RCC_RTCCLKCmd	使能或者失能 RTC 时钟
RCC_GetClocksFreq	返回不同片上时钟的频率
RCC_AHBPeriphClockCmd	使能或者失能 AHB 外设时钟
RCC_APB2PeriphClockCmd	使能或者失能 APB2 外设时钟
RCC_APB1PeriphClockCmd	使能或者失能 APB1 外设时钟
RCC_APB2PeriphResetCmd	强制或者释放高速 APB（APB2）外设复位
RCC_APB1PeriphResetCmd	强制或者释放低速 APB（APB1）外设复位
RCC_BackupResetCmd	强制或者释放后备域复位
RCC_ClockSecuritySystemCmd	使能或者失能时钟安全系统
RCC_MCOConfig	选择在 MCO 引脚上输出的时钟源
RCC_GetFlagStatus	检查指定的 RCC 标志位设置与否
RCC_ClearFlag	清除 RCC 的复位标志位
RCC_GetITStatus	检查指定的 RCC 中断发生与否
RCC_ClearITPendingBit	清除 RCC 的中断待处理位
RCC_PREDIV1Config	V3.5 新增，用于互联型、超值型（中低密度）处理器，设置 PREDIV1 的时钟源和分频值
RCC_PREDIV2Config	V3.5 新增，用于互联型处理器，设置 PREDIV2 的分频值
RCC_PLL2Config	V3.5 新增，用于互联型处理器，设置 PLL2 倍频系数
RCC_PLL2Cmd	V3.5 新增，用于互联型处理器，使能或者失能 PLL2
RCC_PLL3Config	V3.5 新增，用于互联型处理器，设置 PLL3 倍频系数
RCC_PLL3Cmd	V3.5 新增，用于互联型处理器，使能或者失能 PLL3
RCC_OTGFSCLKConfig	V3.5 新增，用于互联型处理器，设置 USB OTG FS 时钟（OTGFSCLK）与 RCC_USBCLKConfig 互斥
RCC_I2S2CLKConfig	V3.5 新增，用于互联型处理器，配置 I2S2 时钟源
RCC_I2S3CLKConfig	V3.5 新增，用于互联型处理器，配置 I2S3 时钟源
RCC_AHBPeriphResetCmd	V3.5 新增，用于互联型处理器，AHB 总线设备复位

5.2.1　库函数 RCC_DeInit

库函数 RCC_DeInit 的描述参见表 5-2。

表 5-2　库函数 RCC_DeInit

函数名	RCC_DeInit
函数原型	void RCC_DeInit(void)
功能描述	将外设 RCC 寄存器重设为默认值

注意：该函数不改动寄存器 RCC_CR 的 HSITRIM[4:0]位。该函数不重置寄存器 RCC_BDCR 和寄存器 RCC_CSR。

5.2.2　库函数 RCC_HSEConfig

库函数 RCC_HSEConfig 的描述参见表 5-3。

表 5-3　库函数 RCC_HSEConfig

函数名	RCC_HSEConfig
函数原型	void RCC_HSEConfig(u32 RCC_HSE)
功能描述	设置外部高速晶振（HSE）
输入参数	RCC_HSE: HSE 的新状态
先决条件	如果 HSE 被直接或者通过 PLL 用于系统时钟，那么它不能被停振

输入参数 RCC_HSE 所表示的 HSE 状态见表 5-4。

表 5-4　RCC_HSE 参数

RCC_HSE	描　　述
RCC_HSE_OFF	HSE 晶振 OFF
RCC_HSE_ON	HSE 晶振 ON
RCC_HSE_Bypass	HSE 晶振被外部时钟旁路

5.2.3　库函数 RCC_WaitForHSEStartUp

库函数 RCC_WaitForHSEStartUp 的描述参见表 5-5。

表 5-5　库函数 RCC_WaitForHSEStartUp

函数名	RCC_WaitForHSEStartUp
函数原型	ErrorStatus RCC_WaitForHSEStartUp(void)
功能描述	等待 HSE 起振 该函数将等待直到 HSE 就绪，或者在超时的情况下退出
返回值	一个 ErrorStatus 枚举值: SUCCESS：HSE 晶振稳定且就绪 ERROR：HSE 晶振未就绪

5.2.4 库函数 RCC_AdjustHSICalibrationValue

库函数 RCC_AdjustHSICalibrationValue 的描述参见表 5-6。

表 5-6 库函数 RCC_AdjustHSICalibrationValue

函数名	RCC_AdjustHSICalibrationValue
函数原型	void RCC_AdjustHSICalibrationValue(u8 HSICalibrationValue)
功能描述	调整内部高速晶振（HSI）校准值
输入参数	HSICalibrationValue： 校准补偿值 该参数取值必须在 0 到 0x1F 之间

5.2.5 库函数 RCC_HSICmd

库函数 RCC_HSICmd 的描述参见表 5-7。

表 5-7 库函数 RCC_HSICmd

函数名	RCC_HSICmd
函数原型	void RCC_HSICmd(FunctionalState NewState)
功能描述	使能或者失能内部高速晶振（HSI）
输入参数	NewState：HSI 新状态 这个参数可以取 ENABLE 或者 DISABLE
先决条件	如果 HSI 被直接或通过 PLL 用于系统时钟，或者 FLASH 编写操作进行中，那么它不能被停振

5.2.6 库函数 RCC_PLLConfig

库函数 RCC_PLLConfig 的描述参见表 5-8。

表 5-8 库函数 RCC_PLLConfig

函数名	RCC_PLLConfig
函数原型	void RCC_PLLConfig(u32 RCC_PLLSource, u32 RCC_PLLMul)
功能描述	设置 PLL 时钟源及倍频系数
输入参数 1	RCC_PLLSource：PLL 的输入时钟源，参见表 5-9
输入参数 2	RCC_PLLMul：PLL 倍频系数，参见表 5-10

表 5-9 RCC_PLLSource 参数

RCC_PLLSource	描 述
RCC_PLLSource_HSI_Div2	PLL 的输入时钟 = HSI 时钟频率除以 2
RCC_PLLSource_HSE_Div1	PLL 的输入时钟 = HSE 时钟频率
RCC_PLLSource_HSE_Div2	PLL 的输入时钟 = HSE 时钟频率除以 2

表 5-10 RCC_PLLMul 参数

RCC_PLLMul	描　　述
RCC_PLLMul_2	PLL 输入时钟 ×2
RCC_PLLMul_3	PLL 输入时钟 ×3
RCC_PLLMul_4	PLL 输入时钟 ×4
RCC_PLLMul_5	PLL 输入时钟 ×5
RCC_PLLMul_6	PLL 输入时钟 ×6
RCC_PLLMul_7	PLL 输入时钟 ×7
RCC_PLLMul_8	PLL 输入时钟 ×8
RCC_PLLMul_9	PLL 输入时钟 ×9
RCC_PLLMul_10	PLL 输入时钟 ×10
RCC_PLLMul_11	PLL 输入时钟 ×11
RCC_PLLMul_12	PLL 输入时钟 ×12
RCC_PLLMul_13	PLL 输入时钟 ×13
RCC_PLLMul_14	PLL 输入时钟 ×14
RCC_PLLMul_15	PLL 输入时钟 ×15
RCC_PLLMul_16	PLL 输入时钟 ×16

在使用时必须确保 PLL 输出的时钟频率最大为 72MHz。

5.2.7　库函数 RCC_PLLCmd

库函数 RCC_PLLCmd 的描述参见表 5-11。

表 5-11　库函数 RCC_PLLCmd

函数名	RCC_PLLCmd
函数原型	void RCC_PLLCmd(FunctionalState NewState)
功能描述	使能或者失能 PLL
输入参数	NewState：PLL 新状态 这个参数可以取 ENABLE 或者 DISABLE
先决条件	如果 PLL 被用于系统时钟，那么它不能被失能

5.2.8　库函数 RCC_SYSCLKConfig

库函数 RCC_SYSCLKConfig 的描述参见表 5-12。

表 5-12　库函数 RCC_SYSCLKConfig

函数名	RCC_SYSCLKConfig
函数原型	void RCC_SYSCLKConfig(u32 RCC_SYSCLKSource)
功能描述	设置系统时钟（SYSCLK）
输入参数	RCC_SYSCLKSource：用作系统时钟的时钟源，参见表 5-13 参阅 Section：RCC_SYSCLKSource 查阅更多该参数允许取值范围

表 5-13　RCC_SYSCLKSource 参数

RCC_SYSCLKSource	描　　述
RCC_SYSCLKSource_HSI	选择 HSI 作为系统时钟
RCC_SYSCLKSource_HSE	选择 HSE 作为系统时钟
RCC_SYSCLKSource_PLLCLK	选择 PLL 作为系统时钟

5.2.9　库函数 RCC_GetSYSCLKSource

库函数 RCC_GetSYSCLKSource 的描述参见表 5-14。

表 5-14　库函数 RCC_GetSYSCLKSource

函数名	RCC_GetSYSCLKSource
函数原型	u8 RCC_GetSYSCLKSource(void)
功能描述	返回用作系统时钟的时钟源
返回值	用作系统时钟的时钟源： 0x00：HSI 作为系统时钟 0x04：HSE 作为系统时钟 0x08：PLL 作为系统时钟

5.2.10　库函数 RCC_HCLKConfig

库函数 RCC_HCLKConfig 的描述参见表 5-15。

表 5-15　库函数 RCC_HCLKConfig

函数名	RCC_HCLKConfig
函数原型	void RCC_HCLKConfig(u32 RCC_HCLK)
功能描述	设置 AHB 时钟（HCLK）
输入参数	RCC_HCLK：定义 HCLK，该时钟源自系统时钟（SYSCLK），参见表 5-16 参阅 Section：RCC_HCLK 查阅更多该参数允许取值范围

表 5-16　RCC_HCLK 参数

RCC_HCLK	描　　述
RCC_SYSCLK_Div1	AHB 时钟 = 系统时钟
RCC_SYSCLK_Div2	AHB 时钟 = 系统时钟 / 2
RCC_SYSCLK_Div4	AHB 时钟 = 系统时钟 / 4
RCC_SYSCLK_Div8	AHB 时钟 = 系统时钟 / 8
RCC_SYSCLK_Div16	AHB 时钟 = 系统时钟 / 16
RCC_SYSCLK_Div64	AHB 时钟 = 系统时钟 / 64
RCC_SYSCLK_Div128	AHB 时钟 = 系统时钟 / 128
RCC_SYSCLK_Div256	AHB 时钟 = 系统时钟 / 256
RCC_SYSCLK_Div512	AHB 时钟 = 系统时钟 / 512

5.2.11　库函数 RCC_PCLK1Config

库函数 RCC_PCLK1Config 的描述参见表 5-17。

表 5-17　库函数 RCC_PCLK1Config

函数名	RCC_PCLK1Config
函数原型	void RCC_PCLK1Config(u32 RCC_PCLK1)
功能描述	设置 APB1 时钟（PCLK1）
输入参数	RCC_PCLK1：定义 PCLK1，该时钟源自 AHB 时钟（HCLK），参见表 5-18 参阅 Section：RCC_PCLK1 查阅更多该参数允许取值范围

表 5-18　RCC_PCLK1 参数

RCC_PCLK1	描　　述
RCC_HCLK_Div1	APB1 时钟 = HCLK
RCC_HCLK_Div2	APB1 时钟 = HCLK / 2
RCC_HCLK_Div4	APB1 时钟 = HCLK / 4
RCC_HCLK_Div8	APB1 时钟 = HCLK / 8
RCC_HCLK_Div16	APB1 时钟 = HCLK / 16

5.2.12　库函数 RCC_PCLK2Config

库函数 RCC_PCLK2Config 的描述参见表 5-19。

表 5-19　库函数 RCC_PCLK2Config

函数名	RCC_PCLK2Config
函数原型	void RCC_PCLK2Config(u32 RCC_PCLK2)
功能描述	设置 APB2 时钟（PCLK2）
输入参数	RCC_PCLK2：定义 PCLK2，该时钟源自 AHB 时钟（HCLK），参见表 5-20 参阅 Section：RCC_PCLK2 查阅更多该参数允许取值范围

表 5-20　RCC_PCLK2 参数

RCC_PCLK2	描　　述
RCC_HCLK_Div1	APB2 时钟 = HCLK
RCC_HCLK_Div2	APB2 时钟 = HCLK / 2
RCC_HCLK_Div4	APB2 时钟 = HCLK / 4
RCC_HCLK_Div8	APB2 时钟 = HCLK / 8
RCC_HCLK_Div16	APB2 时钟 = HCLK / 16

5.2.13 库函数 RCC_ITConfig

库函数 RCC_ITConfig 的描述参见表 5-21。

表 5-21 库函数 RCC_ITConfig

函数名	RCC_ITConfig
函数原型	void RCC_ITConfig(u8 RCC_IT, FunctionalState NewState)
功能描述	使能或者失能指定的 RCC 中断
输入参数 1	RCC_IT：待使能或者失能的 RCC 中断源，参见表 5-22
输入参数 2	NewState：RCC 中断的新状态 这个参数可以取 ENABLE 或者 DISABLE

表 5-22 RCC_IT 参数

RCC_IT	描　　述
RCC_IT_LSIRDY	LSI 就绪中断
RCC_IT_LSERDY	LSE 就绪中断
RCC_IT_HSIRDY	HSI 就绪中断
RCC_IT_HSERDY	HSE 就绪中断
RCC_IT_PLLRDY	PLL 就绪中断

5.2.14 库函数 RCC_USBCLKConfig

库函数 RCC_USBCLKConfig 的描述参见表 5-23。

表 5-23 库函数 RCC_USBCLKConfig

函数名	RCC_USBCLKConfig
函数原型	void RCC_USBCLKConfig(u32 RCC_USBCLKSource)
功能描述	设置 USB 时钟（USBCLK）
输入参数	RCC_USBCLKSource：定义 USBCLK，该时钟源自 PLL 输出，参见表 5-24 参阅 Section：RCC_USBCLKSource 查阅更多该参数允许取值范围

表 5-24 RCC_USBCLKSource 参数

RCC_USBCLKSource	描　　述
RCC_USBCLKSource_PLLCLK_1	USB 时钟 = PLL 时钟除以 1.5
RCC_USBCLKSource_PLLCLK_Di	USB 时钟 = PLL 时钟

5.2.15 库函数 RCC_ADCCLKConfig

库函数 RCC_ADCCLKConfig 的描述参见表 5-25。

表 5-25　库函数 RCC_ADCCLKConfig

函数名	RCC_ADCCLKConfig
函数原型	void ADC_ADCCLKConfig(u32 RCC_ADCCLKSource)
功能描述	设置 ADC 时钟（ADCCLK）
输入参数	RCC_ADCCLKSource: 定义 ADCCLK，该时钟源自 APB2 时钟（PCLK2），参见表 5-26 参阅 Section：RCC_ADCCLKSource 查阅更多该参数允许取值范围

表 5-26　RCC_ADCCLKSource 参数

RCC_ADCCLKSource	描　述
RCC_PCLK2_Div2	ADC 时钟 = PCLK / 2
RCC_PCLK2_Div4	ADC 时钟 = PCLK / 4
RCC_PCLK2_Div6	ADC 时钟 = PCLK / 6
RCC_PCLK2_Div8	ADC 时钟 = PCLK / 8

5.2.16　库函数 RCC_LSEConfig

库函数 RCC_LSEConfig 的描述参见表 5-27。

表 5-27　库函数 RCC_LSEConfig

函数名	RCC_LSEConfig
函数原型	void RCC_LSEConfig(u32 RCC_HSE)
功能描述	设置外部低速晶振（LSE）
输入参数	RCC_LSE: LSE 的新状态 参见表 5-28

表 5-28　RCC_LSE 参数

RCC_LSE	描　述
RCC_LSE_OFF	LSE 晶振 OFF
RCC_LSE_ON	LSE 晶振 ON
RCC_LSE_Bypass	LSE 晶振被外部时钟旁路

5.2.17　库函数 RCC_LSICmd

库函数 RCC_LSICmd 的描述参见表 5-29。

表 5-29　库函数 RCC_LSICmd

函数名	RCC_LSICmd
函数原型	void RCC_LSICmd(FunctionalState NewState)
功能描述	使能或者失能内部低速晶振（LSI）
输入参数	NewState：LSI 新状态 这个参数可以取 ENABLE 或者 DISABLE
先决条件	如果 IWDG 运行的话，LSI 不能被失能

5.2.18 库函数 RCC_RTCCLKConfig

库函数 RCC_RTCCLKConfig 的描述参见表 5-30。

表 5-30　库函数 RCC_RTCCLKConfig

函数名	RCC_RTCCLKConfig
函数原型	void RCC_RTCCLKConfig(u32 RCC_RTCCLKSource)
功能描述	设置 RTC 时钟（RTCCLK）
输入参数	RCC_RTCCLKSource: RTCCLK 的时钟源，参见表 5-31
先决条件	RTC 时钟一经选定即不能更改，除非复位后备域

表 5-31　RCC_RTCCLKSource 参数

RCC_RTCCLKSource	描　　述
RCC_RTCCLKSource_LSE	选择 LSE 作为 RTC 时钟
RCC_RTCCLKSource_LSI	选择 LSI 作为 RTC 时钟
RCC_RTCCLKSource_HSE_Div128	选择 HSE 时钟频率除以 128 作为 RTC 时钟

5.2.19 库函数 RCC_RTCCLKCmd

库函数 RCC_RTCCLKCmd 的描述参见表 5-32。

表 5-32　库函数 RCC_RTCCLKCmd

函数名	RCC_RTCCLKCmd
函数原型	void RCC_RTCCLKCmd(FunctionalState NewState)
功能描述	使能或者失能 RTC 时钟
输入参数	NewState：RTC 时钟的新状态 这个参数可以取 ENABLE 或者 DISABLE
先决条件	该函数只能通过函数 RCC_RTCCLKConfig 选择 RTC 时钟后，才能调用

5.2.20 库函数 RCC_GetClocksFreq

库函数 RCC_GetClocksFreq 的描述参见表 5-33。

表 5-33　库函数 RCC_GetClocksFreq

函数名	RCC_GetClocksFreq
函数原型	void RCC_GetClocksFreq(RCC_ClocksTypeDef* RCC_Clocks)
功能描述	返回不同片上时钟的频率
输入参数	RCC_Clocks：指向结构 RCC_ClocksTypeDef 的指针，包含了各个时钟的频率

RCC_ClocksTypeDef 定义于文件"stm32f10x_rcc.h"，返回频率值的单位为 Hz。

```
typedef struct
{
    u32 SYSCLK_Frequency;
```

u32 HCLK_Frequency;

u32 PCLK1_Frequency;

u32 PCLK2_Frequency;

u32 ADCCLK_Frequency;

}RCC_ClocksTypeDef;

5.2.21　库函数 RCC_AHBPeriphClockCmd

库函数 RCC_AHBPeriphClockCmd 的描述参见表 5-34。

表 5-34　库函数 RCC_AHBPeriphClockCmd

函数名	RCC_AHBPeriphClockCmd
函数原型	void　　RCC_AHBPeriphClockCmd(u32　　RCC_AHBPeriph,　　FunctionalState NewState)
功能描述	使能或者失能 AHB 外设时钟
输入参数 1	RCC_AHBPeriph: 指定 AHB 外设时钟，参见表 5-34
输入参数 2	NewState：指定外设时钟的新状态 这个参数可以取 ENABLE 或者 DISABLE

表 5-35　RCC_AHBPeriph 参数

RCC_AHBPeriph	描　　述
RCC_AHBPeriph_DMA	DMA 时钟
RCC_AHBPeriph_SRAM	SRAM 时钟
RCC_AHBPeriph_FLITF	FLITF 时钟

5.2.22　库函数 RCC_APB2PeriphClockCmd

库函数 RCC_APB2PeriphClockCmd 的描述参见表 5-36。

表 5-36　库函数 RCC_APB2PeriphClockCmd

函数名	RCC_APB2PeriphClockCmd
函数原型	void　　RCC_APB2PeriphClockCmd(u32　　RCC_APB2Periph,　　FunctionalState NewState)
功能描述	使能或者失能 APB2 外设时钟
输入参数 1	RCC_APB2Periph: 指定 APB2 外设时钟，参见表 5-37
输入参数 2	NewState：指定外设时钟的新状态 这个参数可以取 ENABLE 或者 DISABLE

表 5-37　RCC_APB2Periph 参数

RCC_APB2Periph	描　　述
RCC_APB2Periph_AFIO	功能复用 IO 时钟
RCC_APB2Periph_GPIOA	GPIOA 时钟
RCC_APB2Periph_GPIOB	GPIOB 时钟

RCC_APB2Periph	描　述
RCC_APB2Periph_GPIOC	GPIOC 时钟
RCC_APB2Periph_GPIOD	GPIOD 时钟
RCC_APB2Periph_GPIOE	GPIOE 时钟
RCC_APB2Periph_GPIOF	GPIOF 时钟
RCC_APB2Periph_GPIOG	GPIOG 时钟
RCC_APB2Periph_ADC1	ADC1 时钟
RCC_APB2Periph_ADC2	ADC2 时钟
RCC_APB2Periph_TIM1	TIM1 时钟
RCC_APB2Periph_SPI1	SPI1 时钟
RCC_APB2Periph_USART1	USART1 时钟
RCC_APB2Periph_ALL	全部 APB2 外设时钟

5.2.23　库函数 RCC_APB1PeriphClockCmd

库函数 RCC_APB1PeriphClockCmd 的描述参见表 5-38。

表 5-38　库函数 RCC_APB1PeriphClockCmd

函数名	RCC_APB1PeriphClockCmd
函数原型	void RCC_APB1PeriphClockCmd(u32 RCC_APB1Periph, FunctionalState NewState)
功能描述	使能或者失能 APB1 外设时钟
输入参数 1	RCC_APB1Periph: 指定 APB1 外设时钟，参见表 5-39
输入参数 2	NewState：指定外设时钟的新状态 这个参数可以取 ENABLE 或者 DISABLE

表 5-39　RCC_APB1Periph 参数

RCC_APB1Periph	描　述
RCC_APB1Periph_TIM2	TIM2 时钟
RCC_APB1Periph_TIM3	TIM3 时钟
RCC_APB1Periph_TIM4	TIM4 时钟
RCC_APB1Periph_TIM5	TIM5 时钟
RCC_APB1Periph_TIM6	TIM6 时钟
RCC_APB1Periph_TIM7	TIM7 时钟
RCC_APB1Periph_WWDG	WWDG 时钟
RCC_APB1Periph_SPI2	SPI2 时钟
RCC_APB1Periph_USART2	USART2 时钟
RCC_APB1Periph_USART3	USART3 时钟
RCC_APB1Periph_I2C1	I2C1 时钟

续表

RCC_APB1Periph	描　述
RCC_APB1Periph_I2C2	I2C2 时钟
RCC_APB1Periph_USB	USB 时钟
RCC_APB1Periph_CAN	CAN 时钟
RCC_APB1Periph_BKP	BKP 时钟
RCC_APB1Periph_PWR	PWR 时钟
RCC_APB1Periph_ALL	全部 APB1 外设时钟

5.2.24　库函数 RCC_APB2PeriphResetCmd

库函数 RCC_APB2PeriphResetCmd 的描述参见表 5-40。

表 5-40　库函数 RCC_APB2PeriphResetCmd

函数名	RCC_APB2PeriphResetCmd
函数原型	void RCC_APB2PeriphResetCmd(u32 RCC_APB2Periph, FunctionalState NewState)
功能描述	强制或者释放高速 APB（APB2）外设复位
输入参数 1	RCC_APB2Periph: APB2 外设复位，参见表 5-37
输入参数 2	NewState：指定 APB2 外设复位的新状态 这个参数可以取 ENABLE 或者 DISABLE

5.2.25　库函数 RCC_APB1PeriphResetCmd

库函数 RCC_APB1PeriphResetCmd 的描述参见表 5-41。

表 5-41　库函数 RCC_APB1PeriphResetCmd

函数名	RCC_APB1PeriphResetCmd
函数原型	void RCC_APB1PeriphResetCmd(u32 RCC_APB1Periph, FunctionalState NewState)
功能描述	强制或者释放低速 APB（APB1）外设复位
输入参数 1	RCC_APB1Periph：APB1 外设复位，参见表 5-39
输入参数 2	NewState：指定 APB1 外设复位的新状态 这个参数可以取 ENABLE 或者 DISABLE

5.2.26　库函数 RCC_BackupResetCmd

库函数 RCC_BackupResetCmd 的描述参见表 5-42。

表 5-42　库函数 RCC_BackupResetCmd

函数名	RCC_BackupResetCmd
函数原型	void RCC_BackupResetCmd(FunctionalState NewState)
功能描述	强制或者释放后备域复位
输入参数	NewState：后备域复位的新状态 这个参数可以取 ENABLE 或者 DISABLE

5.2.27 库函数 RCC_ClockSecuritySystemCmd

库函数 RCC_ClockSecuritySystemCmd 的描述参见表 5-43。

表 5-43 库函数 RCC_ClockSecuritySystemCmd

函数名	RCC_ClockSecuritySystemCmd
函数原型	void RCC_ClockSecuritySystemCmd(FunctionalState NewState)
功能描述	使能或者失能时钟安全系统
输入参数	NewState：时钟安全系统的新状态 这个参数可以取 ENABLE 或者 DISABLE

5.2.28 库函数 RCC_MCOConfig

库函数 RCC_MCOConfig 的描述参见表 5-44。

表 5-44 库函数 RCC_MCOConfig

函数名	RCC_MCOConfig
函数原型	void RCC_MCOConfig（u8 RCC_MCO）
功能描述	选择在 MCO 引脚上输出的时钟源
输入参数	RCC_MCO：指定输出的时钟源，参见表 5-45

表 5-45 RCC_MCO 参数

RCC_MCO	描 述
RCC_MCO_NoClock	无时钟被选中
RCC_MCO_SYSCLK	选中系统时钟
RCC_MCO_HSI	选中 HSI
RCC_MCO_HSE	选中 HSE
RCC_MCO_PLLCLK_Div2	选中 PLL 时钟除以 2

5.2.29 库函数 RCC_GetFlagStatus

库函数 RCC_GetFlagStatus 的描述参见表 5-46。

表 5-46 库函数 RCC_Get FlagStatus

函数名	RCC_GetFlagStatus
函数原型	FlagStatus RCC_GetFlagStatus(u8 RCC_FLAG)
功能描述	检查指定的 RCC 标志位设置与否
输入参数	RCC_FLAG：待检查的 RCC 标志位，参见表 5-47
返回值	RCC_FLAG 的新状态（SET 或者 RESET）

表 5-47 RCC_FLAG 参数

RCC_FLAG	描　　　述
RCC_FLAG_HSIRDY	HSI 晶振就绪
RCC_FLAG_HSERDY	HSE 晶振就绪
RCC_FLAG_PLLRDY	PLL 就绪
RCC_FLAG_LSERDY	LSI 晶振就绪
RCC_FLAG_LSIRDY	LSE 晶振就绪
RCC_FLAG_PINRST	引脚复位
RCC_FLAG_PORRST	POR/PDR 复位
RCC_FLAG_SFTRST	软件复位
RCC_FLAG_IWDGRST	IWDG 复位
RCC_FLAG_WWDGRST	WWDG 复位
RCC_FLAG_LPWRRST	低功耗复位

5.2.30　库函数 RCC_ClearFlag

库函数 RCC_ClearFlag 的描述参见表 5-48。

表 5-48　库函数 RCC_ClearFlag

函数名	RCC_ClearFlag
函数原型	void RCC_ClearFlag(void)
功能描述	清除 RCC 的复位标志位
输入参数	RCC_FLAG：清除的 RCC 复位标志位 可以清除的复位标志位有： RCC_FLAG_PINRST, RCC_FLAG_PORRST, RCC_FLAG_SFTRST, RCC_FLAG_IWDGRST,RCC_FLAG_WWDGRST, RCC_FLAG_LPWRRST

5.2.31　库函数 RCC_GetITStatus

库函数 RCC_GetITStatus 的描述参见表 5-49。

表 5-49　库函数 RCC_GetITStatus

函数名	RCC_GetITStatus
函数原型	ITStatus RCC_GetITStatus(u8 RCC_IT)
功能描述	检查指定的 RCC 中断发生与否
输入参数	RCC_IT：待检查的 RCC 中断源，参见表 5-50
返回值	RCC_IT 的新状态

表 5-50　RCC_IT 参数

RCC_IT	描　述
RCC_IT_LSIRDY	LSI 晶振就绪中断
RCC_IT_LSERDY	LSE 晶振就绪中断
RCC_IT_HSIRDY	HSI 晶振就绪中断
RCC_IT_HSERDY	HSE 晶振就绪中断
RCC_IT_PLLRDY	PLL 就绪中断
RCC_IT_CSS	时钟安全系统中断

5.2.32　库函数 RCC_ClearITPendingBit

库函数 RCC_ClearITPendingBit 的描述参见表 5-51。

表 5-51　库函数 RCC_ClearITPendingBit

函数名	RCC_ClearITPendingBit
函数原型	void RCC_ClearITPendingBit(u8 RCC_IT)
功能描述	清除 RCC 的中断待处理位
输入参数	RCC_IT：待检查的 RCC 中断源，参见表 5-50

5.3　使用 RCC 库函数建立系统时钟

系统时钟建立是系统运行的基础，系统所有的运行都是建立在时钟的正常运行上的，没有稳健的系统时钟，就不可能有一个稳定的系统。

5.3.1　建立系统时钟的一般流程

系统复位后，首先使用内部的 RC 时钟源。由于内部时钟源的精确度不高且不能倍频到较高的频率，所以，在实际的使用中，系统一般使用外部高速晶振作为系统时钟的来源。

使用外部高速晶振可以使系统得到一个非常精确的时钟源，并且可以通过倍频器使系统时钟达到更高的速度（不能超过 72MHz）。

在系统中，复位后首要的任务是建立系统时钟，下面是建立系统时钟的步骤：

（1）将所有的 RCC 外设寄存器重设为默认值；

（2）启用外部高速晶振；

（3）等待，直到外部高速晶振稳定；

（4）设置预取指缓存使能和代码延时值；

（5）设置 AHB 时钟（HCLK）等于系统时钟；

（6）设置高速 APB2 时钟（PCLK2）为 AHB 时钟；

（7）设置低速 APB1 时钟（PCLK1）为 AHB 时钟的 1/2。APB1 时钟最高为 36MHz；

（8）设置 PLL 时钟源及倍频系数，使能 PLL，经过 PLL 倍频后最高时钟为 72MHz；

（9）等待 PLL 初始化成功；

（10）设置 PLL 为系统时钟源；

（11）等待 PLL 成功作为系统时钟源。

5.3.2　实例

系统时钟的实例代码如下：

```
RCC_DeInit();
//设置外部高速晶振(HSE)
RCC_HSEConfig (RCC_HSE_ON);
//等待 HSE 起振
HSEStartUpStatus = RCC_WaitForHSEStartUp();
if (HSEStartUpStatus == SUCCESS)
{
    //预取指缓存使能
    FLASH_PrefetchBufferCmd(FLASH_PrefetchBuffer_Enable);
    //设置代码延时值，FLASH_Latency_2,2 延时周期
    FLASH_SetLatency(FLASH_Latency_2);
    //设置 AHB 时钟(HCLK)
    //RCC_SYSCLK_Divl    AHB 时钟 = 系统时钟
    RCC_HCLKConfig (RCC_SYSCLK_Div1);
    //设置高速 AHB 时钟(PCLK2)
    // RCC_HCLK_Divl    APB 时钟 = HCLK
    RCC_PCLK2Config (RCC_HCLK_Div1);
    //设置低速 AHB 时钟(PCLK1)
    //RCC_HCLK_Div2    APB1 时钟 = HCLK / 2
    RCC_PCLK1Config (RCC_HCLK_Div2);
    //PLLCLK = 8MHz*9 = 72MHz
    //设置 PLL 时钟源及倍频系数
    RCC_PLLConfig (RCC_PLLSource_HSE_Div1,    RCC_PLLMul_9);
    //使能或者失能 PLL
    RCC_PLLCmd (ENABLE);
    //等待指定的 RCC 标志位设置成功，等待 PLL 初始化成功
    while (RCC_GetFlagStatus (RCC_FLAG_PLLRDY)  = = RESET);
    //设置系统时钟(SYSCLK)，设置 PLL 为系统时钟源
    RCC_SYSCLKConfig (RCC_SYSCLKSource_PLLCLK);
     while (RCC_GetSYSCLKSource()   ! = 0x08);
}
```

思考与练习

1．STM32F103x 系列微控制器支持几种时钟源？

2．简要说明 HSE 时钟的启动过程。

3．如果 HSE 晶体振荡器失效，哪个时钟被作为备用时钟源？

4．简要说明 LSI 校准的过程。

5．当 STM32F103x 系列处理器采用 8MHz 的高速外部时钟源时，通过 PLL 倍频后能够得到的最高系统频率是多少？此时 AHB、APB1、APB2 总线的最高频率分别是多少？

6．简要说明在 STM32F103x 上不使用外部晶振时 OSC_IN 和 OSC_OUT 的接法。

7．简要说明在使用 HSE 时钟时程序设置时钟参数的流程。

第6章

I/O 端口模块

本章主要介绍 STM32F103x 系列微控制器的 I/O 端口模块的 GPIO（通用 IO）使用方法、AFIO（复用功能 IO）使用方法及 GPIO 库函数。

6.1 概述

STM32F103x 系列有丰富的端口可供使用，包括 26、37、51、80、112 个多功能双向 5V 兼容的快速 I/O 端口，所有 I/O 端口都可以映射到 16 个外部中断。每个通用 I/O（GPIO）端口都可以单独使用库函数 GPIO_DeInit（将外设 GPIOx 寄存器重设为默认值）、GPIO_AFIODeInit（将复用功能设为默认值）、GPIO_Init（GPIO_InitStruct 中指定的参数初始化外设 GPIOx）、GPIO_StructInit（把 GPIO_InitStruct 中的每一个参数按默认值填入）配置端口功能，使用库函数 GPIO_ReadInputDataBit、GPIO_ReadInputData、GPIO_ReadOutputDataBit、GPIO_ReadOutputData、GPIO_SetBits、GPIO_ResetBits、GPIO_WriteBit、GPIO_Write 设置端口数据的输入/输出。

GPIO 端口的每个引脚可以由库函数 GPIO_Init（GPIO_TypeDef* GPIOx, GPIO_InitTypeDef* GPIO_InitStruct）中的 GPIO_InitTypeDef 结构中的 GPIO_Mode 参数选择。工作模式分别配置成多种模式，如输入浮空、输入上拉、输入下拉、模拟输入、开漏输出、推挽式输出、推挽式复用功能和开漏复用功能。

每个 I/O 端口位可以自由编程。但端口必须按 32 位字被访问（不允许半字或字节访问）。GPIOx_BSRR 和 GPIOx_BRR 寄存器允许对任何 GPIO 寄存器的读/更改的单独访问。这样，在读和更改访问之间产生 IRQ 时不会发生危险。一个 I/O 端口位的内部基本结构如图 6-1 所示。

复位期间和复位后，复用功能未开启，I/O 端口被配置成浮空输入模式。复位后，JTAG 引脚被置于输入上拉或下拉模式。

- PA15：JTDI 置于上拉模式；
- PA14：JTCK 置于下拉模式；
- PA13：JTMS 置于下拉模式；
- PB4：JNTRST 置于上拉模式。

当 I/O 引脚作为输出配置时，通过库函数 GPIO_Write 向指定 GPIO 数据端口写入数据。可以以推挽模式或开漏模式（当输出 0 时，只有 N-MOS 被打开）使用输出驱动器。函数 GPIO_ReadInputDataBit 在每个 APB2 时钟周期捕捉 I/O 引脚上的数据。所有 GPIO 引脚都有一个内部弱上拉和弱下拉，当配置为输入时，它们可以被激活，也可以被断开。

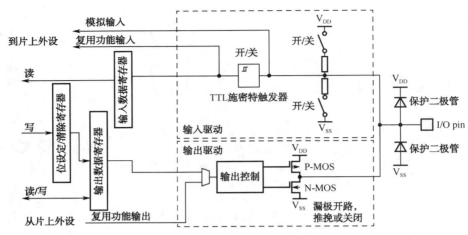

图 6-1   I/O 端口内部基本结构图

由于每个引脚都可以使用库函数 GPIO_WriteBit 单独设置或者清除指定的数据端口位，所以软件不需要禁止中断。在单次 APB2 写操作中，可以只更改一个或多个位。这是通过对库函数 GPIO_WriteBit（GPIO_TypeDef* GPIOx, u16 GPIO_Pin, BitAction BitVal）中想要更改的引脚选择来实现的，没被选择的位将不被更改。

所有端口都有外部中断能力，为了使用外部中断线，端口必须配置成输入模式。

使用默认复用功能前必须对端口位配置寄存器编程。对于复用的输入功能，端口必须配置成输入模式（浮空、上拉或下拉），且输入引脚必须由外部驱动；对于复用输出功能，端口必须配置成复用功能输出模式（推挽或开漏）；对于双向复用功能，端口位必须配置复用功能输出模式（推挽或开漏）。这时，输入驱动器被配置成浮空输入模式。

如果把端口配置成复用输出功能，则引脚和输出寄存器断开，并和片上外设的输出信号连接。如果软件把一个 GPIO 引脚配置成复用输出功能，但是外设没有被激活，它的输出将不确定。

为了使不同器件封装的外设 I/O 功能的数量达到最优，可以把一些复用功能重新映射到其他一些引脚上，这可以通过软件配置相应的寄存器来完成。这时，复用功能就不再映射到它们的原始引脚上。

锁定机制允许冻结 I/O 配置。当在一个端口位上执行了锁定（LOCK）程序，在下一次复位之前，将不能再更改端口位的配置。这主要用在一些关键引脚的配置上，防止程序跑飞引起灾难性后果，如在驱动功率模块的配置上，应该使用锁定机制，以冻结 I/O 端口配置，即使程序跑飞，也不会改变这些引脚的配置。

当 I/O 端口配置为输入时，在图 6-1 所示的 I/O 端口位的基本结构图中会有如下变化：
● 输出缓冲器被禁止；
● 施密特触发输入被激活；
● 根据输入配置（上拉、下拉或浮动）的不同，弱上拉和下拉电阻被连接；
● 出现在 I/O 引脚上的数据在每个 APB2 时钟被采样到输入数据寄存器。可以通过库函数 GPIO_ReadInputData 读取；
● 对输入数据寄存器的读访问可得到 I/O 状态。

当 I/O 端口被配置为输出时，在图 6-1 所示的 I/O 端口位的基本结构图中会有以下变化：
● 输出缓冲器被激活；

- 开漏模式：输出寄存器上的 0 激活 N-MOS，而输出寄存器上的 1 将端口置于高阻状态（P-MOS 从不被激活）；
- 推挽模式：输出寄存器上的 0 激活 N-MOS，而输出寄存器上的 1 将激活 P-MOS；
- 施密特触发输入被激活；
- 弱上拉和下拉电阻被禁止；
- 出现在 I/O 引脚上的数据在每个 APB2 时钟被采样到输入数据寄存器；
- 在开漏模式下，对输入数据寄存器的读访问可得到 I/O 状态口；
- 在推挽模式下，对输出数据寄存器的读访问可得到最后一次写的值。

当 I/O 端口被配置为复用功能时，在图 6-1 所示的 I/O 端口位的基本结构图中会有如下变化：

- 在开漏或推挽式配置中，输出缓冲器被打开口；
- 内置外设的信号驱动输出缓冲器（复用功能输出）；
- 施密特触发输入被激活；
- 弱上拉和下拉电阻被禁止；
- 在每个 APB2 时钟周期，出现在 I/O 引脚上的数据被采样到输入数据寄存器；
- 在开漏模式下，读输入数据寄存器时可得到 I/O 端口状态；
- 在推挽模式下，读输出数据寄存器时可得到最后一次写的值。

一组复用功能 I/O 寄存器允许用户把一些复用功能重新映射到不同的引脚。

当 I/O 端口被配置为模拟输入配置时，在图 6-1 所示的 I/O 端口位的基本结构图中会有如下变化：

- 输出缓冲器被禁止；
- 禁止施密特触发输入，实现了每个模拟 I/O 引脚上的零消耗。施密特触发输出值被强置为 0；
- 弱上拉和下拉电阻被禁止；
- 读取输入数据寄存器时数值为 0。

6.2　GPIO 库函数说明

标准外设库的 GPIO 库包含了常用的 I/O 模块的操作，通过对函数的调用可以实现 GPIO 端口的设置及操作。全部函数的简要说明参见表 6-1。

表 6-1　GPIO 库函数列表

函　数　名	描　　述
GPIO_DeInit	将外设 GPIOx 寄存器重设为默认值
GPIO_AFIODeInit	将复用功能（重映射事件控制和 EXTI 设置）设为默认值
GPIO_Init	GPIO_InitStruct 中指定的参数初始化外设 GPIOx 寄存器
GPIO_StructInit	把 GPIO_InitStruct 中的每一个参数按默认值填入
GPIO_ReadInputDataBit	读取指定端口引脚的输入
GPIO_ReadInputData	读取指定的 GPIO 端口输入

续表

函　数　名	描　　述
GPIO_ReadOutputDataBit	读取指定端口引脚的输出
GPIO_ReadOutputData	读取指定的 GPIO 端口输出
GPIO_SetBits	设置指定的数据端口位
GPIO_ResetBits	清除指定的数据端口位
GPIO_WriteBit	设置或者清除指定的数据端口位
GPIO_Write	向指定 GPIO 数据端口写入数据
GPIO_PinLockConfig	锁定 GPIO 引脚设置寄存器
GPIO_EventOutputConfig	选择 GPIO 引脚用作事件输出
GPIO_EventOutputCmd	使能或者失能事件输出
GPIO_PinRemapConfig	改变指定引脚的映射
GPIO_EXTILineConfig	选择 GPIO 引脚用作外部中断线路
GPIO_ETH_MediaInterfaceConfig	V3.5 库增加，仅用于互联型，设置以太网接口模式

6.2.1　库函数 GPIO_DeInit

库函数 GPIO_DeInit 的描述参见表 6-2。

表 6-2　库函数 GPIO_DeInit

函数名	GPIO_DeInit
函数原型	void GPIO_DeInit(GPIO_TypeDef* GPIOx)
功能描述	将外设 GPIOx 寄存器重设为默认值
输入参数	GPIOx：x 可以是端口名称，用来选择 GPIO 外设
被调用函数	GPIO_APB2PeriphResetCmd（）

6.2.2　库函数 GPIO_AFIODeInit

库函数 GPIO_AFIODeInit 的描述参见表 6-3。

表 6-3　库函数 GPIO_AFIODeInit

函数名	GPIO_AFIODeInit
函数原型	void GPIO_AFIODeInit(void)
功能描述	将复用功能（重映射事件控制和 EXTI 设置）设为默认值
被调用函数	RCC_APB2PeriphResetCmd（）

6.2.3　库函数 GPIO_Init

库函数 GPIO_Init 的描述参见表 6-4。

表 6-4　库函数 GPIO_Init

函数名	GPIO_Init
函数原型	void GPIO_Init(GPIO_TypeDef* GPIOx, GPIO_InitTypeDef* GPIO_InitStruct)

功能描述	根据 GPIO_InitStruct 中指定的参数初始化 GPIOx 寄存器
输入参数 1	GPIOx：x 可以是端口名称，用来选择 GPIO 外设
输入参数 2	GPIO_InitStruct：指向结构 GPIO_InitTypeDef 的指针，包含了外设 GPIO 的配置信息

用于保存外设GPIO 配置信息的数据结构 GPIO_InitTypeDef 结构体定义如下：

```
typedef struct
{
    u16 GPIO_Pin;
    GPIOSpeed_TypeDef GPIO_Speed;
    GPIOMode_TypeDef GPIO_Mode;
} GPIO_InitTypeDef;
```

GPIO_Pin 参数选择待设置的 GPIO 引脚，使用操作符"|"可以一次选中多个引脚。可以使用表 6-5 的任意组合。

表 6-5　GPIO_InitTypeDef 结构中 GPIO_Pin 参数

GPIO_Pin	描　述
GPIO_Pin_None	无引脚被选中
GPIO_Pin_0	选中引脚 0
GPIO_Pin_1	选中引脚 1
GPIO_Pin_2	选中引脚 2
GPIO_Pin_3	选中引脚 3
GPIO_Pin_4	选中引脚 4
GPIO_Pin_5	选中引脚 5
GPIO_Pin_6	选中引脚 6
GPIO_Pin_7	选中引脚 7
GPIO_Pin_8	选中引脚 8
GPIO_Pin_9	选中引脚 9
GPIO_Pin_10	选中引脚 10
GPIO_Pin_11	选中引脚 11
GPIO_Pin_12	选中引脚 12
GPIO_Pin_13	选中引脚 13
GPIO_Pin_14	选中引脚 14
GPIO_Pin_15	选中引脚 15
GPIO_Pin_All	选中全部引脚

GPIO_Speed 参数设置所选中的 GPIO 引脚的速率，可以使用表 6-6 的值。

表 6-6　GPIO_InitTypeDef 结构中 GPIO_Speed 参数

GPIO_Speed	描　　述
GPIO_Speed_10MHz	最高输出速率 10MHz
GPIO_Speed_2MHz	最高输出速率 2MHz
GPIO_Speed_50MHz	最高输出速率 50MHz

GPIO_Mode 参数设置所选中的 GPIO 引脚的工作模式，可以使用表 6-7 的值。

表 6-7　GPIO_InitTypeDef 结构中 GPIO_Mode 参数

GPIO_Mode	描　　述
GPIO_Mode_AIN	模拟输入
GPIO_Mode_IN_FLOATING	浮空输入
GPIO_Mode_IPD	下拉输入
GPIO_Mode_IPU	上拉输入
GPIO_Mode_Out_OD	开漏输出
GPIO_Mode_Out_PP	推挽输出
GPIO_Mode_AF_OD	复用开漏输出
GPIO_Mode_AF_PP	复用推挽输出

例：配置 GPIOA 端口的所有引脚工作在 10MHz 的推挽输出模式。

```
GPIO_InitTypeDef GPIO_InitStructure;
GPIO_InitStructure.GPIO_Pin = GPIO_Pin_All;
GPIO_InitStructure.GPIO_Speed = GPIO_Speed_10MHz;
GPIO_InitStructure.GPIO_Mode = GPIO_Mode_OUT_RP;
GPIO_Init（GPIOA, &GPIO_InitStructure）;
```

6.2.4　库函数 GPIO_StructInit

库函数 GPIO_StructInit 的描述参见表 6-8。

表 6-8　库函数 GPIO_StructInit

函数名	GPIO_StructInit
函数原型	void GPIO_StructInit(GPIO_InitTypeDef * GPIO_InitStruct)
功能描述	初始化 GPIO_InitStruct 的值为全部引脚以 2MHz 速率工作在输入浮空模式
输入参数	GPIO_InitStruct：待初始化 GPIO_InitTypeDef 的指针

6.2.5　库函数 GPIO_ReadInputDataBit

库函数 GPIO_ReadInputDataBit 的描述参见表 6-9。

表 6-9　库函数 GPIO_ReadInputDataBit

函数名	GPIO_ReadInputDataBit
函数原型	u8 GPIO_ReadInputDataBit(GPIO_TypeDef* GPIOx, u16 GPIO_Pin)
功能描述	读取指定端口引脚的输入
输入参数 1	GPIOx：x 可以是端口名称，用来选择 GPIO 外设
输入参数 2	GPIO_Pin：待读取的端口位，参见表 6-5
返回值	输入端口引脚值

6.2.6　库函数 GPIO_ReadInputData

库函数 GPIO_ReadInputData 的描述参见表 6-10。

表 6-10　库函数 GPIO_ReadInputData

函数名	GPIO_ReadInputData
函数原型	U16 GPIO_ReadInputData(GPIO_TypeDef* GPIOx)
功能描述	读取指定端口的输入
输入参数	GPIOx：x 可以是端口名称，用来选择 GPIO 外设
返回值	输入端口值

6.2.7　库函数 GPIO_ReadOutputDataBit

库函数 GPIO_ReadOutputDataBit 的描述参见表 6-11。

表 6-11　库函数 GPIO_ReadOutputDataBit

函数名	GPIO_ReadOutputDataBit
函数原型	u8 GPIO_ReadOutputDataBit(GPIO_TypeDef* GPIOx, u16 GPIO_Pin)
功能描述	读取指定端口引脚的输出
输入参数 1	GPIOx：x 可以是端口名称，用来选择 GPIO 外设
输入参数 2	GPIO_Pin：待读取的端口位，参见表 6-5
返回值	输出端口引脚值

6.2.8　库函数 GPIO_ReadOutputData

库函数 GPIO_ReadOutputData 的描述参见表 6-12。

表 6-12　库函数 GPIO_ReadOutputData

函数名	GPIO_ReadOutputData
函数原型	u16 GPIO_ReadOutputDataBit(GPIO_TypeDef* GPIOx)
功能描述	读取指定端口的输出
输入参数 1	GPIOx：x 可以是端口名称，用来选择 GPIO 外设
返回值	输出端口值

6.2.9 *库函数* GPIO_SetBits

库函数 GPIO_SetBits 的描述参见表 6-13。

表 6-13　库函数 GPIO_SetBits

函数名	GPIO_SetBits
函数原型	void GPIO_SetBits(GPIO_TypeDef* GPIOx, u16 GPIO_Pin)
功能描述	设置指定的数据端口位
输入参数 1	GPIOx：x 可以是端口名称，用来选择 GPIO 外设
输入参数 2	GPIO_Pin：待设置的端口位该参数可以使用"|"符号，取 GPIO_Pin_x（x 可以是 0～15）的任意组合，参见表 6-5

6.2.10 *库函数* GPIO_ResetBits

库函数 GPIO_ResetBits 的描述参见表 6-14。

表 6-14　库函数 GPIO_ResetBits

函数名	GPIO_ResetBits
函数原型	void GPIO_ResetBits(GPIO_TypeDef* GPIOx, u16 GPIO_Pin)
功能描述	设置指定的数据端口位
输入参数 1	GPIOx：x 可以是端口名称，用来选择 GPIO 外设
输入参数 2	GPIO_Pin：待设置的端口位该参数可以使用"|"符号，取 GPIO_Pin_x（x 可以是 0～15）的任意组合，参见表 6-5

6.2.11 *库函数* GPIO_WriteBit

库函数 GPIO_WriteBit 的描述参见表 6-15。

表 6-15　库函数 GPIO_WriteBit

函数名	GPIO_WriteBit
函数原型	void GPIO_WriteBit(GPIO_TypeDef* GPIOx, u16 GPIO_Pin, BitAction BitVal)
功能描述	设置或者清除指定的数据端口位
输入参数 1	GPIOx：x 可以是端口名称，用来选择 GPIO 外设
输入参数 2	GPIO_Pin：待设置的端口位，该参数可以使用"|"符号，取 GPIO_Pin_x（x 可以是 0～15）的任意组合，参见表 6-5
输入参数 3	BitVal：该参数指定了待写入的值，该参数必须取枚举 BitAction 的其中一个值 Bit_RESET: 清除数据端口位 Bit_SET: 设置数据端口位

6.2.12 *库函数* GPIO_Write

库函数 GPIO_Write 的描述参见表 6-16。

表 6-16　库函数 GPIO_Write

函数名	GPIO_Write
函数原型	void GPIO_Write(GPIO_TypeDef* GPIOx, u16 PortVal)
功能描述	向指定 GPIO 数据端口写入数据
输入参数 1	GPIOx：x 可以是端口名称，用来选择 GPIO 外设
输入参数 2	PortVal：待写入端口数据寄存器的值

6.2.13　库函数 GPIO_PinLockConfig

库函数 GPIO_PinLockConfig 的描述参见表 6-17。

表 6-17　库函数 GPIO_PinLockConfig

函数名	GPIO_PinLockConfig
函数原型	void GPIO_PinLockConfig(GPIO_TypeDef* GPIOx, u16 GPIO_Pin)
功能描述	锁定 GPIO 引脚设置寄存器
输入参数 1	GPIOx：x 可以是端口名称，用来选择 GPIO 外设
输入参数 2	GPIO_Pin：待设置的端口位，该参数可以使用"|"符号，取 GPIO_Pin_x（x 可以是 0~15）的任意组合，参见表 6-5

6.2.14　库函数 GPIO_EventOutputConfig

库函数 GPIO_EventOutputConfig 的描述参见表 6-18。

表 6-18　库函数 GPIO_EventOutputConfig

函数名	GPIO_EventOutputConfig
函数原型	void GPIO_EventOutputConfig(u8 GPIO_PortSource, u8 GPIO_PinSource)
功能描述	选择 GPIO 引脚用作事件输出
输入参数 1	GPIO_PortSource：选择用作事件输出的 GPIO 端口，参见表 6-19
输入参数 2	GPIO_PinSource：事件输出的引脚，该参数可以取 GPIO_PinSourcex（x 可以是 0~15）

表 6-19　GPIO_PortSource 参数

GPIO_PortSource	描　　述
GPIO_PortSourceGPIOA	选择 GPIOA
GPIO_PortSourceGPIOB	选择 GPIOB
GPIO_PortSourceGPIOC	选择 GPIOC
GPIO_PortSourceGPIOD	选择 GPIOD
GPIO_PortSourceGPIOE	选择 GPIOE
GPIO_PortSourceGPIOF	选择 GPIOF
GPIO_PortSourceGPIOG	选择 GPIOG

6.2.15 库函数 GPIO_EventOutputCmd

库函数 GPIO_EventOutputCmd 的描述参见表 6-20。

表 6-20 库函数 GPIO_EventOutputCmd

函数名	GPIO_EventOutputCmd
函数原型	void GPIO_EventOutputCmd(FunctionalState NewState)
功能描述	使能或者失能事件输出
输入参数	NewState：事件输出的新状态
输出参数	这个参数可以取 ENABLE 或者 DISABLE

6.2.16 库函数 GPIO_PinRemapConfig

库函数 GPIO_PinRemapConfig 的描述参见表 6-21。

表 6-21 库函数 GPIO_PinRemapConfig

函数名	GPIO_PinRemapConfig
函数原型	void GPIO_PinRemapConfig(u32 GPIO_Remap, FunctionalState NewState)
功能描述	改变指定引脚的映射
输入参数 1	GPIO_Remap：选择重映射的引脚，参见表 6-22
输入参数 2	NewState：引脚重映射的新状态
输出参数	这个参数可以取 ENABLE 或者 DISABLE

表 6-22 GPIO_Remap 参数

GPIO_Remap	描述
GPIO_Remap_SPI1	SPI1 复用功能映射
GPIO_Remap_I2C1	I2C1 复用功能映射
GPIO_Remap_USART1	USART1 复用功能映射
GPIO_PartialRemap_USART3	USART2 复用功能映射
GPIO_FullRemap_USART3	USART3 复用功能完全映射
GPIO_PartialRemap_TIM1	TIM1 复用功能部分映射
GPIO_FullRemap_TIM1	TIM1 复用功能完全映射
GPIO_PartialRemap1_TIM2	TIM2 复用功能部分映射 1
GPIO_PartialRemap2_TIM2	TIM2 复用功能部分映射 2
GPIO_FullRemap_TIM2	TIM2 复用功能完全映射
GPIO_PartialRemap_TIM3	TIM3 复用功能部分映射
GPIO_FullRemap_TIM3	TIM3 复用功能完全映射
GPIO_Remap_TIM4	TIM4 复用功能映射
GPIO_Remap1_CAN	CAN 复用功能映射 1
GPIO_Remap2_CAN	CAN 复用功能映射 2
GPIO_Remap_PD01	PD01 复用功能映射

续表

GPIO_Remap	描　述
GPIO_Remap_SWJ_NoJTRST	除 JTRST 外 SWJ 完全使能（JTAG+SW-DP）
GPIO_Remap_SWJ_JTAGDisable	JTAG-DP 失能 + SW-DP 使能
GPIO_Remap_SWJ_Disable	SWJ 完全失能（JTAG+SW-DP）

6.2.17　库函数 GPIO_EXTILineConfig

库函数 GPIO_EXTILineConfig 的描述参见表 6-23。

表 6-23　库函数 GPIO_EXTILineConfig

函数名	GPIO_EXTILineConfig
函数原型	void GPIO_EXTILineConfig(u8 GPIO_PortSource, u8 GPIO_PinSource)
功能描述	选择 GPIO 引脚用作外部中断线路
输入参数 1	GPIO_PortSource：选择用作外部中断线源的 GPIO 端口，参见表 6-19
输入参数 2	GPIO_PinSource：待设置的外部中断线路，该参数可以取 GPIO_PinSourcex（x 可以是 0~15）

思考与练习

1．如何操作 I/O 口，如何配置？

2．I/O 端口的配置工作模式有哪些？

3．STM32F103x 处理器的引脚在输出时输出的高低电平由哪几个引脚决定？

4．简要说明 GPIO 口的初始化过程。

5．程序题：编写程序使 GPIOA.0 和 GPIOA.1 置位。

第7章

中断和事件

本章主要介绍 STM32F103x 系列微控制器的嵌套向量中断控制器（NVIC）和外部中断/事件控制器（EXTI）的使用方法及库函数。

7.1　嵌套向量中断控制器

嵌套向量中断控制器简称 NVIC，是 Cortex-M3 不可分割的一部分，它与 Cortex-M3 内核的逻辑紧密耦合，有一部分甚至交融在一起。NVIC 与 Cortex-M3 内核相辅相成、里应外合，共同完成对中断的响应。NVIC 的寄存器以存储器映射的方式来访问，除了包含控制寄存器和中断处理的控制逻辑之外，NVIC 还包含了 MPU 的控制寄存器、SysTick 定时器以及调试控制。

嵌套向量中断控制器（NVIC）和处理器核的接口紧密相连，可以实现低延迟的中断处理并有效处理晚到的中断。嵌套向量中断控制器管理核异常等中断，有以下特点：

- 68 个可屏蔽中断通道（不包含 16 个 Cortex-M3 内核的中断）；
- 16 个可编程的优先等级（使用了 4 位中断优先级）；
- 低延迟的异常和中断处理；
- 电源管理控制；
- 实现了 Cortex-M3 内核的系统控制寄存器。

嵌套向量中断控制器（NVIC）管理包括 Cortex-M3 内核的中断在内的全部中断。根据处理器型号不同，STM32F103x 系列微控制器使用三种 NVIC 的中断向量表，分别用于互联型、超大密度型及其他普通型号微控制器。普通型号微控制器所支持的 NVIC 中断向量参见表 7-1。

表 7-1　NVIC 中断向量表

位　　置	优 先 级	优先级类型	名　　称	说　　明	地　　址
	–	–	–	保留	0x0000_0000
	–3	固定	Reset	复位	0x0000_0004
	–2	固定	NMI	不可屏蔽中断，RCC 时钟安全系统（CSS）连接到 NMI	0x0000_0008
	–1	固定	硬件失效	所有类型的失效	0x0000_000C
	0	可设置	存储管理	存储器管理	0x0000_0010
	1	可设置	总线错误	预取指失败，存储访问失败	0x0000_0014

续表

位 置	优 先 级	优先级类型	名 称	说 明	地 址
	2	可设置	错误应用	未定义的指令或非法状态	0x0000_0018
	–	–	–	保留	0x0000_001C ~0x0000_002B
	3	可设置	SVCall	通过 SWI 指令的系统服务调用	0x0000_002C
	4	可设置	调试监控	调试监控器	0x0000_0030
	–	–	–	保留	0x0000_0034
	7	可设置	PendSV	可挂起的系统服务	0x0000_0038
	6	可设置	SysTick	系统嘀嗒定时器	0x0000_003C
0	7	可设置	WWDG	窗口定时器中断	0x0000_0040
1	8	可设置	PVD	连到 EXTI 的电源电压检测（PVD）中断	0x0000_0044
2	9	可设置	TAMPER	侵入检测中断	0x0000_0048
3	10	可设置	RTC	实时时钟（RTC）全局中断	0x0000_004C
4	11	可设置	FLASH	闪存全局中断	0x0000_0050
5	12	可设置	RCC	复位和时钟控制（RCC）中断	0x0000_0054
6	13	可设置	EXTI0	EXTI 线 0 中断	0x0000_0058
7	14	可设置	EXTI1	EXTI 线 1 中断	0x0000_005C
8	15	可设置	EXTI2	EXTI 线 2 中断	0x0000_0060
9	16	可设置	EXTI3	EXTI 线 3 中断	0x0000_0064
10	17	可设置	EXTI4	EXTI 线 4 中断	0x0000_0068
11	18	可设置	DMA1 通道 1	DMA1 通道 1 全局中断	0x0000_006C
12	19	可设置	DMA1 通道 2	DMA1 通道 2 全局中断	0x0000_0070
13	20	可设置	DMA1 通道 3	DMA1 通道 3 全局中断	0x0000_0074
14	21	可设置	DMA1 通道 4	DMA1 通道 4 全局中断	0x0000_0078
15	22	可设置	DMA1 通道 5	DMA1 通道 5 全局中断	0x0000_007C
16	23	可设置	DMA1 通道 6	DMA1 通道 6 全局中断	0x0000_0080
17	24	可设置	DMA1 通道 7	DMA1 通道 7 全局中断	0x0000_0084
18	25	可设置	ADC1_2	ADC1 和 ADC2 全局中断	0x0000_0088
19	26	可设置	USB_HP_CAN_TX	USB 高优先级或 CAN 发送中断	0x0000_008C
20	27	可设置	USB_LP_CAN_RX0	USB 低优先级或 CAN 接收 0 中断	0x0000_0090
21	28	可设置	CAN_RX1	CAN 接收 1 中断	0x0000_0094
22	29	可设置	CAN_SCE	CAN SCE 中断	0x0000_0098
23	30	可设置	EXTI9_5	EXTI 线[9:5]中断	0x0000_009C
24	31	可设置	TIM1_BRK	TIM1 断开中断	0x0000_00A0
25	32	可设置	TIM1_UP	TIM1 更新中断	0x0000_00A4
26	33	可设置	TIM1_TRG_COM	TIM1 触发和通信中断	0x0000_00A8
27	34	可设置	TIM1_CC	TIM1 捕获比较中断	0x0000_00AC

续表

位　　置	优 先 级	优先级类型	名　　称	说　　明	地　　址
28	35	可设置	TIM2	TIM2 全局中断	0x0000_00B0
29	36	可设置	TIM3	TIM3 全局中断	0x0000_00B4
30	37	可设置	TIM4	TIM4 全局中断	0x0000_00B8
31	38	可设置	I2C1_EV	I2C1 事件中断	0x0000_00BC
32	39	可设置	I2C1_ER	I2C1 错误中断	0x0000_00C0
33	40	可设置	I2C2_EV	I2C2 事件中断	0x0000_00C4
34	41	可设置	I2C2_ER	I2C2 错误中断	0x0000_00C8
35	42	可设置	SPI1	SPI1 全局中断	0x0000_00CC
36	43	可设置	SPI2	SPI2 全局中断	0x0000_00D0
37	44	可设置	USART1	USART1 全局中断	0x0000_00D4
38	45	可设置	USART2	USART2 全局中断	0x0000_00D8
39	46	可设置	USART3	USART3 全局中断	0x0000_00DC
40	47	可设置	EXTI15_10	EXTI 线[15:10]中断	0x0000_00E0
41	48	可设置	RTCAlarm	EXTI 的 RTC 闹钟中断	0x0000_00E4
42	49	可设置	USB 唤醒	EXTI 的从 USB 待机唤醒中断	0x0000_00E8
43	50	可设置	TIM8_BRK	TIM8 断开中断	0x0000_00EC
44	51	可设置	TIM8_UP	TIM8 更新中断	0x0000_00F0
45	52	可设置	TIM8_TRG_COM	TIM8 触发和通信中断	0x0000_00F4
46	53	可设置	TIM8_CC	TIM8 捕获比较中断	0x0000_00F8
47	54	可设置	ADC3	ADC3 全局中断	0x0000_00FC
48	55	可设置	FSMC	FSMC 全局中断	0x0000_0100
49	56	可设置	SDIO	SDIO 全局中断	0x0000_0104
50	57	可设置	TIM5	TIM5 全局中断	0x0000_0108
51	58	可设置	SPI3	SPI3 全局中断	0x0000_010C
52	59	可设置	UART4	UART4 全局中断	0x0000_0110
53	60	可设置	UART5	UART5 全局中断	0x0000_0114
54	61	可设置	TIM6	TIM6 全局中断	0x0000_0118
55	62	可设置	TIM7	TIM7 全局中断	0x0000_011C
56	63	可设置	DMA2_Channel1	DMA2 通道 1 全局中断	0x0000_0120
57	64	可设置	DMA2_Channel2	DMA2 通道 2 全局中断	0x0000_0124
58	65	可设置	DMA2_Channel3	DMA2 通道 3 全局中断	0x0000_0128
59	66	可设置	DMA2_Channel4_5	DMA2 通道 4-5 全局中断	0x0000_012C

　　STM32F103x 系列微控制器中有两个优先级的概念：抢占式优先级和响应优先级。有人把响应优先级称为亚优先级或副优先级。每个中断源都需要指定这两种优先级。

　　具有高抢占式优先级的中断可以在具有低抢占式优先级的中断处理过程中被响应，即中断嵌套，或者说高抢占式优先级的中断可以嵌套低抢占式优先级的中断。

当两个中断源的抢占式优先级相同时，这两个中断将没有嵌套关系，当一个中断到来后，如果正在处理另一个中断，这个后到来的中断就要等到前一个中断处理完之后才能被处理。如果这两个中断同时到达，则中断控制器根据它们的响应优先级高低来决定先处理哪一个。如果它们的抢占式优先级和响应优先级都相等，则根据它们在中断表中的排位顺序决定先处理哪一个。

每个中断源都需要指定这两种优先级，所以需要有相应的寄存器位记录每个中断的优先级。在 Cortex-M3 中定义了 8 比特位用于设置中断源的优先级，并提出优先级分组的概念。这 8 比特位可以有 8 种分配方式：

（1）所有 8 位用于指定响应优先级；

（2）最高 1 位用于指定抢占式优先级，最低 7 位用于指定响应优先级；

（3）最高 2 位用于指定抢占式优先级，最低 6 位用于指定响应优先级；

（4）最高 3 位用于指定抢占式优先级，最低 7 位用于指定响应优先级；

（5）最高 4 位用于指定抢占式优先级，最低 4 位用于指定响应优先级；

（6）最高 7 位用于指定抢占式优先级，最低 3 位用于指定响应优先级；

（7）最高 6 位用于指定抢占式优先光级，最低 2 位用于指定响应优先级；

（8）最高 7 位用于指定抢占式优先级，最低 1 位用于指定响应优先级。

Cortex-M3 允许具有较少中断源时使用函数 NVIC_PriorityGroupConfig 设置优先级分组，指定中断源的优先级，因此 STM32F103x 系列微控制器的 NVIC 把指定中断优先级的位减少到 4 位，这 4 个寄存器位支持 5 种分组方式，共支持 16 个可编程的优先级。

第 0 组：所有 4 位用于指定响应优先级；

第 1 组：最高 1 位用于指定抢占式优先级，最低 3 位用于指定响应优先级；

第 2 组：最高 2 位用于指定抢占式优先级，最低 2 位用于指定响应优先级；

第 3 组：最高 3 位用于指定抢占式优先级，最低 1 位用于指定响应优先级；

第 4 组：所有 4 位用于指定抢占式优先级。

7.2　外部中断/事件控制器

外部中断/事件控制器（EXTI）由 19 个产生事件/中断要求的边沿检测器组成。每个输入线可以独立地配置输入类型（脉冲或挂起）和对应的触发事件（上升沿或下降沿或者双边沿都触发），检测脉冲宽度低于 APB2 时钟宽度的外部信号。每个输入线都可以被独立地屏蔽，挂起寄存器保持着状态线的中断要求。

通用 I/O 端口以图 7-1 所示的方式连接到 16 个外部中断/事件线上。另外 3 种外部中断/事件控制器的连接如下：

● EXTI 线 16 连接到 PVD 输出；

● EXTI 线 17 连接到 RTC 闹钟事件；

● EXTI 线 18 连接到 USB 唤醒事件。

如果要产生中断，必须事先通过库函数 EXTI_Init（EXTI_InitTypeDef* EXTI_InitStruct）初始化，通过指针指向 EXTI_InitStruct 结构体，结构体 EXTI_InitStruct 的参数包括 EXTI_Line（外部中断线路）、EXTI_Mode（线路请求方式）、EXTI_Trigger（使能线路的触发边沿）和 EXTI_LineCmd（选中路线的新状态），通过初始化使能中断线，设置所需的边沿检测条件，当外部中断线上发生了需要的边沿时，将产生一个中断请求，对应的挂起位也随之被置1。在库函数 EXTI_ClearFlag 中设置中断线路可以清除已经使能的 EXTI 线路的标志位，清除该中断请求。通过下面的两步操作可配置 19 个线路成为硬件中断源，配置 19 个中断线的使能（EXTI_Line）：

（1）配置所选中断线的触发选择（EXTI_InitStructure.EXTI_Line = EXTI_Linex）。

（2）配置参数 EXTI_LineCmd 设为 ENABLE 或者 DISABLE 来控制映射到外部中断控制器（EXTI）的 NVIC 中断通道的使能和屏蔽，使得 19 个中断线中的请求可以被正确地响应。

如果要产生事件，必须事先配置好并使能事件线。根据所需的边沿检测条件，通过设置两个触发寄存器，同时在事件屏蔽寄存器的相应位写1允许事件请求。当事件线上发生了需要的边沿时，将产生一个事件请求脉冲，对应的挂起位不被置1。通过下面的过程，可以配置 19 个线路为事件源。

配置 19 个事件线的新状态（EXTI_LineCmd = ENABLE）。

配置事件线的触发选择（EXTI_InitStructure.EXTI_Mode = EXTI_Mode_Event）。

软件运行时配置 EXTI_GenerateSWInterrupt，也可以产生中断/事件请求。19 个线路可以被配置成软件中断/事件源。下面是产生软件中断的过程：

（1）配置 19 个中断/事件线状态（EXTI_LineCmd = ENABLE）。

（2）设置软件中断寄存器的请求位（EXTI_GenerateSWInterrupt（u32 EXTI_Line））。

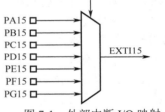

图 7-1　外部中断 I/O 映射

7.3　NVIC 库函数说明

标准外设库包含了常用的 NVIC 操作，通过对函数的调用可以实现 NVIC 和 SysTick 的设置。V3.5 标准外设库只保留了 4 个 NVIC 库函数，并在 misc.c 中定义。全部函数的简要说明参见表 7-2。

表 7-2　NVIC 库函数列表

函 数 名	描　　述
NVIC_PriorityGroupConfig	设置优先级分组：先占优先级和从优先级
NVIC_Init	根据 NVIC_InitStruct 中指定的参数初始化 NVIC 寄存器
NVIC_SetVectorTable	设置向量表的位置和偏移
NVIC_SystemLPConfig	设置系统低功耗模式

7.3.1　库函数 NVIC_PriorityGroupConfig

库函数 NVIC_PriorityGroupConfig 的描述参见表 7-3。

表 7-3　库函数 NVIC_PriorityGroupConfig

函数名	NVIC_PriorityGroupConfig
函数原型	void NVIC_PriorityGroupConfig（u32 NVIC_PriorityGroup）
功能描述	设置优先级分组：先占优先级和从优先级
输入参数	NVIC_PriorityGroup：优先级分组位长度，参见表 7-3
先决条件	优先级分组只能设置一次

表 7-4　NVIC_PriorityGroup 参数

NVIC_PriorityGroup	描　　述
NVIC_PriorityGroup_0	先占优先级 0 位，从优先级 4 位
NVIC_PriorityGroup_1	先占优先级 1 位，从优先级 3 位
NVIC_PriorityGroup_2	先占优先级 2 位，从优先级 2 位
NVIC_PriorityGroup_3	先占优先级 3 位，从优先级 1 位
NVIC_PriorityGroup_4	先占优先级 4 位，从优先级 0 位

7.3.2　库函数 NVIC_Init

库函数 NVIC_Init 的描述参见表 7-5。

表 7-5　库函数 NVIC_Init

函数名	NVIC_Init
函数原型	void NVIC_Init（NVIC_InitTypeDef* NVIC_InitStruct）
功能描述	根据 NVIC_InitStruct 中指定的参数初始化 NVIC 寄存器
输入参数	NVIC_InitStruct：指向结构 NVIC_InitTypeDef 的指针

NVIC_InitTypeDef 结构包括中断通道号、该中断通道的先占优先级和次优先级，以及使能或失能该中断通道。

```
typedef struct
{
    u8 NVIC_IRQChannel;
    u8 NVIC_IRQChannelPreemptionPriority;
    u8 NVIC_IRQChannelSubPriority;
    FunctionalState NVIC_IRQChannelCmd;
} NVIC_InitTypeDef;
```

NVIC_IRQChannelCmd 参数指定了在成员 NVIC_IRQChanne 中定义的 IRQ 通道被使能还是失能。这个参数取值为 ENABLE 或者 DISABLE。

NVIC_IRQChannel 参数用于指定中断通道号，参见表 7-6。

表 7-6　NVIC_IRQChannel 参数

NVIC_IRQChannel	描　　述
WWDG_IRQn	窗口定时器中断
PVD_IRQn	连到 EXTI 的电源电压检测（PVD）中断
TAMPER_IRQn	侵入检测中断
RTC_IRQn	实时时钟（RTC）全局中断
FLASH_IRQn	闪存全局中断
RCC_IRQn	复位和时钟控制（RCC）中断
EXTI0_IRQn	EXTI 线 0 中断
EXTI1_IRQn	EXTI 线 1 中断
EXTI2_IRQn	EXTI 线 2 中断
EXTI3_IRQn	EXTI 线 3 中断
EXTI4_IRQn	EXTI 线 4 中断
DMA1_Channel1_IRQn	DMA1 通道 1 全局中断
DMA1_Channel2_IRQn	DMA1 通道 2 全局中断
DMA1_Channel3_IRQn	DMA1 通道 3 全局中断
DMA1_Channel4_IRQn	DMA1 通道 4 全局中断
DMA1_Channel5_IRQn	DMA1 通道 5 全局中断
DMA1_Channel6_IRQn	DMA1 通道 6 全局中断
DMA1_Channel7_IRQn	DMA1 通道 7 全局中断
ADC1_2_2RQn	ADC1 和 ADC2 全局中断
USB_HP_CAN_TX_IRQn	USB 高优先级或 CAN 发送中断
USB_LP_CAN_RX0_IRQn	USB 低优先级或 CAN 接收中断
CAN_RX1_IRQn	CAN 接收 1 中断
CAN_SCE_IRQn	CAN　SCE 中断
EXTI9_5_IRQn	EXTI 线[9:5]中断
TIM1_BRK_IRQn	TIM1 断开中断
TIM1_UP_IRQn	TIM1 更新中断
TIM1_TRG_COM_IRQn	TIM1 触发和通信中断
TIM1_CC_IRQn	TIM1 捕获比较中断
TIM2_IRQn	TIM2 全局中断
TIM3_IRQn	TIM3 全局中断
TIM4_IRQn	TIM4 全局中断
I2C1_EV_IRQn	I2C1 事件中断
I2C1_ER_IRQn	I2C1 错误中断
I2C2_EV_IRQn	I2C2 事件中断
I2C2_ER_IRQn	I2C2 错误中断
SPI1_IRQn	SPI1 全局中断

续表

NVIC_IRQChannel	描　　述
SPI2_IRQn	SPI2 全局中断
USART1_IRQn	USART1 全局中断
USART2_IRQn	USART2 全局中断
USART3_IRQn	USART3 全局中断
EXTI15_10_IRQn	EXTI 线[15:10]中断
RTCAlarm_IRQn	EXTI 的 RTC 闹钟中断
USBWakeup_IRQn	EXTI 的从 USB 待机唤醒中断
TIM8_BRK_IRQn	TIM8 断开中断
TIM8_UP_IRQn	TIM8 更新中断
TIM8_TRG_COM_IRQn	TIM8 触发和通信中断
TIM8_CC_IRQn	TIM8 捕获比较中断
ADC3_IRQn	ADC3 全局中断
FSMC_IRQn	FSMC 全局中断
SDIO_IRQn	SDIO 全局中断
TIM5_IRQn	TIM5 全局中断
SPI3_IRQn	SPI3 全局中断
UART4_IRQn	UART4 全局中断
UART5_IRQn	UART5 全局中断
TIM6_IRQn	TIM6 全局中断
TIM7_IRQn	TIM7 全局中断
DMA2_Channel1_IRQn	DMA2 通道 1 全局中断
DMA2_Channel2_IRQn	DMA2 通道 2 全局中断
DMA2_Channel3_IRQn	DMA2 通道 3 全局中断
DMA2_Channel4_5_IRQn	DMA2 通道 4、5 全局中断

NVIC_IRQChannelPreemptionPriority 参数设置了成员 NVIC_IRQChannel 的先占优先级，NVIC_IRQChannelSubPriority 参数设置了成员 NVIC_IRQChannel 的从优先级，参见表 7-7。

表 7-7　NVIC_IRQChannel 参数

NVIC_PriorityGroup	先占优先级	从优先级	描　　述
NVIC_PriorityGroup_0	0	0～15	先占优先级 0 位，从优先级 4 位
NVIC_PriorityGroup_1	0～1	0～7	先占优先级 1 位，从优先级 3 位
NVIC_PriorityGroup_2	0～3	0～3	先占优先级 2 位，从优先级 2 位
NVIC_PriorityGroup_3	0～7	0～1	先占优先级 3 位，从优先级 1 位
NVIC_PriorityGroup_4	0～15	0	先占优先级 4 位，从优先级 0 位

7.3.3　库函数 NVIC_SetVectorTable

库函数 NVIC_SetVectorTable 的描述参见表 7-8。

表 7-8　库函数 NVIC_SetVectorTable

函数名	NVIC_SetVectorTable
函数原型	void NVIC_SetVectorTable（u32 NVIC_VectTab, u32 Offset）
功能描述	设置向量表的位置和偏移
输入参数 1	NVIC_VectTab：指定向量表位置，参见表 7-9
输入参数 2	Offset：向量表基地址的偏移量。该参数值必须高于 0x08000100；对 RAM 必须高于 0x100。同时必须是 256（64×4）的整数倍

表 7-9　NVIC_VectTab 参数

NVIC_VectTab	描　　述
NVIC_VectTab_FLASH	向量表位于 FLASH
NVIC_VectTab_RAM	向量表位于 RAM

7.3.4　库函数 NVIC_SystemLPConfig

库函数 NVIC_SystemLPConfig 的描述参见表 7-10。

表 7-10　库函数 NVIC_SystemLPConfig

函数名	NVIC_SystemLPConfig
函数原型	void NVIC_SystemLPConfig（u8 SystemLPConfig，FunctionalState NewState）
功能描述	选择系统进入低功耗模式的条件
输入参数 1	SystemLPConfig：设置低功耗的模式，参见表 7-11
输入参数 2	NewState：L 的新状态，ENABLE 或者 DISABLE

表 7-11　SystemLPConfig 参数

SystemLPConfig	描　　述
NVIC_LP_SEVONPEND	根据待处理请求唤醒
NVIC_LP_SLEEPDEEP	深度睡眠使能
NVIC_LP_SLEEPONEXIT	退出 ISR 后睡眠

7.4　EXTI 库函数说明

全部 EXTI 控制器的相关库函数参见表 7-12。

表 7-12　EXTI 库函数列表

函　数　名	描　　述
EXTI_DeInit	将外设 EXTI 寄存器重设为默认值
EXTI_Init	根据 EXTI_InitStruct 中指定的参数初始化 EXTI 寄存器
EXTI_StructInit	把 EXTI_InitStruct 中的每一个参数按默认值填入
EXTI_GenerateSWInterrupt	产生一个软件中断

函　数　名	描　　述
EXTI_GetFlagStatus	检查指定的 EXTI 线路标志位设置与否
EXTI_ClearFlag	清除 EXTI 线路挂起标志位
EXTI_GetITStatus	检查指定的 EXTI 线路触发请求发生与否
EXTI_ClearITPendingBit	清除 EXTI 线路挂起位

7.4.1　库函数 EXTI_DeInit

库函数 EXTI_DeInit 的描述参见表 7-13。

表 7-13　库函数 EXTI_DeInit

函数名	EXTI_DeInit
函数原型	void EXTI_DeInit（void）
功能描述	将外设 EXTI 寄存器重设为默认值

7.4.2　库函数 EXTI_Init

库函数 EXTI_Init 的描述参见表 7-14。

表 7-14　库函数 EXTI_Init

函数名	EXTI_Init
函数原型	void EXTI_Init（EXTI_InitTypeDef* EXTI_InitStruct）
功能描述	根据 EXTI_InitStruct 中指定的参数初始化外设 EXTI 寄存器
输入参数	EXTI_InitStruct：指向结构 EXTI_InitTypeDef 的指针

用于保存外设GPIO 配置信息的数据结构 GPIO_InitTypeDef 结构体定义如下：

```
typedef struct
{
    u32 EXTI_Line;
    EXTIMode_TypeDef EXTI_Mode;
    EXTIrigger_TypeDef EXTI_Trigger;
    FunctionalState EXTI_LineCmd;
} EXTI_InitTypeDef;
```

EXTI_Line 选择了待使能或者失能的外部线路，参见表 7-15。

表 7-15　EXTI_Line 参数

EXTI_Line	描　　述
EXTI_Line0	外部中断线 0
EXTI_Line1	外部中断线 1
EXTI_Line2	外部中断线 2
EXTI_Line3	外部中断线 3
EXTI_Line4	外部中断线 4

续表

EXTI_Line	描　述
EXTI_Line5	外部中断线 5
EXTI_Line6	外部中断线 6
EXTI_Line7	外部中断线 7
EXTI_Line8	外部中断线 8
EXTI_Line9	外部中断线 9
EXTI_Line10	外部中断线 10
EXTI_Line11	外部中断线 11
EXTI_Line12	外部中断线 12
EXTI_Line13	外部中断线 13
EXTI_Line14	外部中断线 14
EXTI_Line15	外部中断线 15
EXTI_Line16	外部中断线 16
EXTI_Line17	外部中断线 17
EXTI_Line18	外部中断线 18

EXTI_Mode 设置了被使能线路的模式，参见表 7-16。

表 7-16　EXTI_Mode 参数

EXTI_Mode	描　述
EXTI_Mode_Event	设置 EXTI 线路为事件请求
EXTI_Mode_Interrupt	设置 EXTI 线路为中断请求

EXTI_Trigger 设置了被使能线路的触发边沿，参见表 7-17。

表 7-17　EXTI_Trigger 参数

EXTI_Trigger	描　述
EXTI_Trigger_Falling	设置输入线路下降沿为中断请求
EXTI_Trigger_Rising	设置输入线路上升沿为中断请求
EXTI_Trigger_Rising_Falling	设置输入线路上升沿和下降沿为中断请求

EXTI_LineCmd 用来定义选中线路的新状态，可以被设为 ENABLE 或者 DISABLE。

7.4.3　库函数 EXTI_StructInit

库函数 EXTI_StructInit 的描述参见表 7-18。

表 7-18　库函数 EXTI_StructInit

函数名	EXTI_StructInit
函数原型	void EXTI_StructInit（EXTI_InitTypeDef*EXTI_InitStruct）
功能描述	把 EXTI_InitStruct 中的每一个参数按默认值填入（见表 7-19）
输入参数	EXTI_InitStruct：指向结构 EXTI_InitTypeDef 的指针

表 7-19 EXTI_InitStruct 的默认值

成　员	默　认　值
EXTI_Line	EXTI_LineNone
EXTI_Mode	EXTI_Mode_Interrupt
EXTI_Trigger	EXTI_Trigger_Falling
EXTI_LineCmd	DISABLE

7.4.4　库函数 EXTI_GenerateSWInterrupt

库函数 EXTI_GenerateSWInterrupt 的描述参见表 7-20。

表 7-20　库函数 EXTI_GenerateSWInterrupt

函数名	EXTI_GenerateSWInterrupt
函数原型	void EXTI_GenerateSWInterrupt（u32 EXTI_Line）
功能描述	产生一个软件中断
输入参数	EXTI_Line：待使能或者失能的 EXTI 线路，参见表 7-15 参阅 Section：EXTI_Line 查阅更多该参数允许取值范围

7.4.5　库函数 EXTI_GetFlagStatus

库函数 EXTI_GetFlagStatus 的描述参见表 7-21。

表 7-21　库函数 EXTI_GetFlagStatus

函数名	EXTI_GetFlagStatus
函数原型	FlagStatus EXTI_GetFlagStatus（u32 EXTI_Line）
功能描述	检查指定的 EXTI 线路标志位设置与否
输入参数	EXTI_Line：待检查的 EXTI 线路标志位，参见表 7-15 参阅 Section：EXTI_Line 查阅更多该参数允许取值范围
返回值	EXTI_Line 的新状态（SET 或者 RESET）

7.4.6　库函数 EXTI_ClearFlag

库函数 EXTI_ClearFlag 的描述参见表 7-22。

表 7-22　库函数 EXTI_ClearFlag

函数名	EXTI_ClearFlag
函数原型	void EXTI_ClearFlag（u32 EXTI_Line）
功能描述	清除 EXTI 线路挂起标志位
输入参数	EXTI_Line：待清除标志位的 EXTI 线路，参见表 7-15 参阅 Section：EXTI_Line 查阅更多该参数允许取值范围

7.4.7　库函数 EXTI_GetITStatus

库函数 EXTI_GetITStatus 的描述参见表 7-23。

表 7-23　库函数 EXTI_GetITStatus

函数名	EXTI_GetITStatus
函数原型	ITStatus EXTI_GetITStatus（u32 EXTI_Line）
功能描述	检查指定的 EXTI 线路触发请求发生与否
输入参数	EXTI_Line：待检查 EXTI 线路的挂起位，参见表 7-15 参阅 Section：EXTI_Line 查阅更多该参数允许取值范围
返回值	EXTI_Line 的新状态（SET 或者 RESET）

7.4.8　库函数 EXTI_ClearITPendingBit

库函数 EXTI_ClearITPendingBit 的描述参见表 7-24。

表 7-24　库函数 EXTI_ClearITPendingBit

函数名	EXTI_ClearITPendingBit
函数原型	void EXTI_ClearITPendingBit（u32 EXTI_Line）
功能描述	清除 EXTI 线路挂起位
输入参数	EXTI_Line：待清除 EXTI 线路的挂起位，参见表 7-15 参阅 Section：EXTI_Line 查阅更多该参数允许取值范围

思考与练习

1．简要叙述 STM32F103x 的 NVIC 特点。

2．STM32(Cortex-M3)中有几个优先级的概念？

3．Cortex-M3 允许具有较少中断源时使用较少的寄存器位指定中断源的优先级，因此 STM32F103x 把指定中断优先级的寄存器位减少到 4 位，写出这 4 个寄存器位的分组方式。

4．编写程序指定中断源的优先级，使能 EXTI0 中断，设置指定抢占式优先级别 1，响应优先级别为 0。

5．EXTI 可以检测外部线路的哪几种信号？

6．STM32F103x 的外部中断 EXIT 支持 19 个外部中断/时间请求，写出接收中断事件或类型。

7．简单叙述当两个中断源的抢占式优先级相同时，处理器如何处理？

第 8 章

系统时基定时器

本章主要介绍 STM32F103x 系列微控制器的系统时基定时器（SysTick）的使用方法及库函数。

8.1　概述

STM32F103x 系列微控制器的内核是 Cortex-M3，系统时基定时器（SysTick）是集成于 Cortex-M3 内核中 NVIC 模块的一个 24 位递减计数器。在使用嵌入式操作系统时，该定时器一般用于提供基本的时钟节拍，用户不能随意使用。在不使用操作系统时，用户可以使用该定时器。

系统时基定时器设定初值并使能后，每经过 1 个系统时钟周期，计数值就减 1，当计数值递减到 0 时，系统时基定时器自动重装初值，并继续向下计数，同时内部的 COUNTFLAG 标志会置位，触发中断（如果中断使能）。

系统时基定时器功能简单，只能提供一个时基定时，一般作为系统嘀嗒。通常只使用一个库函数（uint32_t SysTick_Config（uint32_t ticks））配置并启动系统时基定时器。SysTick_Config 函数定义在 core_cm3.h 文件中，是符合 CMSIS 标准的内核库函数。

SysTick_Config 函数在执行时首先校验作为参数的时钟节拍变量，若参数大于最大值则函数直接返回，返回值为 1。参数校验后，将参数值写入重装载寄存器，设置系统时基定时器中断优先级，设置系统时基定时器计数器为 0，使能系统时基定时器的中断，同时启动系统时基定时器，函数返回，返回值为 0。

由于系统时基定时器是 Cortex-M3 内核中 NVIC 模块的一个功能单元，因此不需要在使用前通过调用复位和时钟单元中的时钟控制函数使能其时钟。通常情况下，微控制器的系统时钟、AHB 总线时钟、APB1 总线时钟及 APB2 总线时钟由 SystemInit 函数配置。配置的系统时钟保存在全局变量 SystemCoreClock 中。例如，在使用 STM32F103ZET6 微控制器，且由 SystemInit 函数配置时钟单元后，系统时钟为 72MHz，AHB 总线时钟为 72MHz，此时 SystemCoreClock 变量的值为 72000000。调用 SysTick_Config 函数配置并启动系统时基定时器时，参数是系统时基定时器一次定时的时钟节拍数，该参数一般通过全局变量 SystemCoreClock/1000 指定，此时无论系统时钟为多少，定时时间都为1ms。同理，若期望的定时时间为10ms，则参数为 SystemCoreClock/100。

V3.5 版本的库函数提供了另外一个库函数（SysTick_CLKSourceConfig）灵活地配置系统时基定时器的输入时钟，该函数定义在 misc.c 文件中。调用该函数时，可使用的参数为 AHB

时钟或 AHB 时钟/8。例如，在外部晶振为 8MHz、通过 PLL 进行 9 倍频，系统时钟和 AHB 总线时钟为 72MHz 时，系统时基定时器的递减频率可以设为 9MHz（如 HCLK/8）。在这个条件下，把系统定时器的初始值设置成 9000，就能够产生 1ms 的时间基值，如果开中断，则产生 1ms 的定时中断。

8.2　SysTick 库函数说明

V3.5 标准外设库的内核函数库定义了 SysTick_Config 函数（core_cm3.h 文件），外设库定义了 SysTick_CLKSourceConfig 函数（misc.c 文件）。

内核库函数 SysTick_Config 的描述参见表 8-1。

表 8-1　库函数 SysTick_Config

函数名	SysTick_Config
函数原型	uint32_t SysTick_Config(uint32_t ticks)
功能描述	配置并启动 SysTick
输入参数	ticks：SysTick 定时的时钟节拍数
返回值	0：成功；1：时钟节拍数大于最大有效值

库函数 SysTick_CLKSourceConfig 的描述参见表 8-2。

表 8-2　库函数 SysTick_CLKSourceConfig

函数名	SysTick_CLKSourceConfig
函数原型	void SysTick_CLKSourceConfig（u32 SysTick_CLKSource）
功能描述	设置 SysTick 时钟源
输入参数	SysTick_CLKSource：SysTick 时钟源，参见表 8-3 参阅 Section：SysTick_CLKSource　查阅更多该参数允许取值范围

表 8-3　SysTick_CLKSource 参数

SysTick_CLKSource	描　　述
SysTick_CLKSource_HCLK_Div8	SysTick 时钟源为 AHB 时钟除以 8
SysTick_CLKSource_HCLK	SysTick 时钟源为 AHB 时钟

思考与练习

1. 简单介绍 SysTick 的概念以及使用环境。
2. SysTick 的优点有哪些？

第 9 章

实时时钟和备份寄存器

本章主要介绍 STM32F103x 系列微控制器的实时时钟（RTC）和备份寄存器（BKP）的使用方法及库函数。

9.1 实时时钟简介

实时时钟（RTC）是一个独立的定时器。RTC 模块拥有一组连续计数的计数器，在相应软件配置下，可提供时钟日历的功能。修改计数器的值可以重新设置系统当前的时间和日期。

RTC 模块的核心寄存器和 RCC 时钟配置（RCC_BDCR 寄存器）在后备区域，即在系统复位或从待机模式唤醒后，RTC 的设置和时间维持不变。系统复位后，禁止访问后备寄存器和RTC，防止对后备区域（BKP）的意外写操作。执行以下操作将使能对后备寄存器和 RTC 的访问：

（1）调用函数 RCC_APB1PeriphClockCmd(RCC_APB1Periph_PWR|RCC_APB1Periph_BKP, ENABLE);来使能电源和后备接口时钟。

（2）调用函数 PWR_BackupAccessCmd(ENABLE);使能对后备寄存器和 RTC 的访问。

RTC 的主要特征如下：

● 可编程的预分频系数：分频系数最高为220；

● 32 位的可编程计数器：可用于较长时间段的测量；

● 两个单独的时钟：用于 APB1 接口的 PCLK1 和 RTC 时钟（此时的 RTC 时钟必须小于 PCLK1 时钟的 1/4）；

● 可以选择 3 种 RTC 时钟源中的一种：HSE 时钟除以 128、LSE 振荡器时钟或 LSI 振荡器时钟；

● 两种独立的复位类型：APB1 接口可以由系统复位，RTC 核心（预分频器、闹钟、计数器和分频器）只能由后备域复位；

● 三个专门的可屏蔽中断：

◇ 闹钟中断：用来产生一个软件可编程的闹钟中断；

◇ 秒中断：用来产生一个可编程的周期性中断信号（最长可达 1s）；

◇ 溢出中断：检测内部可编程计数器溢出并回转为 0 的状态。

除了 RTC 控制寄存器（RTC_CR）外，其他 RTC 寄存器在系统复位或电源复位时，不进行异步复位。除了 RTC 控制寄存器外的其他 RTC 寄存器仅能通过备份域复位信号复位。

STM32F103x 系列微控制器启动首先使用的是 HSI 振荡器，在确认 HSE 振荡器可用的情况下，才可以转而使用 HSE，当 HSE 出现问题，STM32F103x 可自动切换回 HSI 振荡器，维持工作。在一般 RTC 实时时钟的应用中，希望在系统主电源关闭后，能用最小的电流消耗来维持 RTC 时钟的运行，当使用内部 LSI 为 RTC 时钟源时，可以节省一个外部 LSE 振荡器，但付出的代价是，需要更大的电流消耗和计时的不精确。一般都选择使用外部 32.768kHz 晶振作为 RTC 专供时钟，它可以为系统提供非常精确的时间计时和非常低的电流消耗。

现在市场上 32.768kHz 的晶振有两种，一种是 12pF 负载电容的晶振，一种是 6pF 负载电容的晶振。虽然 6pF 负载电容的晶振耗电量更低，但因其价格更贵，所以一般选用 12pF 的晶振。当然市面上绝大部分也是 12pF 负载电容的 32.768kHz 晶振。

STM32F103x 系列的实时时钟可以用来定时报警和计时。RTC 具有独立的电源和时钟源，电源消耗非常低，特别适用于电池供电和 CPU 不连续工作的系统。通过必要的设置可以使用 RTC 闹钟事件将系统从停止模式下唤醒。这样，在停止模式下，系统 CPU 的所有时钟都处于停止状态，以达到最低的电流消耗。在没有 RTC 唤醒功能的系统中，如果系统要实现定期唤醒监听的话，需要有一个定时器运行或外部给一个信号，这样不仅达不到低功耗的目的还会增加系统成本。

RTC 由两个主要部分组成，如图 9-1 所示。第一部分是 APB1 接口，用来和 APB1 总线相连，此部分还包含一组 16 位寄存器，可通过 APB1 总线对其进行读写操作。为了与 APB1 总线连接，RTC 的 APB1 接口由 APB1 总线时钟驱动。这部分的主要作用是用于 CPU 与 RTC 进行通信，以设置 RTC 寄存器。第二部分是 RTC 核心，由一组可编程计数器组成，分成两个主要模块：一是 RTC 的预分频模块，它可编程产生最长为 1s 的 RTC 时间基准 TR_CLK。RTC 的预分频模块包含一个 20 位的可编程分频器（RTC 预分频器）。如果在 RTC_CR 寄存器中设置了相应的允许位，则在每个 TR_CLK 周期中 RTC 产生一个中断（秒中断）。二是一个 32 位的可编程计数器，可被初始化为当前的系统时间。系统时间按 TR_CLK 周期累加并与库函数 RTC_SetCounter（u32 AlarmValue）设置的可编程时间 AlarmValue 相比较，如果配置库函数 RTC_ITConfig（RTC_IT_ALR，ENABLE），比较匹配时将产生一个闹钟中断。

RTC 核心完全独立于 RTC APB1 接口。软件通过 APB1 接口访问 RTC 的预分频值、计数器值和闹钟值。但是，相关的可读寄存器只在与 RTC APB1 时钟进行重新同步的 RTC 时钟的上升沿被更新，RTC 标志也是如此。这意味着，如果 APB1 接口被开启之后，在第一次内部寄存器更新之前，从 APB1 上读出 RTC 寄存器的第一个值可能被破坏了（通常读到 0）。下述几种情况下能够发生这种情形：

● 发生系统复位或电源复位；
● 系统刚从待机模式唤醒；
● 系统刚从停机模式唤醒。

以上所有情况中，APB1 接口被禁止时（复位、无时钟或断电），RTC 核仍保持运行状态。因此，若在 RTC APB1 接口被禁止的情况下读取 RTC 寄存器，软件必须首先等待 RTC_CRL 寄存器中的 RSF 位（寄存器同步标志）被硬件置1。RTC 的 APB1 接口不受睡眠（WFI 或 WFE）低功耗模式的影响。

RTC 的配置过程包括 5 个步骤：

（1）使能电源时钟和备份区域时钟。

前面已经介绍了，要访问 RTC 和备份区域就必须先使能电源时钟和备份区域时钟。

```
RCC_APB1PeriphClockCmd(RCC_APB1Periph_PWR | RCC_APB1Periph_BKP, ENABLE);
```

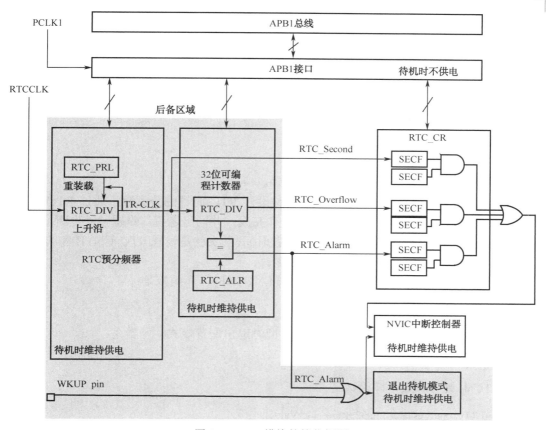

图 9-1　RTC 模块的简化框图

（2）取消备份区写保护。

要向备份区域写入数据，就要先取消备份区域写保护（写保护在每次硬复位之后被使能），否则是无法向备份区域写入数据的。我们需要向备份区域写入一个字节，来标记时钟已经配置过了，这样避免每次复位之后重新配置时钟。取消备份区域写保护的库函数的实现方法是：

　　PWR_BackupAccessCmd(ENABLE);

（3）复位备份区域，开启外部低速振荡器。

在取消备份区域写保护之后，可以先对这个区域复位，以清除前面的设置，当然这个操作不要每次都执行，因为备份区域的复位将导致之前存在的数据丢失，所以要不要复位，要看情况而定。然后使能外部低速振荡器，注意这里一般要先判断 RCC_BDCR 的 LSERDY 位来确定低速振荡器已经就绪了才开始下面的操作。

备份区域复位的函数是：

　　BKP_DeInit();

开启外部低速振荡器的函数是：

　　RCC_LSEConfig(RCC_LSE_ON);

（4）选择 RTC 时钟，并使能。

这里通过 RCC_BDCR 的 RTCSEL 来选择外部 LSI 作为 RTC 的时钟。然后通过 RTCEN 位使能 RTC 时钟。

库函数中，选择 RTC 时钟的函数是：

    RCC_RTCCLKConfig(RCC_RTCCLKSource_LSE);

对于 RTC 时钟的选择，还有 RCC_RTCCLKSource_LSI 和 RCC_RTCCLKSource_HSE_Div128，顾名思义，前者为 LSI，后者为 HSE 的 128 分频，这在复位与时钟控制器章节讲解过。

使能 RTC 时钟的函数是：

    RCC_RTCCLKCmd(ENABLE);

（5）设置 RTC 的分频，以及配置 RTC 时钟。

在开启了 RTC 时钟之后，我们要做的就是设置 RTC 时钟的分频数，通过 RTC_PRLH 和 RTC_PRLL 来设置，然后等待 RTC 寄存器操作完成，并同步之后，设置秒钟中断。然后设置 RTC 的允许配置位（RTC_CRH 的 CNF 位），设置时间（其实就是设置 RTC_CNTH 和 RTC_CNTL 两个寄存器）。下面介绍这些步骤用到的库函数：

在进行 RTC 配置之前首先要打开允许配置位（CNF），库函数是：

    RTC_EnterConfigMode();

在配置完成之后，千万别忘记更新配置，同时退出配置模式，函数是：

    RTC_ExitConfigMode();

设置 RTC 时钟分频数，库函数是：

    void RTC_SetPrescaler(uint32_t PrescalerValue);

这个函数只有一个入口参数，就是 RTC 时钟的分频数。

然后设置秒中断允许，RTC 使能中断的函数是：

    void RTC_ITConfig(uint16_t RTC_IT, FunctionalState NewState);

这个函数的第一个参数是设置秒中断类型，使能秒中断的方法是：

    RTC_ITConfig(RTC_IT_SEC, ENABLE);

使用电池或其他电源连接到 V_{BAT} 引脚上，当 V_{DD} 断电时，可以保存备份寄存器的内容并维持 RTC 的功能。V_{BAT} 引脚也为 RTC、LSE 振荡器和 PC13、PC14、PC15 供电，这保证了当主要电源被切断时 RTC 能继续工作。复位模块中的掉电复位功能使得当 V_{DD} 断电后切换到 V_{BAT} 供电。如果应用中没有使用外部电池，V_{BAT} 必须连接到 V_{DD} 引脚上。在 V_{DD} 上升阶段（$t_{RSTTEMPO}$）或者探测到 PVD 之后，V_{BAT} 引脚和 V_{DD} 引脚之间的电源开关仍会保持连接在 V_{BAT} 引脚上。在 V_{DD} 上升阶段，如果 V_{DD} 在小于 $t_{RSTTEMPO}$ 的时间内达到稳定状态，且 $V_{DD} > V_{BAT} + 0.6V$，电流可能通过 V_{DD} 引脚和 V_{BAT} 引脚之间的内部二极管注入到 V_{BAT} 引脚。如果与 V_{BAT} 引脚连接的电源或者电池不能承受这样的注入电流，建议在外部 V_{BAT} 引脚和电源之间连接一个低压降二极管。

如果在应用中没有外部电池，建议 V_{BAT} 引脚在外部通过一个 100nF 的陶瓷电容与 V_{DD} 引脚相连。

当后备域由 V_{DD}（内部模拟开关连到 V_{DD}）供电时。PC14 和 PC15 可以用于 GPIO 或 LSE 引脚。PC13 可以作为通用 I/O 端口、TAMPER 引脚、RTC 校准时钟、RTC 闹钟或秒（s）输出（参见后备寄存器 BKP 部分）。因为模拟开关只能通过少量的电流（3mA），使用 PC13～PC15

的 I/O 端口功能是有限制的。因为同一时间内只有一个 I/O 端口可以作为输出，速度必须限制在 2MHz 以下，最大负载为 30pF，而且这些 I/O 端口绝不能当作电流源（如驱动 LED）。

当后备域由 V_{BAT} 供电时（V_{DD} 掉电后模拟开关连到 V_{BAT}），PC14 和 PC15 只能用于 LSE 引脚，PC13 可以作为 TAMPER 引脚、RTC 闹钟或秒输出。

RTC 可以在不需要依赖外部中断的情况下唤醒低功耗模式下的微控制器（自动唤醒模式，AWU）。RTC 提供了一个可编程的时间基数，用于周期性从停止或待机模式下唤醒。通过对备份域控制寄存器（RCC_BDCR）的 RTCSEL[1:0]位的编程，3 个 RTC 时钟源中的两个可以选择，以实现此功能。低功耗 32.768kHz 外部晶振（LSE）提供了一个低功耗且精确的时间基准（在典型情形下消耗小于 1μA）。使用低功耗内部 RC 振荡器（LSI RC），节省了一个 32.768kHz 晶振的成本，但是 RC 振荡器将增加少许电源消耗且精度较外部晶振低。

为了用 RTC 闹钟事件将系统从停止模式下唤醒，必须配置外部中断线 17 为上升沿触发，并配置 RTC，使其可产生 RTC 闹钟事件。如果要从待机模式中唤醒，不必配置外部中断线 17。

9.2　后备寄存器简介

后备寄存器（BKP）是 42 个 16 位的寄存器，可用来存储 84 字节的用户应用程序数据。它们处在后备域中，当 V_{DD} 电源被切断，它们仍然由 V_{BAT} 维持供电。当系统在待机模式下被唤醒、系统复位或电源复位时，它们也不会被复位。

此外，BKP 控制寄存器用来管理侵入检测和 RTC 校准功能。复位后，对备份寄存器和 RTC 的访问被禁止，并且后备域被保护，以防止可能存在的意外写操作。

BKP 的特性如下：

- 20 字节数据后备寄存器（中容量和小容量产品），或 84 字节数据后备寄存器（大容量产品）；
- 用来管理防侵入检测并具有中断功能的状态/控制寄存器；
- 用来存储 RTC 检验值的检验寄存器；
- 在 PC13 引脚（当该引脚不用于侵入检测时）上输出 RTC 校准时钟、RTC 闹钟脉冲或者秒脉冲。

当 TAMPER 引脚上的信号从 0 变成 1 或者从 1 变成 0（取决于后备寄存器 BKP_CR 的 TPAL 位）时，会产生一个侵入检测事件。侵入检测事件将所有数据备份寄存器内容清除。然而为了避免丢失侵入事件，侵入检测信号是边沿检测的信号与侵入检测允许位的逻辑与，因此，在侵入检测引脚被允许前发生的侵入事件也可以被检测到。

- 当 TPAL = 0 时：如果在启动侵入检测 TAMPER 引脚前（通过调用 BKP_TamperPinCmd(ENABLE)）该引脚已经为高电平，一旦启动侵入检测功能，则会产生一个额外的侵入事件（尽管在 TPE 位置 1 后并没有出现上升沿）。
- 当 TPAL = 1 时：如果在启动侵入检测 TAMPER 引脚前（通过调用 BKP_TamperPinCmd(ENABLE)）该引脚已经为低电平，一旦启动侵入检测功能，则会产生一个额外的侵入事件（尽管在 TPE 位置 1 后并没有出现下降沿）。

调用 BKP_ITConfig(ENABLE)后，当检测到侵入事件时就会产生一个中断。在一个侵入事件被检测到并被清除后，侵入检测引脚 TAMPER 应该被禁止。然后，再次写入备份数据寄存器前重新用 TPE 位启动侵入检测功能。这样，可以阻止软件在侵入检测引脚上仍然有侵入事件时对备份数据寄存器进行写操作，这相当于对侵入引脚 TAMPER 进行电平检测。当 V_{DD} 电源断开时，侵入检测功能仍然有效。为了避免不必要的复位数据备份寄存器，TAMPER 引脚应该在片外连接到正确的电平。

9.3 RTC 库函数说明

标准外设库的 RTC 库包含了常用的 RTC 操作，通过对函数的调用可以实现系统时钟和外设时钟的设置。全部函数的简要说明参见表 9-1。

表 9-1 RTC 库函数列表

函 数 名	描 述
RTC_ITConfig	使能或者失能指定的 RTC 中断
RTC_EnterConfigMode	进入 RTC 配置模式
RTC_ExitConfigMode	退出 RTC 配置模式
RTC_GetCounter	获取 RTC 计数器的值
RTC_SetCounter	设置 RTC 计数器的值
RTC_SetPrescaler	设置 RTC 预分频的值
RTC_SetAlarm	设置 RTC 闹钟的值
RTC_GetDivider	获取 RTC 预分频因子的值
RTC_WaitForLastTask	等待最近一次对 RTC 寄存器的写操作完成
RTC_WaitForSynchro	等待 RTC 寄存器（RTC_CNT, RTC_ALR and RTC_PRL）与 RTC 的 APB 时钟同步
RTC_GetFlagStatus	检查指定的 RTC 标志位设置与否
RTC_ClearFlag	清除 RTC 的待处理标志位
RTC_GetITStatus	检查指定的 RTC 中断发生与否
RTC_ClearITPendingBit	清除 RTC 的中断待处理位

9.3.1 库函数 RTC_ITConfig

库函数 RTC_ITConfig 的描述参见表 9-2。

表 9-2 库函数 RTC_ITConfig

函数名	RTC_ITConfig
函数原型	void RTC_ITConfig(u16 RTC_IT, FunctionalState NewState)
功能描述	使能或者失能指定的 RTC 中断
输入参数 1	RTC_IT：待配置的 RTC 中断源，可组合，参见表 9-3
输入参数 2	NewState：RTC 中断的新状态，ENABLE 或者 DISABLE
先决条件	必须先调用函数 RTC_WaitForLastTask()，等待标志位 RTOFF 被设置

表 9-3　RTC_IT 参数

RTC_IT	描　　述
RTC_IT_OW	溢出中断使能
RTC_IT_ALR	闹钟中断使能
RTC_IT_SEC	秒中断使能

9.3.2　库函数 RTC_EnterConfigMode

库函数 RTC_EnterConfigMode 的描述参见表 9-4。

表 9-4　库函数 RTC_EnterConfigMode

函数名	RTC_EnterConfigMode
函数原型	void RTC_EnterConfigMode(void)
功能描述	进入 RTC 配置模式

9.3.3　库函数 RTC_ExitConfigMode

库函数 RTC_ExitConfigMode 的描述参见表 9-5。

表 9-5　库函数 RTC_ExitConfigMode

函数名	RTC_ExitConfigMode
函数原型	void RTC_ExitConfigMode (void)
功能描述	设置向量表的位置和偏移
输入参数	退出 RTC 配置模式

9.3.4　库函数 RTC_GetCounter

库函数 RTC_GetCounter 的描述参见表 9-6。

表 9-6　库函数 RTC_GetCounter

函数名	RTC_GetCounter
函数原型	u32 RTC_GetCounter(void)
功能描述	获取 RTC 计数器的值
返回值	RTC 计数器的值

9.3.5　库函数 RTC_SetCounter

库函数 RTC_SetCounter 的描述参见表 9-7。

表 9-7　库函数 RTC_SetCounter

函数名	RTC_SetCounter
函数原型	void RTC_SetCounter(u32 CounterValue)
功能描述	设置 RTC 计数器的值
输入参数	CounterValue：新的 RTC 计数器值

先决条件	必须先调用函数 RTC_WaitForLastTask()，等待标志位 RTOFF 被设置
被调用函数	RTC_EnterConfigMode() RTC_ExitConfigMode()

9.3.6 库函数 RTC_SetPrescaler

库函数 RTC_SetPrescaler 的描述参见表 9-8。

表 9-8　库函数 RTC_SetPrescaler

函数名	RTC_SetPrescaler
函数原型	void RTC_SetPrescaler(u32 PrescalerValue)
功能描述	设置 RTC 预分频的值
输入参数	PrescalerValue：新的 RTC 预分频值
先决条件	必须先调用函数 RTC_WaitForLastTask()，等待标志位 RTOFF 被设置
被调用函数	RTC_EnterConfigMode() RTC_ExitConfigMode()

9.3.7 库函数 RTC_SetAlarm

库函数 RTC_SetAlarm 的描述参见表 9-9。

表 9-9　库函数 RTC_SetAlarm

函数名	RTC_SetAlarm
函数原型	void RTC_SetAlarm(u32 AlarmValue)
功能描述	设置 RTC 闹钟的值
输入参数	AlarmValue：新的 RTC 闹钟值
先决条件	必须先调用函数 RTC_WaitForLastTask()，等待标志位 RTOFF 被设置
被调用函数	RTC_EnterConfigMode() RTC_ExitConfigMode()

9.3.8 库函数 RTC_WaitForLastTask

库函数 RTC_WaitForLastTask 的描述参见表 9-10。

表 9-10　库函数 RTC_WaitForLastTask

函数名	RTC_WaitForLastTask
函数原型	void RTC_WaitForLastTask(void)
功能描述	等待最近一次对 RTC 寄存器的写操作完成

9.3.9 库函数 RTC_WaitForSynchro

库函数 RTC_WaitForSynchro 的描述参见表 9-11。

表 9-11　库函数 RTC_WaitForSynchro

函数名	RTC_WaitForSynchro
函数原型	void RTC_WaitForSynchro(void)
功能描述	等待最近一次对 RTC 寄存器的写操作完成

9.3.10 库函数 RTC_GetFlagStatus

库函数 RTC_GetFlagStatus 的描述参见表 9-12。

表 9-12 库函数 RTC_GetFlagStatus

函数名	RTC_GetFlagStatus
函数原型	FlagStatus RTC_GetFlagStatus(u16 RTC_FLAG)
功能描述	检查指定的 RTC 标志位设置与否
输入参数 2	RTC_FLAG：待检查的 RTC 标志位，参见表 9-13
返回值	RTC_FLAG 的新状态（SET 或者 RESET）

表 9-13 RTC_FLAG 参数

RTC_FLAG	描　　述
RTC_FLAG_RTOFF	RTC 操作 OFF 标志位
RTC_FLAG_RSF	寄存器已同步标志位
RTC_FLAG_OW	溢出中断标志位
RTC_FLAG_ALR	闹钟中断标志位
RTC_FLAG_SEC	秒中断标志位

9.3.11 库函数 RTC_ClearFlag

库函数 RTC_ClearFlag 的描述参见表 9-14。

表 9-14 库函数 RTC_ClearFlag

函数名	RTC_ClearFlag
函数原型	void RTC_ClearFlag(u16 RTC_FLAG)
功能描述	清除 RTC 的待处理标志位
输入参数	RTC_FLAG：待清除的 RTC 标志位，参见表 9-13。标志位 RTC_FLAG_RTOFF 不能软件清除，RTC_FLAG_RSF 只有在 APB 复位，或者 APB 时钟停止后，才可以清除
先决条件	必须先调用函数 RTC_WaitForLastTask()，等待标志位 RTOFF 被设置

9.3.12 库函数 RTC_GetITStatus

库函数 RTC_GetITStatus 的描述参见表 9-15。

表 9-15 库函数 RTC_GetITStatus

函数名	RTC_GetITStatus
函数原型	ITStatus RTC_GetITStatus(u16 RTC_IT)
功能描述	检查指定的 RTC 中断发生与否
输入参数 2	RTC_IT：待检查的 RTC 中断
返回值	RTC_IT 的新状态（SET 或者 RESET）

9.3.13 库函数 RTC_ClearITPendingBit

库函数 RTC_ClearITPendingBit 的描述参见表 9-16。

表 9-16 库函数 RTC_ClearITPendingBit

函数名	RTC_ClearITPendingBit
函数原型	ITStatus RTC_GetITStatus(u16 RTC_IT)
功能描述	清除 RTC 的中断待处理位
输入参数 2	RTC_IT：待清除的 RTC 中断待处理位，参见表 9-13
先决条件	必须先调用函数 RTC_WaitForLastTask()，等待标志位 RTOFF 被设置

9.4 BKP 库函数说明

全部 BKP 后备寄存器的相关库函数参见表 9-17。

表 9-17 BKP 库函数列表

函 数 名	描 述
BKP_DeInit	将外设 BKP 的全部寄存器重设为默认值
BKP_TamperPinLevelConfig	设置侵入检测引脚的有效电平
BKP_TamperPinCmd	使能或者失能引脚的侵入检测功能
BKP_ITConfig	使能或者失能侵入检测中断
BKP_RTCOutputConfig	选择在侵入检测引脚上输出的 RTC 时钟源
BKP_SetRTCCalibrationValue	设置 RTC 时钟校准值
BKP_WriteBackupRegister	向指定的后备寄存器中写入用户程序数据
BKP_ReadBackupRegister	从指定的后备寄存器中读出数据
BKP_GetFlagStatus	检查侵入检测引脚事件的标志位被设置与否
BKP_ClearFlag	清除侵入检测引脚事件的待处理标志位
BKP_GetITStatus	检查侵入检测中断发生与否
BKP_ClearITPendingBit	清除侵入检测中断的待处理位

9.4.1 库函数 BKP_DeInit

库函数 BKP_DeInit 的描述参见表 9-18。

表 9-18 库函数 BKP_DeInit

函数名	BKP_DeInit
函数原型	void BKP_DeInit(void)
功能描述	将外设 BKP 寄存器重设为默认值

9.4.2 库函数 BKP_Init

库函数 BKP_Init 的描述参见表 9-19。

表 9-19 库函数 BKP_Init

函数名	BKP_Init
函数原型	void BKP_TamperPinLevelConfig(u16 BKP_TamperPinLevel)
功能描述	设置侵入检测引脚的有效电平
输入参数	BKP_TamperPinLevel：侵入检测引脚的有效电平，参见表 9-20

BKP_TamperPinLevel 指定了侵入检测引脚的有效电平，参见表 9-20。

表 9-20 BKP_TamperPinLevel 参数

BKP_TamperPinLevel	描 述
BKP_Trigger_Falling	设置输入线路下降沿为中断请求
BKP_Trigger_Rising	设置输入线路上升沿为中断请求
BKP_Trigger_Rising_Falling	设置输入线路上升沿和下降沿为中断请求

9.4.3 库函数 BKP_TamperPinCmd

库函数 BKP_TamperPinCmd 的描述参见表 9-21。

表 9-21 库函数 BKP_TamperPinCmd

函数名	BKP_TamperPinCmd
函数原型	void BKP_TamperPinCmd(FunctionalState NewState)
功能描述	使能或者失能引脚的侵入检测功能
输入参数	NewState：侵入检测功能的新状态，ENABLE 或者 DISABLE

9.4.4 库函数 BKP_ITConfig

库函数 BKP_ITConfig 的描述参见表 9-22。

表 9-22 库函数 BKP_ITConfig

函数名	BKP_ITConfig
函数原型	void BKP_ITConfig(FunctionalState NewState)
功能描述	使能或者失能侵入检测中断
输入参数	NewState：侵入检测中断的新状态 这个参数可以取：ENABLE 或者 DISABLE

9.4.5 库函数 BKP_RTCOutputConfig

库函数 BKP_RTCOutputConfig 的描述参见表 9-23。

表 9-23　库函数 BKP_RTCOutputConfig

函数名	BKP_RTCOutputConfig
函数原型	void BKP_RTCOutputConfig(u16 BKP_RTCOutputSource)
功能描述	选择在侵入检测引脚上输出的 RTC 时钟源
输入参数	BKP_RTCOutputSource：指定的 RTC 输出源，参见表 9-24
先决条件	调用该函数前必须失能引脚的侵入检测功能

BKP_RTCOutputSource 用来选择 RTC 输出时钟源，参见表 9-24。

表 9-24　BKP_RTCOutputSource 参数

BKP_RTCOutputSource	描　述
BKP_RTCOutputSource_None	侵入检测引脚上无 RTC 输出
BKP_RTCOutputSource_CalibClock	侵入检测引脚上输出，其时钟频率为 RTC 时钟除以 64
BKP_RTCOutputSource_Alarm	侵入检测引脚上输出 RTC 闹钟脉冲
BKP_RTCOutputSource_Second	侵入检测引脚上输出 RTC 秒脉冲

9.4.6　库函数 BKP_SetRTCCalibrationValue

库函数 BKP_SetRTCCalibrationValue 的描述参见表 9-25。

表 9-25　库函数 BKP_SetRTCCalibrationValue

函数名	BKP_SetRTCCalibrationValue
函数原型	void BKP_SetRTCCalibrationValue(u8 CalibrationValue)
功能描述	设置 RTC 时钟校准值
输入参数	CalibrationValue：RTC 时钟校准值，为 0 到 0x7F

9.4.7　库函数 BKP_WriteBackupRegister

库函数 BKP_WriteBackupRegister 的描述参见表 9-26。

表 9-26　库函数 BKP_WriteBackupRegister

函数名	BKP_WriteBackupRegister
函数原型	void BKP_WriteBackupRegister(u16 BKP_DR, u16 Data)
功能描述	向指定的后备寄存器中写入用户程序数据
输入参数 1	BKP_DR：数据后备寄存器，参见表 9-27
输入参数 2	Data：待写入的数据

BKP_DR 用来选择 数据后备寄存器，参见表 9-27。

表 9-27　BKP_DR 参数

BKP_DR	描　述
BKP_DR1	选中数据寄存器 1
BKP_DR2	选中数据寄存器 2

续表

BKP_DR	描　　述
BKP_DR3	选中数据寄存器 3
BKP_DR4	选中数据寄存器 4
BKP_DR5	选中数据寄存器 5
BKP_DR6	选中数据寄存器 6
BKP_DR7	选中数据寄存器 7
BKP_DR8	选中数据寄存器 8
BKP_DR9	选中数据寄存器 9
BKP_DR10	选中数据寄存器 10

9.4.8　库函数 BKP_ReadBackupRegister

库函数 BKP_ReadBackupRegister 的描述参见表 9-28。

表 9-28　库函数 BKP_ReadBackupRegister

函数名	BKP_ReadBackupRegister
函数原型	u16 BKP_ReadBackupRegister(u16 BKP_DR)
功能描述	从指定的后备寄存器中读出数据
输入参数	BKP_DR：数据后备寄存器，参见表 9-27
返回值	指定的后备寄存器中的数据

9.4.9　库函数 BKP_GetFlagStatus

库函数 BKP_GetFlagStatus 的描述参见表 9-29。

表 9-29　库函数 BKP_GetFlagStatus

函数名	BKP_GetFlagStatus
函数原型	FlagStatus BKP_GetFlagStatus(void)
功能描述	检查侵入检测引脚事件的标志位被设置与否
返回值	检查侵入检测引脚事件的标志位的新状态（SET 或者 RESET）

9.4.10　库函数 BKP_ClearFlag

库函数 BKP_ClearFlag 的描述参见表 9-30。

表 9-30　库函数 BKP_ClearFlag

函数名	BKP_ClearFlag
函数原型	void BKP_ClearFlag(void)
功能描述	清除侵入检测引脚事件的待处理标志位

9.4.11　库函数 BKP_GetITStatus

库函数 BKP_GetITStatus 的描述参见表 9-31。

表 9-31 库函数 BKP_GetITStatus

函数名	BKP_GetITStatus
函数原型	ITStatus BKP_GetITStatus(void)
功能描述	检查侵入检测中断发生与否
返回值	检查侵入检测中断标志位的新状态（SET 或者 RESET）

9.4.12 库函数 BKP_ClearITPendingBit

库函数 BKP_ClearITPendingBit 的描述参见表 9-32。

表 9-32 库函数 BKP_ClearITPendingBit

函数名	BKP_ClearITPendingBit
函数原型	void BKP_ClearITPendingBit(void)
功能描述	清除侵入检测中断的待处理位

思考与练习

1. 简要说明 RTC 的概念和主要特征。
2. 简要说明 RTC 的主要组成部分？
3. 写出 RTC 的配置步骤。
4. 什么是后后备寄存器（BKP）？写出其特点。
5. 简要说明后备寄存器（BKP）的侵入检测的过程。

第 10 章

嵌入式闪存

本章主要介绍 STM32F103x 系列微控制器的嵌入式闪存（FLASH）的使用方法及库函数。

10.1 嵌入式闪存简介

STM32F103x 系列微控制器集成了高性能的嵌入式闪存（Flash）模块，主要用于存储系统 bootloader、用户选项字节和用户程序。用户可以使用在系统编程（ISP）、JTAG 调试下载工具、在应用编程（IAP）三种方法对嵌入式闪存进行更新。可以使用在应用编程方法对已烧写的程序进行修改，或存取常数数据。无论采用何种方法，嵌入式闪存的操作必须通过 Flash 编程与擦除控制器（Flash Program and Erase Controller）单元模块实现。

10.1.1 嵌入式闪存的组织方式

不同微控制器的闪存容量不同，主存储模块的组织结构也不同。本书以单 Bank 最大的 512KB 闪存为例进行介绍，闪存组织方式参见表 10-1。

表 10-1 512KB 嵌入式闪存的组织方式

模　　块	名　　称	地　　址	大小（字节）
主存储块	页 0	0x0800 0000 - 0x0800 07FF	4×2K
	页 1	0x0800 0800 - 0x0800 0FFF	
	页 2	0x0800 1000 - 0x0800 17FF	
	页 3	0x0800 1800 - 0x0800 1FFF	
	…	…	…
	…	…	…
	页 255	0x0807 F800 - 0x0807 FFFF	2K
信息块	系统存储器	0x1FFF F000 - 0x1FFF F7FF	2K
	用户选项字节	0x1FFF F800 - 0x1FFF F80F	16
寄存器	FLASH_ACR	0x4002 2000 - 0x4002 2003	4
	FALSH_KEYR	0x4002 2004 - 0x4002 2007	4
	FLASH_OPTKEYR	0x4002 2008 - 0x4002 200B	4
	FLASH_SR	0x4002 200C - 0x4002 200F	4
	FLASH_CR	0x4002 2010 - 0x4002 2013	4

续表

模　块	名　称	地　址	大小（字节）
寄存器	FLASH_AR	0x4002 2014 - 0x4002 2017	4
	保留	0x4002 2018 - 0x4002 201B	4
	FLASH_OBR	0x4002 201C - 0x4002 201F	4
	FLASH_WRPR	0x4002 2020 - 0x4002 2023	4

STM32F103x 系列微控制器按照内嵌 Flash 的容量可以分为低密度系列处理器（32KB）、中密度系列处理器（128KB）、高密度系列处理器（512KB）、超大密度处理器（Bank1 为 512KB，Bank2 最大为 512KB）。

高性能的闪存模块有以下主要特性：

● 单 Bank 最大容量为 512KB；
● 存储器结构：闪存存储器有主存储块和信息块组成；
● 带预取缓冲器的读接口（每字为 2×64 位）；
● 选择字节加载器；
● 闪存编程/擦除操作；
● 访问/写保护。

闪速存储器（简称闪存）被组织成 32 位宽的存储器单元，可以存放代码和数据常数。每一个 STM32F103x 微控制器的闪存模块的主存储块的启始地址为 0x0800 0000，该区域用来存储用户程序。以 512KB 大容量处理器为例，该块被分为 256 页，每页 2KB。

系统存储器是用于存放在系统启动模式下的启动程序。系统复位后若启动引脚配置为系统启动，此时执行该程序。该程序提供串口下载等功能。这个区域只保留给 ST 使用。ST 在生产线上对这个区域编程并锁定，以防止用户擦写。

用户选项字节保存有对 FLASH 操作的相关信息。

对主存储块和信息块的写入由内嵌的闪存编程/擦除控制器（FPEC）管理，编程与擦除的高电压由内部产生。闪存存储器有两种保护方式防止非法的访问（读、写、擦除），分别为页写入保护和读出保护。

在执行闪存写操作时，任何对闪存的读操作都会锁住总线，在写操作完成后读操作才能正确地进行，即在进行写或擦除操作时，不能进行代码或数据的读取操作。进行闪存编程操作时（写或擦除），必须打开内部的 RC 振荡器（HSI）。闪存存储器可以用 ICP 或 IAP 方式编程。

10.1.2　嵌入式闪存的读操作

内置闪存模块可以在通用地址空间直接寻址，任何 32 位数据的读操作都能访问闪存模块的内容并得到相应的数据。读接口在闪存端包含一个读控制器，还包含一个 AHB 接口与 CPU 衔接。这个接口的主要工作就是产生读闪存的控制信号并预取 CPU 要求的指令块，预取指令块仅用于在 I-Code 总线上的取指操作，数据常量是通过 D-Code 总线访问的。这两条总线的访问目标是相同的闪存模块，访问 D-Code 总线将比预取指令优先级高。闪存访问控制器模块就是在 I-Code 上的指令预取请求和 D-Code 接口上读请求的仲裁器。D-Code 接口的请求优先于 I-Code 的请求。

Cortex-M3 在 I-Code 总线上取指令，在 D-Code 总线上取数据。预取指令块可以有效地提高对 I-Code 总线访问的效率。

（1）预取缓冲器

预取缓冲器：包含两个数据块，每个数据块有 8 个字节（8B）；预取指令（数据）块直接映射到闪存中，因为数据块的大小与闪存的宽度相同，所以读取预取指令块可以在一个读周期完成。设置预取缓冲器可以使 CPU 更快地执行，CPU 读取一个字的同时下一个字已经在预取缓冲器中等候，即当代码跳转的边界为 8B 的倍数时，闪存的加速比例为 2。

（2）预取控制器

预取控制器：根据预取缓冲器中可用的空间决定是否访问闪存，预取缓冲器中有至少一块的空余空间时，预取控制器则启动一次读操作。清除闪存访问控制寄存器中的一个控制位能够关闭预取缓冲器，这样预取缓冲器将处于关闭状态。当 AHB 时钟的预分频系数不为 1 时，必须打开预取缓冲器（FLASH_PrefetchBufferCmd(FLASH_PrefetchBuffer_Enable);）。

（3）访问时间调节

为了维持读闪存的控制信号，预取控制器的时钟周期与闪存访问时间的比例由闪存访问控制器控制。这个值给出了能够正确地读取数据时，闪存控制信号所需的时钟周期数目。复位后，该值为 1，闪存访问为两个时钟周期（FLASH_SetLatency(FLASH_Latency_2);）。

如果在系统中没有高频率的时钟，即 HCLK 频率较低时，闪存的访问只需半个 HCLK 周期（半周期的闪存访问只能在时钟频率低于 8MHz 时进行，使用 HSI 或 HSE 并且关闭 PLL 时可得到这样的频率）；在闪存访问控制寄存器中有一个控制位可以选择这种工作方式。当使用了预取缓冲器且 AHB 时钟的预分频系数不为 1 时，不能使用半周期访问方式。

D-Code 接口包含 CPU 端简单的 AHB 接口和对闪存访问控制器的仲裁器提出访问请求的逻辑电路，D-Code 的访问优先于预取指令的访问，这个接口使用预取缓冲器的访问时间调节模块。

信息模块的内容可以通过 I-Code 总线执行并且可以在 D-Code 总线上读出，小信息模块可以在任意模式下读写。选择字节模块包含配置选择字节和其他用户定义的信息。

10.1.3　嵌入式编程和擦除控制器

闪存编程和擦除控制器（FPEC）模块处理闪存的编程和擦除操作，共包括 7 个 32 位的寄存器：

- FPEC 键寄存器（FLASH_KEYR）
- 选择字节键寄存器（FLASH_OPTKEYR）
- 闪存控制寄存器（FLASH_CR）
- 闪存状态寄存器（FLASH_SR）
- 闪存地址寄存器（FLASH_AR）
- 选择字节寄存器（FLASH_OBR）
- 写保护寄存器（FLASH_WRPR）

只要 CPU 不访问闪存，闪存操作不会延缓 CPU 的执行。主要的闪存操作包括解除闪存锁、闪存编程、信息块编程、闪存擦除、保护、加载选项字节等。

（1）解除闪存锁

复位后，FPEC 模块是被保护的，不能写入 FLASH_CR 寄存器。通过调用函数 FLASH_Unlock() 来解除锁定。当需要保护 FPEC 模块和 FLASH CR 寄存器时，可以由程序调用函数 FLASH_Lock() 锁住。

（2）闪存编程

每次闪存编程可以写入 16 位。当 FLASH_CR 寄存器的 PG 位为 1 时，写入一个 16 位数据到一个闪存地址，将启动一次编程。写入任何非半字的数据，FPEC 不会产生总线错误。在编程过程中（BSY 位为 1），任何读写闪存的操作都会使 CPU 暂停，直到此次闪存编程结束。

标准编程模式下，CPU 以标准的半字写的方式烧写闪存，FLASH_CR 寄存器的 PG 位必须置 1。FPEC 先读出指定地址的内容并检查它是否被擦除，如未被擦除则不执行编程，并在 FLASH_SR 寄存器的 PGERR 位提出警告（唯一的例外是当要烧写的数值是 0x0000 时，0x0000 可被正确烧入且 PGERR 位不置位）。如果指定的地址在 FLASH_WRPR 中指定为写保护，则不执行编程并在 FLASH_SR 寄存器的 WRPRTERR 位置 1 提出警告。FLASH_SR 寄存器的 EOP 为 1 时表示编程结束。

标准的闪存编程顺序如下：

- 调用 FLASH_GetStatus()，返回值不为 FLASH_BUSY，以确认没有其它正在进行的编程操作；
- 调用 FLASH_ProgramHalfWord（Address1, Data1），写入要编程的半字到指定的地址；
- 调用 FLASH_GetStatus()，等待返回值不为 FLASH_BUSY；
- 读出写入的地址并验证数据。

（3）信息块编程

① 选项字节编程

选项字节通过特殊的地址进行编程。选项字节只有 6 个字节（4 个用于写保护，1 个用于读保护，另一个用于器件配置）。对 FPEC 解锁后，分别写入 KEY1 和 KEY2 到 FLASH_OPTKEYR，再设置 FLASH_CR 寄存器的 OPTWRE 位为 1，此时可以对小信息块进行编程，设置 FLASH_CR 寄存器的 OPTPG 位为 1 后写入半字到指定的地址。

FPEC 先读出指定地址的选择字节内容并检查它是否被擦除，如未被擦除则不执行编程，并在 FLASH_SR 寄存器的 WRPRTERR 位提出警告。FLASH_SR 寄存器的 EOP 为 1 时表示编程结束。FPEC 使用半字中的低字节并自动计算出高字节（高字节为低字节的反码）。并开始编程操作，这将保证选择字节和它的反码始终是正确的。

烧写编程的顺序如下：

- 检查 FLASH_SR 寄存器的 BSY 位，以确认没有其他正在进行的编程操作；
- 设置 FLASH_CR 寄存器的 OPTWRE 位为 1；
- 设置 FLASH_CR 寄存器的 OPTPG 位为 1；
- 写入要编程的半字到指定的地址；
- 等待 BSY 位变为 0；
- 读出写入的地址并验证数据。

当读闪存保护选项从"保护"变为"未保护"时，在重新设置读保护选项前会自动执行一个全部擦除用户闪存的操作。如果用户要改变读保护之外的选项，则不会出现全部擦除操作。读保护选项上的这一擦除操作保护了闪存中的内容不被非法读出。

② 数据编程

信息块中除选项字节块之外剩余的字节可以用于存储数据。对这部分地址的编程可以通过标准编程操作完成。

③ 擦除过程

小信息块的擦除顺序（OPTERASE）如下：

- 检查 FLASH_SR 寄存器的 BSY 位，以确认没有其他正在进行的闪存操作；
- 设置 FLASH_CR 寄存器的 OPTWRE 位为 1；

- 设置 FLASH_CR 寄存器的 OPTER 位为 1；
- 设置 FLASH_CR 寄存器的 STRT 位为 1；
- 等待 BSY 位变为 0；
- 读出小信息块并做验证。

（4）闪存擦除

闪存可以按页擦除，也可以全部擦除。

① 页擦除

闪存的任何一页都可以通过 FPEC 的页擦除功能擦除。擦除一页的过程如下：

- 检查 FLASH_SR 寄存器的 BSY 位，以确认没有其他正在进行的闪存操作；
- 用 FLASH_AR 寄存器选择要擦除的页；
- 设置 FLASH_CR 寄存器的 PER 位为 1；
- 设置 FLASH_CR 寄存器的 STRT 位为 1；
- 等待 BSY 位变为 0；
- 读出被擦除的页并做验证。

② 全部擦除

可以用全部擦除功能擦除所有用户区的闪存，信息块不受此操作影响。全部擦除的过程如下：

- 检查 FLASH_SR 寄存器的 BSY 位，以确认没有其他正在进行的闪存操作；
- 设置 FLASH_CR 寄存器的 MER 位为 1；
- 设置 FLASH_CR 寄存器的 STRT 位为 1；
- 等待 BSY 位变为 0；
- 读出所有页并做验证。

（5）保护

闪存中的用户代码区可以防止非法读出。闪存区可以以每 4 页为单位加以保护，以防止在程序跑飞的情况下不被意外地改变。

① 读保护

读保护是通过设置信息块中的一个选择字节启动的。当保护字节被写入相应的值以后，在调试模式中将不允许读出闪存存储器，所有在 RAM 中加载和执行的功能（如 JTAG/SWD，从 RAM 启动等）仍然有效，这样可以用于解除读保护（访问闪存仍然被禁止）。当启动读保护后，第 0～3 页被自动加上了写保护。当信息块中的访问保护选择字节被修改到未保护状态时，全部擦除操作将自动运行。擦除选择字节块将不会导致自动的全部擦除操作，因为擦除选择字节的结果 0xFF 相当于保护状态。

设置闪存于保护状态，RDP 选项字节和它的反码参见表 10-2 所示。

表 10-2　闪存的保护状态

RDP 字节的值	RDP 反码的值	读保护状态
0xFF	0xFF	保护
RDPRT	RDP 字节的反码	未保护
任意值	非 RDP 字节的反码	保护

解除读保护的过程如下：

- 擦除整个小信息块（用户部分），读保护码（RDP）将变为 0xFF，此时读保护仍然有效；
- 写入正确的 RDP 代码 0xA5 以解除存储器的保护，该操作将导致对所有用户闪存的全部擦除操作。
- 进行复位（上电复位）以重新加载选择字节（和新的 RDP 代码），此时读保护被解除。

② 写保护

写保护是以每 4 页为单位实现的，这样使用 32 个选择位可以控制到 128K 字节。以 4KB 为单位实施保护也是合理的，因为通常启动代码都会大于 1KB，对用户页面的保护措施参见表 10-3。

表 10-3　用户页面的保护

RDP	WRP	作　用
有效	有效	CPU 只能读，禁止调试和非法访问
有效	无效	CPU 可以读写，禁止调试和非法访问，页 0 为写保护
无效	有效	CPU 可读，允许调试和非法访问
无效	无效	CPU 可以读写，允许调试和非法访问

如果试图在一个受保护的页面进行编程或擦除操作，在闪存状态寄存器（FLASH_SR）中会返回一个保护错误标志。

③ 解除保护

解除写保护的步骤如下：

- 使用闪存控制寄存器（FLASH_CR）的 OPTER 位擦除整个小信息块（用户部分）；
- 烧写 RDP 代码（用于解除读保护）；
- 烧写正确的 RDP 代码 0xA5，允许读访问；
- 进行系统复位，重新装载选择字节（包含新的 WRP[3:0]字节），写保护被解除。

④ 信息块保护

默认状态下，选择字节块始终是可以读且被写保护的。要想对选择字节块进行写操作（编程/擦除），首先要在 OPTKEYR 中写入正确的键序列（与上锁时一样），随后选择字节块的写操作被允许，FLASH_CR 寄存器的 OPTWRE 位表示允许写，清除该位将禁止写操作。

（6）加载选择字节

在闪存的信息块中，存放了一组选择字节．这些字节包含产品的配置信息（如封装等）。用户部分的选择字节可以由用户根据应用程序自己选择，选择软件的看门狗或硬件的看门狗就是一个很好的例子。

选择字节的格式参见表 10-4。

表 10-4　选择字节格式

位 31~24	位 23~16	位 15~8	位 7~0
选择字节 1 的反码	选择字节 1	选择字节 0 的反码	选择字节 0

信息块中选择字节的组织结构参见表 10-5。

表 10-5　选择字节组织结构

块	地　　址	[31:24]	[23:16]	[15:8]	[7:0]
保留	0x1FFF_F7F8	保留			
	0x1FFF_F7FC	保留			
小信息块（SIF）	0x1FFF_F800	nUSER	USER	nRDP	RDP
	0x1FFF_F804	未用			
	0x1FFF_F808	nWRP1	WRP1	nWRP0	WRP0
	0x1FFF_F80C	nWRP3	WRP3	nWRP2	WRP2

选择字节有 6 个字节，它们主要用于保护内部的闪存接口（读出和写入操作），只有一个字节用于用户的程序功能，参见表 10-6。

表 10-6　选择字节说明

RDP：读出保护选择字节

读出保护功能帮助用户保护存在闪存中的软件，该功能由设置信息块中的一个选择字节启用。写入正确的数值（RDPRT 键 = 0x00A5）到这个选择字节后，闪存被开放，允许读出访问

USER：用户选择字节

这个字节用于配置下列功能：

（1）选择看门狗事件（确件或软件）

（2）进入停机（STOP）模式时的复位事件

（3）进入待机模式时的复位事件

位 19:23	0xFF：不用
位 18	nRST_STDBY 0：当进入待机模式时产生复位 1：进入待机模式时不产生复位
位 17	nRST_STOP 0：当进入停机（STOP）模式时产生复位 1：进入停机（STOP）模式时不产生复位
位 16	WDG_SW 1：确件看门狗 0：软件看门狗

WRPx：闪存写保护选择字节

用户选择字节 WRPx 中的每个位用于保护主存储器中 4 页的内容，每页为 1KB，共有 4 个用户选择字节用于保护所有 128KB 主闪存。

WRP0：页 0～31 的写保护

WRP1：页 32～63 的写保护

WRP2：页 64～95 的写保护

WRP3：页 96～127 的写保护

每次系统复位后，选择字节装载器读出信息块的数据并保存在寄存器中。每个选择位都在信息块中有它的反码位，在装载选择位时反码位用于验证选择位是正确的，如果有任何差别，将产生一个选择字节错误标志（OPTERR）。当发生选择字节错误时，对应的选择字节被强置为 0xFF。当选择字节和它的反码均为 0xFF 时（擦除后的状态），上述验证功能被关闭。所有的选择位（不包括它们的反码位）用于配置该微控制器，CPU 可以读选择寄存器。

10.2　FLASH 库函数说明

标准外设库的 FLASH 库包含了常用的 FLASH 操作，通过对函数的调用可以实现对嵌入式闪存的操作。

V3.5 标准外设库包含了以前版本的全部库函数，并且增加了对超大容量处理器的嵌入式闪存的支持，即将部分闪存操作分为 Bank1 和 Bank2。非大容量系列处理器的嵌入式闪存可以使用新增函数中对 Bank1 的操作函数。新增的启动配置函数仅能用于超大容量处理器。

所增加的分别针对两个 Bank 的操作为锁定、解锁、擦除全部页面、得到 Bank 状态及等待上一个操作结果，其功能与以往版本函数相同，只不过操作对象发生改变，因此本书仅对旧版本的函数做详细说明。

全部函数的简要说明参见表 10-7。

表 10-7　FLASH 库函数列表

函 数 名	描 述
FLASH_SetLatency	设置代码延时值
FLASH_HalfCycleAccessCmd	使能或者失能 FLASH 半周期访问
FLASH_PrefetchBufferCmd	使能或者失能预取指缓存
FLASH_Unlock	解锁 FLASH 编写擦除控制器
FLASH_Lock	锁定 FLASH 编写擦除控制器
FLASH_ErasePage	擦除一个 FLASH 页面
FLASH_EraseAllPages	擦除全部 FLASH 页面
FLASH_EraseOptionBytes	擦除 FLASH 选择字节
FLASH_ProgramWord	在指定地址编写一个字
FLASH_ProgramHalfWord	在指定地址编写半字
FLASH_ProgramOptionByteData	在指定 FLASH 选择字节地址编写半字
FLASH_EnableWriteProtection	对期望的页面写保护
FLASH_ReadOutProtection	使能或者失能读出保护
FLASH_UserOptionByteConfig	编写 FLASH 用户选择字节：IWDG_SW/RST_STOP/RST_STDBY
FLASH_GetUserOptionByte	返回 FLASH 用户选择字节的值
FLASH_GetWriteProtectionOptionByte	返回 FLASH 写保护选择字节的值
FLASH_GetReadOutProtectionStatus	检查 FLASH 读出保护设置与否
FLASH_GetPrefetchBufferStatus	检查 FLASH 预取指令缓存设置与否
FLASH_ITConfig	使能或者失能指定 FLASH 中断
FLASH_GetFlagStatus	检查指定的 FLASH 标志位设置与否
FLASH_ClearFlag	清除 FLASH 待处理标志位
FLASH_GetStatus	返回 FLASH 状态
FLASH_WaitForLastOperation	等待某一个 FLASH 操作完成，或者发生 TIMEOUT
FLASH_UnlockBank1	解锁 FLASH Bank1 编写擦除控制器

续表

函　数　名	描　　述
FLASH_LockBank1	锁定 FLASH Bank1 编写擦除控制器
FLASH_EraseAllBank1Pages	擦除全部 Bank1 页面
FLASH_GetBank1Status	返回 Bank1 状态
FLASH_WaitForBank1LastOperation	等待某一个 Bank2 操作完成，或者发生 TIMEOUT
FLASH_UnlockBank2	解锁 FLASH Bank2 编写擦除控制器
FLASH_LockBank2	锁定 FLASH Bank2 编写擦除控制器
FLASH_EraseAllBank2Pages	擦除全部 Bank2 页面
FLASH_GetBank2Status	返回 Bank2 状态
FLASH_WaitForBank2LastOperation	等待某一个 Bank2 操作完成，或者发生 TIMEOUT
FLASH_BootConfig	设置从 Bank1 或 Bank2 启动

10.2.1　库函数 FLASH_SetLatency

库函数 FLASH_SetLatency 的描述参见表 10-8。

表 10-8　库函数 FLASH_SetLatency

函数名	FLASH_SetLatency
函数原型	void FLASH_SetLatency(u32 FLASH_Latency)
功能描述	设置代码延时值
输入参数	FLASH_Latency：指定 FLASH_Latency 的值，参见表 10-9

表 10-9　FLASH_Latency 参数

FLASH_Latency	描　　述
FLASH_Latency_0	0 延时周期
FLASH_Latency_1	1 延时周期
FLASH_Latency_2	2 延时周期

10.2.2　库函数 FLASH_HalfCycleAccessCmd

库函数 FLASH_HalfCycleAccessCmd 的描述参见表 10-10。

表 10-10　库函数 FLASH_HalfCycleAccessCmd

函数名	FLASH_HalfCycleAccessCmd
函数原型	void FLASH_HalfCycleAccessCmd(u32 FLASH_HalfCycleAccess)
功能描述	使能或者失能 FLASH 半周期访问
输入参数	FLASH_HalfCycleAccess：FLASH_HalfCycle 访问模式参见表 10-11

表 10-11　FLASH_HalfCycleAccess 参数

FLASH_HalfCycleAccess	描　　述
FLASH_HalfCycleAccess_Enable	半周期访问使能
FLASH_HalfCycleAccess_Disable	半周期访问失能

10.2.3　库函数 FLASH_PrefetchBufferCmd

库函数 FLASH_PrefetchBufferCmd 的描述参见表 10-12。

表 10-12　库函数 FLASH_PrefetchBufferCmd

函数名	FLASH_PrefetchBufferCmd
函数原型	void FLASH_PrefetchBufferCmd(u32 FLASH_PrefetchBuffer)
功能描述	使能或者失能预取指令缓存
输入参数	FLASH_PrefetchBuffer：预取指令缓存状态，参见表 10-13

表 10-13　FLASH_PrefetchBuffer 参数

FLASH_PrefetchBuffer	描　　述
FLASH_PrefetchBuffer_Enable	预取指令缓存使能
FLASH_PrefetchBuffer_Disable	预取指令缓存失能

10.2.4　库函数 FLASH_Unlock

库函数 FLASH_Unlock 的描述参见表 10-14。

表 10-14　库函数 FLASH_Unlock

函数名	FLASH_Unlock
函数原型	void FLASH_Unlock(void)
功能描述	解锁 FLASH 编写擦除控制器

10.2.5　库函数 FLASH_Lock

库函数 FLASH_Lock 的描述参见表 10-15。

表 10-15　库函数 FLASH_Lock

函数名	FLASH_Lock
函数原型	void FLASH_Lock(void)
功能描述	锁定 FLASH 编写擦除控制器

10.2.6　库函数 FLASH_ErasePage

库函数 FLASH_ErasePage 的描述参见表 10-16。

表 10-16　库函数 FLASH_ErasePage

函数名	FLASH_ErasePage
函数原型	FLASH_Status FLASH_ErasePage(u32 Page_Address)
功能描述	擦除一个 FLASH 页面
输入参数	擦除的页面地址
返回值	擦除操作状态

10.2.7 库函数 FLASH_EraseAllPages

库函数 FLASH_EraseAllPages 的描述参见表 10-17。

表 10-17 库函数 FLASH_EraseAllPages

函数名	FLASH_EraseAllPages
函数原型	FLASH_Status FLASH_EraseAllPages(void)
功能描述	擦除全部 FLASH 页面
返回值	擦除操作状态

10.2.8 库函数 FLASH_EraseOptionBytes

库函数 FLASH_EraseOptionBytes 的描述参见表 10-18。

表 10-18 库函数 FLASH_EraseOptionBytes

函数名	FLASH_EraseOptionBytes
函数原型	FLASH_Status FLASH_EraseOptionBytes(void)
功能描述	擦除 FLASH 选项字节
返回值	擦除操作状态

10.2.9 库函数 FLASH_ProgramWord

库函数 FLASH_ProgramWord 的描述参见表 10-19。

表 10-19 库函数 FLASH_ProgramWord

函数名	FLASH_ProgramWord
函数原型	FLASH_Status FLASH_ProgramWord(u32 Address, u32 Data)
功能描述	在指定地址编写一个字
输入参数 1	Address：待编写的地址
输入参数 2	Data：待写入的数据
返回值	编写操作状态

10.2.10 库函数 FLASH_ProgramHalfWord

库函数 FLASH_ProgramHalfWord 的描述参见表 10-20。

表 10-20 库函数 FLASH_ProgramHalfWord

函数名	FLASH_ProgramHalfWord
函数原型	FLASH_Status FLASH_ProgramHalfWord(u32 Address, u16 Data)
功能描述	在指定地址编写半字
输入参数 1	Address：待编写的地址
输入参数 2	Data：待写入的数据
返回值	编写操作状态

10.2.11 库函数 FLASH_ProgramOptionByteData

库函数 FLASH_ProgramOptionByteData 的描述参见表 10-21。

表 10-21　库函数 FLASH_ProgramOptionByteData

函数名	FLASH_ProgramOptionByteData
函数原型	FLASH_Status FLASH_ProgramOptionByteData(u32 Address, u8 Data)
功能描述	在指定 FLASH 选择字节地址编写半字
输入参数 1	Address：待编写的地址，0x1FFF804 或者 0x1FFF806
输入参数 2	Data：待写入的数据

10.2.12 库函数 FLASH_EnableWriteProtection

库函数 FLASH_EnableWriteProtection 的描述参见表 10-22。

表 10-22　库函数 FLASH_EnableWriteProtection

函数名	FLASH_EnableWriteProtection
函数原型	FLASH_Status FLASH_EnableWriteProtection(u32 FLASH_Pages)
功能描述	对期望的页面写保护
输入参数	FLASH_Page：待写保护页面的地址，参见表 10-23
返回值	写保护操作状态

表 10-23　FLASH_Page 参数

FLASH_Page	描　述
FLASH_WRProt_Pages0to3	写保护页面 0 到 3，用于小和中容量处理器
FLASH_WRProt_Pages4to7	写保护页面 4 到 7，用于小和中容量处理器
.	.
FLASH_WRProt_Pages28to31	写保护页面 28 到 31，用于小和中容量处理器
FLASH_WRProt_Pages32to35	写保护页面 32 到 35，用于中容量处理器
.	.
FLASH_WRProt_Pages124to127	写保护页面 124 到 127，用于中容量处理器
FLASH_WRProt_Pages0to1	写保护页面 0 到 1，用于大容量、超大容量和互联型处理器
.	.
FLASH_WRProt_Pages60to61	写保护页面 60 到 61，用于大容量、超大容量和互联处理器
FLASH_WRProt_Pages62to127	写保护页面 62 到 127，用于互联型处理器
FLASH_WRProt_Pages62to255	写保护页面 62 到 255，用于大容量处理器
FLASH_WRProt_Pages62to511	写保护页面 62 到 511，用于超大容量处理器
FLASH_WRProt_AllPages	写保护全部页面

10.2.13　*库函数* FLASH_ReadOutProtection

库函数 FLASH_ReadOutProtection 的描述参见表 10-24。

表 10-24　库函数 FLASH_ReadOutProtection

函数名	FLASH_ReadOutProtection
函数原型	FLASH_Status FLASH_ReadOutProtection(FunctionalState NewState)
功能描述	使能或者失能读出保护
输入参数	NewState：读出保护的新状态：ENABLE 或者 DISABLE
返回值	保护操作状态
先决条件	如果用户在调用本函数之前编写过其他选择字节，那么必须在调用本函数之后重新编写选择字节，因为本操作会擦除所有选择字节

为了安全地编写选择字节，用户必须遵从下列操作步骤：

- 如果想要读保护 FLASH 存储器，调用函数 FLASH_ReadOutProtection；
- 调用函数 FLASH_EnableWriteProtection 来写保护 Flash 存储器部分或者全部页面；
- 调用函数 FLASH_UserOptionByteConfig 来设置用户选择字节：IWDG_SW/RST_STOP /RST_STDBY；
- 调用函数 FLASH_ProgramOptionByteData 来对指定选择字节数据地址写入半字；
- 产生复位以装入新的选择字节。

10.2.14　*库函数* FLASH_UserOptionByteConfig

库函数 FLASH_UserOptionByteConfig 的描述参见表 10-25。

表 10-25　库函数 FLASH_UserOptionByteConfig

函数名	FLASH_UserOptionByteConfig
函数原型	FLASH_Status FLASH_UserOptionByteConfig(u16 OB_IWDG , u16 OB_STOP, u16 OB_STDBY)
功能描述	编写 FLASH 用户选择字节：IWDG_SW，RST_STOP，RST_STDBY
输入参数 1	OB_IWDG：选择 IWDG 模式 OB_IWDG_SW：选择软件独立看门狗 OB_IWDG_HW：选择硬件独立看门狗
输入参数 2	OB_STOP：进入 STOP 模式产生复位事件 OB_STOP_NoRST：进入 STOP 模式不产生复位 OB_STOP_RST：进入 STOP 模式产生复位
输入参数 3	OB_STDBY：进入 Standby 模式产生复位事件 OB_STDBY_NoRST：进入 Standby 模式不产生复位 OB_STDBY_RST：进入 Standby 模式产生复位
返回值	选择字节编写状态

10.2.15　*库函数* FLASH_GetUserOptionByte

库函数 FLASH_GetUserOptionByte 的描述参见表 10-26。

表 10-26　库函数 FLASH_GetUserOptionByte

函数名	FLASH_GetUserOptionByte
函数原型	u32 FLASH_GetUserOptionByte(void)
功能描述	返回 FLASH 用户选择字节的值
返回值	FLASH 用户选择字节的值：IWDG_SW(Bit0), RST_STOP(Bit1) and RST_STDBY(Bit2)

10.2.16　库函数 FLASH_GetWriteProtectionOptionByte

库函数 FLASH_GetWriteProtectionOptionByte 的描述参见表 10-27。

表 10-27　库函数 FLASH_GetWriteProtectionOptionByte

函数名	FLASH_GetWriteProtectionOptionByte
函数原型	u32 FLASH_GetWriteProtectionOptionByte(void)
功能描述	返回 FLASH 写保护选择字节的值
返回值	FLASH 写保护选择字节的值

10.2.17　库函数 FLASH_GetReadOutProtectionStatus

库函数 FLASH_GetReadOutProtectionStatus 的描述参见表 10-28。

表 10-28　库函数 FLASH_GetReadOutProtectionStatus

函数名	FLASH_GetReadOutProtectionStatus
函数原型	FlagStatus FLASH_GetReadOutProtectionStatus(void)
功能描述	检查 FLASH 读出保护设置与否
返回值	FLASH 读出保护状态（SET 或者 RESET）

10.2.18　库函数 FLASH_GetPrefetchBufferStatus

库函数 FLASH_GetPrefetchBufferStatus 的描述参见表 10-29。

表 10-29　库函数 FLASH_GetPrefetchBufferStatus

函数名	FLASH_GetPrefetchBufferStatus
函数原型	FlagStatus FLASH_GetPrefetchBufferStatus(void)
功能描述	检查 FLASH 预取指令缓存设置与否
返回值	FLASH 预取指令缓存状态（SET 或者 RESET）

10.2.19　库函数 FLASH_ITConfig

库函数 FLASH_ITConfig 的描述参见表 10-30。

表 10-30　库函数 FLASH_ITConfig

函数名	FLASH_ITConfig
函数原型	void FLASH_ITConfig(u16 FLASH_IT, FunctionalState NewState)

功能描述	使能或者失能指定 FLASH 中断
输入参数 1	FLASH_IT：待使能或者失能的指定 FLASH 中断源
	FLASH_IT_ERROR：FPEC 错误中断源
	FLASH_IT_EOP：FLASH 操作结束中断源
输入参数 2	NewState：指定 FLASH 中断的新状态：ENABLE 或者 DISABLE

10.2.20　库函数 FLASH_GetFlagStatus

库函数 FLASH_GetFlagStatus 的描述参见表 10-31。

表 10-31　库函数 FLASH_GetFlagStatus

函数名	FLASH_GetFlagStatus
函数原型	FlagStatus FLASH_GetFlagStatus(u16 FLASH_FLAG)
功能描述	检查指定的 FLASH 标志位设置与否
输入参数	FLASH_FLAG：待检查的标志位参见表 10-32

表 10-32　FLASH_FLAG 参数

FLASH_FLAG	描　　述
FLASH_FLAG_BSY	FLASH 忙标志位
FLASH_FLAG_EOP	FLASH 操作结束标志位
FLASH_FLAG_PGERR	FLASH 编写错误标志位
FLASH_FLAG_WRPRTERR	FLASH 页面写保护错误标志位
FLASH_FLAG_OPTERR	FLASH 选择字节错误标志位

10.2.21　库函数 FLASH_ClearFlag

库函数 FLASH_ClearFlag 的描述参见表 10-33。

表 10-33　库函数 FLASH_ClearFlag

函数名	FLASH_ClearFlag
函数原型	void FLASH_ClearFlag(u16 FLASH_Flag)
功能描述	清除 FLASH 待处理标志位
输入参数	FLASH_FLAG：待清除的标志位参见表 10-32，选择错误标志不能被清除

10.2.22　库函数 FLASH_GetStatus

库函数 FLASH_GetStatus 的描述参见表 10-34。

表 10-34　库函数 FLASH_GetStatus

函数名	FLASH_GetStatus
函数原型	FLASH_Status FLASH_GetStatus(void)
功能描述	返回 FLASH 状态

续表

返回值	FLASH_Status：返回值可以是：FLASH_BUSY，FLASH_ERROR_PG，FLASH_ERROR_WRP 或者 FLASH_COMPLETE

10.2.23　库函数 FLASH_WaitForLastOperation

库函数 FLASH_WaitForLastOperation 的描述参见表 10-35。

表 10-35　库函数 FLASH_WaitForLastOperation

函数名	FLASH_WaitForLastOperation
函数原型	FLASH_Status FLASH_WaitForLastOperation(u32 Timeout)
功能描述	等待某一个 FLASH 操作完成，或者发生 TIMEOUT
返回值	返回适当的操作状态 这个参数可以是 FLASH_BUSY、FLASH_ERROR_PG、FLASH_ERROR_WRP、FLASH_COMPLETE 或者 FLASH_TIMEOUT

思考与练习

1．STM32F103x 系列微控制器集成的闪存（Flash）模块，主要用来存储哪些数据？
2．简要说明闪存（Flash）模块的主要特征。
3．对闪存的主要操作包括哪些？
4．简要说明闪存编程的顺序。
5．简要说明闪存烧写编程的顺序。
6．简要说明闪存擦除页和擦除全部的过程。

例程 1-Flash

第 11 章

USART 串口模块

本章主要介绍 STM32F103x 系列微控制器的 USART 串口模块（USART）的使用方法及库函数。

11.1 USART 串口简介

通用同步异步收发器（USART）提供了一种灵活的方法，与使用工业标准的异步串行外部设备之间进行全双工数据交换。USART 利用分数比特率发生器提供宽范围的比特率选择。它支持同步单向通信和半双工单线通信，也支持 LIN（局部互联网）、智能卡协议和 IrDA（红外数据组织）SIR ENDEC 规范，以及调制解调器（CTS/RTS）操作。它还允许多处理器通信。使用多缓冲器配置的 DMA 方式，可以实现高速数据通信。

USART 的一些主要特性如下：

- 全双工异步通信；
- NRZ 标准格式；
- 分数比特率发生器系统，发送和接收共用的可编程比特率，最高达 4.5Mb/S；
- 可编程数据字长度（8 位或 9 位）；
- 可配置的停止位，支持 1 或 2 个停止位；
- LIN 主发送同步断开符的能力以及 LIN 从检测断开符的能力，当 USART 硬件配置成 LIN 时，生成 13 位断开符，检测 10/11 位断开符；
- 发送方为同步传输提供时钟；
- IrDA SIR 编码器解码器，在正常模式下支持 3/16 位的持续时间；
- 智能卡模拟功能，智能卡接口支持 ISO7816-3 标准中定义的异步智能卡协议，智能卡用到的 0.5 和 1.5 个停止位；
- 单线半双工通信口；
- 可配置的使用 DMA 的多缓冲器通信——在 SRAM 中利用集中式 DMA 缓冲接收/发送字节；
- 单独的发送器和接收器使能位；
- 检测标志：接收缓冲器满、发送缓冲器空、传输结束标志；
- 检验控制：发送检验位，对接收数据进行检验；
- 4 个错误检测标志：溢出错误、噪音错误、帧错误、检验错误；
- 10 个带标志的中断源：CTS 改变、LIN 断开符检测、发送数据寄存器空、发送完成、接收数据寄存器满、检测到总线为空闲、溢出错误、帧错误、噪音错误和检验错误；

● 多处理器通信，如果地址不匹配，则进入静默模式；

● 从静默模式中唤醒（通过空闲总线检测或地址标志检测）；

● 两种唤醒接收器的方式：地址位（MSB，第 9 位）和总线空闲。

11.1.1　功能概述

STM32F103x 系列微控制器所提供的 USART 串口功能十分强大，基本上所知的串口功能，其都能通过硬件来实现。USART 模块的结构如图 11-1 所示。

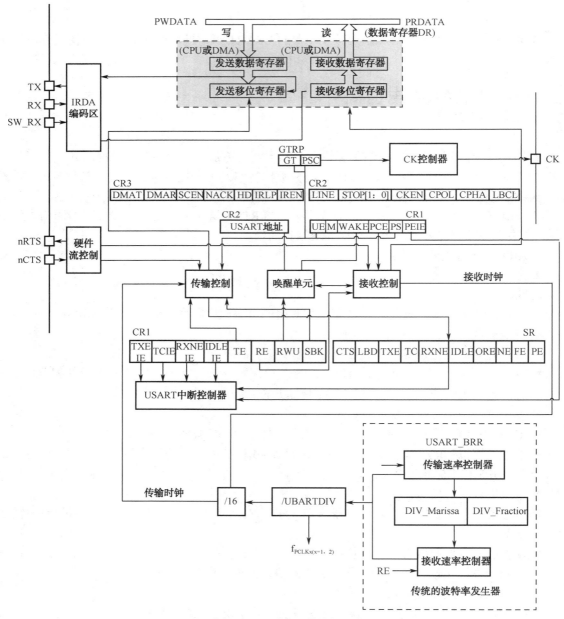

图 11-1　USART 模块框图

USART 外部接口通过 3 个引脚与其他设备连接在一起。任何 USART 双向通信至少需要两个脚：接收数据输入（RX）和发送数据输出（TX）。

- RX：接收数据串行输入。通过采样技术来区别数据和噪声，从而恢复数据。
- TX：发送数据输出。当发送器被禁止时，输出引脚恢复到它的 I/O 端口配置。当发送器被激活，并且不发送数据时，TX 引脚处于高电平。在单线和智能卡模式中，此 I/O 端口被同时用于数据的发送和接收。

（1）异步模式的帧描述

- 总线在发送或接收前应处于空闲状态；
- 一个起始位；
- 一个数据字（8 或 9 位），最低有效位在前；
- 0.5、1.5、2 个的停止位，由此表明数据帧的结束；
- 使用分数比特率发生器，12 位整数和 4 位小数的表示方法；
- 一个状态寄存器（USART_SR）；
- 数据寄存器（USART_DR）；
- 一个比特率寄存器（USART_BRR），12 位的整数和 4 位小数；
- 一个智能卡模式下的保护时间寄存器（USART_GTPR）。

（2）同步模式

需要用到 SCLK 引脚：发送器时钟输出。此引脚输出用于同步传输的时钟（在 START 位和 STOP 位上没有时钟脉冲，软件可选的，可以在最后一个数据位送出一个时钟脉冲）。数据可以在 RX 上同步被接收，这可以用来控制带有移位寄存器的外部设备（如 LCD 驱动器）。时钟相位和极性都是软件可编程的。在智能卡模式中，SCLK 可以为智能卡提供时钟。

（3）1rDA 模式需要使用引脚

- 1rDA_RDI：1rDA 模式下的数据输入；
- 1rDA_TDO：1rDA 模式下的数据输出。

（4）硬件流控模式中需要的引脚

- nCTS：清除发送，若是高电平，在当前数据传输结束时阻断下一次的数据发送；
- nRTS：发送请求，若是低电平，表明 USART 准备好接收数据。

11.1.2　发送器

发送器根据设定的状态发送 8 位或 9 位的数据。当发送使能位（TE）被设置时，使能 USART 同步串口，这时发送移位寄存器中的数据在 TX 引脚上输出，相应的时钟脉冲在 SCLK 引脚上输出。

字符发送在 TX 引脚上首先移出数据的最低有效位，每个字符之前都有一个低电平的起始位，之后为停止位，其数目可配置。在数据传输期间不能复位 TE 位，否则将破坏 TX 引脚上的数据，因为比特率计数器停止计数，正在传输的当前数据将丢失。TE 位被激活后将发送一个空闲帧。

（1）可配置的停止位

每个字符发送的停止位的位数可以通过控制寄存器 2 的位 13、12 进行编程。

- 1 个停止位：停止位位数的默认值；
- 2 个停止位：可用于常规 USART 模式、单线模式以及调制解调器模式；
- 0.5 个停止位：在智能卡模式下接收数据时使用；

● 1.5 个停止位：在智能卡模式下发送数据时使用。

空闲帧包括了停止位。断开帧是 10 位低电平，后跟停止位（当 $m = 0$ 时）；或者 11 位低电平，后跟停止位（当 $m = 1$ 时）。不可能传输更长的断开帧（长度大于 10 或者 11 位）。

配置步骤如下：

① 通过调用 USART_Cmd（USARTx，ENALBE）来激活 USART；

② 通过配置结构体 USART_InitTypeDef 的成员 USART_WordLength 来定义字长；

③ 通过配置结构体 USART_InitTypeDef 的成员 USART_StopBits 编程停止位的位数；

④ 如果采用多缓冲器通信，配置 USART_DMACmd（USARTx，ENALBE）函数进行使能。按多缓冲器通信中的描述配置 DMA；

⑤ 通过配置结构体 USART_InitTypeDef 的成员 USART_BaudRate 配置比特率；

⑥ 把要发送的数据通过调用 USART_SendData() 进行发送（此操作清除 TXE 位）。在只有一个缓冲器的情况下，对每个待发送的数据重复该步骤。

（2）单字节通信

发送标志 TXE 位清 0 总是通过对数据寄存器的写操作来完成的。TXE 位由硬件来设置，可通过调用 USART_GetFlagStatus(USARTx, USART_FLAG_TXE) 来检查标志位，为 0 时表明：

● 数据已经从 TDR 移送到移位寄存器，数据发送已经开始；

● TDR 寄存器被清空；

● 下一个数据可以被写进 USART_DR 寄存器而不会覆盖先前的数据。

如果调用 USART_ITConfig(USARTx, USART_IT_TXE, ENALBE) 函数，此标志将使能一个中断。如果此时 USART 正在发送数据，对 USART_DR 寄存器的写操作把数据存进 TDR 寄存器，并在当前传输结束时把该数据复制进移位寄存器。如果此时 USART 没有发送数据，处于空闲状态，调用 USART_SendData() 的写操作直接把数据放进移位寄存器，数据传输开始，TXE 位立即被置起。当一帧发送完成时（停止位发送后），TC 值被置起，如果已调用 USART_ITConfig (USARTx, USART_IT_TC, ENALBE) 使能中断，则中断产生。先读 USART_SR 寄存器，再写 USART_DR 寄存器，可以完成对 TC 位的清 0。TC 位也可以调用 USART_ClearITPendingBit (USARTx, USART_IT_TC) 函数清除，此清 0 方式只在多缓冲器通信模式下推荐使用。

（3）断开符号

调用函数 USART_SendBreak(USARTx) 可发送一个断开符号。断开帧长度取决于 M 位（见可配置的停止位）。如果调用函数 USART_SendBreak(USARTx)，在完成当前数据发送后，将在 TX 线上发送一个断开符号。断开字符发送完成时（在断开符号的停止位时），SBK 被硬件复位。USART 在最后一个断开帧的结束处插入一逻辑 1，以保证能识别下一帧的起始位。如果在开始发送断开帧之前，软件又复位了 SBK 位，断开符号将不被发送。如果要发送两个连续的断开帧，SBK 位应该在前一个断开符号的停止位之后置起。

（4）空闲符号

置位 TE 将使得 USART 在第一个数据帧前发送一空闲帧。

11.1.3　接收器

（1）接收配置

在 USART 接收期间，数据的最低有效位首先从 RX 引脚移进。在此模式下，USART_DR 寄存器包含的缓冲器位于内部总线和接收移位寄存器之间。数据接收配置步骤如下：

① 通过调用 USART_Cmd(USARTx, ENALBE) 来激活 USART；

　② 通过配置结构体 USART_InitTypeDef 的成员 USART_WordLength 来定义字长；

　③ 通过配置结构体 USART_InitTypeDef 的成员 USART_StopBits 编程停止位的位数；

　④ 如果采用多缓冲器通信，配置 USART_DMACmd(USARTx, ENALBE)函数进行使能，按多缓冲器通信中的描述配置 DMA；

　⑤ 通过配置结构体 USART_InitTypeDef 的成员 USART_BaudRate 要求的比特率；

　⑥ 调用函数 USART_ReceiveData(USARTx)来读取接收缓冲器中的字符。

（2）接收完一个字符

当一个字符被接收时，有如下情况：

● RXNE 位被置位。表明移位寄存器的内容被转移到 RDR。换句话说，数据已经被接收并且可以被读出（包括与之有关的错误标志）；

● 如果调用 USART_ITConfig(USARTx, USART_IT_RXNE, ENALBE)函数，接收动作产生中断；

● 在接收期间如果检测到帧错误、噪声或溢出错误，错误标志将被置起；

● 在多缓冲器通信时，RXNE 在每个字节接收后被置起，并由 DMA 对数据寄存器的读操作清 0；

● 在单缓冲器模式下，通过软件调用 USART_ReceiveData(USARTx)完成对 RXNE 位的清除。RXNE 标志也可以通过对它写 0 来清除。RXNE 位必须在下一个字符接收结束前被清 0，以避免溢出错误。在接收数据时，RE 位不应该被复位。如果 RE 位在接收时被清 0，当前字节的接收被丢失。

11.1.4　产生分数比特率

接收器和发送器的比特率在 USARTDIV 的整数和小数寄存器中的值应设置为相同的。公式如下：

$$比特率=\frac{f_{PCLKx}}{16 \times USARTDIV}$$

式中，f_{PCLKx}（x = 1、2）是 USART 的时钟源（PCLK1 用于 USART2、3、4、5。PCLK2 用于 USART1）。USARTDIV 是一个无符号的定点数，这 12 位的值在 USART_BRR 寄存器中设置。设置比特率的误差参见表 11-1。PCLK 频率越低，误差越低。

表 11-1　不同 PCLK 频率下比特率的误差表

比　特　率		f_{PCLK} = 36MHz			f_{PCLK} = 72MHz		
序　号	kbit/s（kbps）	实　际	置于比特率寄存器中的值	误差（%）	实　际	置于比特率寄存器中的值	误差（%）
1	2.4	2.400	937.5	0	2.4	1875	0
2	9.6	9.600	234.375	0	9.6	468.75	0
3	19.2	19.2	117.1875	0	19.2	234.375	0
4	57.6	57.6	39.0625	0	57.6	78.125	0
5	115.2	115.384	19.5	0.15	115.2	39.0625	0
6	230.4	230.769	9.75	0.16	230.769	19.5	0.16
7	460.8	461.538	4.875	0.16	461.538	9.75	0.16
8	921.6	923.076	2.4375	0.16	923.076	4.875	0.16

比 特 率		$f_{PCLK} = 36MHz$			$f_{PCLK} = 72MHz$		
序　号	kbit/s（kbps）	实　际	置于比特率寄存器中的值	误差（%）	实　际	置于比特率寄存器中的值	误差（%）
9	2250	2250	1	0	2250	2	0
10	4500	不可能	不可能	不可能	4500	1	0

例：要求 USARTDIV = 25.62，就有

DIV_Fraction = 16x0.62 = 9.92，近似等于 10 = 0x0A

DIV_Mtantissa = mantissa (25.620) = 25 = 0x19

于是，USART_BaudRate = 0x19A。

更新结构体 USART_InitTypeDef 的成员 USART_BaudRate 后，比特率计数器中的值也立刻随之更新。所以在通信进行时不应改变结构体 USART_InitTypeDef 的成员 USART_BaudRate 中的值。

11.1.5　多处理器通信

通过 USART 可以实现多处理器通信（将几个 USART 连在一个网络里）。例如，某个 USART 设备可以是主设备，它的 TX 输出和其他 USART 从设备的 RX 输入相连接；USART 从设备各自的 TX 输出逻辑连在一起，并且和主设备的 RX 输入相连接。

在多处理器配置中，通常希望只有被寻址的接收者才被激活，来接收随后的数据，这样就可以减少由未被寻址的接收器的参与带来的多余的 USART 服务开销。未被寻址的设备可启用其静默功能，使其置于静默模式。

在静默模式中，任何接收状态位都不会被设置并且所有接收中断被禁止。

USART_WakeUpConfig() 函数可进行唤醒方式配置，函数 USART_ReceiverWakeUpCmd() 可以检查 USART 是否处于静默模式。USART 可以用两种方法进入或退出静默模式。

● 如果唤醒方式配置为 USART_WakeUpConfig(USARTx, USART_WakeUpIdleLine)：需要进行空闲总线检测。当总线空闲时，调用 USART_ReceiverWakeUpCmd(USARTx, ENABLE)，USART 进入静默模式。当检测到一空闲帧时，它被唤醒。

● 如果唤醒方式配置为 USART_WakeUpConfig(USARTx, USART_WakeUp_AddressMark)：需要进行地址标注检测。在这个模式下，如果 MSB 是 1，该字节被认为是地址，否则被认为是数据。在一个地址字节中，目标接收器的地址被放在 4 个 LSB 中，这个 4 位地址接收器同它自己的地址做比较。接收器的地址被编程在 USART_CR2 寄存器的 ADD 中。如果接收到的字节与它的编程地址不匹配，USART 进入静默模式。该字节的接收既不会置起 RXNE 标志也不会产生中断或发出 DMA 请求，因为 USART 已经在静默模式。

当接收到的字节与接收器内编程地址匹配时，USART 退出静默模式，随后的字节被正常接收。匹配的地址字节将置位 RXNE 位，因为 RWU 位已被清 0。

当接收缓冲器不包含数据 USART_GetFlagStatus(USART1, USART_FLAG_RXNE) = 0 时，RWU 位可以被写 0 或 1：否则，该次写操作被忽略。

11.1.6　LIN 模式

LIN（局域互联网）模式是通过 USART_LINCmd(USARTx, ENABLE)来选择的，此模式下不能同时激活其他模式。

（1）LIN 发送

LIN 主发送和一般的串口发送基本相同，但和正常 USART 发送有以下区别：

● 通过配置结构体 USART_InitTypeDef 的成员 USART_WordLength 来定义字长；

● 调用函数 USART_LINCmd(USARTx, ENABLE)以进入 LIN 模式；

● 调用函数 USART_LINBreakDetectiLengthConfig()设置 USART LIN 中断检测长度。

（2）LIN 接收

当 LIN 模式被使能时，断开符号检测电路被激活。该检测完全独立于 USART 接收器，断开符号只要一出现就能检测到，不管是在总线空闲时还是在发送某数据帧期间，数据帧还未完成，又插入了断开符号的发送。

当接收器被激活时，即已经调用函数 USART_Cmd(USARTx, ENALBE)，电路监测到 RX 上的起始信号。监测起始位的方法同检测断开符号或数据是一样的。当起始位被检测到后，电路对每个接下来的位，在每个位的第 8、9、10 个过采样时钟点上进行采样，函数 USART_LINBreak DetectiLengthConfig(USARTx, Lenth)中的 Lenth 设置为 10 位（USART_LINDetectLength_10b）或 11 位（USART_LINDetectLength_11b）连续位都是 0，并且又跟着一个定界符，USART_GetFlagStatus (USARTx, USART_FLAG_LBD)为真。如果调配了函数 USART_ITConfig(USARTx, USART_IT_ LBD)，中断产生。在确认断开符号前，要检查定界符，因为它表示 RX 线已经回到高电平。

如果在第 10 或 11 个采样点之前采样到了 1，检测电路取消当前检测并重新寻找起始位。如果 LIN 模式被禁止，接收器继续如正常 USART 那样工作，不需要考虑检测断开符号。

如果 LIN 模式没有被激活，接收器仍然正常工作于 USART 模式，不会进行断开检测。如果 LIN 模式被激活，只要一发生帧错误（也就是停止位检测到 0，这种情况出现在断开帧），接收器就停止，直到断开符号检测电路接收到一个 1（这种情况发生于断开符号没有完整地发出来），或一个定界符（这种情况发生于已经检测到一个完整的断开符号）。

11.1.7　USART 同步模式

USART 允许用户以主模式方式控制双向同步串行通信。SCLK 引脚是 USART 发送器时钟的输出。在起始位和停止位期间，SCLK 引脚上没有时钟脉冲。根据结构体 USART_InitTypeDef 的成员 USART_LastBit 的状态，决定在最后一个有效数据位期间产生或不产生时钟脉冲。结构体 USART_InitTypeDef 的成员 USART_CPOL 允许用户选择时钟极性，结构体 USART_InitTypeDef 的成员 USART_CPHA 允许用户选择外部时钟的相位，如图 11-2～图 11-4 所示。

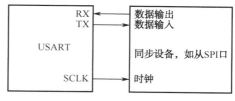

图 11-2　USART 同步传输示例

在总线空闲期间，实际数据到来之前以及发送断开符号时，外部 SCLK 时钟不被激活。

同步模式下,USART 发送器和异步模式下的工作一样,但是因为 SCLK 是与 TX 同步的（根据 CPOL 和 CPHA），所以 TX 上的数据是随 SCLK 同步发出的。

同步模式的 USART 接收器的工作方式与异步模式不同。如果已经调用函数 USART_Cmd (USARTx, ENALBE)，数据在 SCLK 上采样（根据 CPOL 和 CPHA 决定在上升沿还是下降沿），不需要任何的过采样，但必须考虑建立时间和持续时间（取决于比特率，1/16 位时间）。

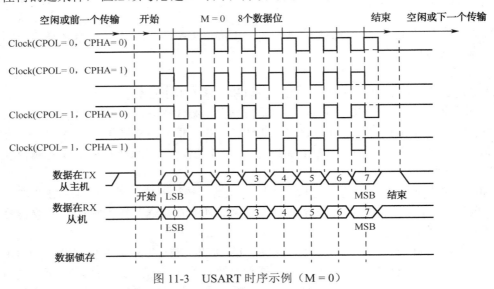

图 11-3　USART 时序示例（M = 0）

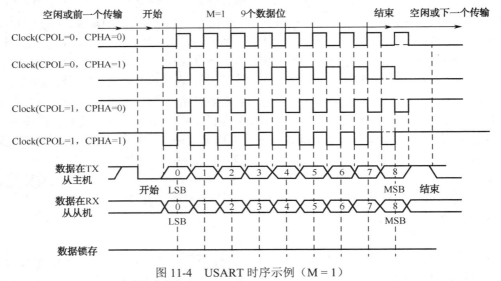

图 11-4　USART 时序示例（M = 1）

SCLK 引脚同 TX 引脚一起工作。因而，只有在发送器被激活，调用函数 USART_Cmd (USARTx, ENALBE)，且数据被发送时，才提供时钟。这意味着在没有发送数据时是不可能接收一个同步数据的。应该在发送器和接收器都被禁止时对 LBCL、CPOL 和 CPHA 位进行正确配置；当发送器或接收器被激活时，这些位不能被改变。建议在同一条指令中设置 TE 和 RE，以减少接收器的建立时间和保持时间。USART 只支持主模式，它不能用来自其他设备的输入时钟接收或发送数据（SCLK 永远是输出）。

11.1.8　单线半双工

USART 可以配置成遵循单线半双工协议。使用函数 USART_HalfDuplexCmd(USARTx, NewState)选择半双工和全双工通信。当 NewState 为 ENABLE 时，RX 不再被使用；当没有数据传输时，TX 总是被释放。因此，它在空闲状态或接收状态时表现为一个标准 I/O 端口。这就意味该 I/O 在不被 USART 驱动时，必须配置成悬空输入。除此以外，通信与正常 USART 模式类似，由软件来管理线上的冲突（如通过使用一个中央仲裁器）。特别的是，发送从不会被硬件所阻碍。当 TE 位被设置对，只要数据一写到数据寄存器上，发送就继续。

11.1.9　智能卡模式

设置函数 USART_SmartCardCmd(USARTx, ENABLE)，选择智能卡模式。在智能卡模式下不能同时激活 LIN 模式、单线半双工模式、红外模式。

此外，CLKEN 位可以被设置，以提供时钟给智能卡。智能卡接口设计成 ISO7816-3 标准所定义的支持异步协议的智能卡。

USART 应该被设置为 8 位数据位加检验（曾称校验）位，数据线上在有检验错误和没检验错误两种情况下的信号如图 11-5 所示。此时结构体 USART_InitTypeDef 的成员 USART_WordLength = USART_WordLength_8b、USART_Parity 不为 USART_Parity_No，并且发送和接收 1.5 个停止位：即结构体 USART_InitTypeDef 的成员 USART_StopBits 为 USART_StopBits_1.5。

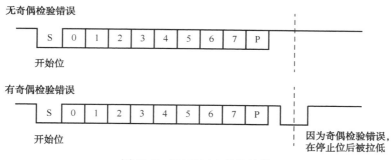

图 11-5　IS07816-3 异步协议

当与智能卡相连接时，USART 的 TX 驱动一双向线，改线同时也被智能卡驱动。为了做到这点，SW_RX 必须和 TX 连接到相同的 I/O 端口。在发送开始位和数据字节期间，发送器的输出使能位 TX_EN 被置起，在发送停止位期间被释放（弱上拉），因此，在发现检验错误的情况下，接收器可以将数据线拉低。如果 TX_EN 不被使用，在停止位期间 TX 被拉到高电平。这样，只要 TX 配置成开漏，接收器也可以驱动这根线。

智能卡是一个单线半双工通信协议，它的工作原理如下：

● 从发送移位寄存器把数据发送出去，要被延时最少 1/2 比特时钟。在正常操作时，一个满的发送移位寄存器将在下一个比特时钟沿开始向外移出数据。在智能卡模式下，此发送被延迟 1/2 比特时钟。

● 如果在接收数据帧期间，检测到一检验错误，该帧接收完成后（也就是在 0.5 停止位结束时），发送线被拉低一个比特时钟周期。这是告诉智能卡发送到 USART 的数据没有被正确接收到。此 NACK 信号（拉低发送线一个比特时钟周期）在发送端将产生一个帧错误（发送端被配置成 1.5 个停止位）。应用程序可以根据协议处理重新发送的数据。如果 NACK 控制位被设置，发生检验错误时接收器会给出一个 NACK 信号，否则就不会发送 NACK。

● TC 标志的置起可以通过编程保护时间寄存器得以延时。在正常操作时，当发送移位寄存器变空并且没有新的发送请求出现时，TC 被置起。在智能卡模式下，空的发送移位寄存器将触发保护时间计数器开始向上计数，直到达到保护时间寄存器中的值。 TC 在这段时间被强制拉低。当保护时间计数器达到保护时间寄存器中的值时 TC 被置高。

- TC 标志的撤销不受智能卡模式的影响。
- 如果发送器检测到一个帧错误（收到接收器的 NACK 信号），发送器的接收功能模块不会把 NACK 当作起始位检测。根据 ISO 协议，接收到的 NACK 的持续时间可以是 1 或 2 比特时钟周期。
- 在接收器这边，如果一个检验错误被检测到，并且 NACK 被发送，接收器不会把 NACK 检测成起始位。

断开符号在智能卡模式下没有意义。一个带帧错误的 00h 数据将被当成数据而不是断开符号。当来回切换 TE 位时，没有 IDLE 帧被发送。ISO 协议没有定义 IDLE 帧。

在这里，USART 正在发送数据，并且被配置成 1.5 个停止位。为了检查数据的完整性和 NACK 信号，USART 的接收功能块被激活。

USART 可以通过 SCLK 输出为智能卡提供时钟。在智能卡模式下，SCLK 不和通信直接关联，而是先通过一个 5 位预分频器简单地用内部的外设输入时钟来驱动智能卡的时钟。分频率在预分频寄存器 USART_GTPR 中配置。SCLK 频率为 $f_{CLK}/62 \sim f_{CLK}/2$，这里的 f_{CLK} 是外设输入时钟。

11.1.10　红外模式

IrDA SIR 物理层规定使用反相归零调制方案（RZI），该方案用一个红外光脉冲代表逻辑 0，如图 11-6 所示。SIR 发送编码器对从 USART 输出的 NRZ（非归零）比特流进行调制。输出脉冲流被传送到一个外部输出驱动器和红外 LED。USART 为 SIR ENDEC，最高只支持 115.2kb/s 速率。在正常模式下，脉冲宽度规定为一个位周期的 3/16。

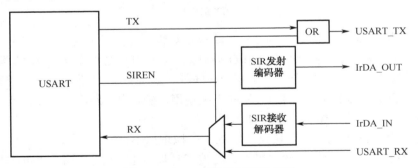

图 11-6　IrDA SIR 编解码器框图

SIR 接收解码器对来自红外接收器的归零位比特流进行解调，并将接收到的 NRZ 串行比特流输出到 USART。在空闲状态时，解码器输入通常是高（标记状态 marking state）。发送编码器输出的极性和解码器的输入相反。当解码器输入低时，检测到一个起始位。

IrDA 是一个半双工通信协议。如果发送器忙（也就是 USART 正在发送数据给 IrDA 编码器），IrDA 接收线上的任何数据将被 IrDA 解码器忽视。如果接收器忙（也就是 USART 正在接收从 IrDA 解码器来的解码数据），从 USART 到 IrDA 的 TX 上的数据将不会被 IrDA 编码。当接收数据时，应该避免发送，因为将被发送的数据可能被破坏。

SIR 发送逻辑把 0 作为高电平发送，把 1 作为低电平发送。脉冲的宽度规定为正常模式时位周期的 3/16，如图 11-7 所示。

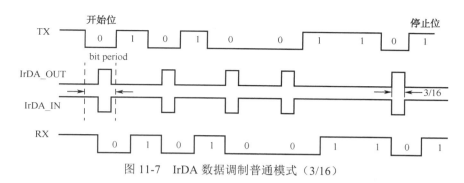

图 11-7　IrDA 数据调制普通模式（3/16）

SIR 接收逻辑把高电平状态解释为 1，把低脉冲解释为 0。发送编码器输出与解码器输入有着相反的极性。当空闲时，SIR 输出处于低状态。SIR 解码器把 IrDA 兼容的接收信号转变成给 USART 的比特流。

IrDA 规范要求脉冲要宽于 1.41μs。脉冲宽度是可编程的。接收器端的尖峰脉冲检测逻辑滤除宽度小于 2 个 PSC 周期的脉冲（PSC 是在 IrDA 低功耗比特率寄存器 USART_GTPR 中编程的预分频值）。宽度小于 1 个 PSC 周期的脉冲一定被滤除掉，但是那些宽度大于 1 个而小于 2 个 PSC 周期的脉冲可能被接收或滤除，那些宽度大于 2 个周期的将被视为一个有效的脉冲。当 PSC = 0 时，IrDA 编码器/解码器不工作。

接收器可以与一低功耗发送器通信。在 IrDA 模式下，结构体 USART_InitTypeDef 的成员 USART_StopBits 配置成 1 个停止位。

IrDA 低功耗模式的发送器和接收器的比特率如下：

- 发送器：在低功耗模式，脉冲宽度不再持续 3/16 个位周期，而是低功耗比特率的 3 倍，它最小可以是 1.42MHz，通常这个值是 1.8432MHz（1.42MHz<PSC<2.12MHz）。一个低功耗模式可编程分频器把系统时钟进行分频以达到这个值。
- 接收器：低功耗模式的接收类似于正常模式的接收。为了滤除尖峰干扰脉冲，USART 应该滤除宽度短于 1 个 PSC 的脉冲，只有持续时间大于 2 个周期的 IrDA 低功耗比特率时钟（USAR1_GTPR 中的 PSC）的低电平信号才被接收为有效的信号。

宽度小于 2 个、大于 1 个 PSC 周期的脉冲可能会也可能不会被滤除。接收器的建立时间应该由软件管理。IrDA 物理层技术规范规定了在发送和接收之间最小要有 10ms 的延时（IrDA 是一个半双工协议）。

11.1.11　USART 的中断请求

USART 的各种中断事件被连接到同一个中断向量，有以下几种中断事件：

- 发送期间：发送完成中断、清除发送中断、发送数据寄存器空中断；
- 接收期间：空闲总线检测中断、溢出错误中断、接收数据寄存器非空中断、检验错误中断、LIN 断开符号检测中断、噪声中断（仅在多缓冲器通信）和帧错误中断（仅在多缓冲器通信）。

如果对应的使能控制位被设置，这些事件就会产生各自的中断。USART 的全部中断请求参见表 11-2。

表 11-2　USART 中断请求列表

中 断 事 件	事 件 标 志	使 能 位
发送数据寄存器空	TXE	TXEIE
CTS 标志	CTS	CTSIE
发送完成	TC	TCIE
接收数据就绪可读	RXNE	RXNEIE
检测到数据溢出	ORE	RXNEIE
检测到空闲线路	IDLE	IDLEIE
奇偶检验错	PE	PEIE
断开标志	LBD	LBDIE
噪声标志，多缓冲通信中的溢出错误和帧错误	ND 或 ORT 或 FE	EIE

11.2　USART 库函数说明

标准外设库的 USART 库包含了常用的 USART 操作，通过对函数的调用可以实现对嵌入式闪存的操作。V3.5 标准外设库包含了以前版本的全部库函数，并且增加了 4 个函数，全部函数的简要说明参见表 11-3。

表 11-3　USART 库函数列表

函 数 名	描 　 述
USART_DeInit	将外设 USARTx 寄存器重设为默认值
USART_Init	根据 USART_InitStruct 指定的参数初始化 USARTx 寄存器
USART_StructInit	把 USART_InitStruct 中的每一个参数按默认值填入
USART_Cmd	使能或者失能 USART 外设
USART_ITConfig	使能或者失能指定的 USART 中断
USART_DMACmd	使能或者失能指定 USART 的 DMA 请求
USART_SetAddress	设置 USART 节点的地址
USART_WakeUpConfig	选择 USART 的唤醒方式
USART_ReceiverWakeUpCmd	检查 USART 是否处于静默模式
USART_LINBreakDetectLengthConfig	设置 USART LIN 中断检测长度
USART_LINCmd	使能或者失能 USARTx 的 LIN 模式
USART_SendData	通过外设 USARTx 发送单个数据
USART_ReceiveData	返回 USARTx 最近接收到的数据
USART_SendBreak	发送中断字
USART_SetGuardTime	设置指定的 USART 保护时间
USART_SetPrescaler	设置 USART 时钟预分频
USART_SmartCardCmd	使能或者失能指定 USART 的智能卡模式
USART_SmartCardNackCmd	使能或者失能 NACK 传输

函　数　名	描　　述
USART_HalfDuplexCmd	使能或者失能 USART 半双工模式
USART_IrDAConfig	设置 USART IrDA 模式
USART_IrDACmd	使能或者失能 USART IrDA 模式
USART_GetFlagStatus	检查指定的 USART 标志位设置与否
USART_ClearFlag	清除 USARTx 的待处理标志位
USART_GetITStatus	检查指定的 USART 中断发生与否
USART_ClearITPendingBit	清除 USARTx 的中断待处理位
USART_ClockInit	
USART_ClockStructInit	
USART_OverSampling8Cmd	
USART_OneBitMethodCmd	

11.2.1　库函数 USART_DeInit

库函数 USART_DeInit 的描述参见表 11-4。

表 11-4　库函数 USART_DeInit

函数名	USART_DeInit
函数原型	void USART_DeInit(USART_TypeDef* USARTx)
功能描述	将外设 USARTx 寄存器重设为默认值
输入参数	USARTx：x 可以是 USART 编号，用来选择 USART 外设
被调用函数	RCC_APB2PeriphResetCmd() RCC_APB1PeriphResetCmd()

11.2.2　库函数 USART_Init

库函数 USART_Init 的描述参见表 11-5。

表 11-5　库函数 USART_Init

函数名	USART_Init
函数原型	void USART_Init(USART_TypeDef* USARTx, USART_InitTypeDef* USART_InitStruct)
功能描述	根据 USART_InitStruct 指定的参数初始化 USARTx 寄存器
输入参数 1	USARTx：x 可以是 USART 编号，用来选择 USART 外设
输入参数 2	USART_InitStruct：指向结构 USART_InitTypeDef 的指针，包含了外设 USART 的配置参见表 11-6

用于保存外设 GPIO 配置信息的数据结构 USART_InitTypeDef 结构体定义如下：

```
typedef struct
{
    u32 USART_BaudRate; u16 USART_WordLength; u16 USART_StopBits;
    u16 USART_Parity;u16 USART_HardwareFlowControl;
```

```
        u16 USART_Mode;
        u16 USART_Clock; u16 USART_CPOL; u16 USART_CPHA;
        u16 USART_LastBit;
    } USART_InitTypeDef;
```

结构 USART_InitTypeDef 在同步和异步模式下使用的不同成员参见表 11-6。

表 11-6　USART_InitTypeDef 参数

成　员	描　述
USART_BaudRate	用于同步和异步模式，波特率
USART_WordLength	用于同步和异步模式，数据位可取 USART_WordLength_8b，8 位数据 USART_WordLength_9b，9 位数据
USART_StopBits	用于同步和异步模式，定义发送的停止位数目 USART_StopBits_1：在帧结尾传输 1 个停止位 USART_StopBits_0.5：在帧结尾传输 0.5 个停止位 USART_StopBits_2：在帧结尾传输 2 个停止位 USART_StopBits_1.5：在帧结尾传输 1.5 个停止位
USART_Parity	用于同步和异步模式，定义了奇偶模式 USART_Parity_No：奇偶失能 USART_Parity_Even：偶模式 USART_Parity_Odd：奇模式
USART_HardwareFlowControl	用于同步和异步模式，定义硬件流控制模式 USART_HardwareFlowControl_None：硬件流控制失能 USART_HardwareFlowControl_RTS：发送请求 RTS 使能 USART_HardwareFlowControl_CTS：清除发送 CTS 使能 USART_HardwareFlowControl_RTS_CTS：RTS、CTS 使能
USART_Mode	用于同步和异步模式，使能或者失能发送和接收模式 USART_Mode_Tx：发送使能 USART_Mode_Rx：接收使能
USART_Clock	仅用于同步模式，提示了时钟使能还是失能 USART_Clock_Enable：时钟高电平活动 USART_Clock_Disable：时钟低电平活动
USART_CPOL	仅用于同步模式，指定了 SCLK 时钟输出极性 USART_CPOL_High：时钟高电平 USART_CPOL_Low：时钟低电平
USART_CPHA	仅用于同步模式，指定了 SCLK 时钟输出相位 USART_CPHA_1Edge：时钟第一个边沿进行数据捕获 USART_CPHA_2Edge：时钟第二个边沿进行数据捕获
USART_LastBit	仅用于同步模式，控制是否在 SCLK 引脚上输出最后发送的那个数据位（MSB）对应的时钟脉冲 USART_LastBit_Disable：不从 SCLK 输出 USART_LastBit_Enable：从 SCLK 输出

11.2.3　库函数 USART_StructInit

库函数 USART_StructInit 的描述参见表 11-7。

表 11-7　库函数 USART_StructInit

函数名	USART_StructInit
函数原型	void USART_StructInit(USART_InitTypeDef* USART_InitStruct)
功能描述	把 USART_InitStruct 中的每一个参数按默认值填入
输入参数	USART_InitStruct：指向结构 USART_InitTypeDef 的指针，待初始化，见表 11-8

表 11-8　USART_InitStruct 的默认值

成　　员	默　认　值
USART_BaudRate	9600
USART_WordLength	USART_WordLength_8b
USART_StopBits	USART_StopBits_1
USART_Parity	USART_Parity_No
USART_HardwareFlowControl	USART_HardwareFlowControl_None
USART_Mode	USART_Mode_Rx	USART_Mode_Tx
USART_Clock	USART_Clock_Disable
USART_CPOL	USART_CPOL_Low
USART_CPHA	USART_CPHA_1Edge
USART_LastBit	USART_LastBit_Disable

11.2.4　库函数 USART_Cmd

库函数 USART_Cmd 的描述参见表 11-9。

表 11-9　库函数 USART_Cmd

函数名	USART_Cmd
函数原型	void USART_Cmd(USART_TypeDef* USARTx, FunctionalState NewState)
功能描述	使能或者失能 USART 外设
输入参数 1	USARTx：x 可以是 USART 编号，来选择 USART 外设
输入参数 2	NewState：外设 USARTx 的新状态 这个参数可以取 ENABLE 或者 DISABLE

11.2.5　库函数 USART_ITConfig

库函数 USART_ITConfig 的描述参见表 11-10。

表 11-10　库函数 USART_ITConfig

函数名	USART_ITConfig
函数原型	void USART_ITConfig(USART_TypeDef* USARTx, U16 USART_IT, FunctionalState NewState)

功能描述	使能或者失能指定的 USART 中断
输入参数 1	USARTx：x 可以是 USART 编号，来选择 USART 外设
输入参数 2	USART_IT：待使能或者失能的 USART 中断源 USART_IT_PE：奇偶错误中断 USART_IT_TXE：发送中断 USART_IT_TC：传输完成中断 USART_IT_RXNE：接收中断 USART_IT_IDLE：空闲总线中断 USART_IT_LBD：LIN 中断检测中断 USART_IT_CTS CTS：中断 USART_IT_ERR：错误中断
输入参数 3	NewState：USARTx 中断的新状态 这个参数可以取 ENABLE 或者 DISABLE

11.2.6 库函数 USART_DMACmd

库函数 USART_DMACmd 的描述参见表 11-11。

表 11-11 库函数 USART_DMACmd

函数名	USART_DMACmd
函数原型	USART_DMACmd(USART_TypeDef* USARTx, FunctionalState NewState)
功能描述	使能或者失能指定 USART 的 DMA 请求
输入参数 1	USARTx：x 可以是 USART 编号，来选择 USART 外设
输入参数 2	USART_DMAreq：指定 DMA 请求 USART_DMAReq_Tx：发送 DMA 请求 USART_DMAReq_Rx：接收 DMA 请求
输入参数 3	NewState：USARTx DMA 请求源的新状态 这个参数可以取 ENABLE 或者 DISABLE

11.2.7 库函数 USART_SetAddress

库函数 USART_SetAddress 的描述参见表 11-12。

表 11-12 库函数 USART_SetAddress

函数名	USART_SetAddress
函数原型	void USART_SetAddress(USART_TypeDef* USARTx, u8 USART_Address)
功能描述	设置 USART 节点的地址
输入参数 1	USARTx：x 可以是 UART 编号，用来选择 USART 外设
输入参数 2	USART_Address：提示 USART 节点的地址

11.2.8 库函数 USART_WakeUpConfig

库函数 USART_WakeUpConfig 的描述参见表 11-13。

表 11-13　库函数 USART_WakeUpConfig

函数名	USART_WakeUpConfig
函数原型	void USART_WakeUpConfig(USART_TypeDef* USARTx, u16 USART_WakeUp)
功能描述	选择 USART 的唤醒方式
输入参数 1	USARTx：x 可以是 USART 编号，来选择 USART 外设
输入参数 2	USART_WakeUp：USART 的唤醒方式 USART_WakeUp_IdleLine：空闲总线唤醒 USART_WakeUp_AddressMark：地址标记唤醒

11.2.9　库函数 USART_ReceiverWakeUpCmd

库函数 USART_ReceiverWakeUpCmd 的描述参见表 11-14。

表 11-14　库函数 USART_ReceiverWakeUpCmd

函数名	USART_ReceiverWakeUpCmd
函数原型	void USART_ReceiverWakeUpCmd(USART_TypeDef* USARTx, FunctionalState Newstate)
功能描述	检查 USART 是否处于静默模式
输入参数 1	USARTx：x 可以是 USART 编号，用来选择 USART 外设
输入参数 2	NewState：USART 静默模式的新状态 这个参数可以取 ENABLE 或者 DISABLE

11.2.10　库函数 USART_LINBreakDetectiLengthConfig

库函数 USART_LINBreakDetectiLengthConfig 的描述参见表 11-15。

表 11-15　库函数 USART_LINBreakDetectiLengthConfig

函数名	USART_LINBreakDetectiLengthConfig
函数原型	void USART_LINBreakDetectLengthConfig(USART_TypeDef* USARTx, u16 USART_LINBreakDetectLength)
功能描述	设置 USART LIN 中断检测长度
输入参数 1	USARTx：x 可以是 USART 编号，用来选择 USART 外设
输入参数 2	USART_LINBreakDetectLength：LIN 中断检测长度 USART_LINBreakDetectLength_10b：10 位中断检测 USART_LINBreakDetectLength_11b：11 位中断检测

11.2.11　库函数 USART_LINCmd

库函数 USART_LINCmd 的描述参见表 11-16。

表 11-16　库函数 USART_LINCmd

函数名	USART_LINCmd
函数原型	void USART_LINCmd(USART_TypeDef* USARTx, FunctionalState Newstate)
功能描述	使能或者失能 USARTx 的 LIN 模式

输入参数 1	USARTx：x 可以是 USART 编号，用来选择 USART 外设
输入参数 2	NewState：USART LIN 模式的新状态 这个参数可以取 ENABLE 或者 DISABLE

11.2.12　库函数 USART_SendData

库函数 USART_SendData 的描述参见表 11-17。

表 11-17　库函数 USART_SendData

函数名	USART_SendData
函数原型	void USART_SendData(USART_TypeDef* USARTx, u8 Data)
功能描述	通过外设 USARTx 发送单个数据
输入参数 1	USARTx：x 可以是 USART 编号，用来选择 USART 外设
输入参数 2	Data：待发送的数据

11.2.13　库函数 USART_ReceiveData

库函数 USART_ReceiveData 的描述参见表 11-18。

表 11-18　库函数 USART_ReceiveData

函数名	USART_ReceiveData
函数原型	u8 USART_ReceiveData(USART_TypeDef* USARTx)
功能描述	返回 USARTx 最近接收到的数据
输入参数	USARTx：x 可以是 USART 编号，用来选择 USART 外设
返回值	接收到的字

11.2.14　库函数 USART_SendBreak

库函数 USART_SendBreak 的描述参见表 11-19。

表 11-19　库函数 USART_SendBreak

函数名	USART_SendBreak
函数原型	void USART_SendBreak(USART_TypeDef* USARTx)
功能描述	发送中断字
输入参数	USARTx：x 可以是 USART 编号，用来选择 USART 外设

11.2.15　库函数 USART_SetGuardTime

库函数 USART_SetGuardTime 的描述参见表 11-20。

表 11-20　库函数 USART_SetGuardTim

函数名	USART_SetGuardTime
函数原型	void USART_SetGuardTime(USART_TypeDef* USARTx, u8 USART_GuardTime)
功能描述	设置指定的 USART 保护时间

输入参数 1	USARTx：x 可以是 USART 编号，用来选择 USART 外设
输入参数 2	USART_GuardTime：指定的保护时间

11.2.16　库函数 USART_SetPrescaler

库函数 USART_SetPrescaler 的描述参见表 11-21。

表 11-21　库函数 USART_SetPrescaler

函数名	USART_SetPrescaler
函数原型	void USART_SetPrescaler(USART_TypeDef* USARTx, u8 USART_Prescaler)
功能描述	设置 USART 时钟预分频
输入参数 1	USARTx：x 可以是 USART 编号，用来选择 USART 外设
输入参数 2	USART_Prescaler：时钟预分频

11.2.17　库函数 USART_SmartCardCmd

库函数 USART_SmartCardCmd 的描述参见表 11-22。

表 11-22　库函数 USART_SmartCardCmd

函数名	USART_SmartCardCmd
函数原型	void USART_SmartCardCmd(USART_TypeDef* USARTx, FunctionalState Newstate)
功能描述	使能或者失能指定 USART 的智能卡模式
输入参数 1	USARTx：x 可以是 USART 编号，用来选择 USART 外设
输入参数 2	NewState：USART 智能卡模式的新状态 这个参数可以取 ENABLE 或者 DISABLE

11.2.18　库函数 USART_SmartCardNackCmd

库函数 USART_SmartCardNackCmd 的描述参见表 11-23。

表 11-23　库函数 USART_SmartCardNackCmd

函数名	USART_SmartCardNackCmd
函数原型	void USART_SmartCardNACKCmd(USART_TypeDef* USARTx, FunctionalState Newstate)
功能描述	使能或者失能 NACK 传输
输入参数 1	USARTx：x 可以是 USART 编号，用来选择 USART 外设
输入参数 2	NewState：NACK 传输的新状态 这个参数可以取 ENABLE 或 DISABLE

11.2.19　库函数 USART_HalfDuplexCmd

库函数 USART_HalfDuplexCmd 的描述参见表 11-24。

表 11-24　库函数 USART_HalfDuplexCmd

函数名	USART_HalfDuplexCmd
函数原型	void USART_HalfDuplexCmd(USART_TypeDef* USARTx, FunctionalState Newstate)
功能描述	使能或者失能 USART 半双工模式
输入参数 1	USARTx：x 可以是 USART 编号，用来选择 USART 外设
输入参数 2	NewState：USART 半双工模式传输的新状态 这个参数可以取 ENABLE 或者 DISABLE

11.2.20　库函数 USART_IrDAConfig

库函数 USART_IrDAConfig 的描述参见表 11-25。

表 11-25　库函数 USART_IrDAConfig

函数名	USART_IrDAConfig
函数原型	void USART_IrDAConfig(USART_TypeDef* USARTx, u16 USART_IrDAMode)
功能描述	设置 USART IrDA 模式
输入参数 1	USARTx：x 可以是 USART 编号，用来选择 USART 外设
输入参数 2	USART_IrDAMode：设置 IrDA 工作模式 USART_IrDAMode_LowPower：IrDA 低功耗模式 USART_IrDAMode_Normal：IrDA 正常模式

11.2.21　库函数 USART_IrDACmd

库函数 USART_IrDACmd 的描述参见表 11-26。

表 11-26　库函数 USART_IrDACmd

函数名	USART_IrDACmd
函数原型	void USART_IrDACmd(USART_TypeDef* USARTx, FunctionalState Newstate)
功能描述	使能或者失能 USART IrDA 模式
输入参数 1	USARTx：x 可以是 USART 编号，用来选择 USART 外设
输入参数 2	NewState：USART IrDA 模式的新状态 这个参数可以取 ENABLE 或者 DISABLE

11.2.22　库函数 USART_GetFlagStatus

库函数 USART_GetFlagStatus 的描述参见表 11-27。

表 11-27　库函数 USART_GetFlagStatus

函数名	USART_GetFlagStatus
函数原型	FlagStatus USART_GetFlagStatus(USART_TypeDef* USARTx, u16 USART_FLAG)
功能描述	检查指定的 USART 标志位设置与否
输入参数 1	USARTx：x 可以是 USART 编号，用来选择 USART 外设

输入参数 2	USART_FLAG：待检查的 USART 标志位
	USART_FLAG_CTS：CTS 标志位
	USART_FLAG_LBD：LIN 中断检测标志位
	USART_FLAG_TXE：发送数据寄存器空标志位
	USART_FLAG_TC：发送完成标志位
	USART_FLAG_RXNE：接收数据寄存器非空标志位
	USART_FLAG_IDLE：空闲总线标志位
	USART_FLAG_ORE：溢出错误标志位
	USART_FLAG_NE：噪声错误标志位
	USART_FLAG_FE：帧错误标志位
	USART_FLAG_PE：奇偶错误标志位
返回值	USART_FLAG 的新状态（SET 或者 RESET）

11.2.23　库函数 USART_ClearFlag

库函数 USART_ClearFlag 的描述参见表 11-28。

表 11-28　库函数 USART_ClearFlag

函数名	USART_ClearFlag
函数原型	void USART_ClearFlag(USART_TypeDef* USARTx, u16 USART_FLAG)
功能描述	清除 USARTx 的待处理标志位
输入参数 1	USARTx：x 可以是 USART 编号，用来选择 USART 外设
输入参数 2	USART_FLAG：待清除的 USART 标志位，参见表 11-26

11.2.24　库函数 USART_GetITStatus

库函数 USART_GetITStatus 的描述参见表 11-29。

表 11-29　库函数 USART_GetITStatus

函数名	USART_GetITStatus
函数原型	ITStatus USART_GetITStatus(USART_TypeDef* USARTx, u16 USART_IT)
功能描述	检查指定的 USART 中断发生与否
输入参数 1	USARTx：x 可以是 USART 编号，用来选择 USART 外设
输入参数 2	USART_IT：待检查的 USART 中断源
	USART_IT_PE：奇偶错误中断
	USART_IT_TXE：发送中断
	USART_IT_TC：发送完成中断
	USART_IT_RXNE：接收中断
	USART_IT_IDLE：空闲总线中断
	USART_IT_LBD LIN：中断探测中断
	USART_IT_CTS CTS：中断
	USART_IT_ORE：溢出错误中断
	USART_IT_NE：噪音错误中断
	USART_IT_FE：帧错误中断
返回值	USART_IT 的新状态

11.2.25 库函数 USART_ClearITPendingBit

库函数 USART_ClearITPendingBit 的描述参见表 11-30。

表 11-30 库函数 USART_ClearITPendingBit

函数名	USART_ClearITPendingBit
函数原型	void USART_ClearITPendingBit(USART_TypeDef* USARTx, u16 USART_IT)
功能描述	清除 USARTx 的中断待处理位
输入参数 1	USARTx：x 可以是 USART 编号，用来选择 USART 外设
输入参数 2	USART_IT：待清除的 USART 中断源 USART_IT_PE：奇偶错误中断 USART_IT_TXE：发送中断 USART_IT_TC：发送完成中断 USART_IT_RXNE：接收中断 USART_IT_IDLE：空闲总线中断 USART_IT_LBD LIN：中断探测中断 USART_IT_CTS CTS：中断 USART_IT_ORE：溢出错误中断 USART_IT_NE：噪音错误中断 USART_IT_FE：帧错误中断

思考与练习

1. 简要说明 USART 的工作原理。
2. 简要说明 USART 数据接收配置步骤。
3. 当使用 USART 模块进行全双工异步通信时，需要做哪些配置？
4. 编程写出 USART 的初始化程序。
5. 简要说明 USART 的智能卡模式的工作原理。
6. 简要描述在 USART 红外模式下，IrDA 低功耗模式的发送器和接收器的比特率。
7. 简要说明 USART 的 LIN 模式和正常 USART 模式的区别。
8. 分别说明 USART 在发送期间和接收期间有几种中断事件？

例程 2-串口和 GPIO-NVIC

第12章

SPI 模块

本章主要介绍 STM32F103x 系列微控制器的串行外设接口模块（SPI）的使用方法及库函数。

12.1　SPI 简介

在大容量产品上，SPI 接口可以配置为支持 SPI 协议或者支持 I2S 音频协议。SPI 接口默认工作在 SPI 协议下，可以通过软件将功能从 SPI 模式切换到 I2S 模式。在小容量和中容量产品上，不支持 I2S 音频协议。

串行外设接口（SPI）允许芯片与外部设备以半/全双工、同步、串行方式通信。此接口可以被配置成主模式，并为外部从设备提供通信时钟（SCK）。SPI 接口还能以多主配置方式工作，它有多种用途，如使用一条双向数据线的双线单工同步传输，还可使用 CRC 检验的可靠通信。

I2S 也是一种 3 引脚的同步串行接口通信协议，它支持 4 种音频标准，包括飞利浦 I2S 标准、MSB 和 LSB 对齐标准以及 PCM 标准。它在半双工通信中，可以工作在主和从两种模式下。当作为主设备时，通过接口向外部的从设备提供时钟信号。SPI 模块的框图如图 12-1 所示。

由于 SPI3/I2S3 的部分引脚与 JTAG 引脚共享（SPI3 NSS/I2S3 WS 与 JTDI，SPI3_SCK/I2S3_CK 与 JTDO），因此这些引脚不受 I/O 控制器控制，它们（在每次复位后）被默认保留为 JTAG 用途。如果用户想把引脚配置给 SPI3/I2S3，必须（在 DEBUG 时）关闭 JTAG 并切换至 SWD 接口，或者（在标准应用时）同时关闭 JTAG 和 SWD 接口。

SPI 的特征如下：

- 3 线全双工同步传输；
- 带或不带第 3 根双向数据线的双线单工同步传输；
- 8 或 16 位传输帧格式选择；
- 主或从操作；
- 支持多主模式；
- 8 个主模式比特率预分频系数（最大为 $f_{PCLK}/2$）；
- 从模式频率（最大为 $f_{PCLK}/2$）；
- 主模式和从模式的快速通信，最大 SPI 速度达到 18MHz；
- 主模式和从模式下均可以由软件或硬件进行 NSS 管理，主/从操作模式的动态改变；
- 可编程的时钟极性和相位；
- 可编程的数据顺序，MSB 在前或 LSB 在前；
- 可触发中断的专用发送和接收标志；

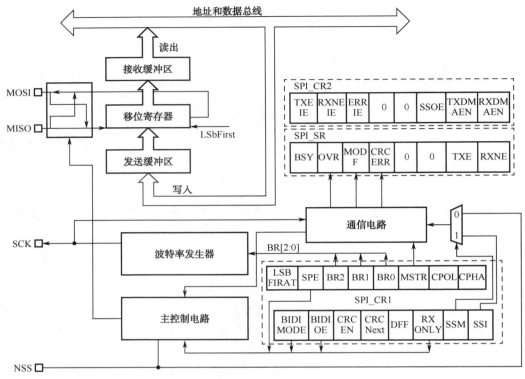

图 12-1 SPI 模块框图

- SPI 总线忙状态标志；
- 支持可靠通信的硬件 CRC；
- 可触发中断的主模式故障、过载以及 CRC 错误标志；
- 支持 DMA 功能的 1 字节发送和接收缓冲器，产生发送和接收请求。

12.1.1 引脚概述

通常 SPI 通过以下 4 个引脚与外部器件相连。

- MISO：主设备输入/从设备输出引脚。该引脚在从模式下发送数据，在主模式下接收数据。
- MOSI：主设备输出/从设备输入引脚。该引脚在主模式下发送数据，在从模式下接收数据。
- SCK：串口时钟，作为主设备的输出，从设备的输入。
- NSS：从设备选择。这是一个可选的引脚，用来选择主/从设备。它的功能是用来作为"片选引脚"，让主设备可以单独地与特定从设备通信，避免数据线上的冲突。从设备的 NSS 引脚可以由主设备当作一个标准的 I/O 来驱动。一旦被使能（SSOE 位），NSS 引脚也可以作为输出引脚，并在 SPI 设置为主模式时拉低；此时，所有 NSS 引脚连接到主设备 NSS 引脚的 SPI 设备，会检测到低电平，如果它们被设置为 NSS 硬件模式，就会自动进入从设备状态。

MOSI 引脚相互连接，MISO 引脚相互连接。这样，数据在主和从之间串行地传输（MSB 位在前）。通信总是由主设备发起，主设备通过 MOSI 引脚把数据发送给从设备，从设备通过 MISO 引脚回传数据。这意味全双工通信的数据输出和数据输入是用同一个时钟信号同步的，该时钟信号由主设备通过 SCK 引脚提供。一个单主和单从互连的例子如图 12-2 所示。

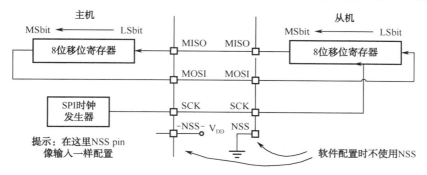

图 12-2　单主和单从连接示意图

STM32F103x 系列微控制器所提供的 SPI 串口功能十分强大，基本上所知的串口功能，其都能通过硬件来实现。

NSS 引脚有软件 NSS 和硬件 NSS 管理模式。可以通过设置 SPI_CR1 寄存器的 SSM 位来使能软件 NSS 模式。在这种模式下，NSS 引脚可以用作它用，而内部 NSS 信号电平可以通过写 SPI_CR1 的 SSI 位来驱动。

硬件 NSS 模式：分为以下两种情况：

● NSS 输出被使能：当 STM32F103x 工作为主 SPI 并且 NSS 输出已经通过 SPI_CR2 寄存器的 SSOE 位使能，这时 NSS 引脚被拉低，所有 NSS 引脚及与它的 NSS 引脚相连并配置为硬件 NSS 的 SPI 设备，将自动变成从 SPI 设备，此时该设备不能工作在多主环境。

● NSS 输出被关闭：允许操作于多主环境。

12.1.2　数据传输模式

SPI 有 4 种不同的数据传输格式时序。结构体 SPI_InitTypeDef 的成员 SPI_CPOL 和 SPI_CPHA 变量能够组合成 4 种可能的时序关系。

CPOL：时钟极性标志，控制在没有数据传输时时钟的空闲状态电平。此位对主模式和从模式下的设备都有效。如果 CPOL 为 SPI_CPOL_Low，SCK 引脚在空闲状态保持低电平；如果 CPOL 为 SPI_CPOL_High，SCK 引脚在空闲状态保持高电平。

CPHA：时钟相位标志，被设置为 SPI_CPHA_2Edge，SCK 时钟的第 2 个边沿（CPOL 位为 0 时就是下降沿，CPOL 位为 SPI_CPHA_1Edge 时就是上升沿）进行数据位的采样，数据在第 1 个时钟边沿被锁存。如果 CPHA 位被清 0，则 SCK 时钟的第 1 个时钟边沿（CPOL 位为 0 时就是下降沿，CPOL 位为 1 时就是上升沿）进行数据位采样，数据在第 2 个时钟边沿被锁存。

CPOL 时钟极性和 CPHA 时钟相位的组合选择数据捕捉的时钟边沿。图 12-3 显示了 SPI 传输的 4 种 CPHA 和 CPOL 位组合。图 12-3 可以解释为主设备和从设备的 SCK 引脚、MISO 引脚、MOSI 引脚直接连接的主或从时序图。

在改变 CPOL/CPHA 位之前，必须调用 SPI_Cmd(SPIx, DISABLE)。主和从必须配置成相同的时序模式。SCK 的空闲状态必须和 SPI_CR1 寄存器指定的极性一致。数据帧格式（8 位或 16 位）由结构体 SPI_InitTypeDef 的成员 SPI_DataSize 选择，并且决定发送/接收的数据长度。

根据结构体 SPI_InitTypeDef 的成员 SPI_FirstBit，输出数据位时可以 MSB 在先也可以 LSB 在先。根据结构体 SPI_InitTypeDef 的成员 SPI_DataSize 设置帧长度，每个数据帧可以是 8 位或 16 位。所选择的数据帧格式对发送和/或接收都有效。

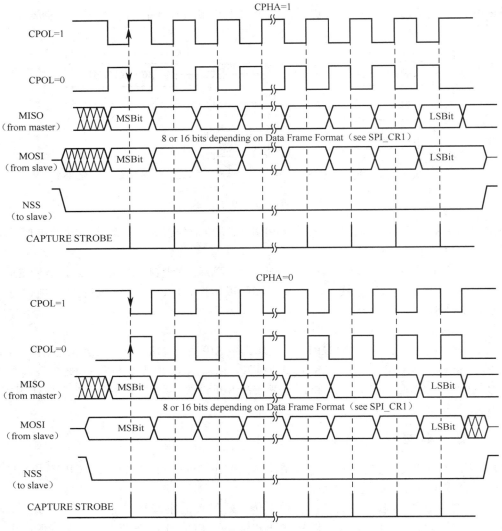

图 12-3　SPI 数据传输时序图

12.1.3　SPI 从模式

在从模式中，SCK 引脚用于接收从主设备来的串行时钟，配置步骤如下：

（1）设置结构体 SPI_InitTypeDef 的成员 SPI_DataSize，以定义数据帧格式为 8 位或 16 位。

（2）选择 CPOL 和 CPHA 位来定义数据传输和串行时钟之间的相位关系。为保证正确的数据传输，从设备和主设备的 CPOL 和 CPHA 位必须配置成相同的方式。

（3）帧格式（MSB 在前还是 LSB 在前取决于结构体 SPI_InitTypeDef 的成员 SPI_FirstBit）必须和主设备相同。

（4）硬件模式下，在完整的数据帧（8 位或 16 位）发送过程中，NSS 引脚必须为低电平。软件模式下，设置 SPI_NSSInternalSoftwareConfig(SPIx, SPI_NSSInternalSoft_Set) 或 SPI_NSSInternalSoftwareConfig(SPIx, SPI_NSSInternalSoft_Reset)。

（5）调用函数 SPI_Cmd(SPIx, ENABLE)，使 SPI 模块开始工作。

在该配置中，MOSI 引脚是数据输入，MISO 引脚是数据输出。

数据字被并行地写入发送缓冲器。当从设备收到时钟信号，并且在 MOSI 引脚上出现第 1 个数据位时，发送过程开始，第 1 个位被发送出去。余下的位（对于 8 位数据帧格式，还有 7 位；对于 16 位数据帧格式，还有 15 位）被装进移位寄存器。当发送缓冲器中的数据传输到移位寄存器时，SPI_SP 寄存器中的 TXE 标志被设置。如果调用函数 SPI_ITConfig(SPIx, SPI_IT_TXE, ENABLE)，将会产生中断。

对于接收方，当数据接收完成时，移位寄存器中的数据传送到接收缓冲器，SPI_SR 寄存器中的 RXNE 标志被设置。如果调用函数 SPI_ITConfig(SPIx, SPI_IT_RXNE, ENABLE)，则产生中断。在最后一个采样时钟边沿后，RXNE 位被置 1，移位寄存器中接收到的数据字节被传送到接收缓冲器。当读 SPI_DR 寄存器时。SPI 设备返回这个值。读 SPI_DR 寄存器时，RXNE 位被清除。

12.1.4　SPI 主模式

在主模式时，串行时钟在 SCK 引脚产生，配置步骤如下：

（1）设置结构体 SPI_InitTypeDef 的成员 SPI_BaudRatePrescaler，来定义串行时钟比特率。

（2）设置结构体 SPI_InitTypeDef 的成员 SPI_DataSize，以定义数据帧格式为 8 位或 16 位。

（3）选择 CPOL 和 CPHA 位来定义数据传输和串行时钟之间的相位关系。

（4）帧格式（MSB 在前还是 LSB 在前取决于结构体 SPI_InitTypeDef 的成员 SPI_FirstBit）必须和从设备相同。

（5）如果 NSS 引脚需要工作在输入模式，硬件模式中在整个数据帧传输期间应把 NSS 脚连接到高电平；在软件模式中，需设置结构体 SPI_InitTypeDef 的成员 SPI_NSS。如果 NSS 引脚工作在输出模式，则只需设置 SSOE 位。

（6）必须调用函数 SPI_Cmd(SPIx, ENABLE)（只当 NSS 脚被连到高电平，这些位才能保持置位）。

在该配置中，MOSI 引脚是数据输出，而 MISO 引脚是数据输入。

当一个字节写进发送缓冲器时，发送过程开始。在发送第 1 个数据位时，数据字被并行地（通过内部总线）传入移位寄存器，而后串行地移出到 MOSI 引脚上；MSB 在先还是 LSB 在先取决于结构体 SPI_InitTypeDef 的成员 SPI_FirstBit。数据从发送缓冲器传输到移位寄存器时，TXE 标志将被置位，如果调用函数 SPI_ITConfig(SPIx, SPI_IT_TXE, ENABLE)，将产生中断。

对于接收器来说，当数据传输完成时，移位寄存器中的数据传送到接收缓冲器，并且 RXNE 标志被置位。如果调用函数 SPI_ITConfig(SPIx, SPI_IT_RXNE, ENABLE)，则产生中断。

在最后采样时钟沿，RXNE 位被设置，在移位寄存器中接收到的数据字被传送到接收缓冲器。调用函数 SPI_ReceiveData(SPIx)，SPI 设备返回接收到的数据字。

一旦传输开始，如果下一个将发送的数据被放进了发送缓冲器，就可以维持一个连续的传输流。在试图写发送缓冲器之前，需确认 TXE 标志应该是 1。

12.1.5　状态标志

应用程序通过 BUSY、TXE 和 RXNE 3 个状态标志可以完全监控 SPI 总线的状态，下面分别进行介绍。

（1）忙标志（BUSY）

BUSY 标志表明 SPI 通信层的状态，当它被设置时，表明 SPI 正忙于通信，并且/或者在发送缓冲器中有一个有效的数据字正在等待被发送。此标志的目的是说明在 SPI 总线上是否有正在进行的通信。以下情况时此标志将被置位：
- 数据被写进主设备的 SPI_DR 寄存器；
- SCK 时钟出现在从设备的时钟引脚。

发送/接收一个字（字节）完成后，BUSY 标志立即清除；此标志由硬件设置和清除。监视此标志可以避免写冲突错误。写此标志无效，仅当 SPI_Cmd(SPIx, ENABLE)时此标志才有意义。在主接收模式下（单线双向），不要查询忙标志位（BUSY_FLAG）。

（2）发送缓冲器空闲标志（TXE）

TXE 标志被置位时表明发送缓冲器为空，因此下一个待发送的数据可以写进缓冲器里。当发送缓冲器有一个待发送的数据时，TXE 标志被清除。当 SPI 被禁止时，此标志被清除。

（3）接收缓冲器非空（RXNE）

RXNE 标志为1时表明在接收缓冲器中包含有效的接收数据，读 SPI 数据寄存器可以清除此标志。

12.1.6　利用 DMA 的 SPI 通信

为了达到最大通信速度，需要及时向 SPI 发送缓冲区填数据，同样接收缓冲器中的数据也必须及时读走，以防止溢出。为了方便高速率的数据传输，SPI 实现了一种简单的请求/应答的 DMA 机制。当函数 SPI_DMACmd(SPIx, SPI_DMAReq_Tx| SPI_DMAReq_Tx, ENABLE)被设置时，发出 DMA 传输请求。发送缓冲器和接收缓冲器也有各自的 DMA 请求。当 SPI 时钟频率较高时，建议采用 DMA 模式以避免 SPI 速度性能的降低。

12.1.7　SPI 中断

SPI 的中断请求参见表 12-1。

表 12-1　SPI 中断请求表

中 断 事 件	事 件 标 志	使 能 控 制 位
发送缓冲器空标志	TXE	TXEIE
接收缓冲器非空标志	RXNE	RXNEIE
主模式错误事件	MODF	
溢出错误	OVR	ERRIE
CRC 错误标志	CRCERR	

12.2　SPI 库函数说明

标准外设库的 SPI 库包含了常用的 SPI 操作，通过对函数的调用可以实现对 SPI 操作。V3.5 的标准外设库删除了 SPI_DMALastTransferCmd（下一次 DMA 传输为最后一次传输）函数，增加了 I2S_Init、I2S_StructInit 和 I2S_Cmd 3 个函数，并将 SPI 和 I2S 可复用的函数的函数名全部更名为 SPI_I2S_ 开头，全部函数的简要说明参见表 12-2。

表 12-2　SPI 库函数列表

函 数 名	描 述
SPI_I2S_DeInit	将外设 SPIx 寄存器重设为默认值
SPI_Init	根据 SPI_InitStruct 中指定的参数初始化 SPIx 寄存器
SPI_StructInit	把 SPI_InitStruct 中的每一个参数按默认值填入
SPI_Cmd	使能或者失能 SPI 外设
SPI_I2S_ITConfig	使能或者失能指定的 SPI 中断
SPI_I2S_DMACmd	使能或者失能指定 SPI 的 DMA 请求
SPI_I2S_SendData	通过外设 SPIx 发送一个数据
SPI_I2S_ReceiveData	返回通过 SPIx 最近接收的数据
SPI_NSSInternalSoftwareConfig	为选定的 SPI 软件配置内部 NSS 引脚
SPI_SSOutputCmd	使能或者失能指定的 SPI SS 输出
SPI_DataSizeConfig	设置选定的 SPI 数据大小
SPI_TransmitCRC	发送 SPIx 的 CRC 值
SPI_CalculateCRC	使能或者失能指定 SPI 的传输字 CRC 值计算
SPI_GetCRC	返回指定 SPI 的发送或者接收 CRC 寄存器值
SPI_GetCRCPolynomial	返回指定 SPI 的 CRC 多项式寄存器值
SPI_BiDirectionalLineConfig	选择指定 SPI 在双向模式下的数据传输方向
SPI_I2S_GetFlagStatus	检查指定的 SPI 标志位设置与否
SPI_I2S_ClearFlag	清除 SPIx 的待处理标志位
SPI_I2S_GetITStatus	检查指定的 SPI 中断发生与否
SPI_I2S_ClearITPendingBit	清除 SPIx 的中断待处理位
I2S_Init	根据 I2S_InitStruct 中指定的参数初始化 SPIx 寄存器
I2S_StructInit	把 I2S_InitStruct 中的每一个参数按默认值填入
I2S_Cmd	使能或者失能 I2S 外设

12.2.1　库函数 SPI_DeInit

库函数 SPI_DeInit 的描述参见表 12-3。

表 12-3　库函数 SPI_DeInit

函数名	SPI_DeInit
函数原型	void SPI_DeInit(SPI_TypeDef* SPIx)
功能描述	将外设 SPIx 寄存器重设为默认值
输入参数	SPIx：x 可以是 SPI 编号，用来选择 SPI 外设
被调用函数	RCC_APB2PeriphResetCmd() RCC_APB1PeriphResetCmd()

12.2.2　库函数 SPI_Init

库函数 SPI_Init 的描述参见表 12-4。

表 12-4　库函数 SPI_Init

函数名	SPI_Init
函数原型	void SPI_Init(SPI_TypeDef* SPIx, SPI_InitTypeDef* SPI_InitStruct)
功能描述	根据 SPI_InitStruct 指定的参数初始化 SPIx 寄存器
输入参数 1	SPIx：x 可以是 SPI 编号，用来选择 SPI 外设
输入参数 2	SPI_InitTypeDef：指向结构 SPI_InitTypeDef 的指针，包含了外设 SPI 的配置参数，见表 12-5

用于保存外设 GPIO 配置信息的数据结构 SPI_InitTypeDef 结构体定义如下：

```
typedef struct
{
        u16 SPI_Direction;
        u16 SPI_Mode;
        u16 SPI_DataSize;
        u16 SPI_CPOL; u16 SPI_CPHA; u16 SPI_NSS;
        u16 SPI_BaudRatePrescaler;
        u16 SPI_FirstBit;
        u16 SPI_CRCPolynomial;
} SPI_InitTypeDef;
```

结构 SPI_InitTypeDef 的成员参见表 12-5。

表 12-5　SPI_InitTypeDef 参数

成　员	描　述
SPI_Direction	用于设置 SPI 的单向或双向数据传输模式 SPI_Direction_2Lines_FullDuplex SPI：双线双向全双工 SPI_Direction_2Lines_RxOnly：双线单向接收 SPI_Direction_1Line_Rx：单线双向接收 SPI_Direction_1Line_Tx：单线双向发送
SPI_Mode	用于设置 SPI 的工作模式 SPI_Mode_Master：设置为主 SPI SPI_Mode_Slave：设置为从 SPI
SPI_DataSize	用于设置 SPI 的数据长度 SPI_DataSize_16b：SPI 发送接收 16 位帧结构 SPI_DataSize_8b：SPI 发送接收 8 位帧结构
SPI_CPOL	用于设置 SPI 的时钟稳态 SPI_CPOL_High：时钟悬空高 SPI_CPOL_Low：时钟悬空低
SPI_CPHA	用于设置 SPI 时钟的活动边沿 SPI_CPHA_2Edge：数据捕获于第二个时钟沿 SPI_CPHA_1Edge：数据捕获于第一个时钟沿
SPI_NSS	指定 NSS 工作模式 SPI_NSS_Hard：NSS 由外部引脚管理 SPI_NSS_Soft：内部 NSS 信号有 SSI 位控制

续表

成　员	描　述
SPI_BaudRatePrescaler	设置 SPI 的波特率分频值 SPI_BaudRatePrescaler2：波特率预分频值为 2 SPI_BaudRatePrescaler4：波特率预分频值为 4 SPI_BaudRatePrescaler8：波特率预分频值为 8 SPI_BaudRatePrescaler16：波特率预分频值为 16 SPI_BaudRatePrescaler32：波特率预分频值为 32 SPI_BaudRatePrescaler64：波特率预分频值为 64 SPI_BaudRatePrescaler128：波特率预分频值为 128 SPI_BaudRatePrescaler256：波特率预分频值为 256
SPI_FirstBit	指定 SPI 数据传输从最高位还是最低位开始 SPI_FisrtBit_MSB：数据传输从 MSB 位开始 SPI_FisrtBit_LSB：数据传输从 LSB 位开始
SPI_CRCPolynomial	用于计算 CRC 值的多项式

12.2.3　库函数 SPI_StructInit

库函数 SPI_StructInit 的描述参见表 12-6。

表 12-6　库函数 SPI_StructInit

函数名	SPI_StructInit
函数原型	void SPI_StructInit(SPI_InitTypeDef* SPI_InitStruct)
功能描述	把 SPI_InitStruct 中的每一个参数按默认值填入
输入参数	SPI_InitStruct：指向结构 SPI_InitTypeDef 的指针，待初始化，见表 12-7

表 12-7　SPI_InitStruct 的默认值

成　员	默　认　值
SPI_Direction	SPI_Direction_2Lines_FullDuplex
SPI_Mode	SPI_Mode_Slave
SPI_DataSize	SPI_DataSize_8b
SPI_CPOL	SPI_CPOL_Low
SPI_CPHA	SPI_CPHA_1Edge
SPI_NSS	SPI_NSS_Hard
SPI_BaudRatePrescaler	SPI_BaudRatePrescaler_2
SPI_FirstBit	SPI_FirstBit_MSB
SPI_CRCPolynomial	7

12.2.4　库函数 SPI_Cmd

库函数 SPI_Cmd 的描述参见表 12-8。

表 12-8　库函数 SPI_Cmd

函数名	SPI_Cmd
函数原型	void SPI_Cmd(SPI_TypeDef* SPIx, FunctionalState NewState)
功能描述	使能或者失能 SPI 外设
输入参数 1	SPIx：x 可以是 1，2 或者 3，用来选择 SPI 外设
输入参数 2	NewState：外设 SPIx 的新状态 这个参数可以取 ENABLE 或者 DISABLE

12.2.5　库函数 SPI_I2S_ITConfig

库函数 SPI_I2S_ITConfig 的描述参见表 12-9。

表 12-9　库函数 SPI_I2S_ITConfig

函数名	SPI_I2S_ITConfig
函数原型	void SPI_I2S_ITConfig(SPI_TypeDef* SPIx, u16 SPI_IT, FunctionalState NewState)
功能描述	使能或者失能指定的 SPI 中断
输入参数 1	SPIx：x 可以 SPI 编号，用来选择 SPI 外设
输入参数 2	SPI_IT：待使能或者失能的 SPI 中断源 SPI_IT_TXE：发送缓存空中断屏蔽 SPI_IT_RXNE：接收缓存非空中断屏蔽 SPI_IT_ERR：错误中断屏蔽
输入参数 3	NewState：SPIx 中断的新状态 这个参数可以取 ENABLE 或者 DISABLE

12.2.6　库函数 SPI_I2S_DMACmd

库函数 SPI_I2S_DMACmd 的描述参见表 12-10。

表 12-10　库函数 SPI_I2S_DMACmd

函数名	SPI_I2S_DMACmd
函数原型	SPI_I2S_DMACmd(SPI_TypeDef* SPIx, FunctionalState NewState)
功能描述	使能或者失能指定 SPI 的 DMA 请求
输入参数 1	SPIx：x 可以是 SPI 编号，用来选择 SPI 外设
输入参数 2	SPI_DMAreq：指定 DMA 请求 SPI_DMAReq_Tx，发送 DMA 请求 SPI_DMAReq_Rx，接收 DMA 请求
输入参数 3	NewState：SPIx DMA 请求源的新状态 这个参数可以取 ENABLE 或者 DISABLE

12.2.7　库函数 SPI_I2S_SendData

库函数 SPI_I2S_SendData 的描述参见表 12-11。

表 12-11　库函数 SPI_I2S_SendData

函数名	SPI_I2S_SendData
函数原型	void SPI_I2S_SendData(SPI_TypeDef* SPIx, u16 Data)
功能描述	通过外设 SPIx 发送一个数据
输入参数 1	SPIx：x 可以是 SPI 编号，用来选择 SPI 外设
输入参数 2	Data：待发送的数据

12.2.8　库函数 SPI_I2S_ReceiveData

库函数 SPI_I2S_ReceiveData 的描述参见表 12-12。

表 12-12　库函数 SPI_I2S_ReceiveData

函数名	SPI_I2S_ReceiveData
函数原型	u16 SPI_I2S_ReceiveData(SPI_TypeDef* SPIx)
功能描述	返回通过 SPIx 最近接收的数据
输入参数	SPIx：x 可以是 SPI 编号，用来选择 SPI 外设
返回值	接收到的数据

12.2.9　库函数 SPI_NSSInternalSoftwareConfig

库函数 SPI_NSSInternalSoftwareConfig 的描述参见表 12-13。

表 12-13　库函数 SPI_NSSInternalSoftwareConfig

函数名	SPI_NSSInternalSoftwareConfig
函数原型	void SPI_NSSInternalSoftwareConfig(SPI_TypeDef* SPIx, u16 SPI_NSSInternalSoft)
功能描述	为选定的 SPI 软件配置内部 NSS 引脚
输入参数 1	SPIx：x 可以是 SPI 编号，用来选择 SPI 外设
输入参数 2	SPI_NSSInternalSoft：SPI NSS 内部状态 SPI_NSSInternalSoft_Set：内部设置 NSS 引脚 SPI_NSSInternalSoft_Reset：内部重置 NSS 引脚

12.2.10　库函数 SPI_SSOutputCmd

库函数 SPI_SSOutputCmd 的描述参见表 12-14。

表 12-14　库函数 SPI_SSOutputCmd

函数名	SPI_SSOutputCmd
函数原型	void SPI_SSOutputCmd(SPI_TypeDef* SPIx, FunctionalState NewState)
功能描述	使能或者失能指定的 SPI SS 输出
输入参数 1	SPIx：x 可以是 SPI 编号，用来选择 SPI 外设
输入参数 2	NewState：SPI SS 输出的新状态 这个参数可以取 ENABLE 或者 DISABLE

12.2.11 库函数 SPI_DataSizeConfig

库函数 SPI_DataSizeConfig 的描述参见表 12-15。

表 12-15　库函数 SPI_DataSizeConfig

函数名	SPI_DataSizeConfig
函数原型	void SPI_DataSizeConfig(SPI_TypeDef* SPIx, u16 SPI_DatSize)
功能描述	设置选定的 SPI 数据大小
输入参数 1	SPIx：x 可以是 SPI 编号，用来选择 SPI 外设
输入参数 2	SPI_DataSize：SPI 数据大小 SPI_DataSize_8b：设置数据为 8 位 SPI_DataSize_16b：设置数据为 16 位

12.2.12 库函数 SPI_TransmitCRC

库函数 SPI_TransmitCRC 的描述参见表 12-16。

表 12-16　库函数 SPI_TransmitCRC

函数名	SPI_TransmitCRC
函数原型	SPI_TransmitCRC(SPI_TypeDef* SPIx, FunctionalState NewState)
功能描述	使能或者失能指定 SPI 的 CRC 传输
输入参数 1	SPIx：x 可以是 SPI 编号，用来选择 SPI 外设
输入参数 2	NewState：SPIxCRC 传输的新状态 这个参数可以取 ENABLE 或者 DISABLE

12.2.13 库函数 SPI_CalculateCRC

库函数 SPI_CalculateCRC 的描述参见表 12-17。

表 12-17　库函数 SPI_CalculateCRC

函数名	SPI_CalculateCRC
函数原型	void SPI_CalculateCRC(SPI_TypeDef* SPIx, FunctionalState NewState)
功能描述	使能或者失能指定 SPI 的传输字 CRC 值计算
输入参数 1	SPIx：x 可以是 SPI 编号，用来选择 SPI 外设
输入参数 2	NewState：SPIx 传输字 CRC 值计算的新状态 这个参数可以取 ENABLE 或者 DISABLE

12.2.14 库函数 SPI_GetCRC

库函数 SPI_GetCRC 的描述参见表 12-18。

表 12-18　库函数 SPI_GetCRC

函数名	SPI_GetCRC
函数原型	u16 SPI_GetCRC(SPI_TypeDef* SPIx)
功能描述	返回指定 SPI 的 CRC 值

续表

输入参数 1	SPIx：x 可以是 SPI 编号，用来选择 SPI 外设
输入参数 2	SPI_CRC：待读取的 CRC 寄存器 SPI_CRC_Tx：选择 Tx CRC 寄存器 SPI_CRC_Rx：选择 Rx CRC 寄存器
返回值	CRC 值

12.2.15　库函数 SPI_GetCRCPolynomial

库函数 SPI_GetCRCPolynomial 的描述参见表 12-19。

表 12-19　库函数 SPI_GetCRCPolynomial

函数名	SPI_GetCRCPolynomial
函数原型	u16 SPI_GetCRCPolynomial(SPI_TypeDef* SPIx)
功能描述	返回指定 SPI 的 CRC 多项式寄存器值
输入参数	SPIx：x 可以是 SPI 编号，用来选择 SPI 外设
返回值	CRC 多项式寄存器值

12.2.16　库函数 SPI_BiDirectionalLineConfig

库函数 SPI_BiDirectionalLineConfig 的描述参见表 12-20。

表 12-20　库函数 SPI_BiDirectionalLineConfig

函数名	SPI_BiDirectionalLineConfig
函数原型	void SPI_BiDirectionalLineConfig(SPI_TypeDef* SPIx, u16 SPI_Direction)
功能描述	选择指定 SPI 在双向模式下的数据传输方向
输入参数 1	SPIx：x 可以是 SPI 编号，用来选择 SPI 外设
输入参数 2	SPI_Direction：方向选择 SPI_Direction_Tx：选择 Tx 发送方向 SPI_Direction_Rx：选择 Rx 接收方向

12.2.17　库函数 SPI_I2S_GetFlagStatus

库函数 SPI_I2S_GetFlagStatus 的描述参见表 12-21。

表 12-21　库函数 SPI_I2S_GetFlagStatus

函数名	SPI_I2S_GetFlagStatus
函数原型	FlagStatus SPI_I2S_GetFlagStatus(SPI_TypeDef* SPIx, u16 SPI_FLAG)
功能描述	检查指定的 SPI 标志位设置与否
输入参数 1	SPIx：x 可以是 SPI 编号，用来选择 SPI 外设
输入参数 2	SPI_FLAG：待检查的 SPI 标志位 SPI_FLAG_BSY：忙标志位 SPI_FLAG_OVR：超出标志位 SPI_FLAG_MODF：模式错位标志位

续表

输入参数 2	SPI_FLAG_CRCERR：CRC 错误标志位
	SPI_FLAG_TXE：发送缓存空标志位
	SPI_FLAG_RXNE：接收缓存非空标志位
返回值	SPI_FLAG 的新状态（SET 或者 RESET）

12.2.18　库函数 SPI_I2S_ClearFlag

库函数 SPI_I2S_ClearFlag 的描述参见表 12-22。

表 12-22　库函数 SPI_I2S_ClearFlag

函数名	SPI_I2S_ClearFlag
函数原型	void SPI_I2S_ClearFlag(SPI_TypeDef* SPIx, u16 SPI_FLAG)
功能描述	清除 SPIx 的待处理标志位
输入参数 1	SPIx：x 可以是 SPI 编号，用来选择 SPI 外设
输入参数 2	SPI_FLAG：待清除的 SPI 标志位
	SPI_FLAG_OVR：超出标志位
	SPI_FLAG_MODF：模式错位标志位
	SPI_FLAG_CRCERR：CRC 错误标志位
	标志位 BSY、TXE 和 RXNE 由硬件重置

12.2.19　库函数 SPI_I2S_GetITStatus

库函数 SPI_I2S_GetITStatus 的描述参见表 12-23。

表 12-23　库函数 SPI_I2S_GetITStatus

函数名	SPI_I2S_GetITStatus
函数原型	ITStatus SPI_I2S_GetITStatus(SPI_TypeDef* SPIx, u8 SPI_IT)
功能描述	检查指定的 SPI 中断发生与否
输入参数 1	SPIx：x 可以是 SPI 编号，用来选择 SPI 外设
输入参数 2	SPI_IT：待检查的 SPI 中断源
	SPI_IT_OVR：超出中断标志位
	SPI_IT_MODF：模式错误标志位
	SPI_IT_CRCERR：CRC 错误标志位
	SPI_IT_TXE：发送缓存空中断标志位
	SPI_IT_RXNE：接收缓存非空中断标志位
返回值	SPI_IT 的新状态

12.2.20　库函数 SPI_I2S_ClearITPendingBit

库函数 SPI_I2S_ClearITPendingBit 的描述参见表 12-24。

表 12-24　库函数 SPI_I2S_ClearITPendingBit

函数名	SPI_I2S_ClearITPendingBit
函数原型	void SPI_I2S_ClearITPendingBit(SPI_TypeDef* SPIx, u8 SPI_IT)

续表

功能描述	清除 SPIx 的中断待处理位
输入参数 1	SPIx：x 可以是 SPI 编号，用来选择 SPI 外设
输入参数 2	SPI_IT：待检查的 SPI 中断源 SPI_IT_OVR：超出中断标志位 SPI_IT_MODF：模式错误标志位 SPI_IT_CRCERR：CRC 错误标志位 中断标志位 TXE 和 RXNE 由硬件重置

思考与练习

1. 简要说明 SPI 总线的特点及工作模式的种类？

2. 简要说明 SPI 硬件引脚的作用？

3. 分别写出 SPI 主、从模式的配置步骤。

4. 要监控 SPI 总线的状态，有几个状态标志可以通过应用程序使用？简单说明各标志位的作用。

5. 编写程序配置 SPI 总线初始化。

6. SPI 共有几个中断源？

例程 3-SPI

第13章

I2C 模块

本章主要介绍 STM32F103x 系列微控制器的芯片间总线接口（I2C）的使用方法及库函数。

13.1 I2C 简介

I2C（芯片间）总线接口连接微控制器和串行 I2C 总线，它提供多主机功能，控制所有 I2C 总线特定的时序、协议、仲裁和定时，支持标准和快速两种模式，同时与 SMBus 2.0 兼容。

I2C 模块有多种用途，包括 CRC 码的生成和检验、SMBus（System Management Bus，系统管理总线）和 PMBus（Power Management Bus，电源管理总线）。根据特定设备的需要，可以使用 DMA 以减轻 CPU 的负担。I2C 模块的结构如图 13-1 所示。

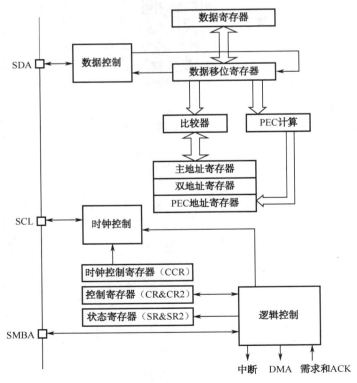

图 13-1 I2C 模块的框图

I2C 的主要特点如下：

- 并行总线 I2C 总线协议转换器；
- 多主机功能：该模块既可做主设备又可做从设备；
- I2C 主设备功能：产生时钟、起始和停止信号；
- I2C 从设备功能：可编程的 I2C 地址检测，可响应两个从地址的双地址能力，可对停止位进行检测；
- 产生和检测 7 位/10 位地址和广播呼叫；
- 支持不同的通信速率：标准速率为 100KHz，快速可达 400KHz；
- 状态标志：发送器/接收器模式标志，字节发送结束标志，I2C 总线忙标志；
- 错误标志：主模式时的仲裁丢失（地址/数据传输后的应答（ACK）错误），检测到错位的起始或停止条件，禁止拉长时钟功能时的上溢或下溢；
- 两个中断向量：1 个中断用于地址/数据通信成功，1 个中断用于错误；
- 可选的拉长时钟功能；
- 具有单字节缓冲器的 DMA；
- 可配置的 PEC（信息包错误检测）的产生或检验：用于最后一个接收字节的 PEC 错误校验；
- 兼容 SMBus 2.0：25ms 时钟低超时延时，10ms 主设备累积时钟低扩展时间，25ms 从设备累积时钟低扩展时间（带 ACK 控制的硬件 PEC 产生/校验），支持地址分辨协议（ARP）；
- 兼容 SMBus。

13.1.1 功能描述

I2C 模块接收和发送数据，并将数据从串行转换成并行，或并行转换成串行，可以开启或禁止中断。接口通过数据引脚（SDA）和时钟引脚（SCL）连接到 I2C 总线，允许连接到标准（高达 100KHz）或快速（高达 400KHz）的 I2C 总线。

I2C 有 4 种模式可供选择，可以 4 种模式中的一种运行：

- 从发送器模式；
- 从接收器模式；
- 主发送器模式；
- 主接收器模式。

I2C 默认工作于从模式。接口在生成起始条件后自动从从模式切换到主模式，当仲裁丢失或产生停止信号时，则从主模式切换到从模式。允许多主机功能。工作于主模式时，I2C 接口启动数据传输并产生时钟信号。串行数据传输总是以起始条件开始并以停止条件结束。起始条件和停止条件都是在主模式下由软件控制产生的。

工作于从模式时，I2C 接口能识别它自己的地址（7 位或 10 位）和广播呼叫地址。软件能够控制开启或禁止广播呼叫地址的识别。

数据和地址按 8 位/字节进行传输，高位在前。跟在起始条件后的 1 或 2 个字节是地址（7 位模式为 1 个字节，10 位模式为 2 个字节）。地址只在主模式下发送。

在一个字节传输的 8 个时钟后的第 9 个时钟期间，接收器必须回送一个应答位（ACK）给发送器。I2C 总线协议如图 13-2 所示。

软件可以开启或禁止应答（ACK），并可以设置 I2C 接口的地址（7 位、10 位地址或广播呼叫地址）。

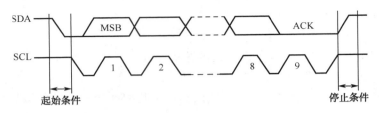

图 13-2　I2C 总线协议

13.1.2　I2C 从模式

默认情况下，I2C 接口总是工作在从模式下。从默认的从模式切换到主模式，需要产生一个起始条件。为了产生正确的时序，必须在库函数 I2C_Init 中设置 I2C_ClockSpeed 参数设定 I2C 时钟。

一旦检测到起始条件，在 SDA 线上接收到的地址被送到移位寄存器，然后与芯片自己的地址 OAR1 和 OAR2（当 ENDUAL = 1）或者广播呼叫地址（如果 ENGC = 1）相比较。在 10 位地址模式时，比较包括头段序列（11110xx0），其中的 xx 是地址的两个最高有效位. 头段或地址不匹配时，I2C 接口将其忽略并等待另一个起始条件；头段匹配（仅 10 位模式）时，如果 ACK 位被置 1，I2C 接口产生一个应答脉冲并等待 8 位从地址；地址匹配时，I2C 接口产生以下时序：

● 如果 ACK 被置 1，则产生一个应答脉冲；
● 硬件设置 ADDR 位，如果设置了 ITEVFEN 位，则产生一个中断；
● 如果 ENDUAL = 1，软件须读 DUALF 位，以确认响应了哪个从地址。

在 10 位模式，接收到地址序列后，从设备总是处于接收器模式。在收到与地址匹配的头序列并且最低位为 1（即 11110xx1）后，当接收到重复的起始条件时，将进入发送器模式。在从模式下，TRA 位指示当前是处于接收器模式还是发送器模式。

（1）从发送器

在接收到地址和清除 ADDR 位后，从发送器将字节从 DR 寄存器经由内部移位寄存器发送到 SDA 线上。从设备保持 SCL 为低电平，直到 ADDR 位被清除并且待发送数据已写入 DR 寄存器。

当收到应答脉冲时，TXE 位被硬件置位，如果设置了 ITEVFEN 和 ITBUFEN 位，则产生一个中断。如果 TXE 位被置位，但在上一次数据发送结束之前没有新数据写入到 DR 寄存器，则 BTF 位被置位，I2C 接口将保持 SCL 为低电平，以等待写入 DR 寄存器。从发送器传输序列如图 13-3 所示。

（2）从接收器

在接收到地址并清除 ADDR 后，从接收器将通过内部移位寄存器从 SDA 线接收到的字节存进 DR 寄存器。I2C 接口在接收到每个字节后都执行下列操作：

● 如果设置了库函数 I2C_AcknowledgeConfig 的状态参数为 ENABLE，则产生一个应答脉冲。
● 硬件设置 RXNE1。如果设置了库函数 I2C_ITConfig 的参数 I2C_IT 为 ENABLE，则产生一个中断。

如果 RXNE 被置位，并且在接收新的数据结束之前 DR 寄存器未被读出，BTF 位被置位。I2C 接口保持 SCL 为低电平，等待读 DR 寄存器。从接收器的传送序列如图 13-4 所示。

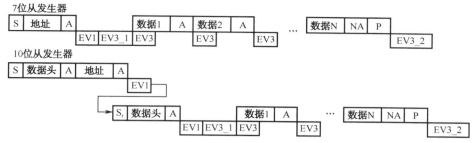

图例:
S=开始,S_r=重复开始,P=停止,A=应答,NA=非应答,EV_x=事件(ITEVFEN=1,中断)

EV1:ADDR=1时,通过读SR1,读SR2被清除
EV3-1:TxE=1,转换寄存器为空,数据寄存器为空,在DR中写Data1.
EV3:TxE=1,转换寄存器不为1,数据寄存器为空,通过写DR被清除。
EV3-2:AF=1通过在SR1寄存器的AF位写"0"清除AF。

图 13-3 从发送器传输序列

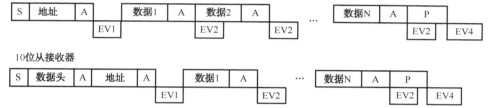

图例:
S=开始,S_r=重复开始,P=停止,A=应答,NA=非应答,EV_x=事件(ITEVFEN=1中断)
EV1:ADDR=1时,通过读SR1,读SR2被清除
EV2:RxNE=1,通过读DR寄存器被清除
EV4:STOPF=1,通过读SR1,写到CR1被清除

图 13-4 从接收器传送序列

(3)关闭从通信

在传输完最后一个数据字节后,主设备产生一个停止条件,I2C 接口检测到这一条件时,设置 STOPF = 1,如果设置了库函数 I2C_ITConfig 的参数 I2C_IT_EVT 为 ENABLE,则产生一个中断,然后 I2C 接口等待读库函数 I2C_ReadRegister 中的参数 I2C_Register_SR1,再写 CR1 寄存器。

13.1.3 I2C 主模式

在主模式时,I2C 接口启动数据传输并产生时钟信号。串行数据传输总是以起始条件开始并以停止条件结束。当通过库函数 I2C_GenerateSTART 设置状态参数为 ENABLE 时,在总线上产生了起始条件,设备就进入了主模式。

以下是主模式所要求的操作顺序:

● 在 I2C_Init 中设置 I2C_ClockSpeed 设定该模块的输入时钟,以产生正确的时序;
● 编程库函数 I2C_Cmd,启动外设;
● 写库函数 I2C_GenerateSTART,产生起始条件;
● 模块的输入时钟频率在标准模式下为 2MHz,快速模式下为 4MHz。

I2C 接口的主模式工作过程分为 5 个步骤。

（1）起始条件

当 BUSY = 0 时，设置库函数 I2C_GenerateSTART 的状态参数为 ENABLE，I2C 接口将产生一个开始条件并切换至主模式（M/SL 位置位）。在主模式下，设置 START 信号将在当前字节传输完后由硬件产生一个重开始条件。一旦发出开始条件，SB 位被硬件置位，如果设置了库函数 I2C_ITConfig 的参数 I2C_IT_EVT 为 ENABLE，则会产生一个中断，然后主设备等待读库函数 I2C_ReadRegister 中的参数 I2C_Register_SR1，紧跟着将从地址写入 DR 寄存器。

（2）从地址的发送

从地址通过内部移位寄存器被送到 SDA 线上。在 10 位地址模式时，发送一个头段序列，产生以下事件：

● ADD10 位被硬件置位，如果设置了库函数 I2C_ITConfig 的参数 I2C_IT_EVT 为 ENABLE，则产生一个中断，然后主设备等待读库函数 I2C_ReadRegister 中的参数 I2C_Register_SR1，再将第 2 个地址字节写入 DR 寄存器。

● ADDR 位被硬件置位，如果设置了库函数 I2C_ITConfig 的参数 I2C_IT_EVT 为 ENABLE，则产生一个中断，然后主设备等待一次读库函数 I2C_ReadRegister 中的参数 I2C_Register_SR1，接着读 SR2 寄存器。

在 7 位地址模式时，只需送出一个地址字节。一旦该地址字节被送出，ADDR 位被硬件置位，如果设置了库函数 I2C_ITConfig 的参数 I2C_IT_EVT 为 ENABLE，则产生一个中断。随后主设备等待一次读库函数 I2C_ReadRegister 中的参数 I2C_Register_SR1，接着读参数 I2C_Register_SR1。根据送出从地址的最低位，主设备决定进入发送器模式还是进入接收器模式。

在 7 位地址模式时，要进入发送器模式，主设备发送从地址时置最低位为 0；要进入接收器模式，主设备发送从地址时置最低位为 1。

在 10 位地址模式时，要进入发送器模式，主设备先送头字节（11110xx0），然后送最低位为 0 的从地址（这里 xx 代表 10 位地址中的最高 2 位）。要进入接收器模式，主设备先送头字节（11110xx0），然后送最低位为 1 的从地址，然后再重新发送一个开始条件，后面跟着头字节 11110xx1（这里 xx 代表 10 位地址中的最高 2 位）。TRA 位指示主设备是在接收器模式还是发送器模式。

（3）主发送器

在发送了地址和清除了 ADDR 位后，主设备通过内部移位寄存器将字节从 DR 寄存器发送到 SDA 线上。主设备等待，直到 TXE 被清除。当收到应答脉冲时，TXE 位被硬件置位，如果设置了库函数 I2C_ITConfig 的参数 I2C_IT_EVT 和 I2C_IT_BUF 为 ENABLE，则产生一个中断。如果 TXE 被置位并且在上一次数据发送结束之前没有写新的数据字节到 DR 寄存器，则 BTF 被置位，I2C 接口等待 BTF 被清除。在 DR 寄存器中写入最后一个字节后，通过设置 STOP 位产生一个停止条件，然后 I2C 接口将自动回到从模式（M/SL 位清除）。主发送器传送序列如图 13-5 所示。

（4）主接收器

在发送地址和清除 ADDR 之后，I2C 接口进入主接收器模式。在此模式下，I2C 接口从 SDA 线接收数据字节，并通过内部移位寄存器送至 DR 寄存器。在每个字节后，I2C 接口依次执行以下操作：

① 如果设置库函数 I2C_AcknowledgeConfig 的状态参数为 ENABLE，发出一个应答脉冲。

② 硬件设置 RXNE = 1，如果设置了库函数 I2C_ITConfig 的参数 I2C_IT_EVT 和 I2C_IT_BUF 为 ENABLE，则会产生一个中断。

图例:
S=开始, S_r=重复开始, P=停止, A=应答, NA=非应答, EV_x=事件 (ITEVFEN=1, 中断)

EV5: SB=1时, 通过读SR1, 写地址到DR寄存器被清除
EV6: RxNE=1, 通过读SR1, 读SR2被清除
EV8_1: TxE=1, 通过读SR1, 写到CR1被清除
EV8:TxE=1, 转换寄存器为空, 数据寄存器为空, 在DR中写Data1.
EV8_2:TxE=1, BTF=1, 程序停止询问。TxE和BTF通过软件停止条件被清除
EV9:ADD10=1, 通过读SR1, 读DR被清除

图 13-5   主发送器传送序列

如果 RXNE 位被置位, 并且在接收新数据结束前, DR 寄存器中的数据没有被读走, 硬件将设置 BTF = 1, I2C 接口等待读 DR 寄存器。主接收器传送序列如图 13-6 所示。

图例:
S=开始, S_r=重复开始, P=停止, A=应答, NA=非应答, EV_x=事件 (ITEVFEN=1, 中断)

EV5: SB=1时, 通过读SR1, 写地址到DR寄存器被清除
EV6: RxNE=1, 通过读SR1, 读SR2被清除
EV8_1: TxE=1, 通过读SR1, 写到CR1被清除
EV8:TxE=1, 转换寄存器为空, 数据寄存器为空, 在DR中写Data1.
EV8_2:TxE=1, BTF=1, 程序停止询问。TxE和BTF通过软件停止条件被清除
EV9:ADD10=1, 通过读SR1, 读DR被清除

图 13-6   主接收器传送序列

(5) 关闭通信

主设备在从从设备接收到最后一个字节后发送一个 NACK。从设备接收到 NACK 后, 释放对 SCL 和 SDA 线的控制, 主设备就可以发送一个停止/重起始条件。为了在收到最后一个字节后产生一个 NACK 脉冲, 在读倒数第 2 个数据字节之后 (在倒数第 2 个 RXNE 事件之后) 必须清除 ACK 位。为了产生一个停止/起始条件, 软件必须在读倒数第 2 个数据字节之后 (在倒数第 2 个 RXNE 事件之后) 设置 STOP/START 位。

只接收一个字节时, 将在 EV6 时进行关闭应答和停止条件生成操作。在产生了停止条件后, I2C 接口自动回到从模式 (M/SL 位被清除)。

13.1.4 错误条件

总线错误 (BERR): 在一个字节传输期间, 当 I2C 接口检测到一个停止或起始条件则产生总线错误。此时, BERR 位被置位, 如果设置了库函数 I2C_ITConfig 中的 I2C_IT_ERR 为

ENABLE，则产生一个中断；在从模式情况下，数据被丢弃，硬件释放总线，如果是错误的开始条件，从设备认为是一个重启动，并等待地址或停止条件；如果是错误的停止条件，从设备按正常的停止条件操作，同时硬件释放总线。

应答错误（AF）：当接口检测到一个无应答位时，产生应答错误。此时，AF 位被置位。如果设置了 I2C_ITConfig 的参数 I2C_IT_ERR 为 ENABLE，则产生一个中断。当发送器接收到一个 NACK 时，必须复位通信。如果是处于从模式，硬件释放总线；如果是处于主模式，软件必须生成一个停止条件。

仲裁丢失（ARLO）：当 I2C 接口检测到仲裁丢失时产生仲裁丢失错误。此时，ARLO 位被硬件置位，如果设置了 I2C_ITConfig 的参数 I2C_IT_ERR 为 ENABLE，则产生一个中断，I2C 接口自动回到从模式（IWSL 位被清除），硬件释放总线。

过载/欠载错误（OVR）：在从模式下，如果禁止时钟延长，I2C 接口正在接收数据时，它已经接收到一个字节（RXNE = 1），但在 DR 寄存器中前一个字节数据还没有被读出，则发生过载错误。此时，最后接收的数据被丢弃。在过载错误时，软件应清除 RXNE 位，发送器应该重新发送最后一次发送的字节。在从模式下，如果禁止时钟延长，I2C 接口正在发送数据时，在下一个字节的时钟到达之前，新的数据还未写入 DR 寄存器（TXE = 1），则发生欠载错误。此时，在 DR 寄存器中的前一个字节将被重复发出，用户应该确定在发生欠载错误时，接收端应丢弃重复接收到的数据。发送端应按 I2C 总线标准在规定的时间更新 DR 寄存器。

13.1.5 SDA/SCL 线控制

（1）如果允许时钟延长
- 发送器模式：如果 TXE = 1 且 BTF = 1，I2C 接口在传输前保持时钟线为低，以等待软件读取 SR1，然后将数据写进数据寄存器（缓冲器和移位寄存器都是空的）。
- 接收器模式：如果 RXNE = 1 且 BTF = 1，I2C 接口在接收到数据字节后保持时钟线为低，以等待软件读 SR1，然后可以利用库函数 I2C_ReadRegister 读数据寄存器 DR（缓冲器和移位寄存器都是满的）。

（2）如果在从模式中禁止时钟延长
- 如果 RXNE = 1，在接收到下个字节前 DR 还没有被读出，则发生过载错误，接收到的最后一个字节丢失。
- 如果 TXE = 1，在必须发送下个字节之前却没有新数据写进 DR，则发生欠载错误，相同的字节将被重复发出。
- 不控制重复写冲突。

13.1.6 DMA 请求

DMA 请求（当被使能时）仅用于数据传输。发送时数据寄存器变空，或接收时数据寄存器变满，则产生 DMA 请求。当为相应 DMA 通道设置的数据传输量已经完成时，DMA 控制器发送传输结束信号 ETO 到 I2C 接口，并且在中断允许时产生一个传输完成中断。

主发送器：在 EOT 中断服务程序中，需禁止 DMA 请求，然后等到 BTF 事件后设置停止条件。

主接收器：DMA 控制器发送一个硬件信号 EOT_1，它对应 DMA 传输（字节数-1）。如果在库函数 I2C_DMALastTransferCmd(I2C_TypeDef* I2Cx, FunctionalState NewState) 中设置 NewState 为 ENABLE，则硬件在发送完 EOT_1 后的下一个字节，将自动发送 NACK。在中断

允许的情况下，用户可以在 DMA 传输完成的中断服务程序中产生一个停止条件。请参考产品手册以确认所选用型号是否有 DMA 控制器。如果 DMA 不可用，用户应该用前面所描述的方法使用 I2C。在 I2C 中断服务程序中，可以清除 TXE/RXNE 标记以达到连续的通信。

（1）利用 DMA 发送

通过设置库函数 I2C_DMACmd(I2C_TypeDef* I2Cx, FunctionalState NewState) 的 NewState 为 ENABLE 激活 DMA 模式。只要 TXE 位被置位，数据将由 DMA 从预置的存储区装载进 I2C_DR 寄存器。为 I2C 分配一个 DMA 通道，需执行以下步骤（x 是通道号）：

① 在库函数 DMA_PeripheralBaseAddr 中设置 I2C_DR 寄存器地址。数据将在每个 TXE 事件后从存储器传送至这个地址。

② 在库函数 DMA_MemoryBaseAddr 寄存器中设置存储器地址。数据在每个 TXE 事件后从这个存储区传送至 I2C_DR。

③ 在库函数 DMA_BufferSize 中设置所需的传输字节数。在每个 TXE 事件后，此值将被递减。

④ 利用库函数 DMA_Priority 配置通道优先级。

⑤ 设置库函数 DMA_DIR，DMA_DIR_PeripheralDST，外设作为数据传输的目的地，DMA_DIR_PeripheralSRC，外设作为数据传输的来源，并根据应用要求可以配置在整个传输完成一半或全部完成时发出中断请求。

⑥ 通过设置库函数 DMA_Cmd 激活通道。

当 DMA 控制器中设置的数据传输数目已经完成时，DMA 控制器给 I2C 接口发送一个传输结束的 EOT/EOT_1 信号。在中断允许的情况下，将产生一个 DMA 中断。

（2）利用 DMA 接收

通过设置 I2C_CR2 寄存器中的 DMAEN 位可以激活 DMA 接收模式。每次接收到数据字节时，将由 DMA 把 I2C_DR 寄存器的数据传送到设置的存储区（参考 DMA 说明）。设置 DMA 通道进行 I2C 接收的步骤如下（x 是通道号）：

① 在库函数 DMA_PeripheralBaseAddr 中设置 I2C_DR 寄存器的地址。数据将在每次 RXNE 事件后从此地址传送到存储区。

② 在库函数 DMA_MemoryBaseAddr 设置存储区地址。数据将在每次 RXNE 事件后从 I2C_DR 寄存器传送到此存储区。

③ 在库函数 DMA_BufferSize 中设置所需的传输字节数。在每个 RXNE 事件后，此值将被递减。

④ 用库函数 DMA_Priority 配置通道优先级。

⑤ 设置库函数 DMA_DIR，DMA_DIR_PeripheralDST，外设作为数据传输的目的地，DMA_DIR_PeripheralSRC，外设作为数据传输的来源，根据应用要求可以设置在数据传输完成一半或全部完成时发出中断请求。

⑥ 设置库函数 DMA_Cmd 激活该通道。

当 DMA 控制器中设置的数据传输数目已经完成时，DMA 控制器给 I2C 接口发送一个传输结束的 EOT/EOT_1 信号。在中断允许的情况下，将产生一个 DMA 中断。

13.1.7　I2C 的中断

全部的 I2C 中断都汇总到两个中断\事件通道中，参见表 13-1。

SB、ADDR、ADD10、STOPF、BTF、RXNE 和 TXE 通过逻辑或汇合到 IT_Event 中。

BERR、ARLO、AF、OVR、PECERR、TIMEOUT 和 SMBALERT 通过逻辑或汇合到 IT_Error 个中断通道中。

表 13-1　I2C 中断列表

中 断 事 件	事 件 标 志	开启控制位
起始位已发送（主）	SB	ITEVFEN
地址已发送（主）或地址匹配（从）	ADDR	
10 位头段已发送（主）	ADD10	
已收到停止（从）	STOPF	
数据字节传输完成	BTF	
接收缓冲区非空	RxNE	ITEVFEN 和 ITBUFEN
发送缓冲区空	TxE	
总线错误	BERR	ITERREN
仲裁丢失（主）	ARLO	
响应失败	AF	
过载/欠载	OVR	
PEC 错误	PECERR	
超时/Tlow 错误	TIMEOUT	
SMBus 提醒	SMBALERT	

13.2　I2C 库函数说明

标准外设库的 I2C 库包含了常用的 I2C 操作，通过对函数的调用可以实现对 I2C 的操作。V3.5 的标准外设库增加了 I2C_NACKPositionConfig 函数，全部函数的简要说明参见表 13-2。

表 13-2　I2C 库函数列表

函 数 名	描 　 述
I2C_DeInit	将外设 I2Cx 寄存器重设为默认值
I2C_Init	根据 I2C_InitStruct 中指定的参数初始化 I2Cx 寄存器
I2C_StructInit	把 I2C_InitStruct 中的每一个参数按默认值填入
I2C_Cmd	使能或者失能 I2C 外设
I2C_DMACmd	使能或者失能指定 I2C 的 DMA 请求
I2C_DMALastTransferCmd	使下一次 DMA 传输为最后一次传输
I2C_GenerateSTART	产生 I2Cx 传输 START 条件
I2C_GenerateSTOP	产生 I2Cx 传输 STOP 条件
I2C_AcknowledgeConfig	使能或者失能指定 I2C 的应答功能
I2C_OwnAddress2Config	设置指定 I2C 的自身地址 2
I2C_DualAddressCmd	使能或者失能指定 I2C 的双地址模式
I2C_GeneralCallCmd	使能或者失能指定 I2C 的广播呼叫功能

续表

函　数　名	描　　述
I2C_ITConfig	使能或者失能指定的 I2C 中断
I2C_SendData	通过外设 I2Cx 发送一个数据
I2C_ReceiveData	返回通过 I2Cx 最近接收的数据
I2C_Send7bitAddress	向指定的从 I2C 设备传送地址字
I2C_ReadRegister	读取指定的 I2C 寄存器并返回其值
I2C_SoftwareResetCmd	使能或者失能指定 I2C 的软件复位
I2C_SMBusAlertConfig	驱动指定 I2Cx 的 SMBusAlert 引脚电平为高或低
I2C_TransmitPEC	使能或者失能指定 I2C 的 PEC 传输
I2C_PECPositionConfig	选择指定 I2C 的 PEC 位置
I2C_CalculatePEC	使能或者失能指定 I2C 的传输字 PEC 值计算
I2C_GetPEC	返回指定 I2C 的 PEC 值
I2C_ARPCmd	使能或者失能指定 I2C 的 ARP
I2C_StretchClockCmd	使能或者失能指定 I2C 的时钟延展
I2C_FastModeDutyCycleConfig	选择指定 I2C 的快速模式占空比
I2C_GetLastEvent	返回最近一次 I2C 事件
I2C_CheckEvent	检查最近一次 I2C 事件是否是输入的事件
I2C_GetFlagStatus	检查指定的 I2C 标志位设置与否
I2C_ClearFlag	清除 I2Cx 的待处理标志位
I2C_GetITStatus	检查指定的 I2C 中断发生与否
I2C_ClearITPendingBit	清除 I2Cx 的中断待处理位
I2C_NACKPositionConfig	选择指定 I2C 的 NACK 位置

13.2.1　库函数 I2C_DeInit

库函数 I2C_DeInit 的描述参见表 13-3。

表 13-3　库函数 I2C_DeInit

函数名	I2C_DeInit
函数原型	void I2C_DeInit(I2C_TypeDef* I2Cx)
功能描述	将外设 I2Cx 寄存器重设为默认值
输入参数	I2Cx：x 可以是 I2C 编号，用来选择 I2C 外设
被调用函数	RCC_APB1PeriphResetCmd()

13.2.2　库函数 I2C_Init

库函数 I2C_Init 的描述参见表 13-4。

表 13-4　库函数 I2C_Init

函数名	I2C_Init
函数原型	void I2C_Init(I2C_TypeDef* I2Cx, I2C_InitTypeDef* I2C_InitStruct)
功能描述	根据 I2C_InitStruct 指定的参数初始化 I2Cx 寄存器
输入参数 1	I2Cx：x 可以是 I2C 编号，用来选择 I2C 外设
输入参数 2	I2C_InitStruct：指向结构 I2C_InitTypeDef 的指针，包含了外设 I2C 的配置参见表 13-5

用于保存外设 SPI 配置信息的数据结构 I2C_InitTypeDef 结构体定义如下：

```
typedef struct
{
    u16 I2C_Mode;
    u16 I2C_DutyCycle;
    u16 I2C_OwnAddress1;
    u16 I2C_Ack;
    u16 I2C_AcknowledgedAddress;
    u32 I2C_ClockSpeed;
} I2C_InitTypeDef;
```

结构 I2C_InitTypeDef 的成员参见表 13-5。

表 13-5　I2C_InitTypeDef 参数

成　员	描　述
I2C_Mode	用于设置 I2C 的工作模式 I2C_Mode_I2C：设置 I2C 为 I2C 模式 I2C_Mode_SMBusDevice：设置 I2C 为 SMBus 设备模式 I2C_Mode_SMBusHost：设置 I2C 为 SMBus 主控模式
I2C_DutyCycle	用于设置 I2C 的占空比 I2C_DutyCycle_16_9：I2C 快速模式，Tlow / Thigh = 16/9 I2C_DutyCycle_2：I2C 快速模式，Tlow / Thigh = 2
I2C_OwnAddress1	用于设置 I2C 的第一个设备地址，可以是 7 位或 10 位
I2C_Ack	用于设置使能或失能 I2C 的应答 I2C_Ack_Enable：使能应答（ACK） I2C_Ack_Disable：失能应答（ACK）
I2C_AcknowledgedAddress	用于设置 I2C 的应答地址 I2C_AcknowledgeAddress_7bit：应答 7 位地址 I2C_AcknowledgeAddress_10bit：应答 10 位地址
I2C_ClockSpeed	指定 I2C 的时钟频率，不能高于 400kHz

13.2.3　库函数 I2C_StructInit

库函数 I2C_StructInit 的描述参见表 13-6。

表 13-6　库函数 I2C_StructInit

函数名	I2C_StructInit
函数原型	void I2C_StructInit(I2C_InitTypeDef*　I2C_InitStruct)
功能描述	把 I2C_InitStruct 中的每一个参数按默认值填入
输入参数	I2C_InitStruct：指向结构 I2C_InitTypeDef 的指针，待初始化，见表 13-7

表 13-7　I2C_InitStruct 的默认值

成　　员	默　认　值
I2C_Mode	I2C_Mode_I2C
I2C_DutyCycle	I2C_DutyCycle_2
I2C_OwnAddress1	0
I2C_Ack	I2C_Ack_Disable
I2C_AcknowledgedAddress	I2C_AcknowledgedAddress_7bit
I2C_ClockSpeed	5000

13.2.4　库函数 I2C_Cmd

库函数 I2C_Cmd 的描述参见表 13-8。

表 13-8　库函数 I2C_Cmd

函数名	I2C_Cmd
函数原型	void I2C_Cmd(I2C_TypeDef* I2Cx, FunctionalState NewState)
功能描述	使能或者失能 I2C 外设
输入参数 1	I2Cx：x 可以是 I2C 编号，用来选择 I2C 外设
输入参数 2	NewState：外设 I2Cx 的新状态 这个参数可以取 ENABLE 或者 DISABLE

13.2.5　库函数 I2C_ITConfig

库函数 I2C_ITConfig 的描述参见表 13-9。

表 13-9　库函数 I2C_ITConfig

函数名	I2C_ITConfig
函数原型	void I2C_ITConfig(I2C_TypeDef* I2Cx, u16 I2C_IT, FunctionalState NewState)
功能描述	使能或者失能指定的 I2C 中断
输入参数 1	I2Cx：x 可以是 I2C 编号，用来选择 I2C 外设
输入参数 2	I2C_IT：待使能或者失能的 I2C 中断源 I2C_IT_BUF：缓存中断屏蔽 I2C_IT_EVT：事件中断屏蔽 I2C_IT_ERR：错误中断屏蔽
输入参数 3	NewState：I2Cx 中断的新状态 这个参数可以取 ENABLE 或者 DISABLE

13.2.6　库函数 I2C_DMACmd

库函数 I2C_DMACmd 的描述参见表 13-10。

表 13-10　库函数 I2C_DMACmd

函数名	I2C_DMACmd
函数原型	I2C_DMACmd(I2C_TypeDef* I2Cx, FunctionalState NewState)
功能描述	使能或者失能指定 I2C 的 DMA 请求
输入参数 1	I2Cx：x 可以是 I2C 编号，用来选择 I2C 外设
输入参数 2	NewState：I2Cx DMA 请求源的新状态 这个参数可以取 ENABLE 或者 DISABLE

13.2.7　库函数 I2C_SendData

库函数 I2C_SendData 的描述参见表 13-11。

表 13-11　库函数 I2C_SendData

函数名	I2C_SendData
函数原型	void I2C_SendData(I2C_TypeDef* I2Cx, u8 Data)
功能描述	通过外设 I2Cx 发送一个数据
输入参数 1	I2Cx：x 可以是 I2C 编号，用来选择 I2C 外设
输入参数 2	Data：待发送的数据

13.2.8　库函数 I2C_ReceiveData

库函数 I2C_ReceiveData 的描述参见表 13-12。

表 13-12　库函数 I2C_ReceiveData

函数名	I2C_ReceiveData
函数原型	U8 I2C_ReceiveData(I2C_TypeDef* I2Cx)
功能描述	返回通过 I2Cx 最近接收的数据
输入参数	I2Cx：x 可以是 I2C 编号，用来选择 I2C 外设
返回值	接收到的数据

13.2.9　库函数 I2C_DMALastTransferCmd

库函数 I2C_DMALastTransferCmd 的描述参见表 13-13。

表 13-13　库函数 I2C_DMALastTransferCmd

函数名	I2C_DMALastTransferCmd
函数原型	I2C_DMALastTransferCmd(I2C_TypeDef* I2Cx, FunctionalState NewState)
功能描述	使下一次 DMA 传输为最后一次传输
输入参数 1	I2Cx：x 可以是 I2C 编号，用来选择 I2C 外设
输入参数 2	NewState：I2Cx DMA 最后一次传输的新状态 这个参数可以取 ENABLE 或者 DISABLE

13.2.10 库函数 I2C_GenerateSTART

库函数 I2C_GenerateSTART 的描述参见表 13-14。

表 13-14 库函数 I2C_GenerateSTART

函数名	I2C_GenerateSTART
函数原型	void I2C_GenerateSTART(I2C_TypeDef* I2Cx, FunctionalState NewState)
功能描述	产生 I2Cx 传输 START 条件
输入参数 1	I2Cx：x 可以是 I2C 编号，用来选择 I2C 外设
输入参数 2	NewState: I2Cx START 条件的新状态 这个参数可以取 ENABLE 或者 DISABLE

13.2.11 库函数 I2C_GenerateSTOP

库函数 I2C_GenerateSTOP 的描述参见表 13-15。

表 13-15 库函数 I2C_GenerateSTOP

函数名	I2C_GenerateSTOP
函数原型	void I2C_GenerateSTOP(I2C_TypeDef* I2Cx, FunctionalState NewState)
功能描述	产生 I2Cx 传输 STOP 条件
输入参数 1	I2Cx：x 可以是 I2C 编号，用来选择 I2C 外设
输入参数 2	NewState：I2Cx STOP 条件的新状态 这个参数可以取 ENABLE 或者 DISABLE

13.2.12 库函数 I2C_AcknowledgeConfig

库函数 I2C_AcknowledgeConfig 的描述参见表 13-16。

表 13-16 库函数 I2C_AcknowledgeConfig

函数名	I2C_AcknowledgeConfig
函数原型	void I2C_AcknowledgeConfig(I2C_TypeDef* I2Cx, FunctionalState NewState)
功能描述	使能或者失能指定 I2C 的应答功能
输入参数 1	I2Cx：x 可以是 I2C 编号，用来选择 I2C 外设
输入参数 2	NewState：I2Cx 应答的新状态 这个参数可以取 ENABLE 或者 DISABLE

13.2.13 库函数 I2C_OwnAddress2Config

库函数 I2C_OwnAddress2Config 的描述参见表 13-17。

表 13-17 库函数 I2C_OwnAddress2Config

函数名	I2C_OwnAddress2Config
函数原型	void I2C_OwnAddress2Config(I2C_TypeDef* I2Cx, u8 Address)
功能描述	设置指定 I2C 的自身地址 2

输入参数 1	I2Cx：x 可以是 I2C 编号，用来选择 I2C 外设
输入参数 2	Address：指定的 7 位 I2C 自身地址 2

13.2.14　库函数 I2C_DualAddressCmd

库函数 I2C_DualAddressCmd 的描述参见表 13-18。

表 13-18　库函数 I2C_DualAddressCmd

函数名	I2C_DualAddressCmd
函数原型	void I2C_DualAddressCmd(I2C_TypeDef* I2Cx, FunctionalState NewState)
功能描述	使能或者失能指定 I2C 的双地址模式
输入参数 1	I2Cx：x 可以是 I2C 编号，用来选择 I2C 外设
输入参数 2	NewState：I2Cx 双地址模式的新状态 这个参数可以取 ENABLE 或者 DISABLE

13.2.15　库函数 I2C_GeneralCallCmd

库函数 I2C_GeneralCallCmd 的描述参见表 13-19。

表 13-19　库函数 I2C_GeneralCallCmd

函数名	I2C_GeneralCallCmd
函数原型	void I2C_GeneralCallCmd(I2C_TypeDef* I2Cx, FunctionalState NewState)
功能描述	使能或者失能指定 I2C 的广播呼叫功能
输入参数 1	I2Cx：x 可以是 I2C 编号，用来选择 I2C 外设
输入参数 2	NewState：I2Cx 广播呼叫的新状态 这个参数可以取 ENABLE 或者 DISABLE

13.2.16　库函数 I2C_Send7bitAddress

库函数 I2C_Send7bitAddress 的描述参见表 13-20。

表 13-20　库函数 I2C_Send7bitAddress

函数名	I2C_Send7bitAddress
函数原型	void I2C_Send7bitAddress(I2C_TypeDef* I2Cx, u8 Address, u8 I2C_Direction)
功能描述	向指定的从 I2C 设备传送地址字
输入参数 1	I2Cx：x 可以是 I2C 编号，用来选择 I2C 外设
输入参数 2	Address：待传输的从 I2C 地址
输入参数 3	I2C_Direction：设置指定的 I2C 设备工作为发射端还是接收端 I2C_Direction_Transmitter：选择发送方向 I2C_Direction_Receiver　：选择接收方向

13.2.17 库函数 I2C_ReadRegister

库函数 I2C_ReadRegister 的描述参见表 13-21。

表 13-21 库函数 I2C_ReadRegister

函数名	I2C_ReadRegister
函数原型	u16 I2C_ReadRegister(I2C_TypeDef* I2Cx, u8 I2C_Register)
功能描述	读取指定的 I2C 寄存器并返回其值
输入参数 1	I2Cx：x 可以是 I2C 编号，用来选择 I2C 外设
输入参数 2	I2C_Register：待读取的 I2C 寄存器 I2C_Register_CR1：选择读取寄存器 I2C_CR1 I2C_Register_CR2：选择读取寄存器 I2C_CR2 I2C_Register_OAR1：选择读取寄存器 I2C_OAR1 I2C_Register_OAR2：选择读取寄存器 I2C_OAR2 I2C_Register_DR：选择读取寄存器 I2C_DR I2C_Register_SR1：选择读取寄存器 I2C_SR1 I2C_Register_SR2：选择读取寄存器 I2C_SR2 I2C_Register_CCR：选择读取寄存器 I2C_CCR I2C_Register_TRISE：选择读取寄存器 I2C_TRISE
返回值	被读取的寄存器值 1

13.2.18 库函数 I2C_SoftwareResetCmd

库函数 I2C_SoftwareResetCmd 的描述参见表 13-22。

表 13-22 库函数 I2C_SoftwareResetCmd

函数名	I2C_SoftwareResetCmd
函数原型	I2C_SoftwareResetCmd(I2C_TypeDef* I2Cx, FunctionalState NewState)
功能描述	使能或者失能指定 I2C 的软件复位
输入参数 1	I2Cx：x 可以是 I2C 编号，用来选择 I2C 外设
输入参数 2	NewState：I2Cx 软件复位的新状态 这个参数可以取 ENABLE 或者 DISABLE

13.2.19 库函数 I2C_SMBusAlertConfig

库函数 I2C_SMBusAlertConfig 的描述参见表 13-23。

表 13-23 库函数 I2C_SMBusAlertConfig

函数名	I2C_SMBusAlertConfig
函数原型	void I2C_SMBusAlertConfig(I2C_TypeDef* I2Cx, u16 I2C_SMBusAlert)
功能描述	驱动指定 I2Cx 的 SMBusAlert 引脚电平为高或低
输入参数 1	I2Cx：x 可以是 I2C 编号，用来选择 I2C 外设
输入参数 2	I2C_SMBusAlert：SMBusAlert 引脚电平 I2C_SMBusAlert_Low：驱动 SMBusAlert 引脚电平为高 I2C_SMBusAlert_High：驱动 SMBusAlert 引脚电平为低

13.2.20　*库函数* I2C_TransmitPEC

库函数 I2C_TransmitPEC 的描述参见表 13-24。

表 13-24　库函数 I2C_TransmitPEC

函数名	I2C_TransmitPEC
函数原型	I2C_TransmitPEC(I2C_TypeDef* I2Cx, FunctionalState NewState)
功能描述	使能或者失能指定 I2C 的 PEC 传输
输入参数 1	I2Cx：x 可以是 I2C 编号，用来选择 I2C 外设
输入参数 2	NewState：I2CxPEC 传输的新状态 这个参数可以取 ENABLE 或者 DISABLE

13.2.21　*库函数* I2C_PECPositionConfig

库函数 I2C_PECPositionConfig 的描述参见表 13-25。

表 13-25　库函数 I2C_PECPositionConfig

函数名	I2C_PECPositionConfig
函数原型	void I2C_PECPositionConfig(I2C_TypeDef* I2Cx, u16 I2C_PECPosition)
功能描述	选择指定 I2C 的 PEC 位置
输入参数 1	I2Cx：x 可以是 I2C 编号，用来选择 I2C 外设
输入参数 2	I2C_PECPosition：PEC 位置 I2C_PECPosition_Next：PEC 位提示下一字为 PEC I2C_PECPosition_Current：PEC 位提示当前字为 PEC

13.2.22　*库函数* I2C_CalculatePEC

库函数 I2C_CalculatePEC 的描述参见表 13-26。

表 13-26　库函数 I2C_CalculatePEC

函数名	I2C_CalculatePEC
函数原型	void I2C_CalculatePEC(I2C_TypeDef* I2Cx, FunctionalState NewState)
功能描述	使能或者失能指定 I2C 的传输字 PEC 值计算
输入参数 1	I2Cx：x 可以是 I2C 编号，用来选择 I2C 外设
输入参数 2	NewState：I2Cx 传输字 PEC 值计算的新状态 这个参数可以取 ENABLE 或者 DISABLE

13.2.23　*库函数* I2C_GetPEC

库函数 I2C_GetPEC 的描述参见表 13-27。

表 13-27　库函数 I2C_GetPEC

函数名	I2C_GetPEC
函数原型	u8 I2C_GetPEC(I2C_TypeDef* I2Cx)

续表

功能描述	返回指定 I2C 的 PEC 值
输入参数	I2Cx：x 可以是 I2C 编号，用来选择 I2C 外设
返回值	PEC 值

13.2.24　库函数 I2C_ARPCmd

库函数 I2C_ARPCmd 的描述参见表 13-28。

表 13-28　库函数 I2C_ARPCmd

函数名	I2C_ARPCmd
函数原型	void I2C_ARPCmd(I2C_TypeDef* I2Cx, FunctionalState NewState)
功能描述	使能或者失能指定 I2C 的 ARP
输入参数 1	I2Cx：x 可以是 I2C 编号，用来选择 I2C 外设
输入参数 2	NewState：I2Cx ARP 的新状态 这个参数可以取 ENABLE 或者 DISABLE

13.2.25　库函数 I2C_StretchClockCmd

库函数 I2C_StretchClockCmd 的描述参见表 13-29。

表 13-29　库函数 I2C_StretchClockCmd

函数名	I2C_StretchClockCmd
函数原型	void I2C_StretchClockCmd(I2C_TypeDef* I2Cx, FunctionalState NewState)
功能描述	使能或者失能指定 I2C 的时钟延展
输入参数 1	I2Cx：x 可以是 I2C 编号，用来选择 I2C 外设
输入参数 2	NewState：I2Cx 时钟延展的新状态 这个参数可以取 ENABLE 或者 DISABLE

13.2.26　库函数 I2C_FastModeDutyCycleConfig

库函数 I2C_FastModeDutyCycleConfig 的描述参见表 13-30。

表 13-30　库函数 I2C_FastModeDutyCycleConfig

函数名	I2C_FastModeDutyCycleConfig
函数原型	void I2C_FastModeDutyCycleConfig(I2C_TypeDef* I2Cx, u16 I2C_DutyCycle)
功能描述	选择指定 I2C 的快速模式占空比
输入参数 1	I2Cx：x 可以是 I2C 编号，用来选择 I2C 外设
输入参数 2	I2C_DutyCycle：快速模式占空比 I2C_DutyCycle_16_9：I2C 快速模式，Tlow / Thigh = 16/9 I2C_DutyCycle_2：I2C 快速模式，Tlow / Thigh = 2

13.2.27　库函数 I2C_GetLastEvent

库函数 I2C_GetLastEvent 的描述参见表 13-31。

表 13-31　库函数 I2C_GetLastEvent

函数名	I2C_GetLastEvent
函数原型	u32 I2C_GetLastEvent(I2C_TypeDef* I2Cx)
功能描述	返回最近一次 I2C 事件
输入参数	I2Cx：x 可以是 I2C 编号，用来选择 I2C 外设
返回值	最近一次 I2C 事件

13.2.28　库函数 I2C_CheckEvent

库函数 I2C_CheckEvent 的描述参见表 13-32。

表 13-32　库函数 I2C_CheckEvent

函数名	I2C_CheckEvent
函数原型	ErrorStatus I2C_CheckEvent(I2C_TypeDef* I2Cx, u32 I2C_EVENT)
功能描述	检查最近一次 I2C 事件是否是输入的事件
输入参数 1	I2Cx：x 可以是 I2C 编号，用来选择 I2C 外设
输入参数 2	I2C_Event：待检查的事件 I2C_EVENT_SLAVE_RECEIVER_ADDRESS_MATCHED：EV1 I2C_EVENT_SLAVE_TRANSMITTER_ADDRESS_MATCHED：EV1 I2C_EVENT_SLAVE_RECEIVER_SECONDADDRESS_MATCHED：EV1 I2C_EVENT_SLAVE_TRANSMITTER_SECONDADDRESS_MATCHED：EV1 I2C_EVENT_SLAVE_GENERALCALLADDRESS_MATCHED：EV1 I2C_EVENT_SLAVE_BYTE_RECEIVED：EV2 I2C_EVENT_SLAVE_BYTE_TRANSMITTED：EV3 I2C_EVENT_SLAVE_ACK_FAILURE：EV3-1 I2C_EVENT_SLAVE_STOP_DETECTED：EV4 I2C_EVENT_MASTER_MODE_SELECT：EV5 I2C_EVENT_MASTER_RECEIVER_MODE_SELECTED：EV6 I2C_EVENT_MASTER_TRANSMITTER_MODE_SELECTED：EV6 I2C_EVENT_MASTER_BYTE_RECEIVED：EV7 I2C_EVENT_MASTER_BYTE_TRANSMITTED：EV8 I2C_EVENT_MASTER_MODE_ADDRESS10：EV9
返回值	ErrorStatus 枚举值： SUCCESS：最近一次 I2C 事件是 I2C_Event ERROR：最近一次 I2C 事件不是 I2C_Event

13.2.29　库函数 I2C_GetFlagStatus

库函数 I2C_GetFlagStatus 的描述参见表 13-33。

表 13-33　库函数 I2C_GetFlagStatus

函数名	I2C_GetFlagStatus
函数原型	FlagStatus I2C_GetFlagStatus(I2C_TypeDef* I2Cx, u32 I2C_FLAG)
功能描述	检查指定的 I2C 标志位设置与否

输入参数 1	I2Cx：x 可以是 I2C 编号，用来选择 I2C 外设
输入参数 2	I2C_FLAG：待检查的 I2C 标志位
	I2C_FLAG_DUALF：双标志位（从模式）
	I2C_FLAG_SMBHOST：SMBus 主报头（从模式）
	I2C_FLAG_SMBDEFAULT：SMBus 默认报头（从模式）
	I2C_FLAG_GENCALL：广播报头标志位（从模式）
	I2C_FLAG_TRA：发送/接收标志位
	I2C_FLAG_BUSY：总线忙标志位
	I2C_FLAG_MSL：主/从标志位
	I2C_FLAG_SMBALERT：SMBus 报警标志位
	I2C_FLAG_TIMEOUT：超时或者 Tlow 错误标志位
	I2C_FLAG_PECERR：接收 PEC 错误标志位
	I2C_FLAG_OVR：溢出/不足标志位（从模式）
	I2C_FLAG_AF：应答错误标志位
	I2C_FLAG_ARLO：仲裁丢失标志位（主模式）
	I2C_FLAG_BERR：总线错误标志位
	I2C_FLAG_TXE：数据寄存器空标志位（发送端）
	I2C_FLAG_RXNE：数据寄存器非空标志位（接收端）
	I2C_FLAG_STOPF：停止探测标志位（从模式）
	I2C_FLAG_ADD10：10 位报头发送（主模式）
	I2C_FLAG_BTF：字传输完成标志位
	I2C_FLAG_ADDR：地址发送标志位（主模式）"ADSL"
	地址匹配标志位（从模式）"ENDAD"
	I2C_FLAG_SB：起始位标志位（主模式）
返回值	I2C_FLAG 的新状态 1

13.2.30　库函数 I2C_ClearFlag

库函数 I2C_ClearFlag 的描述参见表 13-34。

表 13-34　库函数 I2C_ClearFlag

函数名	I2C_ClearFlag
函数原型	void I2C_ClearFlag(I2C_TypeDef* I2Cx, u32 I2C_FLAG)
功能描述	清除 I2Cx 的待处理标志位
输入参数 1	I2Cx：x 可以是 I2C 编号，用来选择 I2C 外设
输入参数 2	I2C_FLAG：待清除的 I2C 标志位，参见表 13-33
	标志位 DUALF，SMBHOST，SMBDEFAULT，GENCALL，TRA，BUSY，
	MSL，TXE 和 RXNE 不能被本函数清除

13.2.31　库函数 I2C_GetITStatus

库函数 I2C_GetITStatus 的描述参见表 13-35。

表 13-35　库函数 I2C_GetITStatus

函数名	I2C_GetITStatus
函数原型	ITStatus I2C_GetITStatus(I2C_TypeDef* I2Cx, u32 I2C_IT)
功能描述	检查指定的 I2C 中断发生与否
输入参数 1	I2Cx：x 可以是 I2C 编号，用来选择 I2C 外设
输入参数 2	I2C_IT：待检查的 I2C 中断源 I2C_IT_SMBALERT：SMBus 报警标志位 I2C_IT_TIMEOUT：超时或者 Tlow 错误标志位 I2C_IT_PECERR：接收 PEC 错误标志位 I2C_IT_OVR：溢出/不足标志位（从模式） I2C_IT_AF：应答错误标志位 I2C_IT_ARLO：仲裁丢失标志位（主模式） I2C_IT_BERR：总线错误标志位 I2C_IT_STOPF：停止探测标志位（从模式） I2C_IT_ADD10：10 位报头发送（主模式） I2C_IT_BTF：字传输完成标志位 I2C_IT_ADDR：地址发送标志位（主模式）"ADSL" 　　　　　　　地址匹配标志位（从模式）"ENDAD" I2C_IT_SB：起始位标志位（主模式）
返回值	I2C_IT 的新状态（SET 或者 RESET）1

13.2.32　库函数 I2C_ClearITPendingBit

库函数 I2C_ClearITPendingBit 的描述参见表 13-36。

表 13-36　库函数 I2C_ClearITPendingBit

函数名	I2C_ClearITPendingBit
函数原型	void I2C_ClearITPendingBit(I2C_TypeDef* I2Cx, u32 I2C_IT)
功能描述	清除 I2Cx 的中断待处理位
输入参数 1	I2Cx：x 可以是 I2C 编号，用来选择 I2C 外设
输入参数 2	I2C_IT：待检查的 I2C 中断源，参见表 13-35

思考与练习

1. 简要说明 I2C 的结构与工作原理。
2. 简要说明 I2C 总线的组成以及使用场合。
3. 简要说明 I2C 总线的主要特点和工作模式。
4. 简要说明 I2C 总线控制程序的编写。
5. 写出在 I2C 主模式时的操作顺序。
6. 写出利用 DMA 发送 I2C 数据时需要做的配置步骤。
7. 简要说明 I2C 的中断事件有哪些？

例程 4-IIC

第 14 章

DMA 控制器

本章主要介绍 STM32F103x 系列微控制器的直接存储器存取（DMA）的使用方法及库函数。

14.1 DMA 简介

直接存储器存取（DMA）用来提供在外设和存储器之间或者存储器和存储器之间的高速数据传输。无须 CPU 干预，通过 DMA 数据可以快速地移动。这就节省了 CPU 的资源。

DMA 控制器有 12 个通道（DMA1 控制器有 7 个通道，DMA2 控制器有 5 个通道，部分型号的处理器仅集成 DMA1 控制器），每个通道专门用来管理来自于一个或多个外设对存储器访问的请求。还有一个仲裁器来协调各个 DMA 请求的优先权。DMA 控制器的结构如图 14-1 所示。

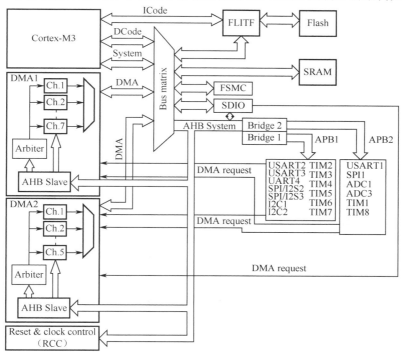

图 14-1　DMA 模块的框图

DMA 的特点如下：

● 12 个独立的可配置的通道（请求）；

- 每个通道都直接连接专用的硬件 DMA 请求，每个通道都同样支持软件触发。这些功能通过软件来配置；
- 在多个请求间的优先权可以通过软件编程设置（共有四级：很高、高、中等和低），假如在相等优先权时由硬件决定（请求 0 优先于请求 1，以此类推）；
- 独立的源和目标数据区的传输宽度（字节、半字、全字），模拟打包和拆包的过程；
- 支持循环的缓冲器管理；
- 每个通道都有 3 个事件标志（DMA 半传输、DMA 传输完成和 DMA 传输出错），这 3 个事件标志逻辑或成为一个单独的中断请求；
- 存储器和存储器间的传输；
- 外设和存储器，存储器和外设的传输；
- 闪存、SRAM、外设的 SRAM、APB1 和 APB2 外设均可作为访问的源和目标；
- 可编程的数据传输数目，最大为 65536。

在发生一个事件后，外设发送一个请求信号到 DMA 控制器。DMA 控制器根据通道的优先权处理请求。当 DMA 控制器开始访问外设的时候，DMA 控制器立即发送给外设一个应答信号。当从 DMA 控制器得到应答信号时，外设立即释放它的请求。一旦外设释放了这个请求，DMA 控制器同时撤销应答信号。如果发生更多的请求时，外设可以启动下次处理。

总之，每个 DMA 传送由 3 个操作组成：

（1）设置库函数 DMA_Init 中的外设基地址参数 DMA_PeripheralBaseAddr 指定地址的存储器单元执行加载操作。

（2）通过设置库函数 DMA_Init 中的内存基地址参数 DMA_MemoryBaseAddr 存储数据到指定地址的存储器单元。

（3）执行一次库函数 DMA_GetCurrDataCounte，包含当前 DMA y 通道 x 剩余的待传输数据数目。

仲裁器根据通道请求的优先级来启动外设/存储器的访问。

优先权管理分两个级别：

- 软件：每个通道的优先权可以在库函数 DMA_Init 中设置 DMA 通道的优先级，有 4 个等级：最高优先级、高优先级、中等优先级和低优先级。
- 硬件：如果 2 个请求有相同的软件优先级，则拥有较低编号的通道比拥有较高编号的通道有较高的优先权。举个例子，通道 2 优先于通道 4。

每个通道都可以在有固定地址的外设寄存器和存储器地址之间执行 DMA 传输。DMA 传输的数据量是可编程的，最大达到 65535。包含要传输的数据项数量的寄存器，在每次传输后递减。

外设和存储器的传输数据量可以通过库函数 DMA_Init 中的参数 DMA_BufferSize 设置，根据传输方向，数据单位等于结构中参数 DMA_PeripheralDataSize 或者参数 DMA_MemoryDataSize 的值。

通过设置库函数 DMA_Init 中的参数 DMA_PeripheralInc 和 DMA_MemoryInc 可以设置设定外设地址寄存器递增和内存地址寄存器递增，外设和存储器的指针在每次传输后可以有选择地完成自动增量。当设置为增量模式时，下一个要传输的地址将是前一个地址加上增量值，增量值取决于所选的数据宽度为 1、2 或 4。第一个传输的地址存放在 DMA_PeripheralBaseAddr 和 DMA_MemoryBaseAddr 中。

通道配置为非循环模式时，在传输结束后（即传输数据量变为 0）将不再产生 DMA 操作。下面是配置 DMA 通道的过程（x 代表通道号）：

（1）在库函数 DMA_Init 的参数 DMA_PeripheralBaseAddr 中设置外设寄存器的地址。发生外设数据传输请求时，这个地址将是数据传输的源或目标。

（2）在库函数 DMA_Init 的参数 DMA_Init 中设置数据存储器的地址。发生外设数据传输请求时，传输的数据将从这个地址读出或写入这个地址。

（3）在库函数 DMA_Init 的参数 DMA_BufferSize 中设置要传输的数据量。在每个数据传输后，这个数值递减。

（4）在库函数 DMA_Init 的参数 DMA_Priority 中设置通道的优先级。

（5）在库函数 DMA_Init 的参数 DMA_DIR 中设置数据传输的方向，参数 DMA_Mode 设置循环模式，参数 DMA_PeripheralInc 设置外设地址寄存器递增与否，参数 DMA_MemoryInc 设置存储器的增量模式，参数 DMA_PeripheralDataSize 设置外设和存储器的数据宽度，在库函数 DMA_ITConfig 中可以设置传输一半产生中断或传输完成产生中断。

（6）设置库函数 DMA_Cmd 的通道参数为 ENABLE，一旦启动了 DMA 通道，可立刻响应连到该通道上的外设的 DMA 请求。当传输一半的数据后，半传输标志（DMAy_FLAG_HTx）被置 1，当设置了允许半传输中断库函数 DMA_ITConfig 的参数 DMA_IT_HT = ENABLE 时，将产生一个中断请求。在数据传输结束后，传输完成标志（DMAy_FLAG_TCx）被置 1，当设置了允许传输完成中断位库函数 DMA_ITConfig 的参数 DMA_IT_TC = ENABLE 时，将产生一个中断请求。

循环模式用于处理循环缓冲区和连续的数据传输（如 ADC 的扫描模式）。库函数 DMA_Init 中的 DMA_Mode_Circular 位用于开启这一功能。当启动了循环模式，数据传输的数目变为 0 时，将会自动地被恢复成配置通道时设置的初值，DMA 操作将会继续进行。

DMA 通道的操作可以在没有外设请求的情况下进行，这种操作就是存储器到存储器模式。当设置了库函数 DMA_Init 中的参数 DMA_M2M_Enable 之后，在软件设置了库函数 DMA_Cmd 的参数为 ENABLE 时，启动 DMA 通道，DMA 传输将马上开始。当库函数 DMA_GetCurrDataCounte 返回值变为 0 时，DMA 传输结束。存储器到存储器模式不能与循环模式同时使用。

在 DMA 读写操作时一旦发生总线错误，硬件会自动地清除发生错误的通道，该通道操作被停止。此时，对应该通道的传输错误中断标志位（DMAy_FLAG_Tex）将被置位，如果在库函数 DMA_ITanfig 中设置了传输错误中断允许位 DMA_IT_TE1，则将产生中断。DMA1 控制器的各通道 DMA 请求参见表 14-1。

表 14-1　各通道 DMA 请求一览表

外　设	通道 1	通道 2	通道 3	通道 4	通道 5	通道 6	通道 7
ADC	ADC1						
SPI		SPI1_RX	SPI1_TX	SPI2_RX	SPI2_TX		
USART		USART3_TX	USART3_RX	USART1_TX	USART1_RX	USART2_RX	USART2_TX
I2C				I2C2_TX	I2C2_RX	I2C1_TX	I2C1_RX
TIM1		TIM1_CH1	TIM1_CH2	TIM1_TX4 TIM1_TRIG TIM1_COM		TIM1_CH3	
TIM2	TIM2_CH3	TIM2_UP			TIM1_UP		TIM2_CH2TIM2_CH4
TIM3		TIM3_CH3	TIM3_CH4 TIM3_UP		TIM2_CH1	TIM3_CH1 TIM3_TRIG	
TIM4	TIM4_CH1			TIM4_CH2			TIM4_UP

DMA2 控制器的各通道 DMA 请求参见表 14-2。

表 14-2　DMA2 各通道 DMA 请求一览表

外　　设	通道 1	通道 2	通道 3	通道 4	通道 5
ADC3					ADC3
SPI/I2S3	SPI/I2S3_RX	SPI/I2S3_TX			
USART4			USART4_RX		USART4_TX
SDIO				SDIO	
TIM5	TIM5_CH4 TIM5_TRIG	TIM5_CH3 TIM5_UP		TIM5_CH2	TIM5_CH1
TIM6 DAC_Channel1			TIM6_UP DAC_Channel1		
TIM7 DAC_Channel2				TIM7_UP DAC_Channel2	
TIM8	TIM8_CH3 TIM8_UP	TIM8_CH4 TIM8_TRIG TIM8_COM	TIM8_CH1		TIM8CH2

　　从外设产生的 DMA 请求通过逻辑或输入到 DMA 控制器，这意味着同时只能有一个请求有效。外设的 DMA 请求映射如图 14-2 和图 14-3 所示。外设的 DMA 请求可以通过设置相应外设寄存器中的控制位，被独立地开启或关闭。

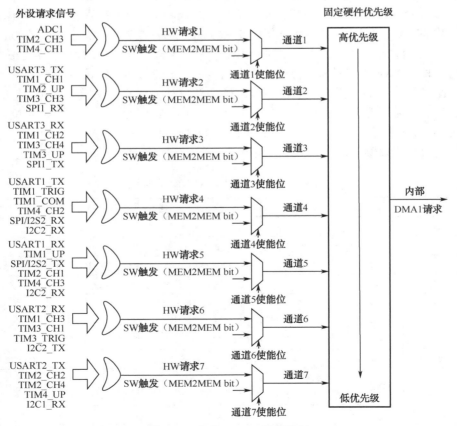

图 14-2　外设 DMA1 请求映射

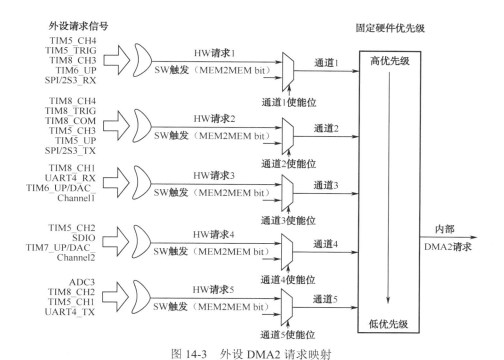

图 14-3　外设 DMA2 请求映射

14.2　DMA 库函数说明

标准外设库的 DMA 库包含了常用的 DMA 操作，通过对函数的调用可以实现对 DMA 操作。

V3.5 的标准外设库增加了 DMA_SetCurrDataCounter 函数，该函数用于设定指定 DMA 通道的待传输数据的数目。全部函数的简要说明参见表 14-3。

表 14-3　DMA 库函数列表

函　数　名	描　述
DMA_DeInit	将 DMA 的通道 x 寄存器重设为默认值
DMA_Init	根据 DMA_InitStruct 中指定的参数初始化 DMA 的通道 x 寄存器
DMA_StructInit	把 DMA_InitStruct 中的每一个参数按默认值填入
DMA_Cmd	使能或者失能指定的通道 x
DMA_ITConfig	使能或者失能指定的通道 x 中断
DMA_GetCurrDataCounte	返回当前 DMA 通道 x 剩余的待传输数据数目
DMA_GetFlagStatus	检查指定的 DMA 通道 x 标志位设置与否
DMA_ClearFlag	清除 DMA 通道 x 待处理标志位
DMA_GetITStatus	检查指定的 DMA 通道 x 中断发生与否
DMA_ClearITPendingBit	清除 DMA 通道 x 中断待处理标志位
DMA_SetCurrDataCounter	设定指定 DMA 通道 x 剩余的待传输数据数目

14.2.1 *库函数* DMA_DeInit

库函数 DMA_DeInit 的描述参见表 14-4。

表 14-4 库函数 DMA_DeInit

函数名	DMA_DeInit
函数原型	void DMA_DeInit(DMA_TypeDef* DMAy_Channelx)
功能描述	将外设 DMAy_Channelx 寄存器重设为默认值
输入参数	DMAy_Channelx：y 可以是 DMA 编号，可为 1 或 2，x 为 DMA 通道号
被调用函数	RCC_APBPeriphResetCmd()

14.2.2 *库函数* DMA_Init

库函数 DMA_Init 的描述参见表 14-5。

表 14-5 库函数 DMA_Init

函数名	DMA_Init
函数原型	void DMA_Init(DMA_TypeDef* DMAy_Channelx, DMA_InitTypeDef*　DMA_InitStruct)
功能描述	根据 DMA_InitStruct 指定的参数初始化 DMAy_Channelx 寄存器
输入参数 1	DMAy_Channelx：y 可以是 DMA 编号，可为 1 或 2，x 为 DMA 通道号
输入参数 2	DMA_InitStruct：指向结构 DMA_InitTypeDef 的指针，包含了外设 DMA 的配置参见表 14-6

用于保存外设 DMA 配置信息的数据结构 DMA_InitTypeDef 结构体定义如下：

```
typedef struct
{
    u32 DMA_PeripheralBaseAddr;
    u32 DMA_MemoryBaseAddr;
    u32 DMA_DIR;
    u32 DMA_BufferSize;
    u32 DMA_PeripheralInc;
    u32 DMA_MemoryInc;
    u32 DMA_PeripheralDataSize;
    u32 DMA_MemoryDataSize;
    u32 DMA_Mode;
    u32 DMA_Priority;
    u32 DMA_M2M;
} DMA_InitTypeDef;
```

结构 DMA_InitTypeDef 的成员参见表 14-6。

表 14-6　DMA_InitTypeDef 参数

成　　员	描　　述
DMA_PeripheralBaseAddr	用以定义 DMA 外设基地址
DMA_MemoryBaseAddr	用以定义 DMA 内存基地址
DMA_DIR	规定了外设是作为数据传输的目的地还是来源 DMA_DIR_PeripheralDST：外设作为数据传输的目的地 DMA_DIR_PeripheralSRC：外设作为数据传输的来源
DMA_BufferSize	用以定义指定 DMA 通道的 DMA 缓存的大小，单位为数据单位。根据传输方向，数据单位等于结构中参数 DMA_PeripheralDataSize 或者参数 DMA_MemoryDataSize 的值
DMA_PeripheralInc	用来设定外设地址寄存器递增与否 DMA_PeripheralInc_Enable：外设地址寄存器递增 DMA_PeripheralInc_Disable：外设地址寄存器不变
DMA_MemoryInc	用来设定内存地址寄存器递增与否 DMA_PeripheralInc_Enable：内存地址寄存器递增 DMA_PeripheralInc_Disable：内存地址寄存器不变
DMA_PeripheralDataSize	设定了外设数据宽度
DMA_MemoryDataSize	用于设置内存的数据长度 DMA_PeripheralDataSize_Byte：数据宽度为 8 位 DMA_PeripheralDataSize_HalfWord：数据宽度为 16 位 DMA_PeripheralDataSize_Word：数据宽度为 32 位
DMA_Mode	用于设置 DMA 的工作模式，指定 DMA 通道数据传输配置为内存到内存时不能使用循环缓存模式 DMA_Mode_Circular：工作在循环缓存模式 DMA_Mode_Normal：工作在正常缓存模式
DMA_Priority	用于设置 DMA 通道的优先级 DMA_Priority_VeryHigh：DMA 通道 x 拥有非常高优先级 DMA_Priority_High：DMA 通道 x 拥有高优先级 DMA_Priority_Medium：DMA 通道 x 拥有中优先级 DMA_Priority_Low：DMA 通道 x 拥有低优先级
DMA_M2M	用于使能或失能 DMA 通道的内存到内存传输 DMA_M2M_Enable：DMA 通道 x 设置为内存到内存传输 DMA_M2M_Disable：DMA 通道 x 没有设置为内存到内存传输

14.2.3　库函数 DMA_StructInit

库函数 DMA_StructInit 的描述参见表 14-7。

表 14-7　库函数 DMA_StructInit

函数名	DMA_StructInit
函数原型	void DMA_StructInit(DMA_InitTypeDef*　DMA_InitStruct)
功能描述	把 DMA_InitStruct 中的每一个参数按默认值填入
输入参数	DMA_InitStruct：指向结构 DMA_InitTypeDef 的指针，待初始化，见表 14-8

表 14-8　DMA_InitStruct 的默认值

成　员	默　认　值
DMA_PeripheralBaseAddr	0
DMA_MemoryBaseAddr	0
DMA_DIR	DMA_DIR_PeripheralSRC
DMA_BufferSize	0
DMA_PeripheralInc	DMA_PeripheralInc_Disable
DMA_MemoryInc	DMA_MemoryInc_Disable
DMA_PeripheralDataSize	DMA_PeripheralDataSize_Byte
DMA_MemoryDataSize	DMA_MemoryDataSize_Byte
DMA_Mode	DMA_Mode_Normal
DMA_Priority	DMA_Priority_Low
DMA_M2M	DMA_M2M_Disable

14.2.4　库函数 DMA_Cmd

库函数 DMA_Cmd 的描述参见表 14-9。

表 14-9　库函数 DMA_Cmd

函数名	DMA_Cmd
函数原型	void DMA_Cmd(DMA_TypeDef* DMAy_Channelx, FunctionalState NewState)
功能描述	使能或者失能 DMAy_Channelx 通道
输入参数 1	DMAy_Channelx：y 可以是 DMA 编号，可为 1 或 2，x 为 DMA 通道号
输入参数 2	NewState：外设 DMAy_Channelx 的新状态 这个参数可以取 ENABLE 或者 DISABLE

14.2.5　库函数 DMA_ITConfig

库函数 DMA_ITConfig 的描述参见表 14-10。

表 14-10　库函数 DMA_ITConfig

函数名	DMA_ITConfig
函数原型	void DMA_ITConfig(DMA_TypeDef* DMAy_Channelx, U32 DMA_IT, FunctionalState NewState)
功能描述	使能或者失能指定的 DMAy_Channelx 通道中断
输入参数 1	DMAy_Channelx：y 可以是 DMA 编号，可为 1 或 2，x 为 DMA 通道号
输入参数 2	DMA_IT：待使能或者失能的 DMA 中断源 DMA_IT_TC：传输完成中断屏蔽 DMA_IT_HT：传输过半中断屏蔽 DMA_IT_TE：传输错误中断屏蔽
输入参数 3	NewState：DMAy_Channelx 中断的新状态 这个参数可以取 ENABLE 或者 DISABLE

14.2.6　*库函数* DMA_GetCurrDataCounte

库函数 DMA_GetCurrDataCounte 的描述参见表 14-11。

表 14-11　库函数 DMA_GetCurrDataCounte

函数名	DMA_GetCurrDataCounte
函数原型	u16 DMA_GetCurrDataCounter(DMA_Channel_TypeDef* DMAy_Channelx)
功能描述	返回当前 DMA y 通道 x 剩余的待传输数据数目
输入参数	DMAy_Channelx：y 可以是 DMA 编号，可为 1 或 2，x 为 DMA 通道号
返回值	当前 DMA y 通道 x 剩余的待传输数据数目

14.2.7　*库函数* DMA_GetFlagStatus

库函数 DMA_GetFlagStatus 的描述参见表 14-12。

表 14-12　库函数 DMA_GetFlagStatus

函数名	DMA_GetFlagStatus
函数原型	FlagStatus DMA_GetFlagStatus(u32 DMAy_FLAG)
功能描述	检查指定的 DMAy 标志位设置与否
输入参数	DMAy_FLAG：待检查的 DMA 标志位 DMAy_FLAG_GLx：全局标志位 DMAy_FLAG_TCx：传输完成标志位 DMAy_FLAG_HTx：传输过半标志位 DMAy_FLAG_Tex：传输错误标志位 y 为 DMA 控制器编号，x 为通道号
返回值	DMA_FLAG 的新状态（SET 或者 RESET）

14.2.8　*库函数* DMA_ClearFlag

库函数 DMA_ClearFlag 的描述参见表 14-13。

表 14-13　库函数 DMA_ClearFlag

函数名	DMA_ClearFlag
函数原型	void DMA_ClearFlag(u32 DMAy_FLAG)
功能描述	清除 DMAy 通道 x 待处理标志位
输入参数	DMA_FLAG：待清除的 DMA 标志位，使用操作符"|"可以同时选中多个 DMA 标志位，参见表 14-12

14.2.9　*库函数* DMA_GetITStatus

库函数 DMA_GetITStatus 的描述参见表 14-14。

表 14-14　库函数 DMA_GetITStatus

函数名	DMA_GetITStatus
函数原型	ITStatus DMA_GetITStatus(u32 DMAy_IT)

续表

功能描述	检查指定的 DMAy 通道 x 中断发生与否
输入参数	DMAy_IT：待检查的 DMA 中断源
	DMA_IT_GL1：通道 1 全局中断
	DMA_IT_TC1：通道 1 传输完成中断
	DMA_IT_HT1：通道 1 传输过半中断
	DMA_IT_TE1：通道 1 传输错误中断
	y 为 DMA 控制器编号，x 为通道号
返回值	DMA_IT 的新状态（SET 或者 RESET）

14.2.10　库函数 DMA_ClearITPendingBit

库函数 DMA_ClearITPendingBit 的描述参见表 14-15。

表 14-15　库函数 DMA_ClearITPendingBit

函数名	DMA_ClearITPendingBit
函数原型	void DMA_ClearITPendingBit(u32 DMAy_IT)
功能描述	清除 DMAy 通道 x 中断待处理标志位
输入参数	DMAy_IT：待清除的 DMA 中断待处理标志位，参见表 14-14 的输入参数

思考与练习

1．简要说明 DMA 的概念与作用。

2．什么是 DMA 传输方式？简要说明 DMA 传输数据的主要步骤。

3．在 STM32F103x 芯片上拥有 12 通道的 DMA 控制器，分为 2 个 DMA，分别是什么？各有什么特点？

4．STM32F103x 支持哪几种外部 DMA 请求/应答协议？

5．在使用 DMA 时，都需要做哪些配置？

例程 5-DMA

第 15 章

FSMC 模块

本章主要介绍 STM32F103x 系列微控制器的灵活静态存储控制器（FSMC）模块的使用方法及库函数。大容量和超大容量处理器支持 FSMC，其他类型的 STM32F103x 系列微控制器没有集成 FSMC 模块。

15.1 FSMC 简介

FSMC 模块能够与同步或异步的存储器和 16 位的 PC 存储器连接，它的主要作用是：

- 将 AHB 传输信号转换到适当的外部设备协议；
- 满足访问外部设备的时序要求。

所有的外部存储器共享控制器输出的地址、数据和控制信号，每个外部设备可以通过一个唯一的片选信号加以区分。FSMC 在任一时刻只访问一个外部设备。

FSMC 包含 3 个主要模块：

（1）AHB 接口（包含 FSMC 配置寄存器）。

（2）NOR 闪存和 PSRAM 控制器。

（3）NAND 闪存/PC 卡控制器和外部设备接口。

FSMC 具有下列主要功能：

- 连接具有静态存储器接口的器件包括静态随机存储器（SRAM）、只读存储器（ROM）、NOR 闪存、PSRAM（4 个存储器块）；
- 两个 NAND 闪存块，支持硬件 ECC 并可检测多达 8KB 数据；
- 16 位的 PC 卡兼容设备；
- 支持对同步器件的成组（Burst）访问模式，如 NOR 闪存和 PSRAM；
- 8 或 16 位数据总线；
- 每一个存储器块都有独立的片选控制；
- 每一个存储器块都可以独立配置；
- 时序可编程以支持各种不同的器件：等待周期可编程（多达 15 个周期）、总线恢复周期可编程（多达 15 个周期）、输出使能和写使能延迟可编程（多达 15 周期）、独立的读写时序和协议，可支持宽范围的存储器和时序；
- PSRAM 和 SRAM 器件使用的写使能和字节选择输出；
- 将 32 位的 AHB 访问请求，转换到连续的 16 位或 8 位的，对外部 16 位或 8 位器件的访问；

● 具有 16 个字，每个字 32 位宽的写入 FIFO，允许在写入存储器较慢时释放 AHB 进行其他操作。在开始一次新的 FSMC 操作前，FIFO 要先被清空。

通常在系统复位或上电时，应该设置好所有定义外部存储器类型和特性的 FSMC 寄存器，并保持它们的内容不变。当然，也可以在任何时候改变这些设置。

FSMC 模块的结构如图 15-1 所示。

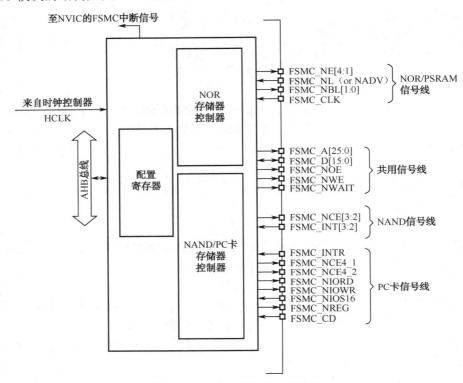

图 15-1　FSMC 模块的结构框图

从 FSMC 的角度看，可以把外部存储器划分为固定大小为 256MB 的 4 个存储块，如图 15-2 所示。

存储块 1 用于访问最多 4 个 NOR 闪存或 PSRAM 存储设备。这个存储区被划分为 4 个 NOR/PSRAM 区并有 4 个专用的片选。存储块 2 和 3 用于访问 NAND 闪存设备，每个存储块连接一个 NAND 闪存。存储块 4 用于访问 PC 卡设备，每一个存储块上的存储器类型是由用户在配置寄存器中定义的。

AHB 接口为内部 CPU 和其他总线控制设备访问外部静态存储器提供了通道，AHB 操作被转换到外部设备的操作。当选择的外部存储器的数据通道是 16 或 8 位时，在 AHB 上的 32 位数据会被分割成连续的 16 或 8 位的操作。AHB 时钟（HCLK）是 FSMC 的参考时钟。

请求 AHB 操作的数据宽度可以是 8 位、16 位或 32 位，而外部设备则是固定的数据宽度，此时需要保障实现数据传输的一致性。

因此，FSMC 执行下述操作规则：

● AHB 操作的数据宽度与存储器数据宽度相同：无数据传输一致性的问题；

● AHB 操作的数据宽度大于存储器的数据宽度：此时 FSMC 将 AHB 操作分割成几个连续的较小数据宽度的存储器操作，以适应外部设备的数据宽度；

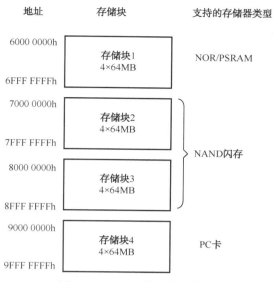

图 15-2　FSMC 的 4 个存储块

● AHB 操作的数据宽度小于存储器的数据宽度：依据外部设备的类型，异步的数据传输有可能不一致。与具有字节选择功能的存储器（SRAM、ROM、PSRAM 等）进行异步传输时，FSMC 执行读写操作并通过它的字节通道 BL[1:0]访问正确的数据。与不具有字节选择功能的存储器（NOR 和 16 位 NAND 等）进行异步传输时，即需要对 16 位宽的闪存存储器进行字节访问，显然不能对存储器进行字节模式访问（只允许 16 位的数据传输），因此，不允许进行写操作，可以进行读操作（控制器读出完整的 16 位存储器数据，只使用需要的字节）。

15.2　与非总线复用模式的异步 16 位 NOR 闪存接口

15.2.1　FSMC 的配置

控制一个 NOR 闪存存储器，需要 FSMC 提供下述功能：

● 选择合适的存储块映射 NOR 闪存存储器：共有 4 个独立的存储块可以用于与 NOR 闪存、SRAM 和 PSRAM 存储器接口，每个存储块都有一个专用的片选引脚；
● 使用或禁止地址/数据总线的复用功能；
● 选择所用的存储器类型：NOR 闪存、SRAM 或 PSRAM；
● 定义外部存储器的数据总线宽度：8 或 16 位；
● 使用或关闭同步 NOR 闪存存储器的突发访问模式；
● 配置等待信号的使用：开启或关闭、极性设置、时序配置；
● 使用或关闭扩展模式：扩展模式用于访问那些具有不同读写操作时序的存储器。因为 NOR 闪存/SRAM 控制器可以支持异步和同步存储器，用户只须根据外部存储器的要求配置参数。

FSMC 提供了一些可编程的参数，可以正确地与外部存储器接口。依存储器类型的不同，有些参数是不需要的。

当使用一个外部异步存储器时，用户必须按照存储器的数据手册给出的时序数据，计算和设置下列参数：

- ADDSET：地址建立时间；
- ADDHOLD：地址保持时间；
- DATAST：数据建立时间；
- ACCMOD：访问模式。这个参数允许 FSMC 可以灵活地访问多种异步的静态存储器。共有 4 种扩展模式允许以不同的时序分别读写存储器。在扩展模式下，FSMC_BTR 用于配置读操作，FSMC_BWR 用于配置写操作。如果读时序与写时序相同，只须使用 FSMC_BTR 即可。

如果使用了同步的存储器，用户必须计算和设置下述参数：

- CLKDIV：时钟分频系数；
- DATLAT：数据延时。如果存储器支持的话，NOR 闪存的读操作可以是同步的，而写操作仍然是异步的。当对一个同步的 NOR 闪存编程时，存储器会自动地在同步与异步之间切换，因此，必须正确地设置所有的参数。

典型的 NOR 闪存不同的读写时序如图 15-3 和图 15-4 所示。

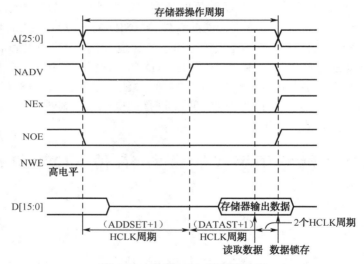

图 15-3   典型 NOR 闪存读时序

STM32F103x 的 FSMC 有 4 个各为 64MB 的不同存储块，支持 NOR 闪存、PSRAM 存储器和相同的外部存储器。所有外部存储器共用控制器的地址、数据和控制信号线，每个外部设备由唯一的片选信号区分，而 FSMC 在任一时刻只访问一个外部设备。

每个存储块都有一组专用的寄存器，配置不同的功能和时序参数。本文以 M29W128FL 存储器作为参考。M29W128FL 是一个 16 位、异步、非总线共享的 NOR 闪存存储器，因此 FSMC 应按下述方式配置：

- 选用存储块 2：驱动这个 NOR 闪存存储器；
- 使能存储块 2：设置库函数 FSMC_NANDCmd 的状态参数为 ENABLE；
- 存储器类型为 NOR：设置库函数 FSMC_NORSRAMCmd，选择 NOR 存储器类型；
- 数据总线宽度为 16 位：设置库函数 FSMC_NORSRAMInit 中的结构体参数 FSMC_MemoryDataWidth 为 16 位宽度；

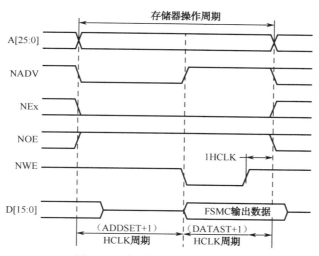

图 15-4 典型 NOR 闪存写时序

- 这是非总线共享存储器：清除库函数 FSMC_NORSRAMInit 中的结构体参数 FSMC_DataAddressMux；
- 保持其他的所有参数为清除状态。

15.2.2 时序计算

对于异步 NOR 闪存存储器或类似的存储器，有不同的访问协议。首先要确定对特定存储器所需要使用的操作协议，选择的依据是不同的控制信号和存储器在读或写操作中的动作。

对于异步 NOR 闪存存储器，需要使用模式 2 协议。如果要使用的存储器有 NADV 信号，则需要使用扩展的模式 B 协议。下面将使用模式 2 操作 M29W128FL，不使用任何扩展模式，即读和写操作的时序是一样的。这时 NOR 闪存控制器需要 3 个时序参数：FSMC_AddressSetupTime、FSMC_DataSetupTime 和 FSMC_AddressHoldTime。

需要根据 NOR 闪存存储器的特性和 STM32F103x 的时钟 HCLK 来计算这些参数，基于图 15-3 和图 15-4 的 NOR 闪存存储器访问时序，可通过下列计算过程得到计算公式。

（1）写或读访问时序是存储器片选信号的下降沿与上升沿之间的时间，这个时间可以由 FSMC 时序参数的函数计算得到：

写/读访问时间 = ((FSMC_AddressSetupTime + 1) + (FSMC_DataSetupTime + 1)) $\times t_{HCLK}$

在写操作中，FSMC_DataSetupTime 用于衡量写信号的下降沿与上升沿之间的时间参数：

写使能信号从低变高的时间 = t_{WP} = FSMC_DataSetupTime $\times t_{HCLK}$

（2）为了得到正确的 FSMC 时序配置，下列时序应予以考虑：

- 最大的读/写访问时间；
- 不同的 FSMC 内部延迟；
- 不同的存储器内部延迟。

（3）因此得到：

$$((FSMC\_AddressSetupTime + 1) + (FSMC\_DataSetupTime + 1)) \times t_{HCLK} = max\ (t_{WC}, t_{RC})$$
$$FSMC\_DataSetupTime \times t_{HCLK} = t_{WP}$$

FSMC_DataSetupTime 必须满足：

$$FSMC\_DataSetupTime = (t_{AVQV} + t_{su(Data\_NE)} + t_{v(A\_NE)})/\ t_{HCLK} - FSMC\_AddressSetupTime - 4$$

公式中 NOR 闪存存储器参数的含义和数值可以通过查阅数据手册获得，参见表 15-1。

公式中有关 STM32F103x 微控制器参数的含义和数值可以通过查阅数据手册获得，参见表 15-2。

表 15-1　NOR 闪存存储器时序参数

符　号	参　数	数　值	单　位
t_{WC}	地址有效至下一个写操作的地址有效	70	ns
t_{RC}	地址有效至下一个读操作的地址有效	70	ns
t_{WP}	写使能低至写使能高	45	ns
t_{AVQV}	地址有效至输出有效	70	ns

表 15-2　STM32103x 微控制器参数

符　号	参　数	数　值	单　位
HCLK	内部 AHB 时钟频率	72	MHz
$t_{su(Data\_NE)}$	数据至 FSMC_NEx 高的建立时间	—	ns
$t_{v(A\_NE)}$	FSMC_NEx 低至 FSMC_A 有效	—	ns
$t_{su(Data\_NE)} + t_{v(A\_NE)}$	数据至 FSMC_NEx 高的建立时间 + FSMC_NEx 低至 FSMC_A 有效	36	ns

计算后可以得到：

- FSMC_AddressSetupTime 地址建立时间：0x0
- FSMC_AddressHoldTime 地址保持时间：0x0
- FSMC_DataSetupTime 数据建立时间：0x6

15.2.3　硬件连接

NOR 闪存存储器与 FSMC 引脚的对应关系，和每个 FSMC 引脚的配置，参见表 15-3。如果使用 8 位的 NOR 闪存存储器，数据总线是 8 位的，不需要连接 FSMC 的 D8~D15。如果使用同步的存储器，FSMC_CLK 引脚要接到存储器时钟引脚上。

表 15-3　NOR 存储器与 FSMC 引脚对应关系

存储器信号	FSMC 信号	引脚/端口分配	引脚/端口配置	信号说明
A0~A22	A0~A22	端口 F/端口 G/端口 E/端口 D	复用推挽输出	地址线 A0 至 A22
DQ0~DQ7	D0~D7	端口 D/端口 E	复用推挽输出	数据线 D0 至 D7
DQ8~DQ14	D8~D14	端口 D/端口 E	复用推挽输出	数据线 D8 至 D14
DQ15A-1	D15	PD10	复用推挽输出	数据线 D15
E	NE2	PG9	复用推挽输出	芯片使能
G	NOE	PD4	复用推挽输出	输出使能
W	NEW	PD5	复用推挽输出	写使能

15.2.4　从外部 NOR 闪存存储器执行代码

使用外部 NOR 闪存存储器运行用户程序，需要两个重要的步骤：

（1）加载用户程序至外部 NOR 存储器：这个操作需要对开发工具进行特别的配置，在链接文件中，必须指定 NOR 闪存存储器的开始地址（或任何其他地址），这是需要放置用户程序的地址。

（2）执行用户代码：一旦用户程序代码加载到 NOR 闪存存储器，在内部闪存存储器中需要有一段配置 FSMC 的程序，配置好 FSMC 后可以跳转至（NOR 闪存存储器中的）用户程序代码执行。

15.3　与非总线复用的 16 位 SRAM 接口

15.3.1　FSMC 配置

SRAM 存储器和 NOR 闪存存储器共用相同的 FSMC 存储块，所用的协议依不同的存储器类型而有所不同。控制 SRAM 存储器，FSMC 应该具有下述功能：

● 使用或禁止地址/数据总线的复用功能；
● 选择所用的存储器类型：NOR 闪存、SRAM 或 PSRAM；
● 定义外部存储器的数据总线宽度：8 或 16 位。

使用或关闭扩展模式：扩展模式用于访问那些具有不同读写操作时序的存储器。正如配置 NOR 闪存存储器一样，用户必须按照 SRAM 存储器的数据手册给出的时序数据，计算和设置下列参数：

● FSMC_AddressSetupTime：地址建立时间；
● FSMC_AddressHoldTime：地址保持时间；
● FSMC_DataSetupTime：数据建立时间。

一个典型的 SRAM 存储器不同的读写时序如图 15-5 和图 15-6 所示。

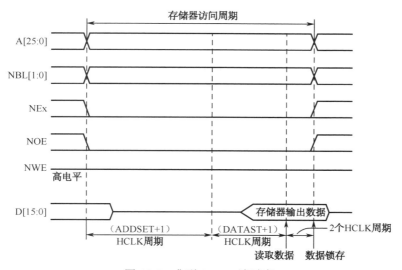

图 15-5　典型 SRAM 读时序

本书中使用 IS61WV51216BLL 存储器作为例子说明。IS61WV51216BLL 是一个非总线复用、异步的 16 位存储器。选用存储块 3 作为 SRAM 的接口，FSMC 配置如下：

- 选用存储块 3：配置库函数 FSMC_NORSRAMCmd 中的参数为 FSMC_Bank1_NORSRAM3 = ENABLE；
- 存储器类型为 SRAM：配置库函数 FSMC_NORSRAMDeInit 中的结构体参数 FSMC_MemoryType，选择 SRAM 类型；
- 数据总线为 16 位：设置库函数 FSMC_NORSRAMInit 中的结构体参数 FSMC_MemoryDataWidth 为 16 位宽度；
- 存储器为非总线复用：清除库函数 FSMC_NORSRAMInit 中的结构体参数 FSMC_DataAddressMux；
- 保持其他的所有参数为清除状态。

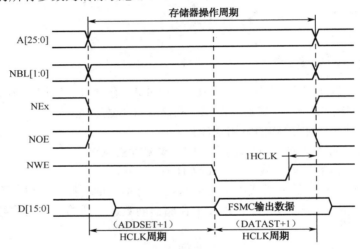

图 15-6 典型 SRAM 写时序

15.3.2 时序计算

SRAM 与 NOR 闪存存储器共用相同的存储块和配置寄存器，因此时序的计算方法与 NOR 闪存的计算相同（见 15.2.2 节）。计算所需的 SRAM 参数和 STM32F103x 微控制器参数参见表 15-4 和表 15-2。

表 15-4　SRAM 参数

符　　号	参　　数	数　　值	单　　位
t_{WC}	写周期时间	12	ns
t_{RC}	读周期时间	12	ns
t_{PWE1}	写使能低脉冲宽度	8	ns
t_{AA}	地址有效时间	12	ns

计算后可以得到：

- 地址建立时间：0x0
- 地址保持时间：0x0
- 数据建立时间：0x2

15.3.3　硬件连接

SRAM 与 FSMC 引脚的对应关系，和每个 FSMC 引脚的配置，参见表 15-5。如果使用 8 位的 SRAM，数据总线是 8 位的，不需要连接 FSMC 的 D8～D15。

表 15-5　SRAM 与 FSMC 引脚对应关系

存储器信号	FSMC 信号	引脚/端口分配	引脚/端口配置	信号说明
A0～A18	A0～A18	端口 F/端口 G/端口 E/端口 D	复用推挽输出	地址线 A0 至 A18
I/O0～I/O15	D0～D15	端口 D/端口 E	复用推挽输出	数据线 D0 至 D15
CE	NE3	PG10	复用推挽输出	芯片使能
OE	NOE	PD4	复用推挽输出	输出使能
WE	NWE	PD5	复用推挽输出	写使能
LB	NBL0	PE0	复用推挽输出	低字节控制
UB	NBL1	PE1	复用推挽输出	高字节控制

15.4　与 8 位的 NAND 闪存存储器接口

操作 NAND 闪存存储器，需要使用特别的访问协议，所有的读写操作需要有下述步骤：

（1）向 NAND 闪存存储器发送一个命令；

（2）发送读或写的地址；

（3）读出或写入数据。

为了使用户可以方便地操作 NAND 闪存，FSMC 的 NAND 存储块被划分为 3 个段：数据段、地址段和命令段，如图 15-7 所示。

图 15-7　FSMC 的 NAND 存储块的段划分

这 3 个段的划分反映了真实的 NAND 闪存存储器的结构。写入命令段的任何地址，结果都是向 NAND 闪存写入命令。写入地址段的任何地址，结果都是向 NAND 闪存写入读写操作的地址。根据所用 NAND 闪存的构造，通常需要 4～5 个写入地址段才能写入一个读写操作的地址。写入或读出数据段的任何地址，结果都是写入或读出 NAND 的内部单元，该单元的地址是之前在地址段写入的那个地址。

15.4.1　FSMC 配置

为控制 NAND 闪存存储器，FSMC 提供下述功能：

- 开启或关闭存储器就绪/繁忙 (Ready/Busy) 信号作为 FSMC 的输入等待；
- 开启或关闭存储器就绪/繁忙 (Ready/Busy) 信号作为 FSMC 的中断输入源：中断可以以下述 3 种方式产生：
  - 在就绪/繁忙信号的上升沿产生中断：存储器刚刚完成一个操作，新的状态已经就绪；
  - 在就绪/繁忙信号的下降沿产生中断：存储器开始一个新的操作；
  - 在就绪/繁忙信号为高电平时产生中断：存储器已经就绪。
- 选择 NAND 存储器的数据总线宽度：8 或 16 位；
- 开启或关闭 ECC 计算逻辑；
- 指定 ECC 计算的页面大小：可以是 256、512、1024、2048、4096 或 8192 字节/页。用户可以配置 FSMC 的时序分别满足 NAND 闪存的不同段的操作：公共段和属性段。可配置的时序是：
  - 建立时间：这是发送命令字之前地址的建立时间（以 HCLK 为单位），即从地址有效至开始读写操作之间的时间。这里的读写操作是指对 NAND 内控制单元的读写，不一定是对 NAND 中存储单元的操作。
  - 等待时间：这是发送命令字所需要的时间（以 HCLK 为单位），即从 NOE 和 NWE 信号下降至上升之间的时间。
  - 保持时间：这是发送命令字后地址保持的时间（以 HCLK 为单位），即从 NOE 和 NWE 信号下降至上升至整个操作周期结束的时间。
  - 数据总线高阻时间：这个参数只在写操作时有效，它是在开始写操作后数据总线保持高阻状态的时间（以 HCLK 为单位），即从地址有效至 FSMC 驱动数据总线的时间。

一个典型的 NAND 存储器访问时序如图 15-8 所示。

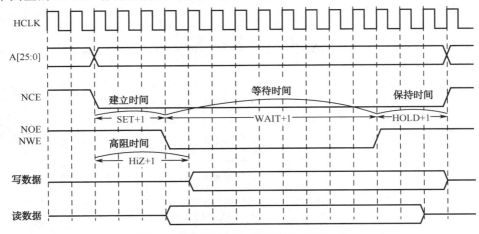

图 15-8 典型 NAND 存储器的访问时序

FSMC 的 NAND 闪存控制器通过存储块 2 和存储块 3 操作 NAND 存储器。每一个存储块都有一个对应的片选信号。在开始与 NAND 闪存通信之前，需要根据 NAND 闪存的特性（功能、时序、数据总线宽度等）初始化 FSMC 的 NAND 闪存控制器。

本书以 Numonyx 公司的 NAND512W3A 存储器作为例子说明，这个产品与现在市场上大部分的 NAND 存储器具有相同的访问协议。

NAND512W3A 的特性如下：

- NAND 接口：8 位总线宽度，复用的地址/数据线；

- 页大小：(512+16)字节；
- 页读/编程时序；
- 随机访问：12μs (3V)/15μs (1.8V)（最大）；
- 顺序访问：30ns (3V)/50ns (1.8V)（最小）；
- 页编程时间：200μs（典型值）。

本例中，选择存储块 2 作为 NAND 闪存的接口。因此 FSMC 按照下述进行配置：

- 选用存储块 3：配置库函数 FSMC_NORSRAMCmd 中的参数为 FSMC_Bank1_NORSRAM3 = ENABLE；
- 存储器类型为 SRAM：配置库函数 FSMC_NORSRAMDeInit 中的结构体参数 FSMC_MemoryType，选择 SRAM 类型；
- 数据总线为 16 位：设置库函数 FSMC_NORSRAMInit 中的结构体参数 FSMC_MemoryDataWidth 为 16 位宽度；
- 存储器为非总线复用：清除库函数 FSMC_NORSRAMInit 中的结构体参数 FSMC_DataAddressMux；
- 使能存储块 2：设置库函数 FSMC_PCCARDCmd 的状态参数为 ENABLE；
- 存储器类型为 NAND 闪存：设置库函数 FSMC_NANDCmd 的状态参数为 ENABLE；
- 数据总线宽度是 8 位：设置库函数 FSMC_NANDInit 中的结构体参数 FSMC_MemoryDataWidth = 8；
- ECC 页大小为 512 字节：设置库函数 FSMC_NANDInit 中的结构体参数 FSMC_ECCPageSize = 512；
- ECC 计算电路的开/关：按需要设置库函数 FSMC_NANDInit 中的结构体参数 FSMC_ECC = FSMC_ECC_Enable；
- 根据用户应用的需要使用等待功能：按需要设置库函数 FSMC_PCCARDDeInit 的结构参数 FSMC_Waitfeature = ENABLE。如果用户把 NAND 的就绪/繁忙信号连接至 FSMC_NWAIT 引脚，就需要使用等待功能管理 NAND 闪存的操作。

当使用 NAND 闪存的等待功能时，控制器将在开始一个新的访问之前，等待 NAND 闪存就绪，在等待期间，控制器会保持 NCE 信号一直有效（低电平）。

通常，就绪/繁忙信号是一个开路输出信号，将它连到 STM32F103x 微控制器时，对应的引脚必须配置为上拉输入模式。

FSMC 还可以把就绪/繁忙信号作为一个中断源使用，这样 CPU 可以在 NAND 闪存操作的等待周期内执行其他的任务。把这个信号作为中断源使用时有 3 种用法，通过设置库函数 FSMC_ITConfig 的参数 FSMC_IT_RisingEdge、FSMC_IT_Level、FSMC_IT_FallingEdge 为 ENABLE 或 DISABLE，可以选择就绪/繁忙信号的上升沿、下降沿或高电平触发中断。

15.4.2 时序计算

除了配置与 NAND 闪存相关的不同功能外，用户还需要初始化控制器以满足存储器的时序。可以分别设置 FSMC 的公共空间和属性空间上的时序：建立时间、等待时间、保持时间和数据总线高阻时间。

这些参数需要根据 NAND 存储器的时序特性和 STM32F103x 的 HCLK 时钟计算。根据图 15-8 显示的 NAND 存储器访问时序，可以得到下述公式：

读或写访问时间是 NAND 存储器的片选信号，从下降沿至上升沿之间的时间，这是 FSMC

时序参数的函数：

读/写访问时间 = ((FSMC_SetupTime+1)+(FSMC_WaitSetupTime+1)+
(FSMC_HoldSetupTime+1))×t_{HCLK}

等待时间是读/写使能信号，从下降沿至上升沿之间的时间：

读/写使能信号低至高时间 = (FSMC_WaitSetupTime+1)×t_{HCLK}

对于读操作，数据总线高阻时间（FSMC_HiZSetupTime）由片选建立时间和数据建立时间衡量：

片选建立时间−数据建立时间 = FSMC_HiZSetupTime×t_{HCLK}

保持时间参数可以在第一个公式中获得。实际上，NAND 存储器的数据手册给出了写操作中片选低至写使能高的时序，保持时间可以由此计算得出：

片选低至写使能高时间 = ((FSMC_SetupTime+1)+(FSMC_WaitSetupTime+1))×t_{HCLK}

为了保证正确地配置 FSMC 的时序，下述因素应加以考虑：

● 最大读/写访问时间；
● FSMC 内部各部分的延迟；
● 存储器内部各部分的延迟；

因此，我们得到下述公式：

(FSMC_WaitSetupTime+1)×t_{HCLK} = max(t_{WP}, t_{RP})

((FSMC_SetupTime+1)+(FSMC_WaitSetupTime+1))×t_{HCLK} = max(t_{CS}, t_{ALS}, t_{CLS})

FSMC_HoldSetupTime = max(t_{CH}, t_{ALH}, t_{CLH})/ t_{HCLK}

还需要满足下述公式的验证：

((FSMC_SetupTime+1)+(FSMC_WaitSetupTime+1)+(FSMC_HoldSetupTime+1))×t_{HCLK} = max(t_{RC}, t_{WC})

FSMC_HiZSetupTime = (max(t_{CS}, t_{ALS}, t_{CLS})−t_{DS})/ t_{HCLK})−1

考虑 FSMC 和存储器内部各部分的延迟，这些公式变为如下形式：
FSMC_WaitSetupTime 需要满足：

(FSMC_WaitSetupTime+1+FSMC_SetupTime+1) = ((t_{CEA}+$t_{su(Data\_NE)}$+$t_{v(A\_NE)}$)/t_{HCLK})

FSMC_WaitSetupTime = ((t_{CEA}+$t_{su(Data\_NE)}$+$t_{v(A\_NE)}$)/t_{HCLK})−FSMC_SetupTime−2

FSMC_SetupTime 需要满足：

(FSMC_SetupTime+1) = (max(t_{CS}, t_{ALS}, t_{CLS})−max(t_{WP}, t_{RP}))/t_{HCLK}−1

FSMC_SetupTime = (max(t_{CS}, t_{ALS}, t_{CLS})−max(t_{WP}, t_{RP}))/t_{HCLK}−1

公式中 NAND 闪存存储器参数含义和数值可以通过查阅数据手册获得，参见表 15-6。公式中有关 STM32F103x 微控制器参数的含义和数值可以通过查阅数据手册获得，参见表 15-2。

使用上述公式、存储器时序（见表 15-6）和 STM32F103x 参数（见表 15-2），得到：

- 地址建立时间：0x1
- 地址保持时间：0x3
- 数据建立时间：0x2
- 数据总线高阻时间：0x2

表 15-6　NAND 闪存存储器参数

符　号	参　数	数　值	单　位
t_{CEA}	片选低至输出有效	35	ns
t_{WP}	写使能低至写使能高	15	ns
t_{RP}	写使能低至写使能高	15	ns
t_{CS}	片选低至写使能高	20	ns
t_{ALS}	AL 建立时间	15	ns
t_{CLS}	CL 建立时间	15	ns
t_{CH}	E 保持时间	5	ns
t_{ALH}	AL 保持时间	5	ns
t_{CLH}	CL 保持时间	5	ns

15.4.3　硬件连接

NAND 存储器与 FSMC 引脚的对应关系，和每个 FSMC 引脚的配置，参见表 15-7。如果使用 16 位的 NAND 存储器，数据总线是 16 位的，需要连接其他 FSMC 的数据/地址信号线。

表 15-7　NAND 存储器与 FSMC 引脚对应关系

存储器信号	FSMC 信号	引脚/端口分配	引脚/端口配置	信号说明
AL	ALE/A17	PD11	复用推挽输出	地址锁存使能
CL	CLE/A16	PD12	复用推挽输出	命令锁存使能
I/O0~I/O7	D0~D7	端口 D/端口 E	复用推挽输出	数据总线 D0~D7
E	NCE2	PD7	复用推挽输出	片选使能
R	NOR	PD4	复用推挽输出	输出使能
W	NWE	PD5	复用推挽输出	写使能
R/B	NWAIT/INT2	PD6/PG6	输入上拉	就绪/繁忙信号

15.4.4　错误校验码计算

FSMC 的 NAND 闪存控制器中有 2 个错误校验码计算的硬件电路，分别用于 2 个 NAND 存储块。根据用户设置的页面大小，ECC 电路可以计算每页 256、512、1024、2048、4096 或 8192 字节的错误校验码。依配置的页面大小，ECC 码长度为 22、24、26、28、30 或 32 位。

为了提高错误检测的覆盖率，用户可以在读/写 NAND 闪存页时减小 ECC 计算时的页面大小，这可以通过在需要数目的数据字节长度处开始和停止 ECC 计算实现，ECC 的计算只在写入或读出数据时进行。

FSMC 中实现的错误校验码算法，可以实现在读出或写入一页 NAND 闪存数据中检测 1 位和 2 位错误。这个算法基于海明算法，包括计算行和列的奇偶检验。

在写操作时如果发生了错误，根据 XOR 运算的结果，有可纠正的错误和不可纠正的错误（以下以每页 256 字节为例说明）：

- 可纠正的错误：ECC 码的 XOR 运算结果包含 11 位的数据 1，同时每对的奇偶检验值是 10 或 0x01。
- ECC 码错误：ECC 码的 XOR 运算结果只包含一个 1。
- 不可纠正的错误：ECC 码的 XOR 运算结果是一个随机数，此时不能纠正错误的数据。

校验算法很容易实现，如图 15-9 所示。第一步是检测写操作是否有错误；如果写操作有错误，则第二步是判断是否为可纠正的错误；如果是可纠正的错误，则第三步是纠正错误。

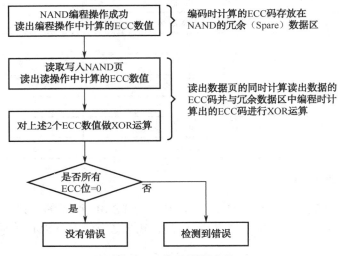

图 15-9　错误检测流程

纠正错误是基于读操作时算出的 ECC 码的，错误的位置可以从这个 ECC 码中识别出来。下述数据可以从 ECC 码中抽取出来：P1024、P512、P256、P128、P64、P32、P16、P8、P4、P2、P1，其中 Px 是行和列的奇偶检验值。

对于 8 位的存储器，P4、P2、P1 定义了错误位的位置，而 P1024、P512、P256、P128、P64、P32、P16、P8 定义了错误字节的位置。

上述 XOR 的运算结果中，每 2 位（每对）代表一个奇偶检验值，从低位向高位依次定义为 P1、P2、P4、P8、P16、P32、P64、P128、P256、P512、P1024；如果 ECC 计算时，每页数据超过 256 字节，则还有 P2048、P4096 等。

- 如果每一个 Px 的值都是 00，则表示没有错误；
- 如果每一个 Px 的值都是 10 或 01，则表示有可纠正的错误，需要执行纠正；
- 如果所有 Px 值中除了一个为 10 或 01，其余的都是 00，则表示 ECC 有错误但数据正确；
- 其他情况，则表示数据有错误，而且是不可纠正的错误。

15.5　FSMC 库函数说明

标准外设库的 FSMC 库包含了常用的 FSMC 操作，通过对函数的调用可以实现对 FSMC 的操作。V3.5 的标准外设库未对 FSMC 的库函数进行修改，全部函数的简要说明参见表 15-8。

表 15-8　FSMC 库函数列表

函　数　名	描　　述
FSMC_NORSRAMDeInit	将外设 FSMC NOR 控制块寄存器重设为默认值
FSMC_NANDDeInit	将外设 FSMC NAND 控制块寄存器重设为默认值
FSMC_PCCARDDeInit	将外设 FSMC PCCard 控制块寄存器重设为默认值
FSMC_NORSRAMInit	根据 FSMC_NORInitStruct 中指定的参数初始化 FSMC NOR 控制块
FSMC_NANDInit	根据 FSMC_NANDInitStruct 中指定的参数初始化 FSMC NAND 控制块
FSMC_PCCARDInit	根据 FSMC_PCCARDInitStruct 中指定的参数初始化 FSMCPCCard 控制块
FSMC_NORSRAMStructInit	把 FSMC_NORInitStruct 中的每一个参数按默认值填入
FSMC_NANDStructInit	把 FSMC_NANDInitStruct 中的每一个参数按默认值填入
FSMC_PCCARDStructInit	把 FSMC_PCCARDInitStruct 中的每一个参数按默认值填入
FSMC_NORSRAMCmd	使能或失能 NOR/SRAM 存储块 1
FSMC_NANDCmd	使能或失能指定 NAND 存储块 1 或者 2
FSMC_PCCARDCmd	使能或失能指定的 PCCard 存储块 3
FSMC_NANDECCCmd	使能或失能 NAND ECC 检验功能
FSMC_GetECC	获取 ECC 检验码
FSMC_ITConfig	使能或失能指定的中断
FSMC_GetFlagStatus	检查指定的标志是否置位
FSMC_ClearFlag	清除指定待处理标志
FSMC_GetITStatus	检查指定的中断是否产生
FSMC_ClearITPendingBit	清除指定的待处理中断位

思考与练习

1. 什么是 FSMC 模块，简要说明 FSMC 模块的作用。
2. FSMC 包括几个主要模块？具有什么特点？
3. 在使用 FSMC 时，需要执行哪些操作规则？
4. 在控制一个 NOR 闪存存储器时，需要 FSMC 提供哪些功能？计算哪些参数？
5. 写出 STM32F103x 在使用外部 NOR 闪存存储器运行程序时，需要的重要步骤。
6. 写出 STM32F103x 在操作 NAND 闪存存储器时，需要的步骤。

例程 6-FSMC

第16章

模数转换器模块

本章主要介绍 STM32F103x 系列微控制器的集成模数转换器（ADC）的使用方法及库函数。

16.1 ADC 简介

STM32F103x 系列芯片上带有的模数转换器为 12 位，该 ADC 是一种逐次逼近型模拟数字转换器，它有 18 个通道，可测量 16 个外部和两个内部信号源。各通道的 A/D 转换可以单次、连续扫描或以间断模式执行。ADC 的结果可以以左对齐或右对齐的方式存储在 16 位数据寄存器中。模拟看门狗特性允许应用程序检测输入电压是否超出用户定义的高/低阈值。单个 ADC 的结构如图 16-1 所示（未包括两个内部信号源）

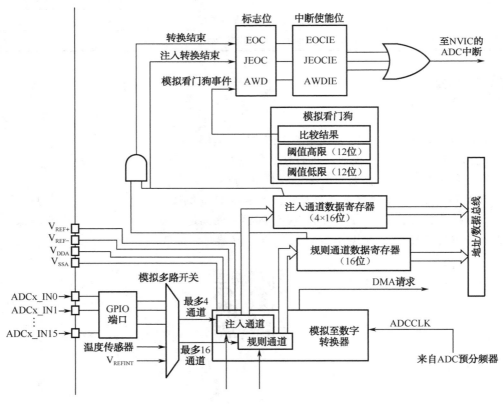

图 16-1　单个 ADC 结构框图

ADC 的主要特征如下：

- 12 位分辨率；
- 转换结束，注入转换结束和发生模拟看门狗事件时产生中断；
- 单次和连续转换模式；
- 从通道 0 到通道 n 的自动扫描模式；
- 自校准；
- 带内嵌数据一致的数据对齐；
- 通道之间采样间隔可编程；
- 规则转换和注入转换均有外部触发选项；
- 间断模式；
- 双重模式（带两个或两个以上 ADC 的器件）；
- ADC 转换时间：
    - STM32F103xx 增强型产品：ADC 时钟为 56MHz 时为 1μs（ADC 时钟为 72MHz 时为 1.17μs）；
    - STM32F103xx 基本型产品：ADC 时钟为 28MHz 时为 1μs（ADC 时钟为 36MHz 时为 1.55μs）；
    - STM32F102xxUSB 型产品：ADC 时钟为 48MHz 时为 1.2μs；
- ADC 供电要求为 2.4～3.6V；
- ADC 输入范围为 $V_{REF-} \leq V_{IN} \leq V_{REF+}$；
- 规则通道转换期间有 DMA 请求产生。

16.1.1 功能描述

常用的 ADC 引脚包括：

- V_{DDA} 和 V_{SSA}：模拟电源和模拟电源地；
- V_{REF+} 和 V_{REF-}：模拟参考电压正极和负极；
- ADC_IN[15:0]：16 个可选的模拟输入通道。

（1）ADC 的启动和停止

通过调用库函数 ADC_Cmd (ADCx，ENABLE)可以实现将 ADCx 上电，它将 ADCx 从断电状态下唤醒。在实际使用中经常调用 ADC_Cmd（ADCx，ENABLE）给 ADCx 模块上电，经过复位和自校准操作后，通过外部触发或者软件方式触发 ADCx 模块开始模数转换。

通过调用库函数 ADC_Cmd (ADCx，DISABLE)可以停止转换，并将 ADC 置于断电模式。在这个模式中，ADC 几乎不耗电（仅几个 μA）。

（2）ADC 时钟

由时钟控制器提供的 ADCCLK 时钟与 PCLK2（APB2 时钟）同步。RCC 控制器为 ADC 时钟提供一个专用的可编程预分频器。

（3）通道选择

有 16 个多路通道，可以分成两组，即规则通道和注入通道。在任意多个通道上以任意顺序进行的一系列转换构成成组转换。例如，可以按通道 3、通道 8、通道 2、通道 2、通道 0、通道 2、通道 2、通道 15 的顺序完成转换。

规则组由多达 16 个转换组成，每个转换可独立配置使用的通道和采样周期。通过多次调用 ADC_RegularChannelConfig(ADC_TypeDef* ADCx, u8 ADC_Channel, u8 Rank, u8 ADC_

SampleTime)函数配置相应的规则通道，包括它们的转换顺序和每次模数转换的转换周期的个数。在初始化 ADC 时，规则组中转换的总数应写入 ADC_InitTypeDef 结构体变量的 ADC_NbrOfChannel 成员变量中。

注入组由最多 4 个转换组成。注入通道的转换顺序和采样时间通过多次调用 ADC_InjectedChannelConfig(ADC_TypeDef* ADCx, u8 ADC_Channel, u8 Rank, u8 ADC_SampleTime)函数配置。注入组中的转换总数目必须进行配置，在转换开始前通过调用库函数 ADC_InjectedSequencerLengthConfig(ADC_TypeDef* ADCx, u8 Length)进行设置。

如果转换期间更改了规则组转换或者注入组转换的配置信息，当前的转换被清除，一个新的启动脉冲将发送到 ADC 以转换新选择的组。

温度传感器和通道 ADCx_IN16 相连接，内部参考电压 V_{REFINT} 和 ADCx IN17 相连接。可以按注入或规则通道对这两个内部通道进行转换。传感器和 V_{REFINT} 只能出现在主 ADC1 中。

（4）单次转换模式

在单次转换模式下，ADC 只执行一次转换。该模式在调用 ADC_Init(ADC_TypeDef* ADCx, ADC_InitTypeDef*，ADC_InitStruct)库函数进行初始化前对 ADC_InitTypeDef 结构体变量的 ADC_ContinuousConvMode = DISABLE 变量进行配置。初始化且使能 ADCx 后可通过调用 ADC_SoftwareStartConvCmd(ADCx, ENABLE) 启动规则组通道进行模数转换或调用 ADC_SoftwareStartInjectedConvCmd(ADCx, ENABLE)启动注入组通道进行模数转换，或者通过外部触发启动（适用于规则通道或注入通道，需要配置外部触发条件），两者不能同时使用。一旦选择通道的转换完成，如果一个规则通道被转换，转换数据被储存在 16 位 ADC_DR 寄存器中，转换结果通过调用 ADC_GetConversionValue(ADCx)获取，EOC（转换结束）标志被设置，如果通过调用 ADC_ITConfig(ADCx, ADC_IT_EOC,ENABLE)使能了 EOC 事件触发中断，则产生中断（必须首先配置 NVIC 模块中的 ADC 中断，参见 NVIC 模块）；如果 1 个注入通道被转换，转换数据被储存在 16 位的 ADC_DRJ1 寄存器中，调用 ADC_GetInjectedConversionValue 函数返回转换结果，JEOC（注入转换结束）标志被设置，然后 ADC 停止。

（5）连续转换模式

在连续转换模式中，当前面的 ADC 转换一结束马上就启动另一次转换。该模式在调用 ADC_Init(ADC_TypeDef* ADCx, ADC_InitTypeDef*，ADC_InitStruct)库函数进行初始化前对 ADC_InitTypeDef 结构体变量的 ADC_ContinuousConvMode = ENABLE 变量进行配置。初始化且使能 ADCx 后可通过调用 ADC_SoftwareStartConvCmd(ADCx, ENABLE)启动规则组通道进行模数转换或调用 ADC_SoftwareStartInjectedConvCmd(ADCx, ENABLE)启动注入组通道进行模数转换，或者通过外部触发启动（适用于规则通道或注入通道，需要配置外部触发条件），两者不能同时使用。

在该模式下，ADC 不停止，根据配置连续进行转换。每个转换后，如果一个规则通道被转换，转换结果通过调用 ADC_GetConversionValue(ADCx)获取，EOC（转换结束）标志被设置，如果通过调用 ADC_ITConfig(ADCx, ADC_IT_EOC,ENABLE)使能了 EOC 事件触发中断，则产生中断（必须首先配置 NVIC 模块中的 ADC 中断，参见 NVIC 模块）；如果 1 个注入通道被转换，转换数据被存储在 16 位的 ADC_DRJ1 寄存器中，调用 ADC_GetInjectedConversionValue 函数返回转换结果，JEOC（注入转换结束）标志被设置。

（6）转换时序

ADC 的转换时序如图 16-2 所示。ADC 在开始精确转换前需要一个稳定时间 t_{STAB}。在开始 ADC 转换和 14 个时钟周期后，EOC 标志被设置，16 位 ADC 数据寄存器包含转换的结果。

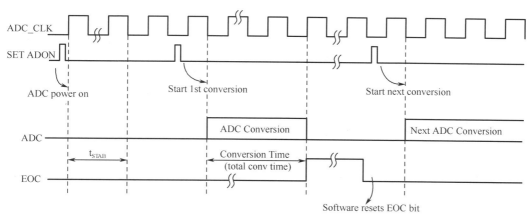

图 16-2　ADC 转换时序

（7）扫描模式

扫描模式用来扫描一组模拟通道，可以实现规则组扫描和注入组扫描。ADC 扫描被选中的所有通道。在每个组的每个通道上执行单次转换。在每个转换结束时，同一组的下一个通道被自动转换。如果使能了连续转换模式，转换不会在选择组的最后一个通道上停止，而是再次从选择组的第一个通道继续转换。

如果使能了 DMA，在每次 EOC 后，DMA 控制器将规则组通道的转换数据传输到 SRAM 中，而注入通道转换的数据总是存储在与通道对应的 ADC_JDRx 寄存器中（共 4 个对应 4 个注入组通道），必须使用 ADC_GetInjectedConversionValue 函数读取转换结果，不能使用 DMA。

（8）注入通道管理

① 触发注入

禁止注入组通道的自动转换，并且设置 ADC 的工作模式为扫描转换，即可使用触发注入功能。通过调用 ADC_SoftwareStartConvCmd(ADCx, ENABLE) 启动规则组通道进行模数转换，或者通过外部触发启动（适用于规则通道或注入通道，需要配置外部触发条件），两者不能同时使用。启动一组规则通道的转换后，如果在规则通道转换期间产生一个外部注入触发，当前转换被复位，注入通道序列被以单次扫描方式进行转换。

然后，恢复上次被中断的规则组通道转换。如果在注入转换期间产生一个规则事件，注入转换不会被中断，但是规则序列将在注入序列结束后被执行。当使用触发的注入转换时，必须保证触发事件的间隔长于注入序列。例如，序列长度为 28 个 ADC 时钟周期（即两个具有 1.5 个时钟间隔采样时间的转换），触发之间最小的间隔必须是 29 个 ADC 时钟周期。

② 自动注入

如果使能了注入组自动转换，在规则组通道之后，注入组通道被自动转换。这可以用来转换多至 20 个转换序列。在此模式下，必须禁止注入通道的外部触发。如果除使能了注入组自动转换外还使能了连续转换模式，规则通道至注入通道的转换序列被连续执行。对于 ADC 时钟预分频系数为 4～8 时，当从规则转换切换到注入序列或从注入转换切换到规则序列时，会自动插入一个 ADC 时钟间隔；当 ADC 时钟预分频系数为 2 时，则有两个 ADC 时钟间隔的延迟。

16.1.2　自校准

ADC 有一个内置自校准模式。校准可大幅减小因内部电容器组的变化而造成的精准度误差。在校准期间，每个电容器上都会计算出一个误差修正码（数字值），该码用于消除在随后的转换中每个电容器上产生的误差。

　　当 ADC 使能后，通过调用 ADC_StartCalibration 函数启动校准，需要通过连续调用 ADC_GetResetCalibrationStatus 函数等待自校准结束。一旦校准结束，ADC 可以开始正常转换。建议在上电时执行一次 ADC 校准。校准阶段结束后，校准码储存在 ADC_DR 中。启动校准前，ADC 必须处于关电状态（ADON = 0）超过两个 ADC 时钟周期。

16.1.3　可编程的采样时间

　　ADC 使用若干个 ADC_CLK 周期对输入电压采样，采样周期数目可以通过调用通道配置函数 ADC_RegularChannelConfig 和 ADC_InjectedChannleConfig 进行设置。每个通道可以以不同的时间采样。

　　总转换时间可按如下公式计算：

$$t_{CONV} = 采样时间 + 12.5 \ 个周期$$

　　例如，ADCCLK=14MHz，采样时间为 1.5 周期，则：

$$t_{CONV} = 1.5 + 12.5 = 14 \ 周期 = 1\mu s$$

16.1.4　外部触发转换

　　转换可以由外部事件触发（如定时器捕获、EXTI 线）。在调用 ADC_Init(ADC_TypeDef* ADCx, ADC_InitTypeDef*，ADC_InitStruct)库函数进行初始化前对 ADC_InitTypeDef 结构体变量的 ADC_ExternalTrigConv 变量进行配置。ADCx 使能（上电）且自校准后外部事件能够触发转换。当外部触发信号被选为 ADC 规则或注入转换时，只有它的上升沿可以启动转换。ExternalTrigConv 允许应用程序选择 8 个可能的事件中的某一个触发规则和注入组的采样，参见表 16-1～表 16-4。

表 16-1　ADC1 和 ADC2 用于规则通道的外部触发

触 发 源	类 型	EXTSEL[2:0]
定时器 1 的 CC1 输出	片上定时器 的内部信号	000
定时器 1 的 CC2 输出		001
定时器 1 的 CC3 输出		010
定时器 2 的 CC2 输出		011
定时器 3 的 TRGO 输出		100
定时器 4 的 CC4 输出		101
外部中断 11/TIM8_TRGO	外部引脚	110
SWSTART	软件控制位	111

表 16-2　ADC1 和 ADC2 用于注入通道的外部触发

触 发 源	连接类型	JEXTSEL[2:0]
定时器 1 的 TRGO 输出	片上定时器 的内部信号	000
定时器 1 的 CC4 输出		001

续表

触 发 源	连 接 类 型	JEXTSEL[2:0]
定时器 2 的 TRGO 输出	片上定时器 的内部信号	010
定时器 2 的 CC1 输出		011
定时器 3 的 CC4 输出		100
定时器 4 的 TRGO 输出		101
外部中断 15/TIM8_TRGO	外部引脚	110
JSWSTART	软件控制位	111

表 16-3　ADC3 用于规则通道的外部触发

触 发 源	类 型	EXTSEL[2:0]
定时器 3 的 CC1 输出	片上定时器 的内部信号	000
定时器 2 的 CC3 输出		001
定时器 1 的 CC3 输出		010
定时器 8 的 CC1 输出		011
定时器 8 的 TRGO 输出		100
定时器 5 的 CC1 输出		101
定时器 5 的 CC3 输出		110
SWSTART	软件控制位	111

表 16-4　ADC3 用于注入通道的外部触发

触 发 源	连 接 类 型	JEXTSEL[2:0]
定时器 1 的 TRGO 输出	片上定时器 的内部信号	000
定时器 1 的 CC4 输出		001
定时器 4 的 CC3 输出		010
定时器 8 的 CC2 输出		011
定时器 8 的 CC4 输出		100
定时器 5 的 TRGO 输出		101
定时器 5 的 CC4 输出		110
JSWSTART	软件控制位	111

TIM8_TRGO 和 TIM8_CC4 事件只存在于大容量产品中，可以通过设置 ADC1 和 ADC2 的 ADC1_ETRGREG_REMAP 位和 ADC2_ETRGREG_REMAP 位选中 EXTI 线路 11 和 TIM8_TRGO 作为外部触发事件。对于注入通道，可以通过设置 ADC1 和 ADC2 的 ADC1_ENTRGINJ_REMAP 位和 ADC2_ENTRGING_REMAP 位选中 EXTI 线路 15 和 TIM8_CC4 作为外部触发事件。

16.1.5　双 ADC 模式

在有两个或两个以上 ADC 的器件中，可以使用双 ADC 模式。在双 ADC 模式下，在调用 ADC_Init(ADC_TypeDef* ADCx, ADC_InitTypeDef*，ADC_InitStruct)库函数进行初始化前设置 ADC_InitTypeDef 结构体变量的 ADC_Mode 变量所选的模式，转换的启动可以是 ADC1 主和 ADC2 从的交替触发或同时触发。在双 ADC 模式下，当转换配置成由外部事件触发时，用户必须将其设置成仅触发主 ADC，从 ADC 设置成软件触发，这样可以防止意外的触发从转换。但是，主和从 ADC 的外部触发必须同时被激活。

双 ADC 模式有以下六种可能的模式：

● 同时注入模式；

● 同时规则模式；

● 快速交替模式；

● 慢速交替模式；

● 交替触发模式；

● 独立模式。

还可以用下列组合模式：

● 同时注入模式+同时规则模式；

● 同时规则模式+交替触发模式；

● 同时注入模式+交替模式。

在双 ADC 模式下，为了从主数据寄存器上读取从转换数据，DMA 位必须被使能，即使并不用它来传输规则通道数据。

16.1.6 温度传感器

温度传感器可以用来测量器件周围的温度。温度传感器的温度测量范围为-40℃～125℃，精确度为±1.5℃。

温度传感器在内部和 ADCx_IN16 输入通道相连接，如图 16-3 所示。此通道将传感器输出的电压转换成数字值。必须设置 TSVREFE 位激活内部通道，即 ADCx_IN16（温度传感器）和 ADCx_IN17V$_{REFINT}$）的转换．温度传感器模拟输入推荐采样时间是 17.1μs。

当没有被使用时，传感器可以置于关电模式。

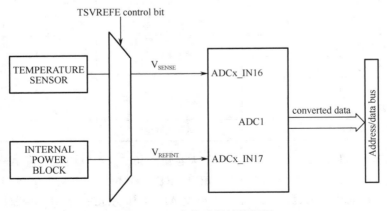

图 16-3　温度传感器结构框图

使用传感器读温度的步骤如下：

（1）选择 ADCx_IN16 输入通道。

（2）选择采样时间大于 2.2μs。

（3）设置 ADC 控制寄存器 2(ADC_CR2)的 TSVREFE 位，以唤醒关电模式下的温度传感器。

（4）通过设置 ADON 位启动 ADC 转换（或用外部触发）。

（5）读 ADC 数据寄存器上的 V$_{SENSE}$ 数据结果。

利用下列公式得出温度：

$$温度(℃) = \{(V_{25}-V_{SENSE})/Avg\_Slope\}+25$$

其中，V_{25} = V_{SENSE} 在 25℃时的数值，Avg_Slope = 温度与 V_{SENSE} 曲线的平均斜率（单位为 mV/℃或 μV/℃）。

传感器从关电模式唤醒后到可以输出正确水平的 V_{SENSE} 前，有一个建立时间。ADC 在上电后也有一个建立时间，为了缩短延时，应该同时设置 ADON 和 TSVREFE 位。

16.1.7　ADC 的中断事件

规则和注入组转换结束时能产生中断，当模拟看门狗（把关定时器）状态位被设置时也能产生中断，它们都有独立的中断使能位，参见表 16-5。

表 16-5　ADC 中断事件表

中 断 事 件	事 件 标 志	使能控制位
规则组转换结束	EOC	EOC
注入组转换结束	JEOC	JEOC
设置模拟看门狗状态位	AWD	AWD

ADC1 和 ADC2 的中断映射在同一个中断向量上，而 ADC3 的中断有自己的中断向量。ADC_SR 寄存器中有两个其他标志，分别为 JSTRT（注入组通道转换的启动）和 STRT（规则组通道转换的启动），但是它们没有相关联的中断。可以通过 ADC_GetFlagStatus 函数读取每个标志的状态。

16.2　ADC 库函数说明

标准外设库的 ADC 库包含了常用的 ADC 操作，通过对函数的调用可以实现对 ADC 的操作。V3.5 的标准外设库未做修改，全部函数的简要说明参见表 16-6。

表 16-6　ADC 库函数列表

函 数 名	描 述
ADC_DeInit	将外设 ADCx 的全部寄存器重设为默认值
ADC_Init	根据 ADC_InitStruct 中指定的参数初始化外设 ADCx 的寄存器
ADC_StructInit	把 ADC_InitStruct 中的每一个参数按默认值填入
ADC_Cmd	使能或者失能指定的 ADC
ADC_DMACmd	使能或者失能指定的 ADC 的 DMA 请求
ADC_ITConfig	使能或者失能指定的 ADC 的中断
ADC_ResetCalibration	重置指定的 ADC 的校准寄存器
ADC_GetResetCalibrationStatus	获取 ADC 重置校准寄存器的状态
ADC_StartCalibration	开始指定 ADC 的校准程序
ADC_GetCalibrationStatus	获取指定的 ADC 的校准状态
ADC_SoftwareStartConvCmd	使能或者失能指定的 ADC 的软件转换启动功能

函 数 名	描 述
ADC_GetSoftwareStartConvStatus	获取 ADC 软件转换启动状态
ADC_DiscModeChannelCountConfig	对 ADC 规则组通道配置间断模式
ADC_DiscModeCmd	使能或者失能指定的 ADC 规则组通道的间断模式
ADC_RegularChannelConfig	设置指定 ADC 的规则组通道,设置它们的转换顺序和采样时间
ADC_ExternalTrigConvConfig	使能或者失能 ADCx 的经外部触发启动转换功能
ADC_GetConversionValue	返回最近一次 ADCx 规则组的转换结果
ADC_GetDuelModeConversionValue	返回最近一次双 ADC 模式下的转换结果
ADC_AutoInjectedConvCmd	使能或者失能指定 ADC 在规则组转换后自动开始注入组转换
ADC_InjectedDiscModeCmd	使能或者失能指定 ADC 的注入组间断模式
ADC_ExternalTrigInjectedConvConfig	配置 ADCx 的外部触发启动注入组转换功能
ADC_ExternalTrigInjectedConvCmd	使能或者失能 ADCx 的经外部触发启动注入组转换功能
ADC_SoftwareStartinjectedConvCmd	使能或者失能 ADCx 软件启动注入组转换功能
ADC_GetsoftwareStartinjectedConvStatus	获取指定 ADC 的软件启动注入组转换状态
ADC_InjectedChannleConfig	设置指定 ADC 的注入组通道,设置它们的转换顺序和采样时间
ADC_InjectedSequencerLengthConfig	设置注入组通道的转换序列长度
ADC_SetinjectedOffset	设置注入组通道的转换偏移值
ADC_GetInjectedConversionValue	返回 ADC 指定注入通道的转换结果
ADC_AnalogWatchdogCmd	使能或者失能指定单个/全体,规则/注入组通道上的模拟看门狗
ADC_AnalogWatchdongThresholdsConfig	设置模拟看门狗的高/低阈值
ADC_AnalogWatchdongSingleChannelConfig	对单个 ADC 通道设置模拟看门狗
ADC_TampSensorVrefintCmd	使能或者失能温度传感器和内部参考电压通道
ADC_GetFlagStatus	检查制定 ADC 标志位置 1 与否
ADC_ClearFlag	清除 ADCx 的待处理标志位
ADC_GetITStatus	检查指定的 ADC 中断是否发生
ADC_ClearITPendingBit	清除 ADCx 的中断待处理位

16.2.1　库函数 ADC_DeInit

库函数 ADC_DeInit 的描述参见表 16-7。

表 16-7　库函数 ADC_DeInit

函数名	ADC_DeInit
函数原型	void ADC_DeInit(ADC_TypeDef* ADCx)
功能描述	将外设 ADCx 寄存器重设为默认值
输入参数	ADCx:x 是 ADC 编号,用来选择 ADC 外设
被调用函数	RCC_APB2PeriphClockCmd()

16.2.2　库函数 ADC_Init

库函数 ADC_Init 的描述参见表 16-8。

表 16-8 库函数 ADC_Init

函数名	ADC_Init
函数原型	void ADC_Init(ADC_TypeDef* ADCx, ADC_InitTypeDef*ADC_InitStruct)
功能描述	根据 ADC_InitStruct 指定的参数初始化 ADCx 寄存器
输入参数 1	ADCx: x 是 ADC 编号，用来选择 ADC 外设
输入参数 2	ADC_InitStruct: 指向结构 ADC_InitTypeDef 的指针，包含了外设 ADC 的配置，参见表 16-9

用于保存外设ADC配置信息的数据结构 ADC_InitTypeDef 结构体定义如下：

```
typedef struct
{
u32 ADC_Mode;
FunctionalState ADC_ScanConvMode;
FunctionalState ADC_ContinuousConvMode;
u32 ADC_ExternalTrigConv;
u32 ADC_DataAlign;
u8 ADC_NbrOfChannel;
} ADC_InitTypeDef;
```

结构 ADC_InitTypeDef 的成员参见表 16-9。

表 16-9 ADC_InitTypeDef 参数

成　　员	描　　述
ADC_Mode	用于设置 ADC 的工作模式 ADC_Mode_Independent: ADC1 和 ADC2 工作在独立模式 ADC_Mode_RegInjecSimult: ADC1 和 ADC2 工作在同步规则和同步注入模式 ADC_Mode_RegSimult_AlterTrig: ADC1 和 ADC2 工作在同步规则模式和交替触发模式 ADC_Mode_InjecSimult_FastInterl: ADC1 和 ADC2 工作在同步规则模式和快速交替模式 ADC_Mode_InjecSimult_SlowInterl: ADC1 和 ADC2 工作在同步注入模式和慢速交替模式 ADC_Mode_InjecSimult: ADC1 和 ADC2 工作在同步注入模式 ADC_Mode_RegSimult: ADC1 和 ADC2 工作在同步规则模式

成　员	描　述
ADC_Mode	ADC_Mode_FastInterl： ADC1 和 ADC2 工作在快速交替模式 ADC_Mode_SlowInterl： ADC1 和 ADC2 工作在慢速交替模式 ADC_Mode_AlterTrig： ADC1 和 ADC2 工作在交替触发模式
ADC_ScanConvMode	用于设置 ADC 工作在扫描模式还是单通道模式 ENABLE：工作在扫描模式 DISABLE：工作在单通道模式
ADC_ContinuousConvMode	用于设置 ADC 工作在连续模式还是单次模式 ENABLE：工作在连续模式 DISABLE：工作在单次模式
ADC_ExternalTrigConv	用于设置规则通道的外部触发源 ADC_ExternalTrigConv_T1_CC1： 选择定时器 1 的捕获比较 1 作为转换外部触发 ADC_ExternalTrigConv_T1_CC2： 选择定时器 1 的捕获比较 2 作为转换外部触发 ADC_ExternalTrigConv_T1_CC3： 选择定时器 1 的捕获比较 3 作为转换外部触发 ADC_ExternalTrigConv_T2_CC2： 选择定时器 2 的捕获比较 2 作为转换外部触发 ADC_ExternalTrigConv_T3_TRGO： 选择定时器 3 的 TRGO 作为转换外部触发 ADC_ExternalTrigConv_T4_CC4： 选择定时器 4 的捕获比较 4 作为转换外部触发 ADC_ExternalTrigConv_Ext_IT11： 选择外部中断线 11 事件作为转换外部触发 ADC_ExternalTrigConv_None：转换由软件而不是外部触发启动
ADC_DataAlign	用于设置 ADC 转换数据的对齐方式 ADC_DataAlign_Right：ADC 数据右对齐 ADC_DataAlign_Left：ADC 数据左对齐
ADC_NbrOfChannel	指定 ADC 的扫描模式的通道数目，可以取 1～16

16.2.3　库函数 ADC_StructInit

库函数 ADC_StructInit 的描述参见表 16-10。

表 16-10　库函数 ADC_StructInit

函数名	ADC_StructInit
函数原型	void ADC_StructInit(ADC_InitTypeDef*　ADC_InitStruct)
功能描述	把 ADC_InitStruct 中的每一个参数按默认值填入
输入参数	ADC_InitStruct：指向结构 ADC_InitTypeDef 的指针，待初始化，见表 16-11

表 16-11　ADC_InitStruct 的默认值

成　员	默　认　值
ADC_Mode	ADC_Mode_Independent
ADC_ScanConvMode	DISABLE
ADC_ContinuousConvMode	DISABLE
ADC_ExternalTrigConv	ADC_ExternalTrigConv_T1_CC1
ADC_DataAlign	ADC_DataAlign_Right
ADC_NbrOfChannel	1

16.2.4　库函数 ADC_Cmd

库函数 ADC_Cmd 的描述参见表 16-12。

表 16-12　库函数 ADC_Cmd

函数名	ADC_Cmd
函数原型	void ADC_Cmd(ADC_TypeDef* ADCx,FunctionalState NewState)
功能描述	使能或者失能 ADC 外设
输入参数 1	ADCx：x 是 ADC 编号，用来选择 ADC 外设
输入参数 2	NewState：外设 ADCx 的新状态 这个参数可以取 ENABLE 或者 DISABLE

16.2.5　库函数 ADC_ITConfig

库函数 ADC_ITConfig 的描述参见表 16-13。

表 16-13　库函数 ADC_ITConfig

函数名	ADC_ITConfig
函数原型	void ADC_ITConfig(ADC_TypeDef* ADCx, u16 ADC_IT, FunctionalState NewState)
功能描述	使能或者失能指定的 ADC 中断
输入参数 1	ADCx：x 是 ADC 编号，用来选择 ADC 外设
输入参数 2	ADC_IT：待使能或者失能的 ADC 中断源 ADC_IT_EOC：规则组转换结束中断屏蔽 ADC_IT_AWD：模拟看门狗中断屏蔽 ADC_IT_JEOC：注入组转换结束中断屏蔽
输入参数 3	NewState：ADCx 中断的新状态 这个参数可以取 ENABLE 或者 DISABLE

16.2.6　库函数 ADC_DMACmd

库函数 ADC_DMACmd 的描述参见表 16-14。

表 16-14   库函数 ADC_DMACmd

函数名	ADC_DMACmd
函数原型	ADC_DMACmd(ADC_TypeDef* ADCx, FunctionalState NewState)
功能描述	使能或者失能指定 ADC 的 DMA 请求
输入参数 1	ADCx：x 是 ADC 编号，用来选择 ADC 外设
输入参数 2	NewState：ADCx DMA 请求源的新状态 这个参数可以取 ENABLE 或者 DISABLE

16.2.7   库函数 ADC_ResetCalibration

库函数 ADC_ResetCalibration 的描述参见表 16-15。

表 16-15   库函数 ADC_ResetCalibration

函数名	ADC_ResetCalibration
函数原型	void ADC_ResetCalibration(ADC_TypeDef* ADCx)
功能描述	重置指定的 ADC 的校准寄存器
输入参数	ADCx：x 是 ADC 编号，用来选择 ADC 外设

16.2.8   库函数 ADC_GetResetCalibrationStatus

库函数 ADC_GetResetCalibrationStatus 的描述参见表 16-16。

表 16-16   库函数 ADC_GetResetCalibrationStatus

函数名	ADC_GetResetCalibrationStatus
函数原型	FlagStatus ADC_GetResetCalibrationStatus(ADC_TypeDef* ADCx)
功能描述	获取 ADC 重置校准寄存器的状态
输入参数	ADCx：x 是 ADC 编号，用来选择 ADC 外设
返回值	ADC 重置校准寄存器的新状态（SET 或者 RESET）

16.2.9   库函数 ADC_StartCalibration

库函数 ADC_StartCalibration 的描述参见表 16-17。

表 16-17   库函数 ADC_StartCalibration

函数名	ADC_StartCalibration
函数原型	void ADC_StartCalibration(ADC_TypeDef* ADCx)
功能描述	开始指定 ADC 的校准状态
输入参数	ADCx：x 是 ADC 编号，用来选择 ADC 外设
输出参数	无
返回值	无
先决条件	无
被调用函数	无

16.2.10　库函数 ADC_GetCalibrationStatus

库函数 ADC_GetCalibrationStatus 的描述参见表 16-18。

表 16-18　库函数 ADC_GetCalibrationStatus

函数名	ADC_GetCalibrationStatus
函数原型	FlagStatus ADC_GetCalibrationStatus(ADC_TypeDef* ADCx)
功能描述	获取指定 ADC 的校准程序
输入参数	ADCx：x 是 ADC 编号，用来选择 ADC 外设
返回值	ADC 校准的新状态（SET 或者 RESET）

16.2.11　库函数 ADC_SoftwareStartConvCmd

库函数 ADC_SoftwareStartConvCmd 的描述参见表 16-19。

表 16-19　库函数 ADC_SoftwareStartConvCmd

函数名	ADC_SoftwareStartConvCmd
函数原型	void ADC_SoftwareStartConvCmd(ADC_TypeDef* ADCx, FunctionalState NewState)
功能描述	使能或者失能指定的 ADC 软件转换启动功能
输入参数 1	ADCx：x 是 ADC 编号，用来选择 ADC 外设
输入参数 2	NewState：指定 ADC 的软件转换启动新状态 这个参数可以取 ENABLE 或者 DISABLE

16.2.12　库函数 ADC_GetSoftwareStartConvStatus

库函数 ADC_GetSoftwareStartConvStatus 的描述参见表 16-20。

表 16-20　库函数 ADC_GetSoftwareStartConvStatus

函数名	ADC_GetSoftwareStartConvStatus
函数原型	FlagStatus ADC_GetCalibrationStatus(ADC_TypeDef* ADCx)
功能描述	获取 ADC 软件转换启动状态
输入参数	ADCx：x 是 ADC 编号，用来选择 ADC 外设
返回值	ADC 软件转换启动的新状态（SET 或者 RESET）

16.2.13　库函数 ADC_DiscModeChannelCountConfig

库函数 ADC_DiscModeChannelCountConfig 的描述参见表 16-21。

表 16-21　库函数 ADC_DiscModeChannelCountConfig

函数名	ADC_DiscModeChannelCountConfig
函数原型	void ADC_DiscModeChannelCountConfig(ADC_TypeDef* ADCx, u8 Number)
功能描述	对 ADC 规则组通道配置间断模式
输入参数 1	ADCx：x 是 ADC 编号，用来选择 ADC 外设
输入参数 2	Number：间断模式规则组通道计数器的值。这个值的范围为 1 到 8

16.2.14　库函数 ADC_DiscModeCmd

库函数 ADC_DiscModeCmd 的描述参见表 16-22。

表 16-22　库函数 ADC_DiscModeCmd

函数名	ADC_DiscModeCmd
函数原型	void ADC_DiscModeCmd(ADC_TypeDef* ADCx, FunctionalState NewState)
功能描述	使能或者失能指定的 ADC 规则组通道的间断模式
输入参数 1	ADCx：x 是 ADC 编号，用来选择 ADC 外设
输入参数 2	NewState：ADC 规则组通道上间断模式的新状态 这个参数可以取 ENABLE 或者 DISABLE

16.2.15　库函数 ADC_RegularChannelConfig

库函数 ADC_RegularChannelConfig 的描述参见表 16-23。

表 16-23　库函数 ADC_RegularChannelConfig

函数名	ADC_RegularChannelConfig
函数原型	void ADC_RegularChannelConfig(ADC_TypeDef* ADCx, u8 ADC_Channel, u8 Rank, u8 ADC_SampleTime)
功能描述	设置指定 ADC 的规则组通道，设置它们的转换顺序和采样时间
输入参数 1	ADCx：x 是 ADC 编号，用来选择 ADC 外设
输入参数 2	ADC_Channel：被设置的 ADC 通道 ADC_Channel_0：选择 ADC 通道 0 ADC_Channel_1：选择 ADC 通道 1 ADC_Channel_2：选择 ADC 通道 2 ADC_Channel_3：选择 ADC 通道 3 ADC_Channel_4：选择 ADC 通道 4 ADC_Channel_5：选择 ADC 通道 5 ADC_Channel_6：选择 ADC 通道 6 ADC_Channel_7：选择 ADC 通道 7 ADC_Channel_8：选择 ADC 通道 8 ADC_Channel_9：选择 ADC 通道 9 ADC_Channel_10：选择 ADC 通道 10
输入参数 2	ADC_Channel_11：选择 ADC 通道 11 ADC_Channel_12：选择 ADC 通道 12 ADC_Channel_13：选择 ADC 通道 13 ADC_Channel_14：选择 ADC 通道 14 ADC_Channel_15：选择 ADC 通道 15 ADC_Channel_16：选择 ADC 通道 16 ADC_Channel_17：选择 ADC 通道 17

输入参数 3	Rank：规则组采样顺序。取值范围 1 到 16
输入参数 4	ADC_SampleTime：指定 ADC 通道的采样时间值
	ADC_SampleTime_1Cycles5：采样时间为 1.5 周期
	ADC_SampleTime_7Cycles5：采样时间为 7.5 周期
	ADC_SampleTime_13Cycles5：采样时间为 13.5 周期
	ADC_SampleTime_28Cycles5：采样时间为 28.5 周期
	ADC_SampleTime_41Cycles5：采样时间为 41.5 周期
	ADC_SampleTime_55Cycles5：采样时间为 55.5 周期
	ADC_SampleTime_71Cycles5：采样时间为 71.5 周期
	ADC_SampleTime_239Cycles5：采样时间为 239.5 周期

16.2.16 库函数 ADC_ExternalTrigConvConfig

库函数 ADC_ExternalTrigConvConfig 的描述参见表 16-24。

表 16-24 库函数 ADC_ExternalTrigConvConfig

函数名	ADC_ExternalTrigConvConfig
函数原型	void ADC_ExternalTrigConvCmd(ADC_TypeDef* ADCx, FunctionalState NewState)
功能描述	使能或者失能 ADCx 的经外部触发启动转换功能
输入参数 1	ADCx：x 是 ADC 编号，用来选择 ADC 外设
输入参数 2	NewState：指定 ADC 外部触发转换启动的新状态
	这个参数可以取 ENABLE 或者 DISABLE

16.2.17 库函数 ADC_GetConversionValue

库函数 ADC_GetConversionValue 的描述参见表 16-25。

表 16-25 库函数 ADC_GetConversionValue

函数名	ADC_GetConversionValue
函数原型	u16 ADC_GetConversionValue(ADC_TypeDef* ADCx)
功能描述	返回最近一次 ADCx 规则组的转换结果
输入参数	ADCx：x 是 ADC 编号，用来选择 ADC 外设
返回值	转换结果

16.2.18 库函数 ADC_GetDuelModeConversionValue

库函数 ADC_GetDuelModeConversionValue 的描述参见表 16-26。

表 16-26 库函数 ADC_GetDuelModeConversionValue

函数名	ADC_GetDuelModeConversionValue
函数原型	u32 ADC_GetDualModeConversionValue()
功能描述	返回最近一次双 ADC 模式下的转换结果
输入参数	ADCx：x 是 ADC 编号，用来选择 ADC 外设
返回值	转换结果

16.2.19 *库函数* ADC_AutoInjectedConvCmd

库函数 ADC_AutoInjectedConvCmd 的描述参见表 16-27。

表 16-27　库函数 ADC_AutoInjectedConvCmd

函数名	ADC_AutoInjectedConvCmd
函数原型	void ADC_AutoInjectedConvCmd(ADC_TypeDef* ADCx, FunctionalState NewState)
功能描述	使能或者失能指定 ADC 在规则组转换后自动开始注入组转换
输入参数 1	ADCx：x 是 ADC 编号，用来选择 ADC 外设
输入参数 2	NewState：指定 ADC 自动注入转换的新状态 这个参数可以取 ENABLE 或者 DISABLE

16.2.20 *库函数* ADC_InjectedDiscModeCmd

库函数 ADC_InjectedDiscModeCmd 的描述参见表 16-28。

表 16-28　库函数 ADC_InjectedDiscModeCmd

函数名	ADC_InjectedDiscModeCmd
函数原型	void ADC_InjectedDiscModeCmd(ADC_TypeDef* ADCx, FunctionalState NewState)
功能描述	使能或者失能指定 ADC 的注入组间断模式
输入参数 1	ADCx：x 是 ADC 编号，用来选择 ADC 外设
输入参数 2	NewState：ADC 注入组通道上间断模式的新状态 这个参数可以取 ENABLE 或者 DISABLE

16.2.21 *库函数* ADC_ExternalTrigInjectedConvConfig

库函数 ADC_ExternalTrigInjectedConvConfig 的描述参见表 16-29。

表 16-29　库函数 ADC_ExternalTrigInjectedConvConfig

函数名	ADC_ExternalTrigInjectedConvConfig
函数原型	void ADC_ExternalTrigInjectedConvConfig(ADC_TypeDef* ADCx, u32 ADC_ExternalTrigConv)
功能描述	配置 ADCx 的外部触发启动注入组转换功能
输入参数 1	ADCx：x 是 ADC 编号，用来选择 ADC 外设
输入参数 2	ADC_ExternalTrigConv：设置注入转换的 ADC 触发源 ADC_ExternalTrigInjecConv_T1_TRGO： 选择定时器 1 的 TRGO 作为注入转换外部触发 ADC_ExternalTrigInjecConv_T1_CC4： 选择定时器 1 的捕获比较 4 作为注入转换外部触发 ADC_ExternalTrigInjecConv_T2_TRGO： 选择定时器 2 的 TRGO 作为注入转换外部触发 ADC_ExternalTrigInjecConv_T2_CC1： 选择定时器 2 的捕获比较 1 作为注入转换外部触发

续表

输入参数 2	ADC_ExternalTrigInjecConv_T3_CC4： 选择定时器 3 的捕获比较 4 作为注入转换外部触发 ADC_ExternalTrigInjecConv_T4_TRGO： 选择定时器 4 的 TRGO 作为注入转换外部触发 ADC_ExternalTrigInjecConv_Ext_IT15： 选择外部中断线 15 事件作为注入转换外部触发 ADC_ExternalTrigInjecConv_None： 注入转换由软件而不是外部触发启动

16.2.22 库函数 ADC_ExternalTrigInjectedConvCmd

库函数 ADC_ExternalTrigInjectedConvCmd 的描述参见表 16-30。

表 16-30　库函数 ADC_ExternalTrigInjectedConvCmd

函数名	ADC_ExternalTrigInjectedConvCmd
函数原型	void ADC_ExternalTrigInjectedConvCmd(ADC_TypeDef* ADCx, FunctionalState NewState)
功能描述	使能或者失能 ADCx 的经外部触发启动注入组转换功能
输入参数 1	ADCx：x 是 ADC 编号，用来选择 ADC 外设
输入参数 2	NewState：指定 ADC 外部触发启动注入转换的新状态 这个参数可以取 ENABLE 或者 DISABLE

16.2.23 库函数 ADC_SoftwareStartinjectedConvCmd

库函数 ADC_SoftwareStartinjectedConvCmd 的描述参见表 16-31。

表 16-31　库函数 ADC_SoftwareStartinjectedConvCmd

函数名	ADC_SoftwareStartinjectedConvCmd
函数原型	void ADC_SoftwareStartInjectedConvCmd(ADC_TypeDef* ADCx, FunctionalState NewState)
功能描述	使能或者失能 ADCx 软件启动注入组转换功能
输入参数 1	ADCx：x 是 ADC 编号，用来选择 ADC 外设
输入参数 2	NewState：指定 ADC 软件触发启动注入转换的新状态 这个参数可以取 ENABLE 或者 DISABLE

16.2.24 库函数 ADC_GetsoftwareStartinjectedConvStatus

库函数 ADC_GetsoftwareStartinjectedConvStatus 的描述参见表 16-32。

表 16-32　库函数 ADC_GetsoftwareStartinjectedConvStatus

函数名	ADC_GetsoftwareStartinjectedConvStatus
函数原型	FlagStatus ADC_GetSoftwareStartInjectedConvStatus(ADC_TypeDef* ADCx)
功能描述	获取指定 ADC 的软件启动注入组转换状态
输入参数	ADCx：x 是 ADC 编号，用来选择 ADC 外设
返回值	ADC 软件触发启动注入转换的新状态

16.2.25 库函数 ADC_InjectedChannleConfig

库函数 ADC_InjectedChannleConfig 的描述参见表 16-33。

表 16-33　库函数 ADC_InjectedChannleConfig

函数名	ADC_InjectedChannleConfig
函数原型	void ADC_InjectedChannelConfig(ADC_TypeDef* ADCx, u8 ADC_Channel, u8 Rank, u8 ADC_SampleTime)
功能描述	设置指定 ADC 的注入组通道，设置它们的转换顺序和采样时间
输入参数 1	ADCx：x 是 ADC 编号，用来选择 ADC 外设
输入参数 2	ADC_Channel：被设置的 ADC 通道，参见表 16-23
输入参数 3	Rank：规则组采样顺序，取值范围为 1～4
输入参数 4	ADC_SampleTime：指定 ADC 通道的采样时间值，参见表 16-23
先决条件	必须调用函数 ADC_InjectedSequencerLengthConfig 来确定注入转换通道的数目。特别是在通道数目小于 4 的情况下，来正确配置每个注入通道的转换顺序

16.2.26 库函数 ADC_InjectedSequencerLengthConfig

库函数 ADC_InjectedSequencerLengthConfig 的描述参见表 16-34。

表 16-34　库函数 ADC_InjectedSequencerLengthConfig

函数名	ADC_InjectedSequencerLengthConfig
函数原型	void ADC_InjectedSequencerLengthConfig(ADC_TypeDef* ADCx, u8 Length)
功能描述	设置注入组通道的转换序列长度
输入参数 1	ADCx：x 是 ADC 编号，用来选择 ADC 外设
输入参数 2	Length：序列长度，取值范围为 1～4

16.2.27 库函数 ADC_SetInjectedOffset

库函数 ADC_SetInjectedOffset 的描述参见表 16-35。

表 16-35　库函数 ADC_SetinjectedOffset

函数名	ADC_SetInjectedOffset
函数原型	void ADC_SetInjectedOffset(ADC_TypeDef* ADCx, u8 ADC_InjectedChannel, u16 Offset)
功能描述	设置注入组通道的转换偏移值
输入参数 1	ADCx：x 是 ADC 编号，用来选择 ADC 外设
输入参数 2	ADC_InjectedChannel：被设置转换偏移值的 ADC 注入通道 ADC_InjectedChannel_1：选择注入通道 1 ADC_InjectedChannel_2：选择注入通道 2 ADC_InjectedChannel_3：选择注入通道 3 ADC_InjectedChannel_4：选择注入通道 4
输入参数 3	Offset：ADC 注入通道的转换偏移值，是一个 12 位值

16.2.28　库函数 ADC_GetInjectedConversionValue

库函数 ADC_GetInjectedConversionValue 的描述参见表 16-36。

表 16-36　库函数 ADC_GetInjectedConversionValue

函数名	ADC_GetInjectedConversionValue
函数原型	u16 ADC_GetInjectedConversionValue(ADC_TypeDef* ADCx, u8 ADC_InjectedChannel)
功能描述	返回 ADC 指定注入通道的转换结果
输入参数 1	ADCx：x 是 ADC 编号，用来选择 ADC 外设
输入参数 2	ADC_InjectedChannel：被转换的 ADC 注入通道，参见表 16-35
返回值	转换结果

16.2.29　库函数 ADC_AnalogWatchdogCmd

库函数 ADC_AnalogWatchdogCmd 的描述参见表 16-37。

表 16-37　库函数 ADC_AnalogWatchdogCmd

函数名	ADC_AnalogWatchdogCmd
函数原型	void ADC_AnalogWatchdogCmd(ADC_TypeDef* ADCx, u32 ADC_AnalogWatchdog)
功能描述	使能或者失能指定单个/全体，规则/注入组通道上的模拟看门狗
输入参数 1	ADCx：x 是 ADC 编号，用来选择 ADC 外设
输入参数 2	ADC_AnalogWatchdog：ADC 模拟看门狗设置 ADC_AnalogWatchdog_SingleRegEnable： 单个规则通道上设置模拟看门狗 ADC_AnalogWatchdog_SingleInjecEnable： 单个注入通道上设置模拟看门狗 ADC_AnalogWatchdog_SingleRegorInjecEnable： 单个规则通道或者注入通道上设置模拟看门狗 ADC_AnalogWatchdog_AllRegEnable： 所有规则通道上设置模拟看门狗 ADC_AnalogWatchdog_AllInjecEnable： 所有注入通道上设置模拟看门狗 ADC_AnalogWatchdog_AllRegAllInjecEnable： 所有规则通道和所有注入通道上设置模拟看门狗 ADC_AnalogWatchdog_None：不设置模拟看门狗

16.2.30　库函数 ADC_AnalogWatchdongThresholdsConfig

库函数 ADC_AnalogWatchdongThresholdsConfig 的描述参见表 16-38。

表 16-38　库函数 ADC_AnalogWatchdongThresholdsConfig

函数名	ADC_AnalogWatchdongThresholdsConfig
函数原型	void ADC_AnalogWatchdogThresholdsConfig(ADC_TypeDef*ADCx,u16 HighThreshold, u16 LowThreshold)

功能描述	设置模拟看门狗的高/低阈值
输入参数 1	ADCx：x 是 ADC 编号，用来选择 ADC 外设
输入参数 2	HignThreshold：模拟看门狗的高阈值，是一个 12 位值
输入参数 3	LowThreshold：模拟看门狗的低阈值，是一个 12 位值

16.2.31　库函数 ADC_AnalogWatchdongSingleChannelConfig

库函数 ADC_AnalogWatchdongSingleChannelConfig 的描述参见表 16-39。

表 16-39　库函数 ADC_AnalogWatchdongSingleChannelConfig

函数名	ADC_AnalogWatchdongSingleChannelConfig
函数原型	void　ADC_AnalogWatchdogSingleChannelConfig(ADC_TypeDef*ADCx,　u8 ADC_Channel)
功能描述	对单个 ADC 通道设置模拟看门狗
输入参数 1	ADCx：x 是 ADC 编号，用来选择 ADC 外设
输入参数 2	ADC_Channel：被设置模拟看门狗的 ADC 通道，参见表 16-23

16.2.32　库函数 ADC_TampSensorVrefintCmd

库函数 ADC_TampSensorVrefintCmd 的描述参见表 16-40。

表 16-40　库函数 ADC_TampSensorVrefintCmd

函数名	ADC_TampSensorVrefintCmd
函数原型	void ADC_TempSensorVrefintCmd(FunctionalState NewState)
功能描述	使能或者失能温度传感器和内部参考电压通道
输入参数	NewState：温度传感器和内部参考电压通道的新状态 这个参数可以取 ENABLE 或者 DISABLE

16.2.33　库函数 ADC_GetFlagStatus

库函数 ADC_GetFlagStatus 的描述参见表 16-41。

表 16-41　库函数 ADC_GetFlagStatus

函数名	ADC_GetFlagStatus
函数原型	FlagStatus ADC_GetFlagStatus(ADC_TypeDef* ADCx, u8 ADC_FLAG)
功能描述	检查制定 ADC 标志位置 1 与否
输入参数 1	ADCx：x 是 ADC 编号，用来选择 ADC 外设
输入参数 2	ADC_FLAG：指定需检查的标志位 ADC_FLAG_AWD：模拟看门狗标志位 ADC_FLAG_EOC：转换结束标志位 ADC_FLAG_JEOC：注入组转换结束标志位 ADC_FLAG_JSTRT：注入组转换开始标志位 ADC_FLAG_STRT：规则组转换开始标志位

16.2.34　库函数 ADC_ClearFlag

库函数 ADC_ClearFlag 的描述参见表 16-42。

表 16-42　库函数 ADC_ClearFlag

函数名	ADC_ClearFlag
函数原型	void ADC_ClearFlag(ADC_TypeDef* ADCx, u8 ADC_FLAG)
功能描述	清除 ADCx 的待处理标志位
输入参数 1	ADCx：x 是 ADC 编号，用来选择 ADC 外设
输入参数 2	ADC_FLAG：待处理的标志位，使用操作符"|"可以同时清除 1 个以上的标志位，参见表 16-41

16.2.35　库函数 ADC_GetITStatus

库函数 ADC_GetITStatus 的描述参见表 16-43。

表 16-43　库函数 ADC_GetITStatus

函数名	ADC_GetITStatus
函数原型	ITStatus ADC_GetITStatus(ADC_TypeDef* ADCx, u16 ADC_IT)
功能描述	检查指定的 ADC 中断是否发生
输入参数 1	ADCx：x 是 ADC 编号，用来选择 ADC 外设
输入参数 2	ADC_IT：将要被检查指定 ADC 中断源，参见表 16-13

16.2.36　库函数 ADC_ClearITPendingBit

库函数 ADC_ ClearITPendingBit 的描述参见表 16-44。

表 16-44　库函数 ADC_ClearITPendingBit

函数名	ADC_ClearITPendingBit
函数原型	void ADC_ClearITPendingBit(ADC_TypeDef* ADCx, u16 ADC_IT)
功能描述	清除 ADCx 的中断待处理位
输入参数 1	ADCx：x 是 ADC 编号，用来选择 ADC 外设
输入参数 2	ADC_IT：待清除的 ADC 中断待处理位，参见表 16-13

思考与练习

1．STM32F103x 系列芯片上集成了一个逐次逼近型模拟数字转换器，请简要叙述它的转换过程，并指出使用该 A/D 转换器的注意事项。

2．写出 STM32F103ZET6 处理器的 ADC 模块的所有可配置模式。

3．简要叙述 STM32F103x 系列芯片所集成的 A/D 模块的特征。

4．简要叙述 ADC 模块的自校准模式及其意义。

5．计算当 ADCCLK 为 28MHz，采样周期为 1.5 周期时的总转换时间。

6．ADC 有哪些中断事件？

7．写出在双 ADC 模式下的可能模式？

例程 7-ADC

第17章

定时器模块

STM32F103x 系列微控制器集成最少 3 个，最多 14 个 16 位定时器（TIM），其中 TIM1 和 TIM8 属于高级定时器（STM32F103x 系列中的低容量和中容量处理器、互联型处理器仅集成 TIM1，大容量和超大容量处理器集成了 TIM1 和 TIM8），TIM2～TIM5 属于通用定时器（集成于全部 STM32F1 系列处理器），TIM6 和 TIM7 属于基本定时器（仅集成于 STM32F101xx 和 STM32F103xx 系列中大容量和超大容量处理器、互联型处理器），TIM9～TIM14 属于通用定时器（仅集成于超大容量系列处理器）。本章主要介绍 STM32F103x 系列微控制器的通用定时器模块（TIM2～TIM5）的使用方法及库函数。

17.1　TIM 简介

定时器模块适用于多种场合，经典应用包括测量输入信号的脉冲长度（输入捕获）或者产生输出波形（输出比较和 PWM）。使用定时器预分频器和 RCC 时钟控制器预分频器，脉冲长度和波形周期可以在几个微秒到几个毫秒间任意调整。

全部的定时器模块是完全独立的，而且没有互相共享任何资源，它们可以一起同步操作，这些定时器的同步操作可以实现定时器级联和多个定时器并行触发。单个定时器的内部结构如图 17-1 所示。

定时器的主要功能如下：

- 16 位向上、向下、向上/向下自动装载计数器；
- 16 位可编程（可以实时修改）预分频器，计数器时钟频率的分频系数为 1～65535 之间的任意数值；
  - 4 个独立通道：
  - ■ 输入捕获；
  - ■ 输出比较；
  - ■ PWM 生成（边缘或中间对齐模式）；
  - ■ 单脉冲模式输出；
- 使用外部信号控制不同定时器和定时器互连的同步电路；
- 如下事件发生时产生中断/DMA：
  - ■ 更新计数器向上溢出/向下溢出，计数器初始化（通过软件或者内部/外部触发）；
  - ■ 触发事件（计数器启动、停止、初始化或者由内部/外部触发计数）；
  - ■ 输入捕获；

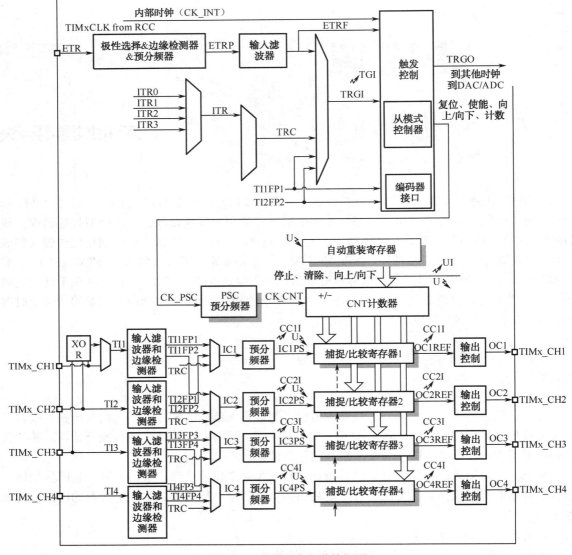

图 17-1 定时器内部结构框图

　　■ 输出比较；
● 支持针对定位的增量（正交）编码器和霍尔传感器电路；
● 触发输入作为外部时钟或者按周期的电流管理；
● 高级定时器 1 和 8 还具有死区时间可编程的互补输出。

17.1.1 计数功能

1. 时基单元

　　可编程通用定时器的主要部分是一个 16 位计数器和与其相关的自动装载寄存器。这个计数器可以向上计数、向下计数或者向上、向下双向计数。此计数器时钟由预分频器分频得到。计数器、自动装载寄存器和预分频器寄存器可以由软件读写，在计数器运行时仍可以读写。

时基单元包含如下部分：

- 计数器寄存器（TIMx_CNT）；
- 预分频器寄存器（TIMx_PSC）；
- 自动装载寄存器（TIMx_ARR）。

自动装载寄存器是预先装载的，写或读自动重装载寄存器将访问预装载寄存器。根据函数 TIM_SetAutoreload(TIMx, TIMAutoreload)的设置，预装载寄存器的内容被立即或在每次更新事件 UEV 时传送到影子寄存器。当计数器达到溢出条件（向下计数时的下溢条件）并当 TIMx_CR1 寄存器中的 UDIS 位等于 0 时，产生更新事件。更新事件也可以由软件产生。

计数器由预分频器的时钟输出 CK_CNT 驱动，仅当设置 TIM_Cmd(TIMx, ENABLE)时，CK_CNT 才有效。真正的计数器使能信号 CNT_EN 在 CEN 后的一个时钟周期后被设置，而 CK_CNT 在 CNT_EN 后一个时钟周期开始计数。

2．预分频器描述

预分频器可以将计数器的时钟频率按 1～65536 之间的任意值分频，它是基于集成结构体 TIM_TimeBaseInitTypeDef 的成员 TIM_Prescaler 16 位寄存器控制的 16 位计数器。因为这个控制寄存器带有缓冲器，所以它能够在工作时被改变。新的预分频器的参数在下一次更新事件到来时被采用，如图 17-2 所示。可以看到修改预分频器的值之后，预分频器并未立即响应，定时器的时钟保持不变。等到一个更新事件（UEV）发生后，预分频器开始执行新的分频值，同时定时器时钟频率变为原来的一半。

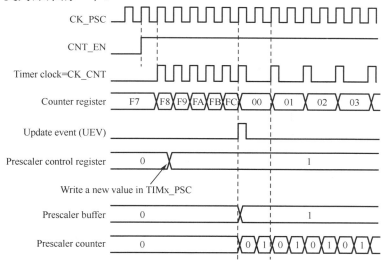

图 17-2　预分频器的值从 1 变 2 时计数时序图

3．计数模式

计数器的计数模式包括向上计数、向下计数和中央对齐三种模式。

（1）向上计数模式

在向上计数模式中，计数器从 0 计数到自动加载值（TIM_Antoreload 函数设置），然后重新从 0 开始计数并且产生一个计数器溢出事件。

每次计数器溢出时可以产生更新事件，函数 TIM_GenerateEvent(TIMx, TIM_EventSource_Update)（通过软件方式或者使用从模式控制器）也同样可以产生一个更新事件。设置函数

TIM_UpdateDisableConfig(TIMx, DISABLE)，可以禁止更新事件，这样可以避免在向预装载寄存器中写入新值时更新影子寄存器。在函数 TIM_UpdateDisableConfig(TIMx, ENABLE)调用时，将不产生更新事件。但是在应该产生更新事件时，计数器仍会被清 0，同时预分频器的计数也被清 0（但预分频器的数值不变）。此外，如果设置函数 TIM_UpdateRequestConfig()（选择更新请求），设置 UG 位将产生一个更新事件 UEV，但硬件不设置 UIF 标志（即不产生中断或 DMA 请求），这是为了避免在捕获模式下清除计数器时，同时产生更新和捕获中断。

当发生一个更新事件时，所有的寄存器都被更新，硬件同时（依据 URS 位）设置更新标志位（TIMx_SR 寄存器中的 UIF 位）。预分频器的缓冲区被置入预装载寄存器的值（由函数 TIM_SetAutoreload()设置）。自动装载影子寄存器被重新置入预装载寄存器的值。当设置值为 0x36，预分频器的值为 1 时，计数时序图如图 17-3 所示。

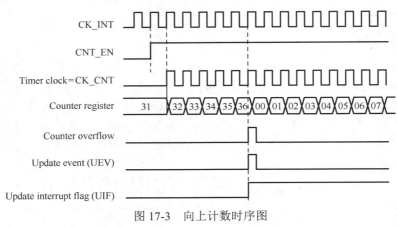

图 17-3 向上计数时序图

（2）向下计数模式

在向下模式中，计数器从自动装入的值（函数 TIM_SetAutoreload()设置）开始向下计数到 0，然后从自动装入的值重新开始并且产生一个计数器向下溢出事件。

每次计数器溢出时可以产生更新事件，函数 TIM_GenerateEvent(TIMx, TIM_EventSource_Update)（通过软件方式或者使用从模式控制器）也同样可以产生一个更新事件。设置函数 TIM_UpdateDisableConfig(TIMx, DISABLE)禁止 UEV 事件，这样可以避免向预装载寄存器中写入新值时更新影子寄存器。因此 UDIS 位被清为 0 之前不会产生更新事件。然而，计数器仍会从当前自动加载值重新开始计数，同时预分频器的计数器重新从 0 开始（但预分频器的速率不能被修改）。此外，设置函数 TIM_UpdateRequestConfig()（选择更新请求），是为了避免在发生捕获事件并清除计数器时，同时产生更新和捕获中断。

当发生更新事件时，所有的寄存器都被更新，并且（根据 URS 位的设置）更新标志位（函数 TIM_GetFlagStatus 检查 TIM_FLAG_Update）也被设置。预分频器的缓存器被置入预装载寄存器的值（TIMx_PSC 寄存器的值）。当前的自动加载寄存器被更新为预装载值（由函数 TIM_SetAutoreload()设置）。自动装载在计数器重载入之前被更新，因此下一个周期将是预期的值。当设置值为 0x36，预分频器的值为 1 时，向下计数时序图如图 17-4 所示。

（3）中央对齐模式（向上/向下计数）

在中央对齐模式中，计数器从 0 开始计数到自动加载的值（由函数 TIM_SetAutoreload()设置），产生一个计数器溢出事件，然后向下计数到 0 并且产生一个计数器下溢事件，然后再从 0 开始重新计数。

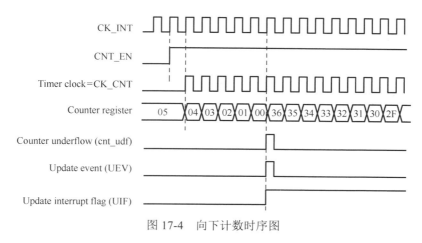

图 17-4　向下计数时序图

在这个模式下，不能使用函数 TIM_CounterModeConfig()设置计数方向，它由硬件更新并指示当前的计数方向。

更新事件可以产生在每一次计数溢出和每一次计数下溢时，也可以通过（软件或者使用从模式控制器）设置函数 TIM_GenerateEvent(TIM2, TIM_EventSource_Update)来产生更新事件，此时，计数器重新从 0 开始计数，预分频器也重新从 0 开始计数。

UEV 事件可以通过软件设置函数 TIM_UpdateDisableConfig(TIMx, DISABLE)被禁止。这样可以避免在向预装载寄存器中写入新值时更新影子寄存器。这样 UDIS 位被写成 0 之前不会产生更新事件。然而，计数器仍会根据当前自动重加载的值，继续向上或向下计数。

此外，如果设置函数 TIM_UpdateRequestConfig()（更新请求选择），设置 UG 位将产生一个更新事件 UEV 但不设置 UIF 标志（因此不产生中断和 DMA 请求），这是为了避免在发生捕获事件并清除计数器时，同时产生更新和捕获中断。

当发生更新事件时，所有的寄存器都被更新，并且更新标志位（函数 TIM_GetFlagStatus 检查 TIM_FLAG_Update）也被设置。当前的自动加载寄存器被更新为预装载值（函数 TIM_SetAutoreload()设置）。如果因为计数器溢出而产生更新，自动重装载将在计数器重载入之前被更新，因此下一个周期将是预期的值（计数器被装载为新的值）。

当 TIMx_ARR 为 0x06，预分频器的值为 1 时中央对齐计数时序图如图 17-5 所示。

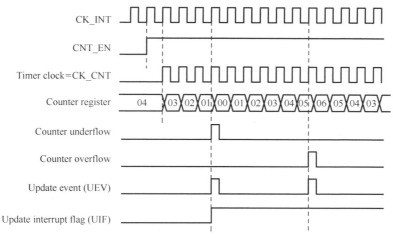

图 17-5　中央对齐计数时序图

17.1.2　时钟选择

计数器时钟可由下列时钟源提供：

● 内部时钟（CK_INT）：如果从模式控制器被禁止(SMS = 000)，调用函数 TIM_InternalClockConfig()，预分频器的时钟就由内部时钟 CK_INT 提供。

● 外部时钟模式 1：外部输入脚（TIx）。当调用函数 TIM_ETRClockMode1Config ()时，此模式被选中。计数器可以在选定的输入上的每个上升沿或下降沿计数。

● 外部时钟模式 2：外部触发输入（ETR）。当调用函数 TIM_ETRClockMode2Config ()时计数器能够在外部触发 ETR 的每一个上升沿或下降沿计数。

● 内部触发输入（ITRx）：使用一个定时器作为另一个定时器的预分频器，例如可以配置一个定时器 Timer1 作为另一个定时器 Timer2 的预分频器。

使用外部时钟模式 1 时，TI2 的连接如图 17-6 所示。

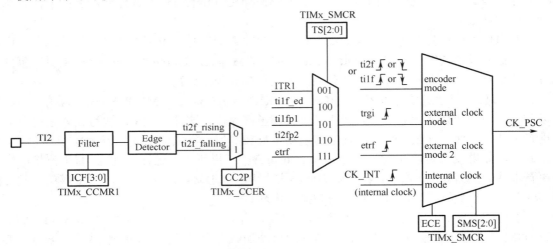

图 17-6　外部时钟模式 1 时，TI2 连接图

例，要配置向上计数器在 TI2 输入端的上升沿计数，使用下列步骤：

（1）设置预分频数，得到 CK_CNT, TIM_TimeBaseStructure.TIM_Prescaler = 7199;
CK_CNT 的计数频率 = 72MHz/(7199+1) = 10kHz;

（2）设置自动重装载寄存器，当计数值达到这个寄存器锁存数值时，溢出产生事件 TIM_TimeBaseStructure.TIM_Period = 9999; 10kHz/(9999+1) = 1Hz，也就是 1s 溢出一次；

（3）设置计数模式 TIM_TimeBaseStructure.TIM_CounterMode = TIM_CounterMode_Up;从 0 计数到 ARR 产生溢出事件；

（4）设置时间分割值 TIM_TimeBaseStructure.TIM_ClockDivision = TIM_CKD_DIV1;

（5）初始化定时器 2 TIM_TimeBaseInit(TIM2, &TIM_TimeBaseStructure);

（6）计数设置在 TI2 上，上升沿触发，设置输入滤波器 TIM_TIxExternalClockConfig (TIM2, TIM_TS_TI1FP2, TIM_ICPolarity_Rising, 0x3);

（7）设置外部模式 1，TIM_ETRClockMode1Config(TIM2, TIM_ExtTRGPSC_OFF, TIM_ExtTRGPolarity_ Inverted, ExtTRGFilter);

（8）清除标志 TIM_ClearFlag(TIM2, TIM_FLAG_Update);

（9）打开定时器 TIM_Cmd(TIM2, ENABLE);

（10）计数时序如图 17-7 所示。

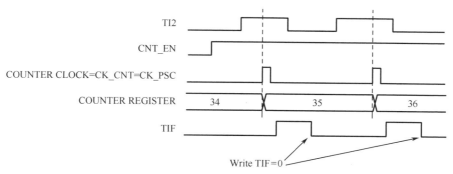

图 17-7　外部时钟模式 1 时，向上计数时序图

使用外部时钟模式 2 时，ETR 的连接如图 17-8 所示。

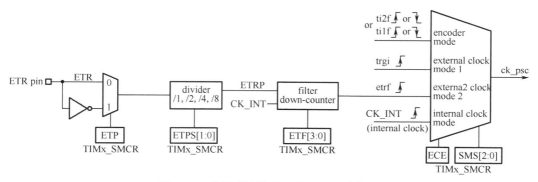

图 17-8　外部时钟模式 2 时，ETR 连接图

例如，要配置在 ETR 下每 2 个上升沿计数一次的向上计数器，使用下列步骤：

（1）设置预分频数，得到 CK_CNT, TIM_TimeBaseStructure.TIM_Prescaler = 7199;CK_CNT 的计数频率 = 72MHz/(7199+1) = 10kHz;

（2）设置自动重装载寄存器，当计数值达到这个寄存器锁存数值时，溢出产生事件 TIM_TimeBaseStructure.TIM_Period = 9999; 10kHz/(9999+1) = 1Hz，也就是 1s 溢出一次；

（3）设置计数模式 TIM_TimeBaseStructure.TIM_CounterMode = TIM_CounterMode_Up;从 0 计数到 ARR 产生溢出事件；

（4）设置时间分割值 TIM_TimeBaseStructure.TIM_ClockDivision = TIM_CKD_DIV1；

（5）初始化定时器 2 TIM_TimeBaseInit(TIM2, &TIM_TimeBaseStructure);

（6）计数设置在 TI2 上，上升沿触发，无输入滤波器 TIM_TIxExternalClockConfig (TIM2, TIM_TS_TI1FP2, TIM_ICPolarity_Rising, 0x0);

（7）设置外部模式 2，TIM_ETRClockMode2Config(TIM2, TIM_ExtTRGPSC_OFF, TIM_ExtTRGPolarity_Inverted, 0x0);

（8）清除标志 TIM_ClearFlag(TIM2, TIM_FLAG_Update);

（9）打开定时器 TIM_Cmd(TIM2, ENABLE);

（10）在 ETR 的上升沿和计数器实际时钟之间的延时取决于在 ETRP 信号端的重新同步电路。计数时序如图 17-9 所示。

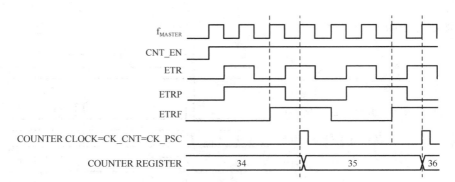

图 17-9　外部时钟模式 2 时，向上计数时序图

17.1.3　捕获/比较通道

每一个捕获/比较通道围绕着一个捕获/比较寄存器（包含影子寄存器），包括捕获的输入部分（包含数字滤波、多路复用和预分频器）和输出部分（包含比较器和输出控制）。捕获/比较通道的结构如图 17-10～图 17-12 所示。

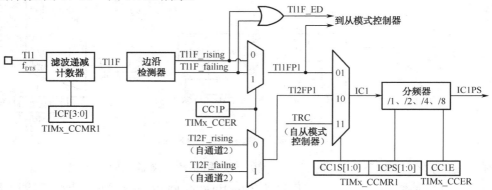

图 17-10　捕获/比较通道的输入部分框图

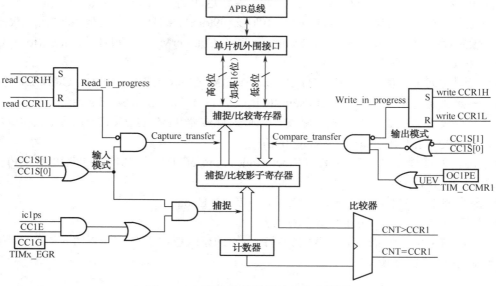

图 17-11　捕获/比较通道的主电路框图

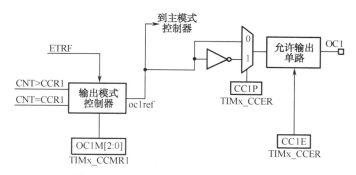

图 17-12 捕获/比较通道的输出部分框图

输入部分对相应的 TIx 输入信号采样，并产生一个滤波后的信号 TIxF。然后，一个带极性选择的边沿监测器产生一个信号（TIxFPx），它可以作为从模式控制器的输入触发或者作为捕获控制。该信号在捕获寄存器（ICxPS）之前已被整形。

输出部分产生一个中间波形 OCxRef（高有效）作为基准，链的末端信号决定最终的输出极性。捕获/比较模块由一个预装载寄存器和一个影子寄存器组成。读写过程仅操作预装载寄存器。在捕获模式下，捕获发生在影子寄存器上，然后再复制到预装载寄存器中。在比较模式下，预装载寄存器的内容被复制到影子寄存器中，然后和计数器进行比较。

（1）输入捕获模式

在输入捕获模式下，当检测到 ICx 信号上相应的边沿后，捕获/比较寄存器（TIMx_CCRx）被用来锁存计数器的值。当一个捕获事件发生时，相应的 CCxIF 标志（TIMx_SR 寄存器）被置 1，如果开放了中断或者 DMA 操作，则将产生中断或者 DMA 操作。如果一个捕获事件发生时 CCxIF 标志已经为高，那么重复捕获标志 CCxOF(TIMx_SR 寄存器)被置 1。写 CCxIF = 0 可清除 CCxIF，或读取存储在 TIMx_CCRx 寄存器中的捕获数据也可清除 CCxIF。写 CCxOF = 0 可清除 CCxOF。

以下例子说明如何在 TI1 输入的上升沿时捕获计数器的值到 TIMx_CCR1 寄存器中，步骤如下：

① 配置为输入捕获模式 TIM_ICInitStructure.TIM_ICMode = TIM_ICMode_ICAP；

② 选择通道 1TIM_ICInitStructure.TIM_Channel = TIM_Channel_1；

③ 输入上升沿捕获 TIM_ICInitStructure.TIM_ICPolarity = TIM_ICPolarity_Rising；

④ 通道方向选择为输入 TIM_ICInitStructure.TIM_ICSelection = TIM_ICSelection_DirectTI；

⑤ 每次检测到捕获输入就触发一次捕获 TIM_ICInitStructure.TIM_ICPrescaler = TIM_ICPSC_DIV1；

⑥ TIM_ICInitStructure.TIM_ICFilter = 0x0；

⑦ TIM_ICInit(TIM2, &TIM_ICInitStructure)；

⑧ 选择滤波后的 TI1 输入作为触发源，触发下面程序的复位 TIM_SelectInputTrigger(TIM2, TIM_TS_TI1FP1)；

⑨ 复位模式-选中的触发输入（TRGI）的上升沿初始化计数器，并且产生一个更新线号 TIM_SelectSlaveMode(TIM2, TIM_SlaveMode_Reset)。

（2）PWM 输入模式

PWM 模式是输入捕获模式的一个特例，除下列区别外，工作过程与输入捕获模式相同：

● 两个 ICx 信号被映射同一个 TIx 输入。

● 这两个 ICx 信号为边沿有效，但是极性相反。

● 其中一个 TIxFP 信号被作为触发输入信号，并且从模式控制器被配置成复位模式。

例如测量输入到 TI1 上的 PWM 信号的长度（TIMx_CCR1 寄存器）和占空比（TIMx_CCR2 寄存器），具体步骤如下（取决于 CK_INT 的频率和预分频器的值）：

TIM_ICInitStructure.TIM_Channel = TIM_Channel_2;

TIM_ICInitStructure.TIM_ICPolarity = TIM_ICPolarity_Rising;

TIM_ICInitStructure.TIM_ICSelection = TIM_ICSelection_DirectTI;

TIM_ICInitStructure.TIM_ICPrescaler = TIM_ICPSC_DIV1;

TIM_ICInitStructure.TIM_ICFilter = 0x0。

两个 ICx 信号映射到同一个 TIxl 输入（这里是 CH1 及 CH2）。这两个 ICx 信号都为边沿有效，但极性相反。

可知，TIM2 的 TIM_Channel_2 被配置为上升沿触发，则 TIM2 的 TIM_Channel_1 被配置为下降沿触发。利用此模式能够测量输入到 TI1 上的 PWM 信号的长度（TIMx_CCR1 寄存器）和占空比（TIMx_CCR2）数值。在测量时，当上升沿信号触发后，计数器开始计数，当下降沿出现时，TIMx_CCR2 寄存器捕获计数器的值。下一个上升沿信号出现时，CCR2 捕获计数器的值，并产生中断。在中断里调用 TIM_GetCapture1(TIM2)和 TIM_GetCapture1(TIM2)读取比较寄存器的 CCR1 和 CCR2 的值。占空比为 CCR2/CCR1，频率 = 系统时钟/CCR1。捕获/比较通道工作在 PWM 输入模式的时序如图 17-13 所示。

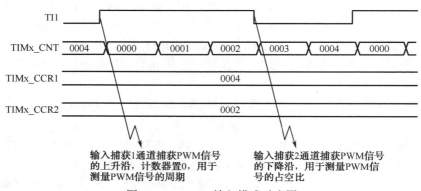

图 17-13　PWM 输入模式时序图

（3）强制输出模式

在输出模式（TIMx_CCMRx 寄存器中 CCxS = 00）下，输出比较信号（OCxREF 和相应的 OCx/OCxN）能够直接由软件强置为有效或无效状态，而不依赖于输出比较寄存器和计数器间的比较结果。

置 TIMx_CCMRx 寄存器中相应的 OCxM = 101，即可强置输出比较信号（OCxREF/OCx）为有效状态。这样 OCxREF 被强置为高电平（OCxREF 始终为高电平有效），同时 OCx 得到 CCxP 极性位相反的值。

例如，CCxP = 0（OCx 高电平有效），则 OCx 被强置为高电平。置 TIMx_CCMRx 寄存器中的 OCxM = 100，可强置 OCxREF 信号为低。该模式下，在 TIMx_CCRx 影子寄存器和计数器之间的比较仍然在进行，相应的标志也会被修改。因此仍然会产生相应的中断和 DMA 请求。这将会在下面的输出比较模式中介绍。

（4）输出比较模式

此项功能用来控制一个输出波形或者指示给定的时间已经到时。当计数器与捕获/比较寄存器的内容相同时，输出比较功能做如下操作：

- 将输出比较模式（TIMx_CCMRx 寄存器中的 OCxM 位）和输出极性（TIMx_CCER 寄存器中的 CCxP 位）定义的值输出到对应的引脚上。在比较匹配时，输出引脚可以保持它的电平（OCxM = 011）、被设置成有效电平（OCxM = 001）、被设置成无有效电平（OCxM = 010）或进行翻转（OCxM = 011）；
- 设置中断状态寄存器中的标志位（TIMx_SR 寄存器中的 CCxIF 位）；
- 如果设置了相应的中断屏蔽（TIMx_DIER 寄存器中的 CCXIE 位），则产生一个中断；
- 若设置了相应的使能位（TIMx_DIER 寄存器中的 CCxDE 位，TIMx_CR2 寄存器中的 CCDS 位选择 DMA 请求功能），则产生一个 DMA 请求。

TIMx_CCMRx 中的 OCxPE 位用于选择 TIMx_CCRx 寄存器是否需要使用预装载寄存器。在输出比较模式下，更新事件 UEV 对 OCxREF 和 OCx 输出没有影响。同步的精度达计数器的一个计数周期。输出比较模式（在单脉冲模式下）也能用来输出一个单脉冲。

输出比较模式的配置步骤如下：

① 选择计数器时钟（内部、外部、预分频器）；

② 将相应的数据写入 TIMx_ARR 和 TIMx_CCRx 寄存器中；

③ 如果要产生一个中断请求和/或一个 DMA 请求，设置 CCxIE 位和/或 CCxDE 位；

④ 选择输出模式，例如，必须设置 OCxM = 011、OCxPE = 0、CCxP = 0 和 CCxE = 1，当 CNT 与 CCRx 匹配时翻转 OCx 的输出引脚，CCRx 预装载未用，开启 OCx 输出且高电平有效。

⑤ 设置 TIMx_CR1 寄存器的 CEN 位启动计数器；

TIMx_CCRx 寄存器能够在任何时候通过软件进行更新以控制输出波形，条件是未使用预装载寄存器（OCxPE = 0，否则 TIMx_CCRx 影子寄存器只能在下一次更新事件发生时被更新）。输出比较模式，翻转 OC1 的时序如图 17-14 所示。

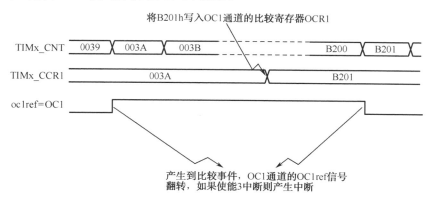

图 17-14　输出比较模式，翻转 OC1 的时序图

（5）PWM 模式

脉冲宽度调制模式可以产生一个由 TIMx_ARR 寄存器确定频率、由 TIMx_CCRx 寄存器确定占空比的信号。

在 TIMx_CCMRx 寄存器中的 OCxM 位写入"110"（PWM 模式 1）或"111"（PWM 模式 2），能够独立地设置每个通道工作在 PWM 模式，每个 OCx 输出一路 PWM。必须通过设置

TIMx_CCMRx 寄存器 OCxPE 位使能相应的预装载寄存器，最后还要设置 TIMx_CR1 寄存器的 ARRE 位使能自动重装载的预装载寄存器（在向上计数或中心对称模式中）。

因为仅当发生一个更新事件的时候，预装载寄存器才能被传送到影子寄存器，因此在计数器开始计数之前，必须通过设置 TIMx_EGR 寄存器中的 UG 位来初始化所有的寄存器。

OCx 的极性可以通过软件在 TIMx_CCER 寄存器中的 CCxP 位设置，它可以设置为高电平有效或低电平有效。OCx 输出通过 TIMx_CCER 寄存器中的 CCxE 位使能。

在 PWM 模式（模式 1 或模式 2）下，TIMx_CNT 和 TIM1_CCRx 始终在进行比较（依据计数器的计数方向）以确定是否符合 TIM1_CCRx≤TIM1_CNT 或者 TIM1_CNT≤TIM1_CCRx。然而，为了与 OCREF_CLR 的功能（在下一个 PWM 周期之前，OCREF 能够通过 ETR 信号被一个外部事件清除）一致，OCREF 信号只能在下述条件下产生：当比较的结果改变或当输出比较模式（TIMx_CCMRx 寄存器中的 OCxM 位）从"冻结"（无比较，OCxM = 000）切换到某个 PWM 模式（OCxM = 110 或 111）时。

这样在运行中可以通过软件强置 PWM 输出。根据 TIMx_CR1 寄存器中 CMS 位的状态，定时器能够产生边沿对齐的或中央对齐的 PWM 信号。

PWM 边沿对齐模式支持向上计数或向下计数。当 TIMx_CR1 寄存器中的 DIR 位为低的时候执行向上计数，如图 17-15 所示（（TIMx_ARR = 8）。当 TIMx_CNT<TIMx_CCRx 时 PWM 信号 OCxREF 为高，否则为低。如果 TIMx_CCRx 中的比较值大于自动重装载值（TIMx_ARR），则 OCxREF 保持为"1"。如果比较值为 0，则 OCxREF 保持为"0"。当 TIMx_CR1 寄存器的 DIR 位为高时执行向下计数，使用 PWM 模式 1，当 TIMx_CNT>TIMx_CCRx 时 OCxREF 为低，否则为高。如果 TIMx_CCRx 中的比较值大于 TIMx_ARR 中的自动重装载值，则 OCxREF 保持为"1"。该模式下不能产生 0%的 PWM 波形。

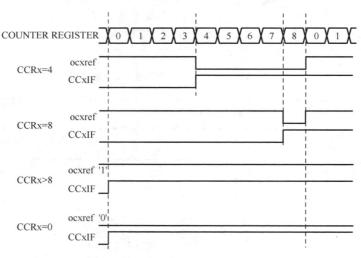

图 17-15　边沿对齐的 PWM 波形（向上计数，ARR = 8）

当 TIMx_CR1 寄存器中的 CMS 位不为 00 时为中央对齐模式（所有其他的配置对 OCxREF/OCx 信号都有相同的作用）。根据不同的 CMS 位的设置，比较标志可能在计数器向上计数时被置 1，在计数器向下计数时被置 1，或在计数器向上和向下计数时被置 1。TIMx_CR1 寄存器中的计数方向位（DIR）由硬件更新，不要用软件修改。中央对齐的 PWM 波形（ARR = 8）如图 17-16 所示。当 TIMx_ARR = 8 时，使用 PWM 模式 1，此时 TIMx_CR1 寄存器中的 CMS = 01，在中央对齐模式 1 下，当计数器向下计数时 CC 系 IF 标志被设置。

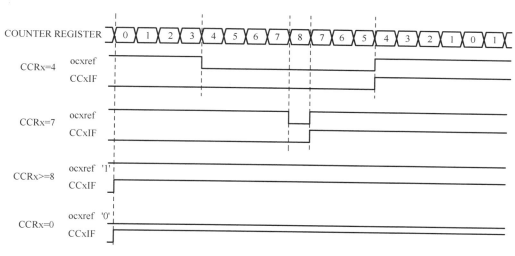

图 17-16　中央对齐的 PWM 波形（ARR = 8）

（6）单脉冲模式

单脉冲模式（OPM）是前述众多模式的一个特例。这种模式允许计数器响应一个激励，并在一个可编程延时之后产生一个对脉宽可编程的脉冲。

可以通过从模式控制器启动计数器，在输出比较模式或者 PWM 模式下产生波形。设置 TIMx_CR1 寄存器中的 OPM 位将选择单脉冲模式，这样可以让计数器自动地在产生下一个更新事件 UEV 时停止。

仅当比较值与计数器的初始值不同时，才能产生一个脉冲。启动之前（当定时器正在等待触发），必须如下配置：

- 向上计数方式：$CNT<CCRx \leqslant ARR$（特别地，$0<CCRx$）。
- 向下计数方式：$CNT>CCRx$。

单脉冲的例子如图 17-17 所示。

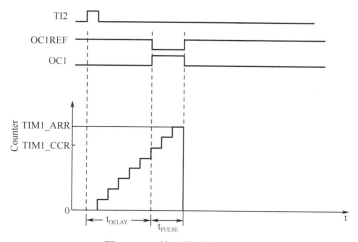

图 17-17　输出单脉冲的例子

图 17-17 的单脉冲输出的例子表示需要在从 TI2 输入脚上检测到一个上升沿开始，延迟 t_{DELAY} 之后在 OC1 上产生一个长度为 t_{PULSE} 的正脉冲。假定 TI2FP2 作为触发 1，配置过程如下：

（1）置 TIMx_CCMR1 寄存器中的 IC2S = 01，把 TI2FP2 映像到 TI2。

（2）置 TIMx_CCER 寄存器中的 CC2P = 0，使 TI2FP2 能够检测上升沿。

（3）置 TIMx_SMCR 寄存器中的 TS = 110，配置 TI2FP2 作为从模式控制器的触发（TRGI）。

（4）置 TIMx_SMCR 寄存器中的 SMS = 110（触发模式），TI2FP2 被用来启动计数器。OPM 波形由写入比较寄存器决定（要考虑时钟频率和计数器预分频器）。

（5）t_{DELAY} 由写入 TIMx_CCR1 寄存器中的值定义。

（6）t_{PULSE} 由自动装载值和比较值之间的差值定义（TIMx_ARR - TIMx_CCR1）。

（7）假定当发生比较匹配时要产生从 0 到 1 的波形，当计数器到达预装载值时要产生一个从 1 到 0 的波形，首先要置 TIMx_CCMR1 寄存器中的 OC1M = 111，进入 PWM 模式 2。

（8）有选择地置 TIMx_CCMR1 中的 OC1PE = 1 和 TIMx_CR1 寄存器中的 ARPE，使能预装载寄存器。

（9）然后在 TIMx_CCR1 寄存器中填写比较值，在 TIMx_ARR 寄存器中填写自动装载值，修改 UG 位来产生一个更新事件，然后等待在 TI2 上的一个外部触发事件。本例中，CC1P = 0。

在这个例子中，TIMx_CR1 寄存器中的 DIR 和 CMS 位应该置低。

因为只需一个脉冲，所以须在下一个更新事件（当计数器从自动装载值翻转到 0）时设置 TIMx_CR1 寄存器中的 OPM = 1，以停止计数。

特殊情况的 OCx 快速使能：在单脉冲模式下，在 TIx 输入脚的边沿检测逻辑设置 CEN 位以启动计数器。然后计数器和比较值间的比较操作产生了输出的转换。但是这些操作需要一定的时钟周期，因此它限制了可得到的最小延时 t_{DELAY}。

如果要以最小延时输出波形，可以设置 TIMx_CCMRx 寄存器中的 OCxFE 位，此时 OCxREF（和 OCx）被强制响应激励而不再依赖比较的结果，输出的波形与比较匹配时的波形一样。OCxFE 只在通道配置为 PWM1 和 PWM2 模式时起作用。

（7）在外部事件时清除 OCxREF 信号

对于一个给定的通道，在 ETRF 输入端（TIMx_CCMRx 寄存器中对应的 OCxCE 允许位置 1）的高电平能够把 OCxREF 信号拉低，OCxREF 信号将保持为低直到发生下一次的更新事件 UEV。

该功能只能用于输出比较和 PWM 模式，而不能用于强置模式。 例如，OCxREF 信号可以连接到一个比较器的输出，用于处理电流。这时，ETR 必须配置如下：

● 外部触发预分频器必须处于关闭：TIM_SMCR 寄存器中的 ETPS[1:0] = 00。

● 必须禁止外部时钟模式 2：TIMx_SMCR 寄存器中的 ECE = 0。

● 外部触发极性（ETP）和外部触发滤波器（ETF）可以根据需要配置。

当 ETRF 输入变为高时，对应不同 OCxCE 的值 OCxREF 信号的动作如图 17-18 所示。在这个例子中，定时器 TIMx 被置于 PWM 模式。

（8）编码器接口模式

选择编码器接口模式的方法是：如果计数器只在 TI2 的边沿计数，则置 TIMx_SMCR 寄存器中的 SMS = 001；如果只在 TI1 边沿计数，则置 SMS = 010；如果计数器同时在 TI1 和 TI2 边沿计数，则置 SMS = 011。

通过设置 TIMx_CCER 寄存器中的 CC1P 和 CC2P 位，可以选择 TI1 和 TI2 极性；如果需要，还可以对输入滤波器编程。

两个输入 TI1 和 TI2 被用来作为增量编码器的接口，参见表 17-1。

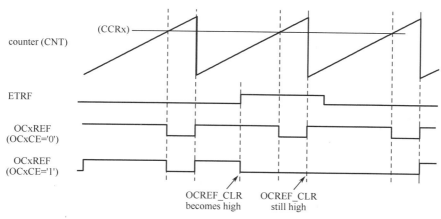

图 17-18　清除 TIMx 的 OCxREF

表 17-1　计数方向与编码器信号的关系

有 效 边 沿	相对信号的电平 （TI1FP1 对应 TI2, TI2FP2 对应 TI1）	TI1FP1 信号		TI2FP2 信号	
		上　升	下　降	上　升	下　降
仅在 TI1 计数	高	向下计数	向上计数	不计数	不计数
	低	向上计数	向下计数	不计数	不计数
仅在 TI2 计数	高	不计数	不计数	向上计数	向下计数
	低	不计数	不计数	向下计数	向上计数
在 TI1 和 TI2 上计数	高	向下计数	向上计数	向上计数	向下计数
	低	向上计数	向下计数	向下计数	向上计数

假定计数器已经启动（TIMx_CR1 寄存器中的 CEN = 1），则计数器由每次在 TI1FP1 或 TI2FP2 上的有效跳变驱动。TI1FP1 和 TI2FP2 是 TI1 和 TI2 在通过输入滤波器和极性控制后的信号，如果 IC1 通道没有设置滤波和变相，则 TI1FP1 = TI1；如果 IC2 通道没有设置滤波和变相，则 TI2FP2 = TI2。根据两个输入信号的跳变顺序，产生了计数脉冲和方向信号。依据两个输入信号的跳变顺序，计数器向上或下计数，因此 TIMx_CR1 寄存器的 DIR 位由硬件进行相应的设置。不管计数器是依靠 TI1、TI2 计数或者同时依靠 TI1 和 TI2 计数，在任一输入（TI1 或者 TI2）跳变时都会重新计算 DIR 位。

编码器接口模式基本上相当于使用了一个带有方向选择的外部时钟。这意味着计数器只在 0 到 TIMx_ARR 寄存器中自动装载值之间连续计数（根据方向，或是 0 到 ARR 计数，或是 ARR 到 0 计数）。所以在开始计数之前必须配置 TIMx_ARR。同样，捕获器、比较器、预分频器、触发输出特性等仍工作正常。

在这个模式下，计数器依照增量编码器的速度和方向被自动修改，因此，它的内容始终指示着编码器的位置。计数方向与相连的传感器旋转的方向对应。假设 TI1 和 TI2 不同时变换，所有可能的组合参见表 17-1。

一个外部的增量编码器直接和 MCU 连接，不需要外部接口逻辑。但是，一般使用比较器将编码器的差动输出转换为数字信号，这大大增加了抗噪声干扰能力。编码器输出的第三个信号表示机械零点，可以连接到一个外部中断输入和触发一个计数器复位。

一个计数器操作的实例（如图 17-19 所示）显示了计数信号的产生和方向控制。它还显示了当选择双边沿时，输入抖动是如何被抑制的，这种情况可能会在传感器的位置靠近一个转换点时发生。在这个例子中，假定配置如下：

- CC1S = 01 (TIMx_CCMR1 寄存器，IC1FP1 映射到 TI1)；
- CC2S = 01 (TIMx_CCMR2 寄存器，IC2FP2 映射到 TI2)；
- CC1P = 0 (TIMx_CCER 寄存器，IC1FP1 不反相，IC1FP1 = TI1)；
- CC2P = 0 (TIMx_CCER 寄存器，IC2FP2 不反相，IC2FP2 = TI2)；
- SMS = 011 (TIMx_SMCR 寄存器，所有的输入均在上升沿和下降沿有效).；
- CEN = 1 (TIMx_CR1 寄存器，计数器使能)。

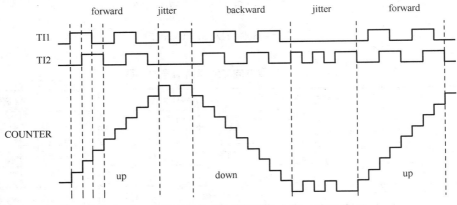

图 17-19　编码器模式下计数器操作实例（CC1P = 0）

当 IC1FP1 极性相反时计数器的操作实例（CC1P = 1，其他配置相同）如图 17-20 所示。

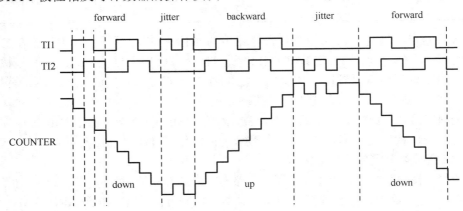

图 17-20　编码器模式下计数器操作实例（CC1P = 1）

当定时器配置成编码器接口模式时，提供传感器当前位置的信息。同时使用另一个配置在捕获模式的定时器，则测量编码器两个事件的间隔，可以获得动态的信息（速度、加速度、减速度）。指示机械零点的编码器输出可被用做此目的。根据两个事件间的间隔，可以按照固定的时间读出计数器。如果可能的话，可以把计数器的值锁存到第三个输入捕获寄存器（捕获信号必须是周期的并且可以由另一个定时器产生）。它也可以通过一个由实时时钟产生的 DMA 请求来读取它的值。

（9）定时器输入异或功能

TIMx_CR2 寄存器中的 TI1S 位，允许通道 1 的输入滤波器连接到一个异或门的输出端，异或门的 3 个输入端为 TIMx_CH1、TIMx_CH2 和 TIMx_CH3。

异或输出能够用于所有定时器的输入功能，如触发或输入捕获。

（10）定时器和外部触发的同步

TIMx 定时器能够在多种模式下和一个外部的触发同步：复位模式、门控模式和触发模式。

1）从模式：复位模式

在发生一个触发输入事件时，计数器和它的预分频器能够重新被初始化；同时，如果 TIMx_CR1 寄存器的 URS 位为低，还产生一个更新事件 UEV；然后所有的预装载寄存器（TIMx_ARR，TIMx_CCRx）都被更新了。在以下的例子中，TI1 输入端的上升沿导致向上计数器被清零：

● 配置通道 1 以检测 TI1 的上升沿。配置输入滤波器的带宽（在本例中，不需要任何滤波器，因此保持 IC1F = 0000）。触发操作中不使用捕获预分频器，所以不需要配置。CC1S 位只选择输入捕获源，即 TIMx_CCMR1 寄存器中的 CC1S = 01。置 TIMx_CCER 寄存器中的 CC1P = 0 以确定极性（只检测上升沿）。

● 置 TIMx_SMCR 寄存器中的 SMS = 100，配置定时器为复位模式；置 TIMx_SMCR 寄存器中的 TS = 101，选择 TI1 作为输入源。

● 置 TIMx_CR1 寄存器中的 CEN = 1，启动计数器。

计数器开始依据内部时钟计数，然后正常运转直到 TI1 出现一个上升沿，此时，计数器被清零，然后从 0 重新开始计数。同时，触发标志（TIMx_SR 寄存器中的 TIF 位）被设置，根据 TIMx_DIER 寄存器中 TIE（中断使能）位和 TDE（DMA 使能）位的设置，产生一个中断请求或一个 DMA 请求。当自动重装载寄存器 TIMx_ARR = 0x36 时的同步时序如图 17-21 所示。在 TI1 上升沿和计数器的实际复位之间的延时取决于 TI1 输入端的重同步电路。

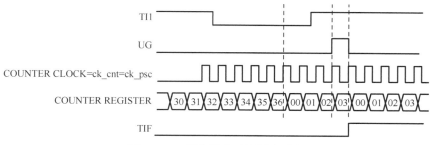

图 17-21　复位模式下的同步时序

2）从模式：门控模式

计数器的使能依赖于选中的输入端的电平。在如下的例子中，计数器只在 TI1 为低时向上计数。

● 配置通道 1 以检测 TI1 上的低电平。配置输入滤波器带宽（本例中，不需要滤波，所以保持 IC1F = 0000）。触发操作中不使用捕获预分频器，所以不需要配置。CC1S 位用于选择输入捕获源，置 TIMx_CCMR1 寄存器中的 CC1S = 01。置 TIMx_CCER 寄存器中的 CC1P = 1 以确定极性（只检测低电平）。

● 置 TIMx_SMCR 寄存器中的 SMS = 101，配置定时器为门控模式；置 TIMx_SMCR 寄存器中的 TS = 101，选择 TI1 作为输入源。

● 置 TIMx_CR1 寄存器中的 CEN = 1，启动计数器。在门控模式下，如果 CEN = 0，则计数器不能启动，不论触发输入电平如何。

只要 TI1 为低，计数器开始依据内部时钟计数，在 TI1 变高时停止计数。当计数器开始或停止时都设置 TIMx_SR 中的 TIF 标志。TI1 上升沿和计数器实际停止之间的延时取决于 TI1 输入端的重同步电路。门控模式下同步时序如图 17-22 所示。

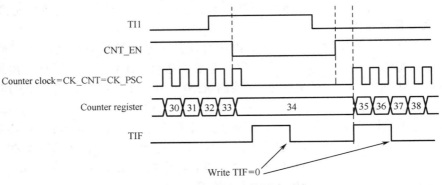

图 17-22　门控模式下的同步时序

3）从模式：触发模式

计数器的使能依赖于选中的输入端上的事件。在下面的例子中，计数器在 TI2 输入的上升沿开始向上计数。

● 配置通道 2 检测 TI2 的上升沿。配置输入滤波器带宽（本例中，不需要任何滤波器，保持 IC2 = 0000）。触发操作中不使用捕获预分频器，不需要配置。CC2 位只用于选择输入捕获源，置 TIMx_CCMR1 寄存器中的 CC2S = 01。置 TIMx_CCER 寄存器中的 CC1P = 1 以确定极性（只检测低电平）。

● TIMx_SMCR 寄存器中的 SMS = 110，配置定时器为触发模式。

● 置 TIMx_SMCR 寄存器中的 TS = 110，选择 TI2 作为输入源。

当 TI2 上出现一个上升沿时，计数器开始在内部时钟驱动下计数，同时 TIF 标志被设置，如图 17-23 所示。TI2 上升沿和计数器启动计数之间的延时取决于 TI2 输入端的重同步电路。

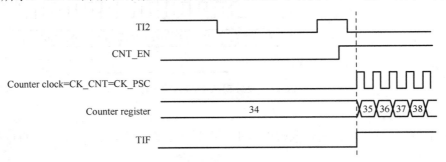

图 17-23　触发模式下的同步时序

4）从模式：外部时钟模式 2 + 触发模式

外部时钟模式 2 可以与另一种从模式（外部时钟模式 1 和编码器模式除外）一起使用。这时，ETR 信号被用作外部时钟的输入，当工作在复位模式、门控模式或触发模式时可以选择另一个输入作为触发输入。不建议在 TIMx_SMCR 寄存器的 TS 位中选择 ETR 作为 TRGI。

在下面的例子中，一旦在 TI1 上出现一个上升沿，计数器即在 ETR 的每一个上升沿向上计数。通过 TIMx_SMCR 寄存器配置外部触发输入电路：

- ETF = 0000：没有滤波；
- ETPS = 00：不用预分频器；
- ETP = 0：检测 ETR 的上升沿，置 ECE = 1 使能外部时钟模式 2。

按如下配置通道 1，检测 TI 的上升沿：

- IC1F = 0000：没有滤波；
- 触发操作中不使用捕获预分频器，不需要配置；
- 置 TIMx_CCMR1 寄存器中的 CC1S = 01，选择输入捕获源；
- 置 TIMx_CCER 寄存器中的 CC1P = 0 以确定极性（只检测上升沿）；
- 置 TIMx_SMCR 寄存器中的 SMS = 110，配置定时器为触发模式。置 TIMx_SMCR 寄存器中的 TS = 101，选择 TI1 作为输入源。

当 TI1 上出现一个上升沿时，TIF 标志被设置，计数器开始在 ETR 的上升沿计数，如图 17-24 所示。ETR 信号的上升沿和计数器实际复位间的延时取决于 ETRP 输入端的重同步电路。

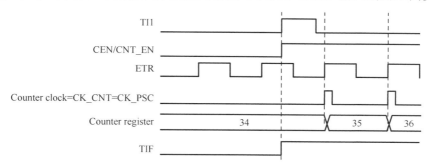

图 17-24　外时钟模式 2+触发模式下的同步时序

17.1.4　定时器同步

所有 TIMx 定时器在内部相连，用于定时器同步或连接。当一个定时器处于主模式时，它可以对另一个处于从模式的定时器的计数器进行复位、启动、停止或提供时钟等操作。定时器同步的连接方式如图 17-25 所示。

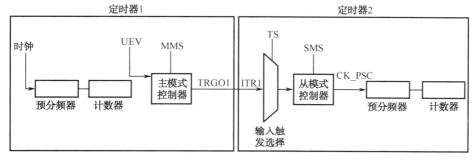

图 17-25　主从定时器同步连接图

例 1：使用一个定时器作为另一个的预分频器，如可以配置定时器 1 作为定时器 2 的预分频器，连接方式如图 17-25 所示。进行下述操作：

（1）配置定时器 1 为主模式，它可以在每一个更新事件 UEV 时输出一个周期的触发信号。

在 TIM1_CR2 寄存器的 MMS = 010 时，每次产生一个更新事件时在 TRGO1 上产生一个上升沿信号。

（2）连接定时器 1 的 TRGO1 输出至定时器 2，定时器 2 必须配置为使用 ITR1 作为内部触发的从模式。设置 TIM2_SMCR 寄存器的 TS = 001。

（3）然后把从模式控制器置于外部时钟模式 1(TIM2_SMCR 寄存器的 SMS = 111)，这样定时器 2 即可由定时器 1 周期的上升沿（即定时器 1 的计数器溢出）信号驱动。

（4）最后，必须设置相应（TIMx_CR1 寄存器）的 CEN 位分别启动两个定时器。

如果 OCx 已被选中为定时器 1 的触发输出（MMS = 1xx），它的上升沿用于驱动定时器 2 的计数器。

例 2：使用一个定时器去门控另一个定时器，在这个例子中，定时器 2 由定时器 1 的输出比较启动。参考图 17-25 的连接。定时器 2 只当定时器 1 的 OC1REF 为高时才对分频的内部时钟计数，如图 17-26 所示。

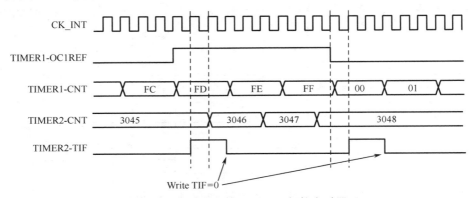

图 17-26　定时器 1 的 OC1REF 门控定时器 2

两个定时器的时钟频率都是由预分频器对 CK_INT 除以 3 ($f_{CK\_CNT} = f_{CK\_INT}/3$)得到的，进行下述操作：

（1）配置定时器 1 为主模式，送出它的输出比较参考信号（OC1REF）为触发输出（TIM1_CR2 寄存器的 MMS = 100）；

（2）配置定时器 1 的 OC1REF 波形（TIM1_CCMR1 寄存器）；

（3）配置定时器 2 从定时器 1 获得输入触发（TIM2_SMCR 寄存器的 TS = 001）；

（4）配置定时器 2 为门控模式（TIM2_SMCR 寄存器的 SMS = 101）；

（5）置 TIM2_CR1 寄存器的 CEN = 1 以使能定时器 2；

（6）置 TIM1_CR1 寄存器的 CEN = 1 以启动定时器 1。

定时器 2 的时钟不与定时器 1 的时钟同步，这个模式只影响定时器 2 计数器的启动信号。

定时器 1 的 OC1REF 门控定时器 2 的例子中，在定时器 2 启动之前，它们的计数器和预分频器未被初始化，因此它们从当前的数值开始计数。可以在启动定时器 1 之前复位两个定时器，使它们从给定的数值开始，即在定时器计数器中写入需要的任意数值。写 TIMx_EGR 寄存器的 UG 位即可复位定时器。

例 3：同步定时器 1 和定时器 2，如图 17-27 所示。定时器 1 是主模式并从 0 开始，定时器 2 是从模式并从 0xE7 开始；两个定时器的预分频器系数相同。写 0 到 TIM1_CR1 的 CEN 位将禁止定时器 1，定时器 2 随即停止。

配置定时器 1 为主模式，送出输出比较 1 参考信号（OC1REF）做为触发输出（TIM1_CR2 寄存器的 MMS = 100）。进行下述操作：

（1）配置定时器 1 的 OC1REF 波形（TIM1_CCMR1 寄存器）；

（2）配置定时器 2 从定时器 1 获得输入触发（TIM2_SMCR 寄存器的 TS = 001）；

（3）配置定时器 2 为门控模式（TIM2_SMCR 寄存器的 SMS = 101）；

（4）置 TIM1_EGR 寄存器的 UG = 1，复位定时器 1；

（5）置 TIM2_EGR 寄存器的 UG = 1，复位定时器 2；

（6）写 0xE7 至定时器 2 的计数器（TIM2_CNTL），初始化它为 0xE7；

（7）置 TIM2_CR1 寄存器的 CEN = 1 以使能定时器 2；

（8）置 TIM1_CR1 寄存器的 CEN = 1 以启动定时器 1；

（9）置 TIM1_CR1 寄存器的 CEN = 0 以停止定时器 1。

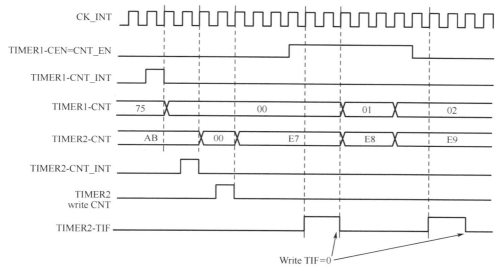

图 17-27　定时器 1 的使能门控定时器 2

例 4：使用一个定时器启动另一个定时器。在这个例子中，使用定时器 1 的更新事件使能定时器 2，如图 17-28 所示。一旦定时器 1 产生更新事件，定时器 2 即从它当前的数值（可以是非 0）依分频的内部时钟开始计数。在收到触发信号时，定时器 2 的 CEN 位被自动地置 1，同时计数器开始计数直到写 0 到 TIM2_CR1 寄存器的 CEN 位。两个定时器的时钟频率都是由预分频器对 CK_INT 除以 3（$f_{CK\_CNT} = f_{CK\_INT}/3$）得到的。进行下述操作：

（1）配置定时器 1 为主模式，送出它的更新事件（UEV）作为触发输出（TIM1_CR2 寄存器的 MMS = 010）；

（2）配置定时器 1 的周期（TIM1_ARR 寄存器）；

（3）配置定时器 2 从定时器 1 获得输入触发（TIM2_SMCR 寄存器的 TS = 001）；

（4）配置定时器 2 为触发模式（TIM2_SMCR 寄存器的 SMS = 110）；

（5）置 TIM1_CR1 寄存器的 CEN = 1 以启动定时器 1。

例 5：可以在启动计数之前初始化两个计数器。在与例 3 相同配置情况下，使用触发模式而不是门控模式（TIM2_SMCR 寄存器的 SMS = 110），如图 17-29 所示。

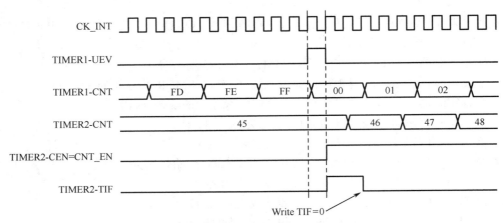

图 17-28　定时器 1 的更新触发定时器 2

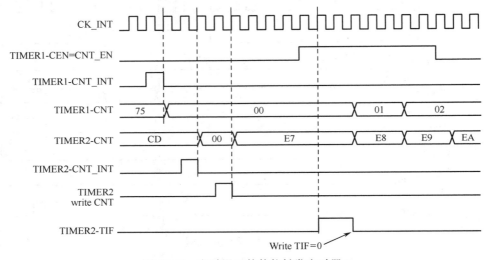

图 17-29　定时器 1 的使能触发定时器 2

使用一个定时器作为另一个的预分频器，可以配置定时器 1 作为定时器 2 的预分频器。参考图 17-25，进行下述操作：

（1）配置定时器 1 为主模式，送出它的更新事件 UEV 作为触发输出（TIM1_CR2 寄存器的 MMS = 010）。每次计数器溢出时输出一个周期信号；

（2）配置定时器 1 的周期（TIM1_ARR 寄存器）；

（3）配置定时器 2 从定时器 1 获得输入触发（TIM2_SMCR 寄存器的 TS = 001）；

（4）配置定时器 2 使用外部时钟模式（TIM2_SMCR 寄存器的 SMS = 111）；

（5）置 TIM1_CR2 寄存器的 CEN = 1 以启动定时器 2；

（6）置 TIM1_CR1 寄存器的 CEN = 1 以启动定时器 1。

例 6：使用一个外部触发同步地启动 2 个定时器，如图 17-30 所示。在这个例子中，设置当定时器 1 的 TI1 输入上升时使能定时器 1，使能定时器 1 的同时使能定时器 2。为保证计数器的对齐，定时器 1 必须配置为主/从模式（对应 TI1 为从，对应定时器 2 为主）。进行下述操作：

（1）配置定时器 1 为主模式，送出它的使能作为触发输出（TIM1_CR2 寄存器的 MMS = 001）；

（2）配置定时器 1 为从模式，从 TI1 获得输入触发（TIM1_SMCR 寄存器的 TS = 100）；

（3）配置定时器 1 为触发模式（TIM1_SMCR 寄存器的 SMS = 110）；

（4）配置定时器 1 为主/从模式，TIM1_SMCR 寄存器的 MSM = 1；

（5）配置定时器 2 从定时器 1 获得输入触发（TIM2_SMCR 寄存器的 TS = 001）；

（6）配置定时器 2 为触发模式（TIM2_SMCR 寄存器的 SMS = 110）。

当定时器 1 的 TI1 上出现一个上升沿时，两个定时器同步地依内部时钟开始计数，两个 TIF 标志也同时设置。

在例 6 中，在启动之前两个定时器都被初始化，两个计数器都从 0 开始，但可以通过写入任意一个计数器，寄存器（TIMx_CNT）在定时器间插入一个偏移。从图 17-30 中能看到主/从模式下在定时器 1 的 CNT_EN 和 CK_PSC 之间有个延迟。

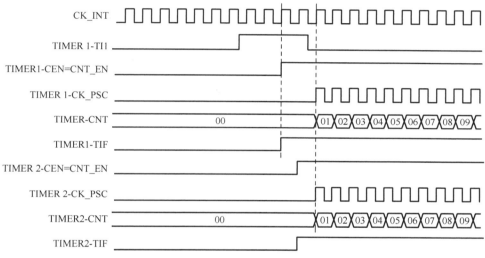

图 17-30　使用 1 个外部触发同步启动定时器 1 和定时器 2

17.2　TIM 库函数说明

标准外设库的 TIM 库包含了常用的 TIM 操作，通过对函数的调用可以实现对 TIM 的操作。V3.5 的标准外设库包含了对高级定时器和通用定时器的操作，对相应的结构变量进行了扩展，修改了 TIM_CCxCmd、TIM_CCxNCmd、TIM_SetICxPrescaler 等函数的参数。该函数库不适用于 TIM6 和 TIM7 基本定时器。全部函数的简要说明参见表 17-2。

表 17-2　TIM 库函数列表

函 数 名	描　　述
TIM_DeInit	将外设 TIMx 寄存器重设为默认值
TIM_TimeBaseInit	根据 TIM_TimeBaseInitStruct 中指定的参数初始化 TIMx 的时间基数单位
TIM_OC1Init	根据 TIM_OCInitStruct 指定的参数初始化 TIM Channel1
TIM_OC2Init	根据 TIM_OCInitStruct 指定的参数初始化 TIM Channel2
TIM_OC3Init	根据 TIM_OCInitStruct 指定的参数初始化 TIM Channel3
TIM_OC4Init	根据 TIM_OCInitStruct 指定的参数初始化 TIM Channel4

函　数　名	描　　述
TIM_ICInit	根据 TIM_ICInitStruct 中指定的参数初始化外设 TIMx
TIM_PWMIConfig	根据 TIM_ICInitStruct 中指定的参数初始化外设 TIMx 的 PWM 输入模式
TIM_BDTRConfig	配置刹车、死区、锁定级别，OSSI，OSSR 状态和自动输出使能。详见 BDTR 刹车和死区寄存器
TIM_TimeBaseStructInit	把 TIM_TimeBaseInitStruct 中的每一个参数按默认值填入
TIM_OCStructInit	把 TIM_OCInitStruct 中的每一个参数按默认值填入
TIM_ICStructInit	把 TIM_ICInitStruct 中的每一个参数按默认值填入
TIM_Cmd	使能或者失能 TIMx 外设
TIM_ITConfig	使能或者失能指定的 TIM 中断
TIM_GenerateEvent	配置将使用软件产生的事件
TIM_DMAConfig	设置 TIMx 的 DMA 接口
TIM_DMACmd	使能或者失能指定的 TIMx 的 DMA 请求
TIM_InternalClockConfig	设置 TIMx 内部时钟
TIM_ITRxExternalClockConfig	设置 TIMx 内部触发为外部时钟模式
TIM_TIxExternalClockConfig	设置 TIMx 触发为外部时钟
TIM_ETRClockMode1Config	配置 TIMx 外部时钟模式 1
TIM_ETRClockMode2Config	配置 TIMx 外部时钟模式 2
TIM_ETRConfig	配置 TIMx 外部触发
TIM_SelectInputTrigger	选择 TIMx 输入触发源
TIM_PrescalerConfig	设置 TIMx 预分频
TIM_CounterModeConfig	设置 TIMx 计数器模式
TIM_ForcedOC1Config	置 TIMx 输出 1 为活动或者非活动电平
TIM_ForcedOC2Config	置 TIMx 输出 2 为活动或者非活动电平
TIM_ForcedOC3Config	置 TIMx 输出 3 为活动或者非活动电平
TIM_ForcedOC4Config	置 TIMx 输出 4 为活动或者非活动电平
TIM_ARRPreloadConfig	使能或者失能 TIMx 在 ARR 上的预装载寄存器
TIM_SelectCOM	选择 TIM 外设的换向（COM）事件
TIM_SelectCCDMA	选择 TIMx 外设的捕获比较 DMA 源
TIM_CCPreloadControl	置位或清除 TIM 捕获比较预加载控制位
TIM_OC1PreloadConfig	使能或者失能 TIMx 在 CCR1 上的预装载寄存器
TIM_OC2PreloadConfig	使能或者失能 TIMx 在 CCR2 上的预装载寄存器
TIM_OC3PreloadConfig	使能或者失能 TIMx 在 CCR3 上的预装载寄存器
TIM_OC4PreloadConfig	使能或者失能 TIMx 在 CCR4 上的预装载寄存器
TIM_OC1FastConfig	设置 TIMx 捕获比较 1 快速特征
TIM_OC2FastConfig	设置 TIMx 捕获比较 2 快速特征
TIM_OC3FastConfig	设置 TIMx 捕获比较 3 快速特征
TIM_OC4FastConfig	设置 TIMx 捕获比较 4 快速特征

函　数　名	描　　述
TIM_ClearOC1Ref	在一个外部事件时清除或者保持 OCREF1 信号
TIM_ClearOC2Ref	在一个外部事件时清除或者保持 OCREF2 信号
TIM_ClearOC3Ref	在一个外部事件时清除或者保持 OCREF3 信号
TIM_ClearOC4Ref	在一个外部事件时清除或者保持 OCREF4 信号
TIM_EncoderInterfaceConfig	设置 TIMx 编码界面
TIM_OC1PolarityConfig	设置 TIMx 通道 1 极性
TIM_OC1NPolarityConfig	设置 TIMx 通道 1 的互补极性.
TIM_OC2PolarityConfig	设置 TIMx 通道 2 极性
TIM_OC2NPolarityConfig	设置 TIMx 通道 2 的互补极性.
TIM_OC3PolarityConfig	设置 TIMx 通道 3 极性
TIM_OC3NPolarityConfig	设置 TIMx 通道 3 的互补极性.
TIM_OC4PolarityConfig	设置 TIMx 通道 4 极性
TIM_CCxCmd	使能或失能 TIMx 的捕获/比较通道 x
TIM_CCxNCmd	使能或失能 TIMx 的捕获/比较通道 x N.
TIM_SelectOCxM	选择 TIM 的输出比较模式,该函数在改变输出模式前会失能所选择的通道。用户必须通过使用 IM_CCxCmd 和 TIM_CCxNCmd 使能这个被失能的通道
TIM_UpdateDisableConfig	使能或失能 TIM 的更新事件.
TIM_UpdateRequestConfig	设置 TIMx 更新请求源
TIM_SelectHallSensor	使能或者失能 TIMx 霍尔传感器接口
TIM_SelectOnePulseMode	设置 TIMx 单脉冲模式
TIM_SelectOutputTrigger	选择 TIMx 触发输出模式
TIM_SelectSlaveMode	选择 TIMx 从模式
TIM_SelectMasterSlaveMode	设置或者重置 TIMx 主/从模式
TIM_SetCounter	设置 TIMx 计数器寄存器值
TIM_SetAutoreload	设置 TIMx 自动重装载寄存器值
TIM_SetCompare1	设置 TIMx 捕获比较 1 寄存器值
TIM_SetCompare2	设置 TIMx 捕获比较 2 寄存器值
TIM_SetCompare3	设置 TIMx 捕获比较 3 寄存器值
TIM_SetCompare4	设置 TIMx 捕获比较 4 寄存器值
TIM_SetIC1Prescaler	设置 TIMx 输入捕获 1 预分频
TIM_SetIC2Prescaler	设置 TIMx 输入捕获 2 预分频
TIM_SetIC3Prescaler	设置 TIMx 输入捕获 3 预分频
TIM_SetIC4Prescaler	设置 TIMx 输入捕获 4 预分频
TIM_SetClockDivision	设置 TIMx 的时钟分割值
TIM_GetCapture1	获得 TIMx 输入捕获 1 的值
TIM_GetCapture2	获得 TIMx 输入捕获 2 的值
TIM_GetCapture3	获得 TIMx 输入捕获 3 的值

函 数 名	描 述
TIM_GetCapture4	获得 TIMx 输入捕获 4 的值
TIM_GetCounter	获得 TIMx 计数器的值
TIM_GetPrescaler	获得 TIMx 预分频值
TIM_GetFlagStatus	检查指定的 TIM 标志位设置与否
TIM_ClearFlag	清除 TIMx 的待处理标志位
TIM_GetITStatus	检查指定的 TIM 中断发生与否
TIM_ClearITPendingBit	清除 TIMx 的中断待处理位

17.2.1　库函数 TIM_DeInit

库函数 TIM_DeInit 的描述参见表 17-3。

表 17-3　库函数 TIM_DeInit

函数名	TIM_DeInit
函数原型	void TIM_DeInit(TIM_TypeDef* TIMx)
功能描述	将外设 TIMx 寄存器重设为默认值
输入参数	TIMx：x 可以是 1,2,3,4,5 或 8，用来选择 TIM 外设
被调用函数	RCC_APB1PeriphResetCmd()RCC_APB2PeriphResetCmd

17.2.2　库函数 TIM_TimeBaseInit

库函数 TIM_TimeBaseInit 的描述参见表 17-4。

表 17-4　库函数 TIM_TimeBaseInit

函数名	TIM_TimeBaseInit
函数原型	void TIM_TimeBaseInit(TIM_TypeDef*TIMx, TIM_TimeBaseInitTypeDef* TIM_TimeBaseInitStruct)
功能描述	根据 TIM_TimeBaseInitStruct 中指定的参数初始化 TIMx 的时间基数单位
输入参数 1	TIMx：x 可以是 1,2,3,4,5 或 8，用来选择 TIM 外设
输入参数 2	TIMTimeBase_InitStruct: 指向结构 TIM_TimeBaseInitTypeDef 的指针，包含了 TIMx 时间基数单位的配置信息，参见表 17-5

用于保存外设 TIM 配置信息的数据结构 TIM_InitTypeDef 结构体定义如下：

```
typedef struct
{
    u16 TIM_Period;
    u16 TIM_Prescaler;
    u16 TIM_ClockDivision;
    u16 TIM_CounterMode;
    u8 TIM_RepetitionCounter;
} TIM_InitTypeDef;
```

结构 TIM_InitTypeDef 的成员参见表 17-5。

表 17-5　TIM_InitTypeDef 参数

成　　　员	描　　　述
TIM_Period	设置了在下一个更新事件装入活动的自动重装载寄存器周期的值。它的取值必须在 0x0000 和 0xFFFF 之间
TIM_Prescaler	设置了用来作为 TIMx 时钟频率除数的预分频值。它的取值必须在 0x0000 和 0xFFFF 之间
TIM_ClockDivision	设置了时钟分割 TIM_CKD_DIV1：$T_{DTS} = T_{ck\_tim}$ TIM_CKD_DIV2：$T_{DTS} = 2T_{ck\_tim}$ TIM_CKD_DIV4：$T_{DTS} = 4T_{ck\_tim}$
TIM_CounterMode	选择了计数器模式 TIM_CounterMode_Up：TIM 向上计数模式 TIM_CounterMode_Down：TIM 向下计数模式 TIM_CounterMode_CenterAligned1：TIM 中央对齐模式 1 计数模式 TIM_CounterMode_CenterAligned2：TIM 中央对齐模式 2 计数模式 TIM_CounterMode_CenterAligned3：TIM 中央对齐模式 3 计数模式
TIM_RepetitionCounter	用于设置重复计数器的值 RCR 每次向下计数器为 0 时，产生更新事件并从 RCR 重新计数，边沿对齐模式 PWM 周期数为 RCR+1，中央对齐模式 PWM 半周期的数目为 RCR 仅用于 TIM1 和 TIM8 高级定时器

17.2.3　库函数 TIM_OC1Init

库函数 TIM_OC1Init 的描述参见表 17-6。TIM_OCxInit 函数功能与此函数功能类似，仅将初始化的目标通道由通道 1 改为通道 x（x 可以为 2,3 和 4）。

表 17-6　库函数 TIM_OC1Init

函数名	TIM_OC1Init
函数原型	void TIM_OC1Init(TIM_TypeDef* TIMx, TIM_OCInitTypeDef* TIM_OCInitStruct)
功能描述	根据 TIM_OCInitStruct 中指定的参数初始化外设 TIMx 的通道 1
输入参数 1	TIMx：x 可以是 1,2,3,4,5 或 8，用来选择 TIM 外设
输入参数 2	TIM_OCInitStruct：指向结构 TIM_OCInitTypeDef 的指针，参见表 17-7

用于保存输出比较通道配置信息的数据结构 TIM_OCInitTypeDef 结构体定义如下：

```
typedef struct
{
    u16 TIM_OCMode;
    u16 TIM_OutputState; u16 TIM_OutputNState; u16 TIM_Pulse;
    u16 TIM_OCPolarity; u16 TIM_OCNPolarity; u16 TIM_OCIdleState; u16 TIM_OCNIdleState;
} TIM_OCInitTypeDef;
```

结构 TIM_OCInitTypeDef 的成员参见表 17-7。TIM_OutputNState, TIM_OCNPolarity, TIM_OCIdleState 和 TIM_OCNIdleState 参数仅用于高级定时器 TIM1 和 TIM8 产生互补信号。

表 17-7 TIM_OCInitTypeDef 的成员

成 员	描 述
TIM_OCMode	指定输出比较模式 TIM_OCMode_Timing：TIM 输出比较时间模式 TIM_OCMode_Active：TIM 输出比较主动模式 TIM_OCMode_Inactive：TIM 输出比较非主动模式 TIM_OCMode_Toggle：TIM 输出比较触发模式 TIM_OCMode_PWM1：TIM 脉冲宽度调制模式 1 TIM_OCMode_PWM2：TIM 脉冲宽度调制模式 2
TIM_OutputState	指定输出比较状态 TIM_OutputState_Disable：失能 TIM_OutputState_Enable：使能
TIM_OutputNState	指定输出比较互补状态 TIM_OutputNState_Disable：失能 TIM_OutputNState_Enable：使能
TIM_Pulse	设置了待装入捕获比较寄存器的脉冲值。它的取值必须在 0x0000 和 0xFFFF 之间
TIM_OCPolarity	输出极性 TIM_OCPolarity_High：TIM 输出比较极性高 TIM_OCPolarity_Low：TIM 输出比较极性低
TIM_OCNPolarity	输出互补极性 TIM_OCNPolarity_High：输出比较互补极性高 TIM_OCNPolarity_Low：输出比较互补极性低
TIM_OCIdleState	设置空闲状态时输出比较引脚的状态 TIM_OCIdleState_Set：当 MOE = 0 时输出比较引脚设置为空闲状态 TIM_OCIdleState_Reset：当 MOE = 0 时输出比较引脚重置
TIM_OCNIdleState	设置空闲状态时输出比较引脚的互补状态 TIM_OCIdleState_Set：当 MOE = 0 时输出比较引脚互补状态设置为空闲状态 TIM_OCIdleState_Reset：当 MOE = 0 时输出比较引脚互补状态重置

17.2.4 库函数 TIM_ICInit

库函数 TIM_ICInit 的描述参见表 17-8。TIM_PWMIConfig 函数的功能除了使用 PWM 输入模式外与此函数一致。

表 17-8 库函数 TIM_ICInit

函数名	TIM_ICInit
函数原型	void TIM_ICInit(TIM_TypeDef* TIMx, TIM_ICInitTypeDef* TIM_ICInitStruct)
功能描述	根据 TIM_ICInitStruct 中指定的参数初始化外设 TIMx 的输入捕获模式
输入参数 1	TIMx：x 可以是 1,2,3,4,5 或 8，用来选择 TIM 外设
输入参数 2	TIM_ICInitStruct：指向结构 TIM_ICInitTypeDef 的指针，参见表 17-9

用于保存输入捕获通道配置信息的数据结构 TIM_ICInitTypeDef 结构体定义如下：

```
typedef struct
{
u16 TIM_Channel;
u16 TIM_ICPolarity; u16 TIM_ICSelection; u16 TIM_ICPrescaler; u8 TIM_ICFilter;
} TIM_ICInitTypeDef;
```

结构 TIM_ICInitTypeDef 的成员参见表 17-9。

表 17-9　TIM_ICInitTypeDef 的成员

成　员	描　述
TIM_Channel	选择通道 TIM_Channel_1：使用 TIM 通道 1 TIM_Channel_2：使用 TIM 通道 2 TIM_Channel_3：使用 TIM 通道 3 TIM_Channel_4：使用 TIM 通道 4
TIM_ICPolarity	指定输入有效沿 TIM_ICPolarity_Rising：TIM 输入捕获上升沿 TIM_ICPolarity_Falling：TIM 输入捕获下降沿
TIM_ICSelection	选择输入 TIM_ICSelection_DirectTI： TIM 输入 1，2，3 或 4 选择对应地与 IC1 或 IC2 或 IC3 或 IC4 相连 TIM_ICSelection_IndirectTI TIM： 输入 1，2，3 或 4 选择对应地与 IC2 或 IC1 或 IC4 或 IC3 相连 TIM_ICSelection_TRC： TIM 输入 2，3 或 4 选择与 TRC 相连
TIM_ICPrescaler	设置输入捕获预分频器 TIM_ICPSC_DIV1　TIM 捕获在捕获输入上每探测到一个边沿执行一次 TIM_ICPSC_DIV2　TIM 捕获每 2 个事件执行一次 TIM_ICPSC_DIV3　TIM 捕获每 3 个事件执行一次 TIM_ICPSC_DIV4　TIM 捕获每 4 个事件执行一次
TIM_ICFilter	选择输入比较滤波器。该参数取值在 0x0 和 0xF 之间

17.2.5　库函数 TIM_BDTRConfig

库函数 TIM_BDTRConfig 的描述参见表 17-10。

表 17-10　库函数 TIM_BDTRConfig

函数名	TIM_BDTRConfig
函数原型	void TIM_BDTRConfig(TIM_TypeDef* TIMx, 　TIM_BDTRInitTypeDef *TIM_BDTRInitStruct)
功能描述	配置 BDTR（刹车和死区）寄存器
输入参数 1	TIMx：x 可以是 1 或者 8，用用来选择高级定时器外设
输入参数 2	TIM_BDTRInitStruct 指向待初始化参数的指针，参见表 17-11

用于保存刹车和死区配置信息的数据结构 TIM_BDTRInitTypeDef 结构体定义如下：

```
typedef struct
{
    u16 TIM_OSSRState; u16 TIM_OSSIState; u16 TIM_LOCKLevel; u16 TIM_DeadTime;
    u16 TIM_Break;u16 TIM_BreakPolarity;u16 TIM_AutomaticOutput;
} TIM_BDTRInitTypeDef;
```

结构 TIM_BDTRInitTypeDef 的成员参见表 17-11。

表 17-11　TIM_BDTRInitTypeDef 的成员

成　　员	描　　述
TIM_OSSRState	配置 OSSR 在运行模式中停止状态的选择 TIM_OSSRState_Enable：使能 OSSR TIM_OSSRState_Disable：失能 OSSR
TIM_OSSIState	配置 OSSI 在空闲模式中停止状态的选择 TIM_OSSIState_Enable：使能 OSSI TIM_OSSIState_Disable：失能 OSSI
TIM_LOCKLevel	配置锁定等级参数 TIM_LOCKLevel_OFF：无锁定 TIM_LOCKLevel_1：使用锁定等级 1 TIM_LOCKLevel_2：使用锁定等级 2 TIM_LOCKLevel_3：使用锁定等级 3
TIM_DeadTime	死区时间，0-0xFFFF
TIM_Break	使能或失能刹车输入 TIM_Break_Enable：使能 TIM_Break_Disable：失能
TIM_BreakPolarity	设置刹车输入引脚的极性 TIM_BreakPolarity_Low：设置为低 TIM_BreakPolarity_High：设置为高
TIM_AutomaticOutput	使能或使能自动输出 TIM_AutomaticOutput_Enable：使能. TIM_AutomaticOutput_Disable：失能

17.2.6　库函数 TIM_TimeBaseStructInit

库函数 TIM_TimeBaseStructInit 的描述参见表 17-12。

表 17-12　库函数 TIM_TimeBaseStructInit

函数名	TIM_TimeBaseStructInit
函数原型	void TIM_TimeBaseStructInit(TIM_TimeBaseInitTypeDef* TIM_TimeBaseInitStruct)
功能描述	把 TIM_TimeBaseInitStruct 中的每一个参数按默认值填入

续表

输入参数	TIM_TimeBaseInitStruct：指向结构 TIM_TimeBaseInitTypeDef 的指针， 待初始化的默认值为： TIM_Period，0xFFFF TIM_Prescaler，0x0000 TIM_CKD，TIM_CKD_DIV1 TIM_CounterMode，TIM_CounterMode_Up TIM_RepetitionCounter，0x0000

17.2.7　库函数 TIM_OCStructInit

库函数 TIM_OCStructInit 的描述参见表 17-13。

表 17-13　库函数 TIM_OCStructInit

函数名	TIM_OCStructInit
函数原型	void TIM_OCStructInit(TIM_OCInitTypeDef* TIM_OCInitStruct)
功能描述	把 TIM_ICOnitStruct 中的每一个参数按默认值填入
输入参数	TIM_ICOnitStruct：指向结构 TIM_ICInitTypeDef 的指针，待初始化的默认值为： TIM_OCMode，TIM_OCMode_Timing TIM_OutputState，TIM_OutputState_Disable TIM_OutputNState，TIM_OutputNState_Disable TIM_Pulse，0x0000 TIM_OCPolarity，TIM_OCPolarity_High TIM_OCNPolarity，TIM_OCPolarity_High TIM_OCIdleState，TIM_OCIdleState_Reset TIM_OCNIdleState，TIM_OCNIdleState_Reset

17.2.8　库函数 TIM_ICStructInit

库函数 TIM_ICStructInit 的描述参见表 17-14。

表 17-14　库函数 TIM_ICStructInit

函数名	TIM_ICStructInit
函数原型	void TIM_ICStructInit(TIM_ICInitTypeDef* TIM_ICInitStruct)
功能描述	把 TIM_ICInitStruct 中的每一个参数按默认值填入
输入参数	TIM_ICInitStruct：指向结构 TIM_ICInitTypeDef 的指针，待初始化的默认值如下： TIM_Channel，TIM_Channel_1 TIM_ICSelection，TIM_ICSelection_DirectTI TIM_ICPrescaler，TIM_ICPSC_DIV1 TIM_ICPolarity，TIM_ICPolarity_Rising TIM_ICFilter，0x00

17.2.9　库函数 TIM_BDTRStructInit

库函数 TIM_BDTRStructInit 的描述参见表 17-15。

表 17-15　库函数 TIM_BDTRStructInit

函数名	TIM_BDTRStructInit
函数原型	void TIM_BDTRStructInit (TIM_BDTRInitTypeDef * TIM_ICInitStruct)
功能描述	把 TIM_BDTRInitStruct 中的每一个参数按默认值填入
输入参数	TIM_BDTRInitStruct：指向结构 TIM_BDTRInitTypeDef 的指针 待初始化的默认值如下： TIM_OSSRState，TIM_OSSRState_Disable TIM_OSSIState，TIM_OSSIState_Disable TIM_LOCKLevel，TIM_LOCKLevel_OFF TIM_DeadTime，0x00 TIM_Break，TIM_Break_Disable TIM_BreakPolarity，TIM_BreakPolarity_Low TIM_AutomaticOutput，TIM_AutomaticOutput_Disable

17.2.10　库函数 TIM_Cmd

库函数 TIM_Cmd 的描述参见表 17-16。

表 17-16　库函数 TIM_Cmd

函数名	TIM_Cmd
函数原型	void TIM_Cmd(TIM_TypeDef* TIMx, FunctionalState NewState)
功能描述	使能或者失能 TIMx 外设
输入参数 1	TIMx：x 可以是 1,2,3,4,5 或 8，用来选择 TIM 外设
输入参数 2	NewState：外设 TIMx 的新状态 这个参数可以取 ENABLE 或者 DISABLE

17.2.11　库函数 TIM_ITConfig

库函数 TIM_ITConfig 的描述参见表 17-17。

表 17-17　库函数 TIM_ITConfig

函数名	TIM_ITConfig
函数原型	void TIM_ITConfig(TIM_TypeDef* TIMx, u16 TIM_IT, FunctionalState NewState)
功能描述	使能或者失能指定的 TIM 中断
输入参数 1	TIMx：x 可以是 1,2,3,4,5 或 8，用来选择 TIM 外设
输入参数 2	TIM_IT：待使能或者失能的 TIM 中断源 TIM_IT_Update：TIM 更新中断源 TIM_IT_CC1：TIM 捕获/比较 1 中断源 TIM_IT_CC2：TIM 捕获/比较 2 中断源 TIM_IT_CC3：TIM 捕获/比较 3 中断源

输入参数 2	TIM_IT_CC4：TIM 捕获/比较 4 中断源 TIM_IT_Trigger：TIM 触发中断源 TIM_IT_COM：TIMCOM（换向）中断源 TIM_IT_Break：TIM 刹车中断源
输入参数 3	NewState：TIMx 中断的新状态 这个参数可以取 ENABLE 或 DISABLE

17.2.12　库函数 TIM_GenerateEvent

库函数 TIM_GenerateEvent 的描述参见表 17-18。

表 17-18　库函数 TIM_GenerateEvent

函数名	TIM_GenerateEvent
函数原型	void TIM_GenerateEvent(TIM_TypeDef* TIMx, u16 TIM_EventSource)
功能描述	设置软件产生的 TIM 事件
输入参数 1	TIMx：x 可以是 1,2,3,4,5 或 8，用来选择 TIM 外设
输入参数 2	TIM_EventSource：待设置的事件 TIM_EventSource_Update：TIM 更新事件源 TIM_EventSource_CC1：TIM 捕获/比较 1 事件源 TIM_EventSource_CC2：TIM 捕获/比较 2 事件源 TIM_EventSource_CC3：TIM 捕获/比较 3 事件源 TIM_EventSource_CC4：TIM 捕获/比较 4 事件源 TIM_EventSource_Trigger：TIM 触发事件源 TIM_EventSource_COM：TIMCOM（换向）事件源 TIM_EventSource_Break：TIM 刹车事件源

17.2.13　库函数 TIM_DMAConfig

库函数 TIM_DMAConfig 的描述参见表 17-19。

表 17-19　库函数 TIM_DMAConfig

函数名	TIM_DMAConfig
函数原型	void TIM_DMAConfig(TIM_TypeDef*TIMx,u8TIM_DMABase,u16 TIM_DMABurstLength)
功能描述	设置 TIMx 的 DMA 接口
输入参数 1	TIMx：x 可以是 1,2,3,4,5 或 8，用来选择 TIM 外设
输入参数 2	TIM_DMABase：DMA 传输起始地址 TIM_DMABase_CR1：TIM CR1 寄存器 TIM_DMABase_CR2：TIM CR2 寄存器 TIM_DMABase_SMCR：TIM SMCR 寄存器 TIM_DMABase_DIER：TIM DIER 寄存器 TIM_DMABase_SR：TIM SR 寄存器 TIM_DMABase_EGR：TIM EGR 寄存器

续表

输入参数 2	TIM_DMABase_CCMR1：TIM CCMR1 寄存器
	TIM_DMABase_CCMR2：TIM CCMR2 寄存器
	TIM_DMABase_CCER：TIM CCER 寄存器
	TIM_DMABase_CNT：TIM CNT 寄存器
	TIM_DMABase_PSC：TIM PSC 寄存器
	TIM_DMABase_ARR：TIM APR 寄存器
	TIM_DMABase_CCR1：TIM CCR1 寄存器
	TIM_DMABase_CCR2：TIM CCR2 寄存器
	TIM_DMABase_CCR3：TIM CCR3 寄存器
	TIM_DMABase_CCR4：TIM CCR4 寄存器
	TIM_DMABase_DCR：TIM DCR 寄存器
	TIM_DMABase_BDTR：TIM BDTR 寄存器
输入参数 3	TIM_DMABurstLength：DMA 连续传送长度
	TIM_DMABurstLength_1Byte：连续传送长度 1 字节
	TIM_DMABurstLength_2Bytes：连续传送长度 2 字节
	TIM_DMABurstLength_3Bytes：连续传送长度 3 字节
	TIM_DMABurstLength_4Bytes：连续传送长度 4 字节
	TIM_DMABurstLength_5Bytes：连续传送长度 5 字节
	TIM_DMABurstLength_6Bytes：连续传送长度 6 字节
	TIM_DMABurstLength_7Bytes：连续传送长度 7 字节
	TIM_DMABurstLength_8Bytes：连续传送长度 8 字节
	TIM_DMABurstLength_9Bytes：连续传送长度 9 字节
	TIM_DMABurstLength_10Bytes：连续传送长度 10 字节
	TIM_DMABurstLength_11Bytes：连续传送长度 11 字节
	TIM_DMABurstLength_12Bytes：连续传送长度 12 字节
	TIM_DMABurstLength_13Bytes：连续传送长度 13 字节
	TIM_DMABurstLength_14Bytes：连续传送长度 14 字节
	TIM_DMABurstLength_15Bytes：连续传送长度 15 字节
	TIM_DMABurstLength_16Bytes：连续传送长度 16 字节
	TIM_DMABurstLength_17Bytes：连续传送长度 17 字节
	TIM_DMABurstLength_18Bytes：连续传送长度 18 字节

17.2.14　库函数 TIM_DMACmd

库函数 TIM_DMACmd 的描述参见表 17-20。

表 17-20　库函数 TIM_DMACmd

函数名	TIM_DMACmd
函数原型	void TIM_DMACmd(TIM_TypeDef*TIMx, u16 TIM_DMASource, FunctionalState Newstate)
功能描述	使能或者失能指定的 TIMx 的 DMA 请求
输入参数 1	TIMx：x 可以是 1,2,3,4,5 或 8，用来选择 TIM 外设

输入参数 2	TIM_DMASource：待使能或者失能的 TIM 中断源
	TIM_DMA_Update：TIM 更新 DMA 源
	TIM_DMA_CC1：TIM 捕获/比较 1DMA 源
	TIM_DMA_CC2：TIM 捕获/比较 2DMA 源
	TIM_DMA_CC3：TIM 捕获/比较 3DMA 源
	TIM_DMA_CC4：TIM 捕获/比较 4DMA 源
	TIM_DMA_Trigger：TIM 触发 DMA 源
	TIM_DMA_COM：TIM COM（换向）DMA 源
输入参数 3	NewState：DMA 请求的新状态，见表 17-21
	这个参数可以取 ENABLE 或者 DISABLE

表 17-21　TIM DMA 请求

Requests	TIM1	TIM2	TIM3	TIM4	TIM5	TIM6	TIM7	TIM8
TIM_DMA_Update	x	x	x	x	x	x	x	x
TIM_DMA_CC1	x	x	x	x	x			x
TIM_DMA_CC2	x	x		x	x			
TIM_DMA_CC2	x	x	x	x	x			x
TIM_DMA_CC3	x	x	x		x			
TIM_DMA_CC4	x							x
TIM_DMA_Trigger	x		x	x	x			x

17.2.15　库函数 TIM_InternalClockConfig

库函数 TIM_InternalClockConfig 的描述参见表 17-22。

表 17-22　库函数 TIM_InternalClockConfig

函数名	TIM_InternalClockConfig
函数原型	void TIM_DMACmd(TIM_TypeDef* TIMx, u16 TIM_DMASource, FunctionalState Newstate)
功能描述	设置 TIMx 内部时钟
输入参数	TIMx：x 可以是 1,2,3,4,5 或 8，用来选择 TIM 外设

17.2.16　库函数 TIM_ITRxExternalClockConfig

库函数 TIM_ITRxExternalClockConfig 的描述参见表 17-23。

表 17-23　库函数 TIM_ITRxExternalClockConfig

函数名	TIM_ITRxExternalClockConfig
函数原型	void TIM_ITRxExternalClockConfig(TIM_TypeDef* TIMx, u16 TIM_InputTriggerSource)
功能描述	设置 TIMx 内部触发为外部时钟模式
输入参数 1	TIMx：x 可以是 1,2,3,4,5 或 8，用来选择 TIM 外设

续表

输入参数 2	TIM_InputTriggerSource：输入触发源
	TIM_TS_ITR0：TIM 内部触发 0
	TIM_TS_ITR1：TIM 内部触发 1
	TIM_TS_ITR2：TIM 内部触发 2
	TIM_TS_ITR3：TIM 内部触发 3

17.2.17 库函数 TIM_TIxExternalClockConfig

库函数 TIM_TIxExternalClockConfig 的描述参见表 17-24。

表 17-24 库函数 TIM_TIxExternalClockConfig

函数名	TIM_TIxExternalClockConfig
函数原型	void TIM_TIxExternalClockConfig(TIM_TypeDef* TIMx, u16 TIM_TIxExternalCLKSource, u8 TIM_ICPolarity, u8 ICFilter)
功能描述	设置 TIMx 触发为外部时钟
输入参数 1	TIMx：x 可以是 1,2,3,4,5 或 8，用来选择 TIM 外设
输入参数 2	TIM_TIxExternalCLKSource：触发源
	TIM_TS_TI1FP1：TIM IC1 连接到 TI1
	TIM_TS_TI1FP2：TIM IC2 连接到 TI2
	TIM_TS_TI1F_ED：TIM IC1 连接到 TI1，使用边沿探测
输入参数 3	TIM_ICPolarity：指定的 TI 极性
	参见表 17-9
输入参数 4	ICFilter：指定的输入比较滤波器。该参数取值在 0x0 和 0xF 之间

17.2.18 库函数 TIM_ETRClockMode1Config

库函数 TIM_ETRClockMode1Config 的描述参见表 17-25。

表 17-25 库函数 TIM_ETRClockMode1Config

函数名	TIM_ETRClockMode1Config
函数原型	void TIM_ETRClockMode1Config(TIM_TypeDef* TIMx, u16 TIM_ExtTRGPrescaler, u16 TIM_ExtTRGPolarity, u16 ExtTRGFilter)
功能描述	配置 TIMx 外部时钟模式 1
输入参数 1	TIMx：x 可以是 1,2,3,4,5 或 8，用来选择 TIM 外设
输入参数 2	TIM_ExtTRGPrescaler：外部触发预分频
	TIM_ExtTRGPSC_OFF：TIM ETRP 预分频 OFF
	TIM_ExtTRGPSC_DIV2：TIM ETRP 频率除以 2
	TIM_ExtTRGPSC_DIV4：TIM ETRP 频率除以 4
	TIM_ExtTRGPSC_DIV8：TIM ETRP 频率除以 8

续表

输入参数 3	TIM_ExtTRGPolarity：外部时钟极性 TIM_ExtTRGPolarity_Inverted： TIM 外部触发极性翻转，低电平或下降沿有效 TIM_ExtTRGPolarity_NonInverted： TIM 外部触发极性非翻转，高电平或上升沿有效
输入参数 4	ExtTRGFilter：外部触发滤波器。该参数取值在 0x0 和 0xF 之间

17.2.19　库函数 TIM_ETRClockMode2Config

库函数 TIM_ETRClockMode2Config 的描述参见表 17-26。

表 17-26　库函数 TIM_ETRClockMode2Config

函数名	TIM_ETRClockMode2Config
函数原型	void TIM_ETRClockMode2Config(TIM_TypeDef* TIMx, u16 TIM_ExtTRGPrescaler, u16 TIM_ExtTRGPolarity, u16 ExtTRGFilter)
功能描述	配置 TIMx 外部时钟模式 2
输入参数 1	TIMx：x 可以是 2，3 或者 4，用来选择 TIM 外设
输入参数 2	TIM_ExtTRGPrescaler：外部触发预分频 参见表 17-25
输入参数 3	TIM_ExtTRGPolarity：外部时钟极性 参见表 17-25
输入参数 4	ExtTRGFilter：外部触发滤波器。该参数取值在 0x0 和 0xF 之间

17.2.20　库函数 TIM_ETRConfig

库函数 TIM_ETRConfig 的描述参见表 17-27。

表 17-27　库函数 TIM_ETRConfig

函数名	TIM_ETRConfig
函数原型	void TIM_ETRConfig(TIM_TypeDef* TIMx, u16 TIM_ExtTRGPrescaler, u16 TIM_ExtTRGPolarity, u8 ExtTRGFilter)
功能描述	配置 TIMx 外部触发
输入参数 1	TIMx：x 可以是 1,2,3,4,5 或 8，用来选择 TIM 外设
输入参数 2	TIM_ExtTRGPrescaler：外部触发预分频 参见表 17-25
输入参数 3	TIM_ExtTRGPolarity：外部时钟极性 参见表 17-25
输入参数 4	ExtTRGFilter：外部触发滤波器。该参数取值在 0x0 和 0xF 之间

17.2.21　库函数 TIM_SelectInputTrigger

库函数 TIM_SelectInputTrigger 的描述参见表 17-28。

表 17-28　库函数 TIM_SelectInputTrigger

函数名	TIM_SelectInputTrigger
函数原型	void TIM_SelectInputTrigger(TIM_TypeDef* TIMx, u16 TIM_InputTriggerSource)
功能描述	选择 TIMx 输入触发源
输入参数 1	TIMx：x 可以是 1,2,3,4,5 或 8,用来选择 TIM 外设
输入参数 2	TIM_InputTriggerSource：输入触发源 TIM_TS_ITR0：TIM 内部触发 0 TIM_TS_ITR1：TIM 内部触发 1 TIM_TS_ITR2：TIM 内部触发 2 TIM_TS_ITR3：TIM 内部触发 3 TIM_TS_TI1F_ED：TIM TL1 边沿探测器 TIM_TS_TI1FP1：TIM 经滤波定时器输入 1 TIM_TS_TI2FP2：TIM 经滤波定时器输入 2 TIM_TS_ETRF：TIM 外部触发输入

17.2.22　库函数 TIM_PrescalerConfig

库函数 TIM_PrescalerConfig 的描述参见表 17-29。

表 17-29　库函数 TIM_PrescalerConfig

函数名	TIM_PrescalerConfig
函数原型	void TIM_PrescalerConfig(TIM_TypeDef* TIMx, u16 Prescaler,u16 TIM_PSCReloadMode)
功能描述	设置 TIMx 预分频
输入参数 1	TIMx：x 可以是 1,2,3,4,5 或 8,用来选择 TIM 外设
输入参数 2	TIM_PSCReloadMode：预分频重载模式 TIM_PSCReloadMode_Update： TIM 预分频值在更新事件装入 TIM_PSCReloadMode_Immediate： TIM 预分频值即时装入

17.2.23　库函数 TIM_CounterModeConfig

库函数 TIM_CounterModeConfig 的描述参见表 17-30。

表 17-30　库函数 TIM_CounterModeConfig

函数名	TIM_CounterModeConfig
函数原型	void TIM_CounterModeConfig(TIM_TypeDef* TIMx, u16 TIM_CounterMode)
功能描述	设置 TIMx 计数器模式
输入参数 1	TIMx：x 可以是 1,2,3,4,5 或 8,用来选择 TIM 外设
输入参数 2	TIM_CounterMode：待使用的计数器模式 参见表 17-5

17.2.24 库函数 TIM_ForcedOC1Config

库函数 TIM_ForcedOC1Config 的描述参见表 17-31。TIM_ForcedOCxConfig 的功能与
TIM_ForcedOC1Config 相同，只是指定的输出比较通道为 x（x 可以为 2,3 或 4）。

表 17-31 库函数 TIM_ForcedOC1Config

函数名	TIM_ForcedOC1Config
函数原型	void TIM_ForcedOC1Config(TIM_TypeDef* TIMx, u16 TIM_ForcedAction)
功能描述	置 TIMx 输出 1 为活动或者非活动电平
输入参数 1	TIMx：x 可以是 1,2,3,4,5 或 8，用来选择 TIM 外设
输入参数 2	TIM_ForcedAction：输出信号的设置动作 TIM_ForcedAction_Active： 置为 OCxREF 上的活动电平 TIM_ForcedAction_InActive： 置为 OCxREF 上的非活动电平

17.2.25 库函数 TIM_ARRPreloadConfig

库函数 TIM_ARRPreloadConfig 的描述参见表 17-32。

表 17-32 库函数 TIM_ARRPreloadConfig

函数名	TIM_ARRPreloadConfig
函数原型	void TIM_ARRPreloadConfig(TIM_TypeDef* TIMx, FunctionalState Newstate)
功能描述	使能或者失能 TIMx 在 ARR 上的预装载寄存器
输入参数 1	TIMx：x 可以是 1,2,3,4,5 或 8，用来选择 TIM 外设
输入参数 2	NewState：TIM_CR1 寄存器 ARPE 位的新状态 这个参数可以取 ENABLE 或者 DISABLE

17.2.26 库函数 TIM_SelectCOM

库函数 TIM_SelectCOM 的描述参见表 17-33。

表 17-33 库函数 TIM_SelectCOM

函数名	TIM_SelectCOM
函数原型	void TIM_SelectCOM(TIM_TypeDef* TIMx, FunctionalState Newstate)
功能描述	选择 TIMx 外设 COM 事件源
输入参数 1	TIMx：x 可以是 1 或者 8，用来选择 TIM 外设
输入参数 2	NewState：外设 COM 事件新状态 这个参数可以取 ENABLE 或者 DISABLE

17.2.27 库函数 TIM_SelectCCDMA

库函数 TIM_SelectCCDMA 的描述参见表 17-34。

表 17-34　库函数 TIM_SelectCCDMA

函数名	TIM_SelectCCDMA
函数原型	void TIM_SelectCCDMA(TIM_TypeDef* TIMx, FunctionalState Newstate)
功能描述	选择 TIMx 外设的捕获比较 DMA 源
输入参数 1	TIMx: x 可以是 1,2,3,4,5 或 8，用来选择 TIM 外设
输入参数 2	NewState: 捕获比较 DMA 源的新状态 这个参数可以取 ENABLE 或者 DISABLE

17.2.28　库函数 TIM_CCPreloadControl

库函数 TIM_CCPreloadControl 的描述参见表 17-35。

表 17-35　库函数 TIM_CCPreloadControl

函数名	TIM_CCPreloadControl
函数原型	void TIM_CCPreloadControl(TIM_TypeDef* TIMx, FunctionalState Newstate)
功能描述	设置或重置捕获比较预装载控制位
输入参数 1	TIMx: x 可以是 1,2,3,4,5 或 8，用来选择 TIM 外设
输入参数 2	预装器的新状态 这个参数可以取 ENABLE 或 DISABLE

17.2.29　库函数 TIM_OC1PreloadConfig

库函数 TIM_OC1PreloadConfig 的描述参见表 17-36。TIM_OCxPreloadConfig 与 TIM_OC1PreloadConfig 功能相同，只是指定的输出比较通道为 x（为 2,3 或 4）。

表 17-36　库函数 TIM_OC1PreloadConfig

函数名	TIM_OC1PreloadConfig
函数原型	void TIM_OC1PreloadConfig(TIM_TypeDef* TIMx, u16 TIM_OCPreload)
功能描述	使能或者失能 TIMx 在 CCR1 上的预装载寄存器
输入参数 1	TIMx: x 可以是 1,2,3,4,5 或 8，用来选择 TIM 外设
输入参数 2	TIM_OCPreload: 输出比较预装载状态 TIM_OCPreload_Enable: TIMx 在 CCR1 上的预装载寄存器使能 TIM_OCPreload_Disable: TIMx 在 CCR1 上的预装载寄存器失能

17.2.30　库函数 TIM_OC1FastConfig

库函数 TIM_OC1FastConfig 的描述参见表 17-37。TIM_OCxFastConfig 与 TIM_OC1FastConfig 功能相同，只是指定的输出比较通道为 x（x 为 2,3,或 4）。

表 17-37　库函数 TIM_OC1FastConfig

函数名	TIM_OC1FastConfig
函数原型	void TIM_OC1FastConfig(TIM_TypeDef* TIMx, u16 TIM_OCFast)
功能描述	设置 TIMx 捕获比较 1 快速特征
输入参数 1	TIMx：x 可以是 1,2,3,4,5 或 8，用来选择 TIM 外设
输入参数 2	TIM_OCFast：输出比较快速特征状态 TIM_OCFast_Enable： TIMx 输出比较快速特征性能使能 TIM_OCFast_Disable： TIMx 输出比较快速特征性能失能

17.2.31　库函数 TIM_ClearOC1Ref

库函数 TIM_ClearOC1Ref 的描述参见表 17-38。TIM_ClearOCxRef 与 TIM_ClearOC1Ref 功能相同，只是指定的输出比较通道为 x（x 为 2,3 或 4）。

表 17-38　库函数 TIM_ClearOC1Ref

函数名	TIM_ClearOC1Ref
函数原型	void TIM_ClearOC1Ref(TIM_TypeDef* TIMx, u16 TIM_OCClear)
功能描述	在一个外部事件时清除或者保持 OCREF1 信号
输入参数 1	TIMx：x 可以是 1,2,3,4,5 或 8，用来选择 TIM 外设
输入参数 2	TIM_OCClear：输出比较清除使能位状态 TIM_OCClear_Enable：TIMx 输出比较清除使能 TIM_OCClear_Disable：TIMx 输出比较清除失能

17.2.32　库函数 TIM_UpdateDisableConfig

库函数 TIM_UpdateDisableConfig 的描述参见表 17-39。

表 17-39　库函数 TIM_UpdateDisableConfig

函数名	TIM_UpdateDisableConfig
函数原型	void TIM_UpdateDisableConfig(TIM_TypeDef* TIMx, FunctionalState Newstate)
功能描述	使能或者失能 TIMx 更新事件
输入参数 1	TIMx：x 可以是 1,2,3,4,5 或 8，用来选择 TIM 外设
输入参数 2	NewState：TIMx_CR1 寄存器 UDIS 位的新状态 这个参数可以取 ENABLE 或者 DISABLE

17.2.33　库函数 TIM_EncoderInterfaceConfig

库函数 TIM_EncoderInterfaceConfig 的描述参见表 17-40。

表 17-40　库函数 TIM_EncoderInterfaceConfig

函数名	TIM_EncoderInterfaceConfig
函数原型	void TIM_EncoderInterfaceConfig(TIM_TypeDef* TIMx, u8 TIM_EncoderMode, u8 TIM_IC1Polarity, u8 TIM_IC2Polarity)
功能描述	设置 TIMx 编码界面
输入参数 1	TIMx：x 可以是 1,2,3,4,5 或 8，用来选择 TIM 外设
输入参数 2	TIM_EncoderMode：编码器模式 TIM_EncoderMode_TI1：使用 TIM 编码模式 1 TIM_EncoderMode_TI2：使用 TIM 编码模式 2 TIM_EncoderMode_TI3：使用 TIM 编码模式 3
输入参数 3	TIM_IC1Polarity：TI1 极性，参见表 17-9
输入参数 4	TIM_IC2Polarity：TI2 极性，参见表 17-9

17.2.34　库函数 TIM_OC1PolarityConfig

库函数 TIM_OC1PolarityConfig 的描述参见表 17-41。TIM_OCxPolarityConfig 与 TIM_OC1PolarityConfig 功能相同，只是指定的输出比较通道为 x（x 为 2,3 或 4）。

表 17-41　库函数 TIM_OC1PolarityConfig

函数名	TIM_OC1PolarityConfig
函数原型	void TIM_OC1PolarityConfig(TIM_TypeDef* TIMx, u16 TIM_OCPolarity)
功能描述	设置 TIMx 通道 1 极性
输入参数 1	TIMx：x 可以是 1,2,3,4,5 或 8，用来选择 TIM 外设
输入参数 2	TIM_OCPolarity：输出比较极性，参见表 17-7

17.2.35　库函数 TIM_OC1NPolarityConfig

库函数 TIM_OC1NPolarityConfig 的描述参见表 17-42。TIM_OCxNPolarityConfig 与 TIM_OC1NPolarityConfig 功能相同，只是指定的输出比较通道为 x（x 为 2 或 3）。

表 17-42　库函数 TIM_OC1NPolarityConfig

函数名	TIM_OC1NPolarityConfig
函数原型	void TIM_OC1NPolarityConfig(TIM_TypeDef* TIMx, u16 TIM_OCNPolarity)
功能描述	设置 TIMx 通道 1 互补极性
输入参数 1	TIMx：x 可以是 1,2,3,4,5 或 8，用来选择 TIM 外设
输入参数 2	TIM_OCNPolarity：输出比较极性，参见表 17-7

17.2.36　库函数 TIM_CCxCmd

库函数 TIM_CCxCmd 的描述参见表 17-43。

表 17-43　库函数 TIM_CCxCmd

函数名	TIM_CCxCmd
函数原型	void TIM_CCxCmd(TIM_TypeDef* TIMx, u16 TIM_Channel, FunctionalState Newstate)
功能描述	使能或失能 TIM 比较捕获通道 x
输入参数 1	TIMx: x 可以是 1,2,3,4,5 或 8，用来选择 TIM 外设
输入参数 2	TIM_Channel：指定的通道，参见表 17-9
输入参数 3	指定通道的新状态 这个参数可以取 ENABLE 或 DISABLE

17.2.37　库函数 TIM_CCxNCmd

库函数 TIM_CCxNCmd 的描述参见表 17-44。

表 17-44　库函数 TIM_CCxCmd

函数名	TIM_CCxNCmd
函数原型	void TIM_CCxNCmd(TIM_TypeDef* TIMx, u16 TIM_Channel, FunctionalState Newstate)
功能描述	使能或失能比较捕获通道 x 的互补
输入参数 1	TIMx: x 可以是 2，3 或者 4，用来选择 TIM 外设
输入参数 2	TIM_Channel，指定的通道，参见表 17-9
输入参数 3	指定通道的互补新状态 这个参数可以取 ENABLE 或 DISABLE

17.2.38　库函数 TIM_SelectOCxM

库函数 TIM_SelectOCxM 的描述参见表 17-45。

表 17-45　库函数 TIM_SelectOCxM

函数名	TIM_SelectOCxM
函数原型	void TIM_SelectOCxM(TIM_TypeDef* TIMx, u16 TIM_Channel, u16TIM_OCMode)
功能描述	选择输出比较模式
输入参数 1	TIMx: x 可以是 1,2,3,4,5 或 8，用来选择 TIM 外设
输入参数 2	TIM_Channel：指定的通道，参见表 17-9
输入参数 3	TIM_OCMode：输出比较模式，参见表 17-7

17.2.39　库函数 TIM_UpdateRequestConfig

库函数 TIM_UpdateRequestConfig 的描述参见表 17-46。

表 17-46　库函数 TIM_UpdateRequestConfig

函数名	TIM_UpdateRequestConfig
函数原型	void TIM_UpdateRequestConfig(TIM_TypeDef* TIMx, u16 TIM_UpdateSource)
功能描述	设置 TIMx 更新请求源
输入参数 1	TIMx：x 可以是 1,2,3,4,5 或 8，用来选择 TIM 外设
输入参数 2	TIM_UpdateSource：TIM 更新请求源 TIM_UpdateSource_Global： 生成重复的脉冲，在更新事件时计数器不停止 TIM_UpdateSource_Regular： 生成单一的脉冲，计数器在下一个更新事件停止

17.2.40　库函数 TIM_SelectHallSensor

库函数 TIM_SelectHallSensor 的描述参见表 17-47。

表 17-47　库函数 TIM_SelectHallSensor

函数名	TIM_SelectHallSensor
函数原型	void TIM_SelectHallSensor(TIM_TypeDef* TIMx, FunctionalState Newstate)
功能描述	使能或者失能 TIMx 霍尔传感器接口
输入参数 1	TIMx：x 可以是 1,2,3,4,5 或 8，用来选择 TIM 外设
输入参数 2	NewState：TIMx 霍尔传感器接口的新状态 这个参数可以取 ENABLE 或者 DISABLE

17.2.41　库函数 TIM_SelectOnePulseMode

库函数 TIM_SelectOnePulseMode 的描述参见表 17-48。

表 17-48　库函数 TIM_SelectOnePulseMode

函数名	TIM_SelectOnePulseMode
函数原型	void TIM_SelectOnePulseMode(TIM_TypeDef* TIMx, u16 TIM_OPMode)
功能描述	设置 TIMx 单脉冲模式
输入参数 1	TIMx：x 可以是 1,2,3,4,5 或 8，用来选择 TIM 外设
输入参数 2	TIM_OPMode：OPM 模式 TIM_OPMode_Repetitive： 生成重复的脉冲，在更新事件时计数器不停止 TIM_OPMode_Single： 生成单一的脉冲，计数器在下一个更新事件停止

17.2.42　库函数 TIM_SelectOutputTrigger

库函数 TIM_SelectOutputTrigger 的描述参见表 17-49。

表 17-49　库函数 TIM_SelectOutputTrigger

函数名	TIM_SelectOutputTrigger
函数原型	void TIM_SelectOutputTrigger(TIM_TypeDef* TIMx, u16 TIM_TRGOSource)
功能描述	选择 TIMx 触发输出模式
输入参数 1	TIMx：x 可以是 1,2,3,4,5 或 8，用来选择 TIM 外设
输入参数 2	TIM_TRGOSource：触发输出模式 TIM_TRGOSource_Reset： 使用寄存器 TIM_EGR 的 UG 位作为触发输出（TRGO） TIM_TRGOSource_Enable： 使用计数器使能 CEN 作为触发输出（TRGO） TIM_TRGOSource_Update： 使用更新事件作为触发输出（TRGO） TIM_TRGOSource_OC1： 一旦捕获或者比较匹配发生，当标志位 CC1F 被设置时触发输出发送一个肯定脉冲（TRGO） TIM_TRGOSource_OC1Ref： 使用 OC1REF 作为触发输出（TRGO） TIM_TRGOSource_OC2Ref： 使用 OC2REF 作为触发输出（TRGO） TIM_TRGOSource_OC3Ref： 使用 OC3REF 作为触发输出（TRGO） TIM_TRGOSource_OC4Ref： 使用 OC4REF 作为触发输出（TRGO）

17.2.43　库函数 TIM_SelectSlaveMode

库函数 TIM_SelectSlaveMode 的描述参见表 17-50。

表 17-50　库函数 TIM_SelectSlaveMode

函数名	TIM_SelectSlaveMode
函数原型	void TIM_SelectSlaveMode(TIM_TypeDef* TIMx, u16 TIM_SlaveMode)
功能描述	选择 TIMx 从模式
输入参数 1	TIMx：x 可以是 1,2,3,4,5 或 8，用来选择 TIM 外设
输入参数 2	TIM_SlaveMode：TIM 从模式 TIM_SlaveMode_Reset： 选中触发信号（TRGI）的上升沿重初始化计数器并触发寄存器的更新 TIM_SlaveMode_Gated： 当触发信号（TRGI）为高电平计数器时钟使能 TIM_SlaveMode_Trigger： 计数器在触发（TRGI）的上升沿开始 TIM_SlaveMode_External1： 选中触发（TRGI）的上升沿作为计数器时钟

17.2.44 库函数 TIM_SelectMasterSlaveMode

库函数 TIM_SelectMasterSlaveMode 的描述参见表 17-51。

表 17-51 库函数 TIM_SelectMasterSlaveMode

函数名	TIM_SelectMasterSlaveMode
函数原型	void TIM_SelectMasterSlaveMode(TIM_TypeDef* TIMx, u16 TIM_MasterSlaveMode)
功能描述	设置或者重置 TIMx 主/从模式
输入参数 1	TIMx：x 可以是 1,2,3,4,5 或 8，用来选择 TIM 外设
输入参数 2	TIM_MasterSlaveMode：定时器主/从模式 TIM_MasterSlaveMode_Enable：TIM 主/从模式使能 TIM_MasterSlaveMode_Disable：TIM 主/从模式失能

17.2.45 库函数 TIM_SetAutoreload

库函数 TIM_SetAutoreload 的描述参见表 17-52。

表 17-52 库函数 TIM_SetAutoreload

函数名	TIM_SetAutoreload
函数原型	void TIM_SetAutoreload (TIM_TypeDef* TIMx, u16 Autoreload)
功能描述	设置 TIMx 自动重装载寄存器值
输入参数 1	TIMx：x 可以是 1,2,3,4,5 或 8，用来选择 TIM 外设
输入参数 2	Autoreload：自动重装载寄存器新值

17.2.46 库函数 TIM_SetCompare1

库函数 TIM_SetCompare1 的描述参见表 17-53。TIM_SetComparex 与 TIM_SetCompare1 功能相同，只是设置比较寄存器 x（x 为 2,3 或 4）的值。

表 17-53 库函数 TIM_SetCompare1

函数名	TIM_SetCompare1
函数原型	void TIM_SetCompare1(TIM_TypeDef* TIMx, u16 Compare1)
功能描述	设置 TIMx 捕获比较 1 寄存器值
输入参数 1	TIMx：x 可以是 1,2,3,4,5 或 8，用来选择 TIM 外设
输入参数 2	Compare1：捕获比较 1 寄存器新值

17.2.47 库函数 TIM_SetIC1Prescaler

库函数 TIM_SetIC1Prescaler 的描述参见表 17-54。TIM_SetICxPrescaler 与 TIM_SetIC1Prescaler 功能相同，只是指定的输出比较通道为 x（x 为 2,3 或 4）。

表 17-54 库函数 TIM_SetIC1Prescaler

函数名	TIM_SetIC1Prescaler
函数原型	void TIM_SetIC1Prescaler(TIM_TypeDef* TIMx, u16 TIM_IC1Prescaler)

续表

功能描述	设置 TIMx 输入捕获 1 预分频
输入参数 1	TIMx: x 可以是 1,2,3,4,5 或 8，用来选择 TIM 外设
输入参数 2	TIM_IC1Prescaler：输入捕获 1 预分频
	参阅 Section：TIM_IC1Prescaler 查阅更多该参数允许取值范围

17.2.48　库函数 TIM_SetClockDivision

库函数 TIM_SetClockDivision 的描述参见表 17-55。

表 17-55　库函数 TIM_SetClockDivision

函数名	TIM_SetClockDivision
函数原型	void TIM_SetClockDivision(TIM_TypeDef* TIMx, u16 TIM_CKD)
功能描述	设置 TIMx 的时钟分割值
输入参数 1	TIMx: x 可以是 1,2,3,4,5 或 8，用来选择 TIM 外设
输入参数 2	TIM_CKD：时钟分割值，参见表 17-5

17.2.49　库函数 TIM_GetCapture1

库函数 TIM_GetCapture1 的描述参见表 17-56。TIM_GetCapturex 与 TIM_GetCapture1 功能相同，只是指定的比较寄存器为 x（x 为 2,3 或 4）。

表 17-56　库函数 TIM_GetCapture1

函数名	TIM_GetCapture1
函数原型	u16 TIM_GetCapture1(TIM_TypeDef* TIMx)
功能描述	获得 TIMx 输入捕获 1 的值
输入参数	TIMx: x 可以是 1,2,3,4,5 或 8，用来选择 TIM 外设
返回值	输入捕获 1 的值

17.2.50　库函数 TIM_GetCounter

库函数 TIM_GetCounter 的描述参见表 17-57。

表 17-57　库函数 TIM_GetCounter

函数名	TIM_GetCounter
函数原型	u16 TIM_GetCounter(TIM_TypeDef* TIMx)
功能描述	获得 TIMx 计数器的值
输入参数	TIMx: x 可以是 1,2,3,4,5 或 8，用来选择 TIM 外设
返回值	计数器的值

17.2.51　库函数 TIM_GetPrescaler

库函数 TIM_GetPrescaler 的描述参见表 17-58。

表 17-58　库函数 TIM_GetPrescaler

函数名	TIM_GetPrescaler
函数原型	u16 TIM_GetPrescaler (TIM_TypeDef* TIMx)
功能描述	获得 TIMx 预分频值
输入参数	TIMx：x 可以是 1,2,3,4,5 或 8，用来选择 TIM 外设
返回值	预分频的值

17.2.52　库函数 TIM_GetFlagStatus

库函数 TIM_GetFlagStatus 的描述参见表 17-59。

表 17-59　库函数 TIM_GetFlagStatus

函数名	TIM_GetFlagStatus
函数原型	FlagStatus TIM_GetFlagStatus(TIM_TypeDef* TIMx, u16 TIM_FLAG)
功能描述	检查指定的 TIM 标志位设置与否
输入参数 1	TIMx：x 可以是 1,2,3,4,5 或 8，用来选择 TIM 外设
输入参数 2	TIM_FLAG：待检查的 TIM 标志位 TIM_FLAG_Update：TIM 更新标志位 TIM_FLAG_CC1：TIM 捕获/比较 1 标志位 TIM_FLAG_CC2：TIM 捕获/比较 2 标志位 TIM_FLAG_CC3：TIM 捕获/比较 3 标志位 TIM_FLAG_CC4：TIM 捕获/比较 4 标志位 TIM_FLAG_Trigger：TIM 触发标志位 TIM_FLAG_CC1OF：TIM 捕获/比较 1 溢出标志位 TIM_FLAG_CC2OF：TIM 捕获/比较 2 溢出标志位 TIM_FLAG_CC3OF：TIM 捕获/比较 3 溢出标志位 TIM_FLAG_CC4OF：TIM 捕获/比较 4 溢出标志位 TIM_FLAG_COM：TIM COM 标志位 TIM_FLAG_Break：TIM 刹车标志位
返回值	TIM_FLAG 的新状态（SET 或者 RESET）

17.2.53　库函数 TIM_ClearFlag

库函数 TIM_ClearFlag 的描述参见表 17-60。

表 17-60　库函数 TIM_ClearFlag

函数名	TIM_ClearFlag
函数原型	void TIM_ClearFlag(TIM_TypeDef* TIMx, u32 TIM_FLAG)
功能描述	清除 TIMx 的待处理标志位
输入参数 1	TIMx：x 可以是 1,2,3,4,5 或 8，用来选择 TIM 外设
输入参数 2	TIM_FLAG：待清除的 TIM 标志位 参见表 17-58

17.2.54　库函数 TIM_GetITStatus

库函数 TIM_GetITStatus 的描述参见表 17-61。

表 17-61　库函数 TIM_GetITStatus

函数名	TIM_GetITStatus
函数原型	ITStatus TIM_GetITStatus(TIM_TypeDef* TIMx, u16 TIM_IT)
功能描述	检查指定的 TIM 中断发生与否
输入参数 1	TIMx：x 可以是 1,2,3,4,5 或 8，用来选择 TIM 外设
输入参数 2	TIM_IT：待检查的 TIM 中断源 参见表 17-16
返回值	TIM_IT 的新状态

17.2.55　库函数 TIM_ClearITPendingBit

库函数 TIM_ClearITPendingBit 的描述参见表 17-62。

表 17-62　库函数 TIM_ClearITPendingBit

函数名	TIM_ClearITPendingBit
函数原型	void TIM_ClearITPendingBit(TIM_TypeDef* TIMx, u16 TIM_IT)
功能描述	清除 TIMx 的中断待处理位
输入参数 1	TIMx：x 可以是 1,2,3,4,5 或 8，用来选择 TIM 外设
输入参数 2	TIM_IT：待检查的 TIM 中断待处理位 参见表 17-16

思考与练习

1. 简要说明 STM32F103x 系列微控制器定时器的结构和工作原理。
2. 简要说明定时器的主要功能。
3. 说明通用定时器的计数器的计数方式。
4. 简要说明计数器时钟的时钟源有哪些？
5. 写出配置向下计数器在 TI2 输入端的下升计数的配置步骤。
6. 写出配置 ETR 下每个上升沿计数一次的向上计数器的配置步骤。
7. 写出在 TI1 输入的下降沿时捕获计数器的值到 TIMx_CCR1 寄存器中的配置步骤。

例程 8-RCC 和定时器 TIM

第 18 章

看门狗模块

　　STM32F103x 系列微控制器内置两个看门狗，提供了更高的安全性、时间的精确性和使用的灵活性。两个看门狗设备（独立看门狗和窗口看门狗）可用来检测和解决由软件错误引起的故障，当计数器达到给定的超时值时，触发一个中断或产生系统复位。IWDG 最适合应用于那些需要看门狗与程序功能无关、完全独立工作并且对时间精度要求较低的场合，并适合那些要求看门狗在精确计时窗口起作用的应用程序。本章主要介绍 STM32F103x 系列微控制器的看门狗的使用方法及库函数。

18.1　独立看门狗简介

　　独立看门狗（IWDG）由专用的 32kHz 的低速时钟驱动，因此，即使主时钟发生故障它也仍然有效。窗口看门狗由从 APB1 时钟分频后得到的时钟驱动，通过可配置的时间窗口来检测应用程序非正常的过迟或过早的行为。独立看门狗模块的结构如图 18-1 所示。

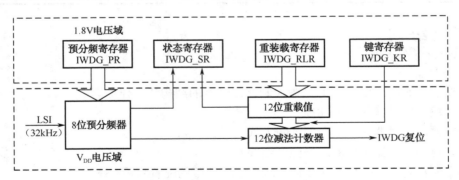

图 18-1　独立看门狗模块的结构框图

　　看门狗功能处于 V_{DD} 供电区，但在停机和待机模式时仍能正常工作。设置库函数 IWDG_Enable，开始启用独立看门狗。此时计数器开始从其复位值 0xFFFH 递减计数。当计数器计数到末尾 0 时，会产生一个复位信号。无论何时，只要写库函数 IWDG_ReloadCounter，库函数 IWDG_SetReload 中的参数值就会被重新加载到计数器中，从而避免产生看门狗复位。在 LSI 32kHz 的输入时钟情况下，独立看门狗的超时时间参见表 18-1。

表 18-1　看门狗超时时间

预分频系数	PR[2:0]位	最短时间 RL[11:0] = 0x000H	最长时间 RL[11:0] = 0xFFFH
/4	0	0.125ms	512.5ms
/8	1	0.25ms	1025ms
/16	2	0.50ms	2050ms
/32	3	1ms	4100ms
/64	4	2ms	8200ms
/128	5	4ms	16400ms
/256	(6 或 7)	8ms	32800ms

尽管这个时钟号称是 32kHz 时钟，但是内部 RC 的频率会在 30kHz 到 90kHz 之间变化。此外，即使 RC 振荡器的频率是精确的，确切的时序仍然依赖于 APB 接口时钟与 RC 振荡器的 32kHz 时钟间的相位差，因此总会有一个完整的 RC 周期是不确定的。

如果用户在选择字节中启用了"硬件看门狗"功能，在系统上电复位后，看门狗会自动开始运行；如果在计数器计数结束前，若软件没有向键寄存器写入相应的值，则系统会产生复位。

IWDG_PR 和 IWDG_RLR 寄存器具有写保护功能。要修改这两个寄存器的值，必须先设置库函数 IWDG_WriteAccessCmd 的参数 IWDG_WriteAccess_Enable。以不同的值写入这个寄存器将会打乱操作顺序，寄存器访问将重新被保护。重装载操作也会启动写保护功能。状态寄存器指示预分频值和递减计数器是否正在被更新。当微控制器进入调试模式时（Cortex-M3 核心停止），根据调试模块中的 DBG_IWDG_STOP 配置位的状态，IWDG 的计数器能够继续工作或停止。

18.2　窗口看门狗简介

窗口看门狗通常被用来监测由外部干扰或不可预见的逻辑条件造成的应用程序背离正常的运行序列而产生的软件故障。除非递减计数器的值在 T6 位变成 0 前被刷新，此看门狗电路在达到可编程的时间周期时，会产生一个复位。在递减计数器达到窗口寄存器值之前，如果递减计数器值的第 7 位（在控制寄存器中）被刷新，那么也将产生一个复位。这表明递减计数器需要在一个有限的窗口中被刷新。窗口看门狗模块的内部结构如图 18-2 所示。

如果看门狗被启动（设置库函数 WWDG_Enable），并且当 7 位（T[6:0]）递减计数器从 40h 翻转到 3Fh（T6 位清零）时，则产生一个复位。如果软件在计数器值大于窗口寄存器中的值时重新装载计数器，将产生一个复位。

应用程序在正常的运行过程中必须每隔一定的时间间隔写 WWDG_CR 寄存器以防止发生复位。只有当计数器值小于窗口寄存器的值时，才能进行这个写操作。这个要被储存在 WWDG_CR 寄存器中的值必须在 FFh 和 C0h 之间。

（1）启动看门狗

看门狗通常在复位后被禁止。设置库函数 WWDG_Enable 将启动看门狗，一旦被启动，看门狗不能再被关闭，除非发生复位。

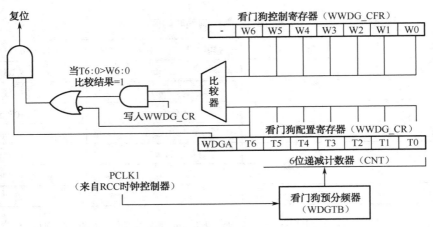

图 18-2　窗口看门狗模块的结构框图

（2）控制递减计数器

递减计数器处于自由运行状态，即使看门狗被禁止，递减计数器仍继续递减计数。当看门狗被启用时，T6 位必须被设置，以防止立即产生一个复位。T[5:0]位包含了在看门狗产生复位之前的延时增量；复位前的延时时间在一个最小值和一个最大值之间变化，这是因为写入 WWDG_CR 寄存器时，预分频值是未知的。

（3）重新装载递减计数器

配置库函数 WWDG_SetWindowValue 中参数的窗口值：要避免产生复位，递减计数器必须在其值小于窗口寄存器的值并且大于 3Fh 时被重新装载。

可以利用早期唤醒中断（EWI）重新装载计数器，设置库函数 WWDG_EnableIT 可以开启 EWI 中断。当递减计数器到达 0x40 时，产生 EWI 中断。可以在 EWI 的中断服务程序中重新加载计数器，以防止 WWDG 产生复位信号。配置库函数 WWDG_ClearFlag 可以清除该中断。

窗口看门狗的工作过程如图 18-3 所示。

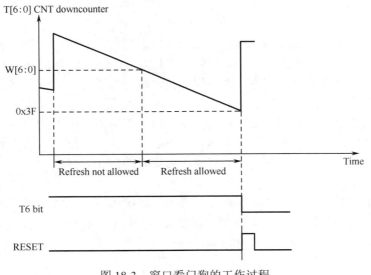

图 18-3　窗口看门狗的工作过程

（4）超时时间计算

可以通过公式计算窗口看门狗的超时时间：

$$T_{WWDG} = T_{PCLK1} \times 4096 \times 2^{WDGTB} \times (T[5:0] + 1)$$

其中，T_{WWDG}——WWDG 超时时间；

T_{PCLK1}——APB1 以 ms 为单位的时钟间隔。

在 PCLK1 = 36MHz 时，窗口看门狗的超时极限值参见表 18-2 所示。

表 18-2　窗口看门狗的超时极限值

WDGTB	最小超时值	最大超时值
0	113μs	7.28ms
1	227μs	14.56ms
2	455μs	29.12ms
3	910μs	58.25ms

18.3　IWDG 库函数说明

标准外设库的 IWDG 库包含了常用的 IWDG 操作，通过对函数的调用可以实现独立看门狗的操作。全部函数的简要说明参见表 18-3。

表 18-3　IWDG 库函数列表

函　数　名	描　　述
IWDG_WriteAccessCmd	使能或者失能对寄存器 IWDG_PR 和 IWDG_RLR 的写操作
IWDG_SetPrescaler	设置 IWDG 预分频值
IWDG_SetReload	设置 IWDG 重装载值
IWDG_ReloadCounter	按照 IWDG 重装载寄存器的值重装载 IWDG 计数器
IWDG_Enable	使能 IWDG
IWDG_GetFlagStatus	检查指定的 IWDG 标志位被设置与否

18.3.1　库函数 IWDG_WriteAccessCmd

库函数 IWDG_WriteAccessCmd 的描述参见表 18-4。

表 18-4　库函数 IWDG_WriteAccessCmd

函数名	IWDG_WriteAccessCmd
函数原型	void IWDG_WriteAccessCmd(u16 IWDG_WriteAccess)
功能描述	使能或者失能对寄存器 IWDG_PR 和 IWDG_RLR 的写操作
输入参数	IWDG_WriteAccess：对寄存器 IWDG_PR 和 IWDG_RLR 的写操作的新状态 IWDG_WriteAccess_Enable： 使能对寄存器 IWDG_PR 和 IWDG_RLR 的写操作 IWDG_WriteAccess_Disable： 失能对寄存器 IWDG_PR 和 IWDG_RLR 的写操作

18.3.2　库函数 IWDG_SetPrescaler

库函数 IWDG_SetPrescaler 的描述参见表 18-5。

表 18-5　库函数 IWDG_SetPrescaler

函数名	IWDG_SetPrescaler
函数原型	void IWDG_SetPrescaler(u8 IWDG_Prescaler)
功能描述	设置 IWDG 预分频值
输入参数	IWDG_Prescaler：IWDG 预分频值 IWDG_Prescaler_4：设置 IWDG 预分频值为 4 IWDG_Prescaler_8：设置 IWDG 预分频值为 8 IWDG_Prescaler_16：设置 IWDG 预分频值为 16 IWDG_Prescaler_32：设置 IWDG 预分频值为 32 IWDG_Prescaler_64：设置 IWDG 预分频值为 64 IWDG_Prescaler_128：设置 IWDG 预分频值为 128 IWDG_Prescaler_256：设置 IWDG 预分频值为 256

18.3.3　库函数 IWDG_SetReload

库函数 IWDG_SetReload 的描述参见表 18-6。

表 18-6　库函数 IWDG_SetReload

函数名	IWDG_SetReload
函数原型	void IWDG_SetReload(u16 Reload)
功能描述	设置 IWDG 重装载值
输入参数	IWDG_Reload：IWDG 重装载值 该参数允许取值范围为 0 – 0x0FFF

18.3.4　库函数 IWDG_ReloadCounter

库函数 IWDG_ReloadCounter 的描述参见表 18-7。

表 18-7　库函数 IWDG_ReloadCounter

函数名	IWDG_ReloadCounter
函数原型	void IWDG_ReloadCounter(void)
功能描述	按照 IWDG 重装载寄存器的值重装载 IWDG 计数器

18.3.5　库函数 IWDG_Enable

库函数 IWDG_Enable 的描述参见表 18-8。

表 18-8　库函数 IWDG_Enable

函数名	IWDG_Enable
函数原型	void IWDG_Enable(void)
功能描述	使能 IWDG

18.3.6 库函数 IWDG_GetFlagStatus

库函数 IWDG_GetFlagStatus 的描述参见表 18-9。

表 18-9 库函数 IWDG_GetFlagStatus

函数名	IWDG_GetFlagStatus
函数原型	FlagStatus IWDG_GetFlagStatus(u16 IWDG_FLAG)
功能描述	检查指定的 IWDG 标志位被设置与否
输入参数	IWDG_FLAG：待检查的标志位
	IWDG_FLAG_PVU：预分频值更新进行中
	IWDG_FLAG_RVU：重装载值更新进行中
返回值	IWDG_FLAG 的新状态（SET 或者 RESET）

18.4 WWDG 库函数说明

标准外设库的 WWDG 库包含了常用的 WWDG 操作，通过对函数的调用可以实现独立看门狗的操作。全部库函数参见表 18-10。

表 18-10 WWDG 库函数列表

函 数 名	描 述
WWDG_DeInit	将外设 WWDG 寄存器重设为默认值
WWDG_SetPrescaler	设置 WWDG 预分频值
WWDG_SetWindowValue	设置 WWDG 窗口值
WWDG_EnableIT	使能 WWDG 早期唤醒中断（EWI）
WWDG_SetCounter	设置 WWDG 计数器值
WWDG_Enable	使能 WWDG 并装入计数器值
WWDG_GetFlagStatus	检查 WWDG 早期唤醒中断标志位被设置与否
WWDG_ClearFlag	清除早期唤醒中断标志位

18.4.1 库函数 WWDG_DeInit

库函数 WWDG_DeInit 的描述参见表 18-11。

表 18-11 库函数 WWDG_DeInit

函数名	WWDG_DeInit
函数原型	void WWDG_DeInit(WWDG_TypeDef* WWDGx)
功能描述	将外设 WWDG 寄存器重设为默认值
被调用函数	RCC_APB1PeriphResetCmd()

18.4.2 库函数 WWDG_SetPrescaler

库函数 WWDG_SetPrescaler 的描述参见表 18-12。

表 18-12　库函数 WWDG_SetPrescaler

函数名	WWDG_SetPrescaler
函数原型	void WWDG_SetPrescaler(u32 WWDG_Prescaler)
功能描述	设置 WWDG 预分频值
输入参数	WWDG_Prescaler：指定 WWDG 预分频 WWDG_Prescaler_1：WWDG 计数器时钟为 PCLK/4096/1 WWDG_Prescaler_2：WWDG 计数器时钟为 PCLK/4096/2 WWDG_Prescaler_4：WWDG 计数器时钟为 PCLK/4096/4 WWDG_Prescaler_8：WWDG 计数器时钟为 PCLK/4096/8

18.4.3　库函数 WWDG_SetWindowValue

库函数 WWDG_SetWindowValue 的描述参见表 18-13。

表 18-13　库函数 WWDG_SetWindowValue

函数名	WWDG_SetWindowValue
函数原型	void WWDG_SetWindowValue(u8 WindowValue)
功能描述	设置 WWDG 窗口值
输入参数	WindowValuer：指定的窗口值。该参数取值必须在 0x40 与 0x7F 之间

18.4.4　库函数 WWDG_EnableIT

库函数 WWDG_EnableIT 的描述参见表 18-14。

表 18-14　库函数 WWDG_EnableIT

函数名	WWDG_EnableIT
函数原型	void WWDG_EnableIT(void)
功能描述	使能 WWDG 早期唤醒中断（EWI）

18.4.5　库函数 WWDG_SetCounter

库函数 WWDG_SetCounter 的描述参见表 18-15。

表 18-15　库函数 WWDG_SetCounter

函数名	WWDG_SetCounter
函数原型	void WWDG_SetCounter(u8 Counter)
功能描述	设置 WWDG 计数器值
输入参数	Counter：指定看门狗计数器值。该参数取值必须在 0x40 与 0x7F 之间

18.4.6　库函数 WWDG_Enable

库函数 WWDG_Enable 的描述参见表 18-16。一旦使能就不能失能。

表 18-16　库函数 WWDG_Enable

函数名	WWDG_Enable
函数原型	Void WWDG_Enable(u8 Counter)
功能描述	使能 WWDG 并装入计数器值（1）
输入参数	Counter：指定看门狗计数器值。该参数取值必须在 0x40 与 0x7F 之间

思考与练习

1. 什么是看门狗？它的作用是什么？在 STM32F103x 系列芯片上有哪些特征？
2. 简要叙述独立看门狗和窗口看门狗有什么不同？
3. 编写程序：初始化独立看门狗。

例程 9-看门狗

第 19 章

µC/OS-Ⅱ 操作系统概述

19.1　µC/OS-Ⅱ 简介

µC/OS-Ⅱ 是 Jean J.Labrosse 在 1990 年前后编写的一个实时操作系统内核。可以说 µC/OS-Ⅱ 也像 Linus Torvalds 实现 Linux 一样，完全是出于个人对实时内核的研究兴趣而产生的，并且开放源代码。如果作为非商业用途，µC/OS-Ⅱ 是完全免费的，其名称 µC/OS-Ⅱ 来源于术语 Micro-Controller Operating System（微控制器操作系统)。它通常也称为 MUCOS 或者 UCOS。

严格地说，µC/OS-Ⅱ 只是一个实时操作系统内核，它仅仅包含了任务调度、任务管理、时间管理、内存管理和任务间通信和同步等基本功能，没有提供输入输出管理、文件管理、网络等额外的服务。但由于 µC/OS-Ⅱ 良好的可扩展性和源码开放，这些功能完全可以由用户根据需要自己实现。目前，已经出现了基于 µC/OS-Ⅱ 的相关应用，包括文件系统、图形系统以及第三方提供的 TCP/IP 网络协议等。

µC/OS-Ⅱ 的目标是实现一个基于优先级调度的抢占式实时内核，并在这个内核之上提供最基本的系统服务，例如信号量、邮箱、消息队列、内存管理、中断管理等。虽然 µC/OS-Ⅱ 并不是一个商业实时操作系统，但 µC/OS-Ⅱ 的稳定性和实用性却被数百个商业级的应用所验证，其应用领域包括便携式电话、运动控制卡、自动支付终端、交换机等。

µC/OS-Ⅱ 获得广泛使用不仅仅是因为它的源码开放，还有一个重要原因，就是它的可移植性。µC/OS-Ⅱ 的大部分代码都是用 C 语言写成的，只有与处理器的硬件相关的一部分代码用汇编语言编写。可以说，µC/OS-Ⅱ 在最初设计时就考虑到了系统的可移植性，这一点和同样源码开放的 Linux 很不一样，后者在开始的时候只是用于 x86 体系结构，后来才将和硬件相关的代码单独提取出来。

目前 µC/OS-Ⅱ 支持 ARM、PowerPC、MIPS、68k 和 x86 等多种体系结构，已经被移植到上百种嵌入式处理器上，包括 Intel 公司的 StrongAM、80x86 系列，Motorola 公司的 M68H 系列、飞利浦和三星公司基于 ARM 核的各种微处理器等。

19.2　实时系统概念

实时系统的特点是，如果逻辑和时序出现偏差将会引起严重的后果。有两种类型的实时系统：软实时系统和硬实时系统。在软实时系统中系统的宗旨是使各个任务运行得越快越好，并不要求限定某一任务必须在多长时间内完成。

　　在硬实时系统中，各任务不仅要执行无误而且要做到准时。大多数实时系统是二者的结合。实时系统的应用涵盖广泛的领域，而多数实时系统又是嵌入式的。这意味着计算机嵌入在系统内部，用户看不到系统里面的计算机。

19.2.1　前后台系统

　　不复杂的小系统一般设计成如图 19-1 所示的样子。这种系统可称为前后台系统（Foreground/Background System）或超循环系统（Super-Loops）。应用程序是一个无限的循环，循环中调用相应的函数完成相应的操作，这部分可以看成后台行为（background）。中断服务程序处理异步事件，这部分可以看成前台行为（foreground）。后台也可以叫做任务级，前台也叫中断级，时间相关性很强的关键操作（Critical Operation）一定是靠中断服务来保证的。因为中断服务提供的信息一直要等到后台程序运行到该处理这个信息这一步时才能得到处理，这种系统在处理信息的及时性上，比实际可以做到的要差。这个指标称作任务级响应时间。最坏情况下的任务级响应时间取决于整个循环的执行时间。因为循环的执行时间不是常数，程序经过某一特定部分的准确时间也是不能确定的。进而，如果程序修改了，循环的时序也会受到影响。

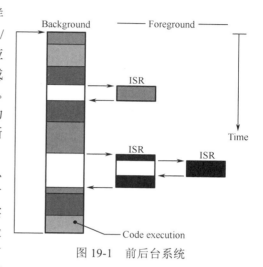

图 19-1　前后台系统

　　很多基于微处理器的产品采用前后台系统设计，例如微波炉、电话机、玩具等。在另外一些基于微处理器的应用中，从省电的角度出发，平时微处理器处在停机状态（halt），所有的事都靠中断服务来完成。

19.2.2　代码的临界段

　　代码的临界段也称为临界区，指处理时不可分割的代码。一旦这部分代码开始执行，则不允许任何中断打入。为确保临界段代码的执行，在进入临界段之前要关中断，而临界段代码执行完以后要立即开中断。

19.2.3　任务

　　一个任务，也称作一个线程，是一个简单的程序，该程序可以认为 CPU 完全属于该程序自己。实时应用程序的设计过程，包括如何把问题分割成多个任务，每个任务都是整个应用的某一部分，每个任务被赋予一定的优先级，有它自己的一套 CPU 寄存器和自己的栈空间（如图 19-2 所示）。

　　典型地，每个任务都是一个无限的循环。每个任务都处在 5 种状态之一，这 5 种状态是休眠态、就绪态、运行态、挂起态（等待某一事件发生）和被中断态（参见图 19-3）休眠态相当于该任务驻留在内存中，但并不被多任务内核所调度。就绪态意味着该任务已经准备好，可以运行了，但由于该任务的优先级比正在运行的任务的优先级低，还暂时不能运行。运行态的任务是指该任务掌握了 CPU 的控制权，正在运行中。挂起态也可以叫做等待事件态（WAITING），指该任务在等待，等待某一事件的发生。最后，发生中断时，CPU 提供相应的中断服务，原来正在运行的任务暂不能运行，就进入了被中断态。图 19-3 表示μC/OS-Ⅱ中一些函数提供的服务，这些函数使任务从一种状态变到另一种状态。

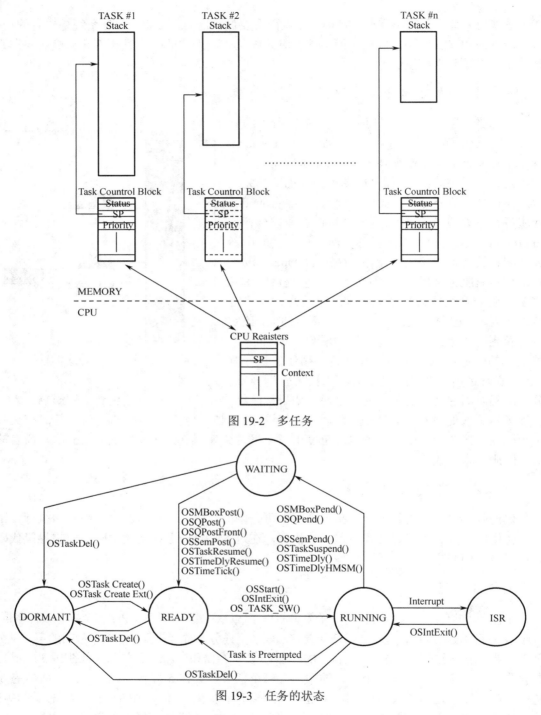

图 19-2 多任务

图 19-3 任务的状态

19.2.4 内核

多任务系统中,内核(Kernel)负责管理各个任务,或者说为每个任务分配 CPU 时间,并且负责任务之间的通信。内核提供的基本服务是任务切换。之所以使用实时内核可以大大简化应用系统的设计,是因为实时内核允许将应用分成若干个任务,由实时内核来管理它们。内核本身也增加了应用程序的额外负荷，代码空间增加 ROM 的用量，内核本身的数据结构增加了 RAM 的用量。但更主要的是，每个任务要有自己的栈空间。内核本身对 CPU 的占用时间一般在 2 到 5 个百分点之间。

　　单片机一般不能运行实时内核，因为单片机的 RAM 很有限。通过提供必不可缺少的系统服务，诸如信号量管理、邮箱、消息队列、延时等，实时内核使得 CPU 的利用更为有效。一旦读者用实时内核做过系统设计，将决不再想返回到前后台系统。

19.2.5　调度

　　调度（Scheduler），英文还有一个词叫 dispatcher，也是调度的意思。这是内核的主要职责之一，就是要决定该轮到哪个任务运行了。多数实时内核是基于优先级调度法的。每个任务根据其重要程度的不同被赋予一定的优先级。基于优先级的调度法指 CPU 总是让处在就绪态的优先级最高的任务先运行。然而，究竟何时让高优先级任务掌握 CPU 的使用权，有两种不同的情况，这要看用的是什么类型的内核，是不可剥夺型的还是可剥夺型内核。

19.2.6　可重入型

　　可重入型（Reentrancy）函数可以被一个以上的任务调用，而不必担心数据的破坏。可重入型函数任何时候都可以被中断，一段时间以后又可以运行，而相应数据不会丢失。可重入型函数或者只使用局部变量，即变量保存在 CPU 寄存器中或堆栈中。如果使用全局变量，则要对全局变量予以保护。

19.2.7　不可剥夺型内核

　　不可剥夺型内核（Non-Preemptive Kernel）要求每个任务自我放弃 CPU 的所有权。不可剥夺型调度法也称作合作型多任务，各个任务彼此合作共享一个 CPU。异步事件还是由中断服务来处理。中断服务可以使一个高优先级的任务由挂起状态变为就绪状态。但中断服务以后控制权还是回到原来被中断了的那个任务，直到该任务主动放弃 CPU 的使用权时，那个高优先级的任务才能获得 CPU 的使用权。

　　不可剥夺型内核的一个优点是响应中断快。在任务级，不可剥夺型内核允许使用不可重入型函数。每个任务都可以调用非可重入型函数，而不必担心其他任务可能正在使用该函数，从而造成数据的破坏。因为每个任务要运行到完成时才释放 CPU 的控制权。当然该不可重入型函数本身不得有放弃 CPU 控制权的企图。

　　不可剥夺型内核的最大缺陷在于其响应时间。高优先级的任务已经进入就绪态，但还不能运行，要等，也许要等很长时间，直到当前运行着的任务释放 CPU。与前后系统一样，不可剥夺型内核的任务级响应时间是不确定的，不知道什么时候最高优先级的任务才能拿到 CPU 的控制权，完全取决于应用程序什么时候释放 CPU。

　　总之，不可剥夺型内核允许每个任务运行，直到该任务自愿放弃 CPU 的控制权。中断可以打入运行着的任务。中断服务完成以后将 CPU 控制权还给被中断了的任务。任务级响应时间要大大好于前后系统，但仍是不可知的。商业软件几乎没有不可剥夺型内核。

19.2.8　可剥夺型内核

　　当系统响应时间很重要时，要使用可剥夺型内核。因此，μC/OS-Ⅱ以及绝大多数市场上销售的实时内核都是可剥夺型内核。最高优先级的任务一旦就绪，总能得到 CPU 的控制权。当一个运行着的任务使一个比它优先级高的任务进入了就绪态，当前任务的 CPU 使用权就被剥夺了，或者说被挂起了，那个高优先级的任务立刻得到了 CPU 的控制权。如果是中断服务子程序使一个高优先级的任务进入就绪态，中断完成时，中断了的任务被挂起，优先级高的那个任务开始运行。

使用可剥夺型内核，最高优先级的任务什么时候可以执行，可以得到 CPU 的控制权是可知的。使用可剥夺型内核使得任务级响应时间得以最优化。

使用可剥夺型内核时，应用程序不应直接使用不可重入型函数。调用不可重入型函数时，要满足互斥条件，这一点可以用互斥型信号量来实现。如果调用不可重入型函数时，低优先级任务 CPU 的使用权被高优先级任务剥夺，不可重入型函数中的数据有可能被破坏。综上所述，可剥夺型内核总是让就绪态的高优先级任务先运行，中断服务程序可以抢占 CPU，到中断服务完成时，内核让此时优先级最高的任务运行（不一定是那个被中断了的任务）。任务级系统响应时间得到了最优化，且是可知的。μC/OS-Ⅱ属于可剥夺型内核。

19.2.9　时间片轮番调度法

当两个或两个以上任务有同样优先级，内核允许一个任务运行事先确定的一段时间，叫做时间额度（quantum），然后切换给另一个任务。也叫做时间片调度。内核在满足以下条件时，把 CPU 控制权交给下一个就绪态的任务：

● 当前任务已无事可做；
● 当前任务在时间片还没结束时已经完成了。

目前，μC/OS-Ⅱ不支持时间片轮番调度法。应用程序中各任务的优先级必须互不相同。

19.2.10　任务优先级

每个任务都有其优先级，任务越重要，赋予的优先级应越高。

应用程序执行过程中诸任务优先级不变，则称之为静态优先级。在静态优先级系统中，诸任务以及它们的时间约束在程序编译时是已知的。

19.2.11　死锁

死锁也称作抱死，指两个任务无限期地互相等待对方控制着的资源。设任务 T1 正独享资源 R1，任务 T2 在独享资源 T2，而此时 T1 又要独享 R2，T2 也要独享 R1，于是哪个任务都没法继续执行了，发生了死锁。最简单的防止发生死锁的方法是让每个任务都执行以下步骤：

● 先得到全部需要的资源再做下一步的工作；
● 用同样的顺序去申请多个资源；
● 释放资源时使用相反的顺序。

内核大多允许用户在申请信号量时定义等待超时，以此化解死锁。当等待时间超过了某一确定值，信号量还是无效状态，就会返回某种形式的出现超时错误的代码，这个出错代码告知该任务，不是得到了资源使用权，而是系统错误。死锁一般发生在大型多任务系统中，在嵌入式系统中不易出现。

19.2.12　同步

可以利用信号量使某任务与中断服务同步（或者是与另一个任务同步，这两个任务间没有数据交换），如图 19-4 所示。注意，图中用一面旗帜，或称作一个标志表示信号量。这个标志表示某一事件的发生（不再是一把用来保证互斥条件的钥匙）。用来实现同步机制的信号量初始化成 0，信号量用于这种类型同步的称作单向同步（unilateral rendezvous）。一个任务做 I/O 操作，然后等信号回应。当 I/O 操作完成，中断服务程序（或另外一个任务）发出信号，该任务得到信号后继续往下执行。

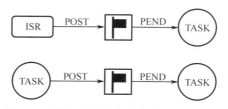

图 19-4　用信号量使任务与中断服务同步

如果内核支持计数式信号量，信号量的值表示尚未得到处理的事件数。请注意，可能会有一个以上的任务在等待同一事件的发生，则这种情况下内核会根据以下原则之一发信号给相应的任务：

● 发信号给等待事件发生的任务中优先级最高的任务；
● 发信号给最先开始等待事件发生的那个任务。

根据不同的应用，发信号以标识事件发生的中断服务或任务也可以是多个。

两个任务可以用两个信号量同步它们的行为，如图 19-5 所示。这叫做双向同步（bilateral rendezvous）。双向同步与单向同步类似，只是两个任务要相互同步。

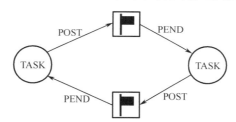

图 19-5　两个任务用信号量同步彼此的行为

19.2.13　任务间的通信

有时很需要任务间的或中断服务与任务间的通信，这种信息传递称为任务间的通信（Intertask Communication）。任务间信息的传递有两个途径：通过全程变量或发消息给另一个任务。

用全程变量时，必须保证每个任务或中断服务程序独享该变量。中断服务中保证独享的唯一办法是关中断。如果两个任务共享某变量，各任务实现独享该变量的办法可以是关中断再开中断，或使用信号量（如前面提到的那样）。请注意，任务只能通过全程变量与中断服务程序通信，而任务并不知道什么时候全程变量被中断服务程序修改了，除非中断程序以信号量方式向任务发信号或者是该任务以查询方式不断周期性地查询变量的值。要避免这种情况，用户可以考虑使用邮箱或消息队列。

19.2.14　时钟节拍

时钟节拍（Clock Tick）是特定的周期性中断。这个中断可以看作是系统心脏的脉动。中断之间的时间间隔取决于不同的应用，一般在 10～200ms 之间。时钟的节拍式中断使得内核可以将任务延时若干个整数时钟节拍，以及当任务等待事件发生时，提供等待超时的依据。时钟节拍率越快，系统的额外开销就越大。

各种实时内核都有将任务延时若干个时钟节拍的功能。然而这并不意味着延时的精度是1个时钟节拍，只是在每个时钟节拍中断到来时对任务延时做一次裁决而已。

19.2.15　临界段

和其他内核一样，μC/OS-Ⅱ 为了处理临界段（Critical Sections）代码需要关中断，处理完毕后再开中断。这使得μC/OS-Ⅱ能够避免同时有其他任务或中断服务进入临界段代码。关中断的时间是实时内核开发商应提供的最重要的指标之一，因为这个指标影响用户系统对实时事件的响应性。μC/OS-Ⅱ努力使关中断时间降至最短，但就使用μC/OS-Ⅱ而言，关中断的时间很大程度上取决于微处理器的架构以及编译器所生成的代码质量。

微处理器一般都有关中断/开中断指令，用户使用的 C 语言编译器必须有某种机制能够在 C 语言中直接实现关中断/开中断的操作。某些 C 编译器允许在用户的 C 源代码中插入汇编语言的语句。这使得插入微处理器指令来关中断/开中断很容易实现。而有的编译器把从 C 语言中关中断/开中断放在语言的扩展部分。μC/OS-Ⅱ定义两个宏（macros）来关中断和开中断，以便避开不同 C 编译器厂商选择不同的方法来处理关中断和开中断。μC/OS-Ⅱ中的这两个宏调用分别是 OS_ENTER_CRITICAL()和 OS_EXIT_CRITICAL()。因为这两个宏的定义取决于所用的微处理器，故在文件 OS_CPU.H 中可以找到相应的宏定义。每种微处理器都有自己的 OS_CPU.H 文件。

19.3　内核结构

19.3.1　任务控制块

任务控制块（Task Control Blocks，OS_TCBs）是一个数据结构，当任务的 CPU 使用权被剥夺时，μC/OS-Ⅱ用它来保存该任务的状态。当任务重新得到 CPU 使用权时，任务控制块能确保任务从被中断的那一时刻丝毫不差地继续执行。OS_TCBs 全部驻留在 RAM 中。读者将会注意到笔者在组织这个数据结构时，考虑到了各成员的逻辑分组。任务建立的时候，OS_TCBs 就被初始化了。

应用程序中可以有的最多任务数（OS_MAX_TASKS）是在文件 OS_CFG.H 中定义的。这个最多任务数也是μC/OS-Ⅱ分配给用户程序的最多任务控制块 OS_TCBs 的数目。将 OS_MAX_TASKS 的数目设置为用户应用程序实际需要的任务数可以减小 RAM 的需求量。所有的任务控制块 OS_TCBs 都是放在任务控制块列表数组 OSTCBTbl[ ]中的。请注意，μC/OS-Ⅱ 分配给系统任务 OS_N_SYS_TASKS 若干个任务控制块，供其内部使用。目前，一个用于空闲任务，另一个用于任务统计（如果 OS_TASK_STAT_EN 是设为 1 的）。在μC/OS-Ⅱ初始化的时候，所有任务控制块 OS_TCBs 被链接成单向空任务链表。任务一旦建立，空任务控制块指针 OSTCBFreeList 指向的任务控制块便赋给了该任务，然后 OSTCBFreeList 的值调整为指向下链表中下一个空的任务控制块。一旦任务被删除，任务控制块就还给空任务链表。

19.3.2　任务调度

μC/OS-Ⅱ总是运行进入就绪态任务中优先级最高的那一个。确定哪个任务优先级最高，下面该哪个任务运行是由调度器（Scheduler）完成的。任务级的调度是由函数 OSSched()完成，中断级的调度是由另一个函数 OSIntExt()完成，这个函数将在以后描述。

μC/OS-Ⅱ任务调度（Task Scheduling）所花的时间是常数，与应用程序中建立的任务数无关。如果在中断服务子程序中调用 OSSched()，此时中断嵌套层数 OSIntNesting>0，或者由于用户至少调用了一次给任务调度上锁函数 OSSchedLock()，使 OSLockNesting>0，此时不进行任务调度。如果不是在中断服务子程序调用 OSSched()，并且任务调度是允许的，即没有上锁，则任务调度函数将找出那个进入就绪态且优先级最高的任务。一旦找到那个优先级最高的任务，OSSched()检验这个优先级最高的任务是不是当前正在运行的任务，以此来避免不必要的任务调度。

任务切换很简单，由以下两步完成：将被挂起任务的微处理器寄存器推入堆栈，然后将较高优先级的任务的寄存器值从栈中恢复到寄存器中。在μC/OS-Ⅱ中，就绪任务的栈结构总是看起来跟刚刚发生过中断一样，所有微处理器的寄存器都保存在栈中。换句话说，μC/OS-Ⅱ运行就绪态的任务所要做的一切，只是恢复所有的 CPU 寄存器并运行中断返回指令。为了做任务切换，运行 OS_TASK_SW()，人为模仿了一次中断。多数微处理器由软中断指令或者陷阱指令 TRAP 来实现上述操作。OSSched()的所有代码都属临界段代码。在寻找进入就绪态的优先级最高的任务过程中，为防止中断服务子程序把一个或几个任务的就绪位置位，中断是被关掉的。为缩短切换时间，OSSched()全部代码都可以用汇编语言写。为增加可读性，可移植性和将汇编语言代码最少化，OSSched()是用 C 语言编写的。

19.3.3　给调度器上锁和开锁

给调度器上锁函数 OSSchedlock()用于禁止任务调度，直到任务完成后调用给调度器开锁函数 OSSchedUnlock()为止。调用 OSSchedlock()的任务保持对 CPU 的控制权，尽管有个优先级更高的任务进入了就绪态。然而，此时中断是可以被识别的，中断服务也能得到（假设中断是开着的）。OSSchedlock()和 OSSchedUnlock()必须成对使用。变量 OSLockNesting 跟踪 OSSchedLock()函数被调用的次数，以允许嵌套的函数包含临界段代码，这段代码其他任务不得干预。μC/OS-Ⅱ允许嵌套深度达 255 层。当 OSLockNesting 等于零时，调度重新得到允许。函数 OSSchedLock()和 OSSchedUnlock()的使用要非常谨慎，因为它们影响μC/OS-Ⅱ对任务的正常管理。

当 OSLockNesting 减到零的时候，OSSchedUnlock()调用 OSSched。OSSchedUnlock()是被某任务调用的，在调度器上锁的期间，可能有什么事件发生了并使一个更高优先级的任务进入就绪态。

调用 OSSchedLock()以后，用户的应用程序不得使用任何能将现行任务挂起的系统调用。也就是说，用户程序不得调用 OSMboxPend()、OSQPend()、OSSemPend()、OSTaskSuspend(OS_PR1O_SELF)、OSTimeDly()或 OSTimeDlyHMSM()，直到 OSLockNesting 回零为止。因为调度器上了锁，用户就锁住了系统，任何其他任务都不能运行。

当低优先级的任务要发消息给多任务的邮箱、消息队列、信号量时（见任务间通信和同步），用户不希望高优先级的任务在邮箱、队列和信号量没有得到消息之前就取得了 CPU 的控制权，此时，用户可以使用禁止调度器函数。

19.3.4　空闲任务

μC/OS-Ⅱ总是建立一个空闲任务（Idle Task），这个任务在没有其他任务进入就绪态时投入运行。这个空闲任务（OSTaskIdle()）永远设为最低优先级，即 OS_LOWEST_PRIO。空闲任务 OSTaskIdle()什么也不做，只是在不停地给一个 32 位的名叫 OSIdleCtr 的计数器加 1，统计任务使用这个计数器以确定现行应用软件实际消耗的 CPU 时间。空闲任务不可能被应用软件删除。

19.3.5　统计任务

μC/OS-Ⅱ有一个提供运行时间统计的任务，这个任务叫做 OSTaskStat()，如果用户将系统定义常数 OS_TASK_STAT_EN 设为 1，这个任务就会建立。一旦得到了允许，OSTaskStat()每秒钟运行一次，计算当前的 CPU 利用率。换句话说，OSTaskStat()告诉用户应用程序使用了多少 CPU 时间，用百分比表示，这个值放在一个有符号 8 位整数 OSCPUsage 中，精确度是 1 个百分点。

如果用户应用程序打算使用统计任务，用户必须在初始化时建立一个唯一的任务，在这个任务中调用 OSStatInit()。换句话说，在调用系统启动函数 OSStart()之前，用户初始代码必须先建立一个任务，在这个任务中调用系统统计初始化函数 OSStatInit()，然后再建立应用程序中的其他任务。

因为用户的应用程序必须先建立一个起始任务，当主程序 main()调用系统启动函数 OSStart()的时候，μC/OS-Ⅱ只有 3 个要管理的任务：TaskStart()、OSTaskIdle()和 OSTaskStat()。请注意，任务 TaskStart()的名称是无所谓的，叫什么名字都可以。因为μC/OS-Ⅱ已经将空闲任务的优先级设为最低，即 OS_LOWEST_PRIO，统计任务的优先级设为次低，即 OS_LOWEST_PRIO-1。启动任务 TaskStart()总是优先级最高的任务。

这个任务每秒执行一次，以确定所有应用程序中的任务消耗了多少 CPU 时间。当用户的应用程序代码加入以后，运行空闲任务的 CPU 时间就少了，OSIdleCtr 就不会像原来什么任务都不运行时有那么多计数。要知道，OSIdleCtr 的最大计数值是 OSStatInit()在初始化时保存在计数器最大值 OSIdleCtrMax 中的。CPU 利用率是保存在变量 OSCPUsage 中的。

一旦上述计算完成，OSTaskStat()调用任务统计外界接入函数 OSTaskStatHook()，这是一个用户可定义的函数，这个函数能使统计任务得到扩展。这样，用户可以计算并显示所有任务总的执行时间，每个任务执行时间的百分比以及其他信息。

19.3.6　μC/OS 中的中断处理

μC/OS 中，中断服务子程序要用汇编语言来写。然而，如果用户使用的 C 语言编译器支持在线汇编语言的话，用户可以直接将中断服务子程序代码放在 C 语言的程序文件中。

μC/OS-Ⅱ需要知道用户在做中断服务，故用户应该调用 OSIntEnter()，或者将全程变量 OSIntNesting 直接加 1，如果用户使用的微处理器有存储器直接加 1 的单条指令的话。如果用户使用的微处理器没有这样的指令，必须先将 OSIntNesting 读入寄存器，再将寄存器加 1，然后再写回到变量 OSIatNesting 中去，就不如调用 OSIntEnter()。OSIntNesting 是共享资源。OSIntEnter()把上述三条指令用开中断、关中断保护起来，以保证处理 OSIntNesting 时的排它性。直接给 OSIntNesting 加 1 比调用 OSIntEnter()快得多，有时候直接加 1 更好。要当心的是，在有些情况下，从 OSIntEnter()返回时，会把中断开了。遇到这种情况，在调用 OSIntEnter()之前要先清中断源，否则，中断将连续反复打入，用户应用程序就会崩溃！

上述两步完成以后，用户可以开始服务中断的设备了。μC/OS-Ⅱ允许中断嵌套，因为μC/OS-Ⅱ跟踪嵌套层数 OSIntNesting。然而，为允许中断嵌套，在多数情况下，用户应在开中断之前先清中断源。

　　调用脱离中断函数 OSIntExit()标志着中断服务子程序的终结,OSIntExit()将中断嵌套层数计数器减 1。当嵌套计数器减到零时,所有中断,包括嵌套的中断就都完成了,此时μC/OS-Ⅱ要判定有没有优先级较高的任务被中断服务子程序(或任一嵌套的中断)唤醒了。如果有优先级高的任务进入了就绪态,μC/OS-Ⅱ就返回到那个高优先级的任务,OSIntExit()返回到调用点。保存的寄存器的值是在这时恢复的,然后是执行中断返回指令。注意,如果调度被禁止了(OSIntNesting>0),μC/OS-Ⅱ将被返回到被中断了的任务。

19.3.7　时钟节拍

　　μC/OS 需要用户提供周期性信号源,用于实现时间延时和确认超时。节拍率应在每秒 10 次到 100 次之间,或者说 10 到 100Hz。时钟节拍率越高,系统的额外负荷就越重。时钟节拍的实际频率取决于用户应用程序的精度。时钟节拍源可以是专门的硬件定时器。

　　用户必须在多任务系统启动以后再开启时钟节拍器,也就是在调用 OSStart()之后。换句话说,在调用 OSStart()之后做的第一件事是初始化定时器中断。通常,容易犯的错误是将允许时钟节拍器中断放在系统初始化函数 OSInit()之后,在调启动多任务系统启动函数 OSStart()之前。

　　这里潜在的危险是,时钟节拍中断有可能在μC/OS-Ⅱ启动第一个任务之前发生,此时μC/OS-Ⅱ处在一种不确定的状态之中,用户应用程序有可能会崩溃。

　　μC/OS-Ⅱ中的时钟节拍服务是通过在中断服务子程序中调用 OSTimeTick()实现的。时钟节拍中断服务子程序的代码必须用汇编语言编写,因为在 C 语言里不能直接处理 CPU 的寄存器。

19.3.8　μC/OS-Ⅱ初始化与启动

　　在调用μC/OS-Ⅱ的任何其他服务之前,μC/OS-Ⅱ要求用户首先调用系统初始化函数 OSIint()。OSIint()初始化μC/OS-Ⅱ所有的变量和数据结构。

　　OSInit()建立空闲任务 idle task,这个任务总是处于就绪态的。空闲任务 OSTaskIdle()的优先级总是设成最低,即 OS_LOWEST_PRIO。如果统计任务允许 OS_TASK_STAT_EN 和任务建立扩展允许都设为 1,则 OSInit()还得建立统计任务 OSTaskStat(),并且让其进入就绪态。OSTaskStat 的优先级总是设为 OS_LOWEST_PRIO-1。

　　多任务的启动是用户通过调用 OSStart()实现的。然而,启动μC/OS-Ⅱ之前,用户至少要建立一个应用任务。

思考与练习

1. 简要说明 μC/OS-Ⅱ操作系统的中断处理过程(无嵌套)。
2. 简要说明使用 μC/OS-Ⅱ操作系统时的主函数流程。
3. 列举 μC/OS-Ⅱ操作系统中任务管理服务。

例程 10-μCOS-Ⅱ

第 20 章

任务管理与通信

20.1 任务管理

在前面的章节中，曾讨论过任务可以是一个无限的循环，也可以在一次执行完毕后被删除掉。这里要注意的是，任务代码并不是被真正删除了，而只是 μC/OS-II 不再理会该任务代码，所以该任务代码不会再运行。任务看起来与任何 C 函数一样，具有一个返回类型和一个参数，只是它从不返回。任务的返回类型必须被定义成 void 型。在本节中所提到的函数可以在 OS_TASK 文件中找到。如前所述，任务必须是以下两种结构之一：

```
void YourTask (void *pdata)
{
    for (;;) {
        /* 用户代码 */
        调用 μC/OS-II 的服务例程之一:
            OSMboxPend();
            OSQPend();
            OSSemPend();
            OSTaskDel(OS_PRIO_SELF);
            OSTaskSuspend(OS_PRIO_SELF);
            OSTimeDly();
            OSTimeDlyHMSM();
        /* 用户代码 */
    }
}
```

或

```
void YourTask (void *pdata)
{
    /* 用户代码 */
    OSTaskDel(OS_PRIO_SELF);
}
```

本节所讲的内容包括如何在用户的应用程序中建立任务、删除任务、改变任务的优先级、挂起和恢复任务。

μC/OS-Ⅱ可以管理多达 64 个任务，并从中保留了 4 个最高优先级和 4 个最低优先级的任务供自己使用，所以用户可以使用的只有 56 个任务。任务的优先级越高，反映优先级的值则越低。在最新的 μC/OS-Ⅱ版本中，任务的优先级数也可作为任务的标识符使用。

20.1.1　建立任务

想让 μC/OS-Ⅱ管理用户的任务，用户必须要先建立任务。用户可以通过传递任务地址和其他参数到以下两个函数之一来建立任务：OSTaskCreate() 或 OSTaskCreateExt()。OSTaskCreate() 与 μC/OS 是向下兼容的，OSTaskCreateExt()是 OSTaskCreate()的扩展版本，提供了一些附加的功能。用两个函数中的任何一个都可以建立任务。任务可以在多任务调度开始前建立，也可以在其他任务的执行过程中被建立。在开始多任务调度（即调用 OSStart()）前，用户必须建立至少一个任务。任务不能由中断服务程序（ISR）来建立，任务创建后为就绪态。

OSTaskCreate()的声明如下：

```
INT8U OSTaskCreate (void (*task)(void *pd)，void *pdata， OS_STK *ptos， INT8U prio)
```

从中可以知道，OSTaskCreate()需要 4 个参数：task 是任务代码的指针，pdata 是当任务开始执行时传递给任务的参数的指针，ptos 是分配给任务的堆栈的栈顶指针（参看任务堆栈），prio 是分配给任务的优先级。

如果 OSTaskCreate()函数在某个任务的执行过程中被调用，则任务调度函数会被调用来判断是否新建立的任务比原来的任务有更高的优先级。如果新任务的优先级更高，内核会进行一次从旧任务到新任务的任务切换。如果在多任务调度开始之前（即用户还没有调用 OSStart()），新任务就已经建立了，则任务调度函数不会被调用。

20.1.2　任务堆栈

每个任务都有自己的堆栈空间。堆栈必须声明为 OS_STK 类型，并且由连续的内存空间组成。用户可以静态分配堆栈空间（在编译的时候分配）也可以动态地分配堆栈空间（在运行的时候分配）。

静态堆栈定义如下（必须定义为全局变量）：

```
OS_STK   MyTaskStack[stack_size];
```

用户可以用 C 编译器提供的 malloc()函数来动态地分配堆栈空间。在动态分配中，用户要时刻注意内存碎片问题。特别是当用户反复地建立和删除任务时，内存堆中可能会出现大量的内存碎片，导致没有足够大的一块连续内存区域可用作任务堆栈，这时 malloc()便无法成功地为任务分配堆栈空间。

20.1.3　删除任务

有时候删除任务是很有必要的。删除任务，是说任务将返回并处于休眠状态，并不是说任务的代码被删除了，只是任务的代码不再被 μC/OS-Ⅱ调用。通过调用 OSTaskDel()函数就可以完成删除任务的功能。

OSTaskDel()函数声明如下：

```
INT8U OSTaskDel (INT8U prio);
```

OSTaskDel()一开始应确保用户所要删除的任务并非是空闲任务，因为删除空闲任务是不允许的。不过，用户可以删除统计任务。接着，OSTaskDel()还应确保用户不是在 ISR 例程中去试图删除一个任务，因为这也是不被允许的。调用此函数的任务可以通过指定 OS_PRIO_SELF 参数来删除自己。接下来 OSTaskDel()会保证被删除的任务是确实存在的。如果指定的参数是 OS_PRIO_SELF 的话，这一判断过程（任务是否存在）自然是可以通过的。

一旦所有条件都满足了，OS_TCB 就会从所有可能的 μC/OS-Ⅱ的数据结构中移除。要被删除的任务不会被其他的任务或 ISR 置于就绪态，因为该任务已从就绪任务表中删除了，它不是在等待事件的发生，也不是在等待延时期满，不能重新被执行。为了达到删除任务的目的，任务被置于休眠状态。

20.1.4 请求删除任务

有时候，如果任务 A 拥有内存缓冲区或信号量之类的资源，而任务 B 想删除该任务，这些资源就可能由于没被释放而丢失。在这种情况下，用户可以想办法让拥有这些资源的任务在使用完资源后，先释放资源，再删除自己。用户可以通过 OSTaskDelReq()函数来完成该功能。

OSTaskDelReq()声明如下：

INT8U OSTaskDelReq (INT8U prio)

发出删除任务请求的任务（任务 B）和要删除的任务（任务 A）都需要调用 OSTaskDelReq()函数。

任务 B 在满足删除任务 A 的条件后请求删除任务并且等待任务 A 被删除，代码如下：

while (OSTaskDelReq(TASK_TO_DEL_PRIO) ! = OS_TASK_NOT_EXIST);

任务 A 在执行时需要判断是否有其他任务提出删除请求，如果有删除请求则在释放资源后删除自身，如果没有则执行正常操作。代码如下：

```
If (OSTaskDelReq(OS_PRIO_SELF) == OS_TASK_DEL_REQ)
{
    //此处添加任务 A 释放资源代码
    OSTaskDel(OS_PRIO_SELF);
}
```

20.1.5 改变任务的优先级

在用户建立任务的时候会分配给任务一个优先级。在程序运行期间，用户可以通过调用 OSTaskChangePrio()来改变任务的优先级。换句话说，就是 μC/OS-Ⅱ允许用户动态地改变任务的优先级。

OSTaskChangePrio()声明如下：

INT8U OSTaskChangePrio (INT8U oldprio,   INT8U newprio);

作为参数的旧优先级必须有效并存在，新优先级必须有效并且未被占用。

优先级改变成功则返回 OS_NO_ERR。

20.1.6　挂起任务

有时候将任务挂起是很有用的。挂起任务可通过调用 OSTaskSuspend()函数来完成。被挂起的任务只能通过调用 OSTaskResume()函数来恢复。任务挂起是一个附加功能。也就是说，如果任务在被挂起的同时也在等待延时的期满，那么，挂起操作需要被取消，而任务继续等待延时期满，并转入就绪态。任务可以挂起自己或者其他任务。任务成功挂起后会进行任务调度。

OSTaskSuspend()声明如下：

　　　INT8U OSTaskSuspend (INT8U prio);

参数是将被挂起的任务的优先级。成功挂起指定任务后返回 OS_NO_ERR。

20.1.7　恢复任务

在上一节中曾提到过，被挂起的任务只有通过调用 OSTaskResume()才能恢复。任务从挂起状态被成功恢复后会进行任务调度。

OSTaskResume()声明如下：

　　　INT8U OSTaskResume (INT8U prio);

参数是将被挂起的任务的优先级。成功挂起指定任务后返回 OS_NO_ERR。

20.2　任务之间的通信

在 μC/OS-II 中，有多种方法可以保护任务之间的共享数据和提供任务之间的通信。本节将介绍三种用于数据共享和任务通信的方法：信号量、邮箱和消息队列。

20.2.1　事件控制块

一个任务或者中断服务子程序可以通过事件控制块 ECB（Event Control Blocks）来向另外的任务发信号，如图 20-1 所示。这里，所有的信号都被看成是事件（Event）。这也说明为什么上面把用于通信的数据结构叫做事件控制块。一个任务还可以等待另一个任务或中断服务子程序给它发送信号。这里要注意的是，只有任务可以等待事件发生，中断服务子程序是不能这样做的。对于处于等待状态的任务，还可以给它指定一个最长等待时间，以此来防止因为等待的事件没有发生而无限期地等下去。

多个任务可以同时等待同一个事件的发生。在这种情况下，当该事件发生后，所有等待该事件的任务中，优先级最高的任务得到了该事件并进入就绪态，准备执行。上面讲到的事件，可以是信号量、邮箱或者消息队列等。当事件控制块是一个信号量时，任务可以等待它，也可以给它发送消息。

μC/OS-II 通过 uCOS_II.H 中定义的 OS_EVENT 数据结构来维护一个事件控制块的所有信息，也就是本节开篇讲到的事件控制块 ECB。该结构中除了包含了事件本身的定义，如用于信号量的计数器，用于指向邮箱的指针，以及指向消息队列的指针数组等，还定义了等待该事件的所有任务的列表。

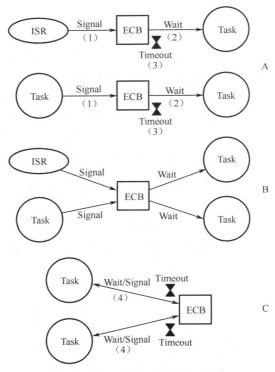

图 20-1　事件控制块的使用

任务控制块数据结构的定义如下：

```
typedef struct {
    void    *OSEventPtr;                      /* 指向消息或者消息队列的指针 */
    INT8U   OSEventTbl[OS_EVENT_TBL_SIZE];    /* 等待任务列表*/
    INT16U  OSEventCnt;                       /* 计数器（当事件是信号量时）*/
    INT8U   OSEventType;                      /* 事件类型   */
    INT8U   OSEventGrp;                       /* 等待任务所在的组  */
} OS_EVENT;
```

- OSEventPtr 指针，只有在所定义的事件是邮箱或者消息队列时才使用。当所定义的事件是邮箱时，它指向一个消息，而当所定义的事件是消息队列时，它指向一个数据结构，详见消息邮箱和消息队列。
- OSEventTbl[ ]和 OSEventGrp 包含的是系统中处于就绪态的任务。
- OSEventCnt，当事件是一个信号量时，OSEventCnt 是用于信号量的计数器（见信号量）。
- OSEventType 定义了事件的具体类型。它可以是信号量（OS_EVENT_SEM）、邮箱（OS_EVENT_TYPE_MBOX）或消息队列（OS_EVENT_TYPE_Q）中的一种。用户要根据该域的具体值来调用相应的系统函数，以保证对其进行的操作的正确性。

每个等待事件发生的任务都被加入到该事件的事件控制块的等待任务列表中，该列表包括 OSEventGrp 和 OSEventTbl[ ]两个域。当一个事件发生后，该事件的等待事件列表中优先级最高的任务得到该事件。

在 μC/OS-Ⅱ中，事件控制块的总数由用户所需要的信号量、邮箱和消息队列的总数决定。该值由 OS_CFG.H 中的#define OS_MAX_EVENTS 定义。在调用 OSInit()时（见 μC/OS-Ⅱ的初始化），所有事件控制块被链接成一个单向链表。每当建立一个信号量、邮箱或者消息队列时，就从该链表中取出一个空闲事件控制块，并对它进行初始化。因为信号量、邮箱和消息队列一旦建立就不能删除，所以事件控制块也不能放回到空闲事件控制块链表中。

20.2.2　信号量

μC/OS-Ⅱ中的信号量由两部分组成：一个是信号量的计数值，它是一个 16 位的无符号整数（0～65535 之间）；另一个是由等待该信号量的任务组成的等待任务表。用户要在 OS_CFG.H 中将 OS_SEM_EN 开关量常数置成 1，这样 μC/OS-Ⅱ才能支持信号量。

在使用一个信号量之前，首先要建立该信号量，即调用 OSSemCreate()函数，对信号量的初始计数值赋值，该初始值为 0～65535 之间的一个数。如果信号量是用来表示一个或者多个事件的发生，那么该信号量的初始值应设为 0。如果信号量是用于对共享资源的访问，那么该信号量的初始值应设为 1（例如，把它当作二值信号量使用）。最后，如果该信号量是用来表示允许任务访问 n 个相同的资源，那么该初始值显然应该是 n，并把该信号量作为一个可计数的信号量使用。

μC/OS-Ⅱ提供了 5 个对信号量进行操作的函数，它们是 OSSemCreate()，OSSemPend()，OSSemPost()，OSSemAccept()和 OSSemQuery()。

（1）建立一个信号量

OSSemCreate()声明如下：

OS_EVENT *OSSemCreate (INT16U cnt);

参数 cnt 是创建信号量时装载到信号量计数器的初值，该初值可以为 1（二进制信号量）或允许访问的任务数 n（2～65535）。

函数的返回值是该信号量的事件句柄，在创建信号量之前必须声明一个事件控制块指针型变量（OS_EVENT*）用于保存此信号量的句柄。信号量成功创建后会返回一个有效的指针作为此信号量的事件句柄，若不成功则返回一个无效指针（指针为 0）。

信号量成功创建后对此信号量的操作必须通过返回的有效句柄进行。

值得注意的是，在 μC/OS-Ⅱ中，信号量一旦建立就不能删除了，因此也就不可能将一个已分配的任务控制块再放回到空闲 ECB 链表中。如果有任务正在等待某个信号量，或者某任务的运行依赖于某信号量的出现时，删除该任务是很危险的。

（2）等待一个信号量

OSSemPend()声明如下：

void OSSemPend (OS_EVENT *pevent，　INT16U timeout，　INT8U *err);

参数 pevent 是任务等待的信号量事件句柄，该句柄必须是已经由 OSSemCreate()函数创建的有效句柄。若信号量有效，则此函数立即返回。若该信号量目前无效，则任务由运行态转入等待态，等待其他任务使信号量变为有效，等待的时间由 timeout 定义的非 0 节拍数确定。在等待时间内，若其他任务使得信号量有效，此任务立刻由等待态转为就绪态。若此任务为就绪态中优先级最高的任务，则此任务得到有效信号量并立即执行，否则将继续等待任务调度，直到此任务得到执行。若在 timeout 指定的时间延时结束，信号量仍然无效，此任务也将返回就绪态，并且错误代码会写入参数*err。当 timeout = 0 时，此任务无限等待信号量有效。

（3）发送一个信号量

OSSemPost()声明如下：

> INT8U OSSemPost (OS_EVENT *pevent);

参数 pevent 是任务发送的信号量事件句柄，该句柄必须是已经由 OSSemCreate()函数创建的有效句柄。该函数会使 pevent 所指向的事件控制块中等待任务列表中的最高优先级任务从等待态转为就绪态，并由操作系统执行一次任务调度操作。该函数执行成功将返回 OS_NO_ERR。

（4）无等待地请求一个信号量

OSSemAccept()声明如下：

> INT16U OSSemAccept (OS_EVENT *pevent);

参数 pevent 是任务等待的信号量事件句柄，该句柄必须是已经由 OSSemCreate()函数创建的有效句柄。该函数执行后立即返回，若信号量有效则返回当前信号量的计数器值（非 0 值），若 pevent 本身无效或信号量无效，返回值都将为 0。

（5）查询一个信号量的当前状态

OSSemQuery()声明如下：

> INT8U OSSemQuery (OS_EVENT *pevent， OS_SEM_DATA *pdata);

参数 pevent 是任务查询的信号量事件句柄，该句柄必须是已经由 OSSemCreate()函数创建的有效句柄。若查询成功，该函数的返回值为 OS_NO_ERR，并且将所查询的信号量事件控制块中的计数器值和等待任务列表填入 pdata。

20.2.3 邮箱

邮箱是 μC/OS-Ⅱ中另一种通信机制，它可以使一个任务或者中断服务子程序向另一个任务发送一个指针型的变量。该指针指向一个包含了特定"消息"的数据结构。为了在 μC/OS-Ⅱ中使用邮箱，必须将 OS_CFG.H 中的 OS_MBOX_EN 常数置为 1。

使用邮箱之前，必须先建立该邮箱。该操作可以通过调用 OSMboxCreate()函数来完成，并且要指定指针的初始值。一般情况下，这个初始值是 NULL，但也可以初始化一个邮箱，使其在最开始就包含一条消息。如果使用邮箱的目的是用来通知一个事件的发生（发送一条消息），那么就要初始化该邮箱为 NULL，因为在开始时，事件还没有发生。如果用户用邮箱来共享某些资源，那么就要初始化该邮箱为一个非 NULL 的指针。在这种情况下，邮箱被当成一个二值信号量使用。

μC/OS-Ⅱ提供了 5 种对邮箱操作的函数：OSMboxCreate()，OSMboxPend()，OSMboxPost()，OSMboxAccept()和 OSMboxQuery()。

（1）建立一个邮箱

OSMboxCreate()声明如下：

> OS_EVENT *OSMboxCreate (void *msg);

参数 msg 是创建邮箱时装载到事件控制块内的消息指针，该指针可以在定义时定义为任意类型，作为参数使用时强制转换为 void*类型。

函数的返回值是该邮箱的事件句柄，在创建邮箱之前必须声明一个事件控制块指针型变量（OS_EVENT*）用于保存此邮箱的句柄。邮箱成功创建后会返回一个有效的指针作为此邮箱的事件句柄，若不成功则返回一个无效指针（指针为 0）。

邮箱成功创建后对此邮箱的操作必须通过返回的有效句柄进行。

值得注意的是，在 µC/OS-II 中，邮箱一旦建立就不能删除了，因此也就不可能将一个已分配的事件控制块再放回到空闲 ECB 链表中。如果有任务正在等待某个邮箱，或者某任务的运行依赖于某邮箱的出现时，删除该任务是很危险的。

（2）等待一个邮箱中的消息

OSMboxPend()声明如下：

> void *OSMboxPend (OS_EVENT *pevent, INT16U timeout, INT8U *err);

参数 pevent 是任务等待的邮箱事件句柄，该句柄必须是已经由 OSMboxCreate()函数创建的有效句柄。若邮箱内存在有效消息，则此函数立即返回，返回值是该消息的指针。若该邮箱目前无消息，则任务由运行态转入等待态，等待其他任务发送一条消息到此邮箱，等待的时间由 timeout 定义的非 0 节拍数确定。在等待时间内，若其他任务发送一条消息到此邮箱，此任务立刻由等待态转为就绪态。若此任务为就绪态中优先级最高的任务，则此任务得到邮箱中的消息并立即执行，否则将继续等待任务调度，直到此任务得到执行。若在 timeout 指定的时间延时结束，邮箱仍然没有消息，此任务也将返回就绪态，并且错误代码会写入参数*err。当 timeout = 0 时，此任务无限等待邮箱内消息。

（3）发送一个消息到邮箱中

OSMboxPost()声明如下：

> INT8U OSMboxPost (OS_EVENT *pevent, void *msg);

参数 pevent 是任务发送的邮箱事件句柄，该句柄必须是已经由 OSMboxCreate()函数创建的有效句柄。参数 msg 是将要放入邮箱的消息指针。该函数会使 pevent 所指向的事件控制块中等待任务列表中的最高优先级任务从等待态转为就绪态，并由操作系统执行一次任务调度操作。该函数执行成功将返回 OS_NO_ERR。

（4）无等待地从邮箱中得到一个消息

OSMboxAccept()声明如下：

> void *OSMboxAccept (OS_EVENT *pevent);

参数 pevent 是任务等待的邮箱事件句柄，该句柄必须是已经由 OSMboxCreate()函数创建的有效句柄。若该句柄无效则返回 NULL 指针，否则将返回当前邮箱中的消息指针。

（5）查询一个邮箱的状态

OSMboxQuery()声明如下：

> INT8U OSMboxQuery (OS_EVENT *pevent, OS_MBOX_DATA *pdata);

参数 pevent 是查询的邮箱事件句柄，该句柄必须是已经由 OSMboxCreate()函数创建的有效句柄。若查询成功，该函数的返回值为 OS_NO_ERR，并且将所查询的事件控制块中的消息指针和等待任务列表填入 pdata。

（6）用邮箱作二值信号量

一个邮箱可以被用作二值的信号量。首先，在初始化时，将邮箱设置为一个非零的指针（如 void *1）。这样，一个任务可以调用 OSMboxPend()函数来请求一个信号量，然后通过调用 OSMboxPost()函数来释放一个信号量。

20.2.4 消息队列

消息队列是 μC/OS-Ⅱ 中的另一种通信机制,它可以使一个任务或者中断服务子程序向另一个任务发送以指针方式定义的变量。因具体的应用有所不同,每个指针指向的数据结构变量也有所不同。为了使用 μC/OS-Ⅱ 的消息队列功能,需要在 OS_CFG.H 文件中将 OS_Q_EN 常数设置为 1,并且通过常数 OS_MAX_QS 来决定 μC/OS-Ⅱ 支持的最多消息队列数。

在使用一个消息队列之前,必须先建立该消息队列。这可以通过调用 OSQCreate() 函数,并定义消息队列中的单元数(消息数)来完成。实际上,我们可以将消息队列看作多个邮箱组成的数组,只是它们共用一个等待任务列表。每个指针所指向的数据结构是由具体的任务决定的。

μC/OS-Ⅱ 提供了 7 个对消息队列进行操作的函数:OSQCreate()、OSQPend()、OSQPost()、OSQPostFront()、OSQAccept()、OSQFlush() 和 OSQQuery()。

(1)建立一个消息队列

OSQCreate() 声明如下:

    OS_EVENT *OSQCreate (void **start, INT16U size)

参数 **start 是创建消息队列时装载到事件控制块内的指针数组,该数组用来保存指向各个消息的指针,该指针数组必须声明为 void 类型。参数 size 是消息队列所保存的消息数目。

函数的返回值是该消息队列的事件句柄,在创建消息队列之前必须声明一个事件控制块指针型变量(OS_EVENT*)用于保存此消息队列的句柄。消息队列成功创建后会返回一个有效的指针作为此消息队列的事件句柄,若不成功则返回一个无效指针(指针为 0)。

消息队列成功创建后对此消息队列的操作必须通过返回的有效句柄进行。

值得注意的是,在 μC/OS-Ⅱ 中,消息队列一旦建立就不能删除了,因此也就不可能将一个已分配的事件控制块再放回到空闲 ECB 链表中。如果有任务正在等待某个消息队列,或者某任务的运行依赖于某消息队列的出现时,删除该任务是很危险的。

(2)等待一个消息队列中的消息

OSQPend() 声明如下:

    void *OSQPend (OS_EVENT *pevent, INT16U timeout, INT8U *err);

参数 pevent 是任务等待的消息队列事件句柄,该句柄必须是已经由 OSQCreate() 函数创建的有效句柄。若消息队列内存在有效消息,则此函数立即返回,返回值是该消息的指针。若该消息队列目前无消息,则任务由运行态转入等待态,等待其他任务发送一条消息到此消息队列,等待的时间由 timeout 定义的非 0 节拍数确定。在等待时间内,若其他任务发送一条消息到此消息队列,此任务立刻由等待态转为就绪态。若此任务为就绪态中优先级最高的任务,则此任务得到消息队列中的消息并立即执行,否则将继续等待任务调度,直到此任务得到执行。若在 timeout 指定的时间延时结束,消息队列仍然没有消息,此任务也将返回就绪态,并且错误代码会写入参数 *err。当 timeout = 0 时,此任务无限等待消息队列的消息。

(3)向消息队列发送一个消息(FIFO)

OSQPost() 声明如下:

    INT8U OSQPost (OS_EVENT *pevent, void *msg);

参数 pevent 是任务发送的消息队列事件句柄,该句柄必须是已经由 OSMboxCreate() 函数创建的有效句柄。参数 msg 是将要放入消息队列的消息指针。消息队列按照 FIFO 方式进行操作,即先进先出方式。该函数会使 pevent 所指向的事件控制块中等待任务列表中的最高优先级任务从等待态转为就绪态，并由操作系统执行一次任务调度操作。该函数执行成功将返回 OS_NO_ERR。若消息队列已满则返回 OS_Q_FULL。

（4）向消息队列发送一个消息（LIFO）

OSQPostFront()声明如下：

> INT8U OSQPostFront (OS_EVENT *pevent,　void *msg);

此函数的用法与 OSQPsot()一样，只不过函数的内部对消息队列进行操作，将 FIFO 方式改为 LIFO 方式即后进先出方式。

（5）无等待地从一个消息队列中取得消息

OSQAccept()声明如下：

> void *OSQAccept (OS_EVENT *pevent);

参数 pevent 是任务等待的消息队列事件句柄，该句柄必须是已经由 OSQCreate()函数创建的有效句柄。若该句柄无效或者消息队列中无消息则返回 NULL 指针，否则将返回当前消息队列中的消息指针。

（6）清空一个消息队列

OSQFlush()声明如下：

> INT8U OSQFlush (OS_EVENT *pevent)

OSQFlush()函数允许用户删除一个消息队列中的所有消息，重新开始使用。函数执行成功则返回 OS_NO_ERR。

（7）查询一个消息队列的状态

OSQQuery()声明如下：

> INT8U OSQQuery (OS_EVENT *pevent,　OS_Q_DATA *pdata);

参数 pevent 是消息队列事件句柄，该句柄必须是已经由 OSQCreate()函数创建的有效句柄。若查询成功，该函数的返回值为 OS_NO_ERR，并且将所查询的事件控制块中的当前消息指针、队列中的消息数、消息队列的总的容量和等待任务列表填入 pdata。

（8）使用消息队列读取模拟量的值

在控制系统中，经常要频繁地读取模拟量的值。这时，可以先建立一个定时任务 OSTimeDly()，并且给出希望的抽样周期。然后，让 A/D 采样的任务从一个消息队列中等待消息。该任务最长的等待时间就是抽样周期。当没有其他任务向该消息队列中发送消息时，A/D 采样任务因为等待超时而退出等待状态并进行执行。这就模仿了 OSTimeDly()函数的功能。

借助消息队列，可以让其他的任务向消息队列发送消息来终止 A/D 采样任务等待消息，使其马上执行一次 A/D 采样。此外，还可以通过消息队列来通知 A/D 采样程序具体对哪个通道进行采样，告诉它增加采样频率等，从而使得应用更智能化。

（9）使用一个消息队列作为计数信号量

在消息队列初始化时，可以将消息队列中的多个指针设为非 NULL 值（如 void* 1）来实现计数信号量的功能。这里，初始化为非 NULL 值的指针数就是可用的资源数。系统中的任务可以通过 OSQPend()来请求"信号量"，然后通过调用 OSQPost()来释放"信号量"。如果系统中只使用了计数信号量和消息队列，使用这种方法可以有效地节省代码空间。这时将 OS_SEM_EN

设为 0，就可以不使用信号量，而只使用消息队列。值得注意的是，这种方法为共享资源引入了大量的指针变量。也就是说，为了节省代码空间，牺牲了 RAM 空间。另外，对消息队列的操作要比对信号量的操作慢，因此，当与计数信号量同步的信号量很多时，这种方法的效率是非常低的。

思考与练习

1. 在 μC/OS-II 中最多可以管理多少个任务？
2. 何种情况下 μC/OS-II 操作系统会进行任务调度？
3. 如何改变任务的优先级？改变任务的优先级有什么意义？
4. 在 μC/OS-II 中，有多少种方法可以保护任务之间的共享数据和提供任务之间的通信。
5. 写出任务控制块数据结构的定义。
6. 画图说明 μC/OS-II 操作系统中任务状态的转换。
7. 列举 μC/OS-II 操作系统中邮箱消息的服务。
8. 列举 μC/OS-II 操作系统中邮箱消息队列的服务。

第 21 章

时间管理和内存管理

21.1 时间管理

在时钟节拍中曾提到，μC/OS-Ⅱ要求用户提供定时中断来实现延时与超时控制等功能。这个定时中断叫做时钟节拍，它应该每秒发生 10～100 次。时钟节拍的实际频率是由用户的应用程序决定的。时钟节拍的频率越高，系统的负荷就越重。

本节主要讲述 5 个与时钟节拍有关的系统服务：

- OSTimeDly()
- OSTimeDlyHMSM()
- OSTimeDlyResume()
- OSTimeGet()
- OSTimeSet()

本节所提到的函数可以在 OS_TIME.C 文件中找到。

21.1.1 任务延时函数

μC/OS-Ⅱ提供了这样一个系统服务：申请该服务的任务可以延时一段时间，这段时间的长短是用时钟节拍的数目来确定的。实现这个系统服务的函数叫做 OSTimeDly()。调用该函数会使 μC/OS-Ⅱ进行一次任务调度，并且执行下一个优先级最高的就绪态任务。任务调用 OSTimeDly()后，一旦规定的时间期满或者有其他的任务通过调用 OSTimeDlyResume()取消了延时，它就会马上进入就绪态。注意，只有当该任务在所有就绪任务中具有最高的优先级时，它才会立即运行。

清楚地认识 0 到一个节拍之间的延时过程是非常重要的。换句话说，如果用户只想延时一个时钟节拍，而实际上是在 0 到一个节拍之间结束延时。即使用户的处理器的负荷不是很重，这种情况依然是存在的。在某些情况下，任务几乎没有得到任何延时，因为任务马上又被重新调度了。如果用户的应用程序至少得延时一个节拍，必须要调用 OSTimeDly(2)，指定延时两个节拍。

OSTimeDly()声明如下：

  void OSTimeDly (INT16U ticks);

参数是需要延时的时钟节拍数。

21.1.2　按时分秒延时函数

OSTimeDly()虽然是一个非常有用的函数，但用户的应用程序需要知道延时时间对应的时钟节拍的数目。用户可以使用定义全局常数 OS_TICKS_PER_SEC（参看 OS_CFG.H）的方法将时间转换成时钟段，但这种方法有时显得比较愚笨。μC/OS-Ⅱ增加了 OSTimeDlyHMSM()函数后，用户就可以按小时(H)、分(M)、秒(S)和毫秒 ms 来定义时间了，这样会显得更自然些。与OSTimeDly()一样，调用 OSTimeDlyHMSM()函数也会使 μC/OS-Ⅱ进行一次任务调度，并且执行下一个优先级最高的就绪态任务。任务调用 OSTimeDlyHMSM()后，一旦规定的时间期满或者有其他的任务通过调用 OSTimeDlyResume()取消了延时（参看恢复延时的任务OSTimeDlyResume()），它就会马上处于就绪态。同样，只有当该任务在所有就绪态任务中具有最高的优先级时，它才会立即运行。

OSTimeDlyHMSM()声明如下：

INT8U OSTimeDlyHMSM (INT8U hours， INT8U minutes， INT8U seconds， INT16U milli);

参数依次分别为小时、分、秒、毫秒。

在实际应用中，用户应避免使任务延时过长的时间。但是，如果用户确实需要延时长时间的话，μC/OS-Ⅱ可以将任务延时长达 256 个小时（接近 11 天）。但是当延时时间超过 65535 个时钟节拍时，用户不能调用延时恢复函数恢复延时。

21.1.3　让处在延时期的任务结束延时

μC/OS-Ⅱ允许用户结束延时正处于延时的任务。延时的任务可以不等待延时期满，而是通过其他任务取消延时来使自己处于就绪态。这可以通过调用 OSTimeDlyResume()和指定要恢复的任务的优先级来完成。实际上，OSTimeDlyResume()也可以唤醒正在等待事件的任务，因为等待事件的时间是由 timeout 参数指定的延时时间决定的。

OSTimeDlyResume()声明如下：

INT8U OSTimeDlyResume (INT8U prio);

参数为结束延时的任务的优先级。成功执行后返回 OS_NO_ERR。

用户的任务有可能是通过暂时等待信号量、邮箱或消息队列来延时自己的。可以简单地通过控制信号量、邮箱或消息队列来恢复这样的任务。这种情况存在的唯一问题是它要求用户分配事件控制块，因此用户的应用程序会多占用一些 RAM。

21.1.4　系统时间

无论时钟节拍何时发生，μC/OS-Ⅱ都会将一个 32 位的计数器加 1。这个计数器在用户调用OSStart()初始化多任务和 4，294，967，295 个节拍执行完一遍的时候从 0 开始计数。在时钟节拍的频率等于 100Hz 的时候，这个 32 位的计数器每隔 497 天就重新开始计数。用户可以通过调用 OSTimeGet()来获得该计数器的当前值。也可以通过调用 OSTimeSet()来改变该计数器的值。注意，在访问 OSTime 的时候中断是关掉的。这是因为在大多数 8 位处理器上增加和复制一个 32 位的数都需要数条指令,这些指令一般都需要一次执行完毕,而不能被中断等因素打断。

OSTimeGet()声明如下：

INT32U OSTimeGet (void);

返回值是当前的计数器值。

OSTimeSet()声明如下：

    void OSTimeSet (INT32U ticks);

参数是将写入计数器的值。

21.2　内存管理

在 ANSI C 中可以用 malloc()和 free()两个函数动态地分配内存和释放内存。但是，在嵌入式实时操作系统中，多次这样做会把原来很大的一块连续内存区域，逐渐地分割成许多非常小而且彼此又不相邻的内存区域，也就是内存碎片。由于这些碎片的大量存在，使得程序到后来连非常小的内存也分配不到。另外，由于内存管理算法的原因，malloc()和 free()函数的执行时间是不确定的。

在 μC/OS-Ⅱ中，操作系统把连续的大块内存按分区来管理。每个分区中包含有整数个大小相同的内存块。利用这种机制，μC/OS-Ⅱ 对 malloc()和 free()函数进行了改进，使得它们可以分配和释放固定大小的内存块。这样一来，malloc()和 free()函数的执行时间也是固定的了。在一个系统中可以有多个内存分区。这样，用户的应用程序就可以从不同的内存分区中得到不同大小的内存块。但是，特定的内存块在释放时必须重新放回它以前所属于的内存分区。显然，采用这样的内存管理算法，内存碎片问题就得到了解决。

21.2.1　内存控制块

为了便于内存的管理，在 μC/OS-Ⅱ中使用内存控制块（memory control blocks）的数据结构来跟踪每一个内存分区，系统中的每个内存分区都有它自己的内存控制块。

如果要在 μC/OS-Ⅱ中使用内存管理，需要在 OS_CFG.H 文件中将开关量 OS_MEM_EN 设置为1。这样 μC/OS-Ⅱ 在启动时就会对内存管理器进行初始化（由 OSInit()调用 OSMemInit()实现）。

21.2.2　建立一个内存分区

在使用 μC/OS-Ⅱ的内存管理机制之前必须预先定义可管理的内存区域,该区域由多个二维全局数组组成。每个二维数组的一维基本单元为可分配的基本单元，一般以字节为单位，作为内存分配时的基本单元。二维为基本单元的可分配总数。用户可以根据需要定义不同大小的二维数组。

例如：INT8U CommTxtPart[100][32];

上例定义了共 100 个可分配单元，基本单元为 32 字节的内存区域。

建立可管理的内存区域后，在创建一个内存分区之前，仍需要定义 1 个 OS_MEM 类型的指针，该指针用于保存创建后的 μC/OS-Ⅱ内存分区。

例如：OS_MEM *SysMemBuf_32;

最后创建内存分区的操作可以通过调用 OSMemCreate()函数来完成。

OSMemCreate()声明如下：

    OS_MEM *OSMemCreate (void *addr，　INT32U nblks，　INT32U blksize，　INT8U *err);

参数 addr 是内存分区的起始指针，nblks 是内存分区的单元总数，blksize 是基本单元的字节数，err 是输出的错误代码指针。返回值是创建 μC/OS- Ⅱ 内存分区的句柄指针。若 OS_MEM 为空指针，意味着创建失败。若 OS_MEM 不为空，则说明创建成功，并且在后续程序中可使用此句柄操作 μC/OS- Ⅱ 内存分区。

在程序运行期间，经过多次的内存分配和释放后，同一分区内的各内存块之间的链接顺序会发生很大的变化。但不会出现内存泄露的情况。

21.2.3　分配一个内存块

应用程序可以调用 OSMemGet()函数从已经建立的内存分区中申请一个内存块。该函数的唯一参数是指向特定内存分区的指针，该指针在建立内存分区时，由 OSMemCreate()函数返回。显然，应用程序必须知道内存块的大小，并且在使用时不能超过该容量。例如，如果一个内存分区内的内存块为 32 字节，那么，应用程序最多只能使用该内存块中的 32 字节。当应用程序不再使用这个内存块后，必须及时把它释放，重新放入相应的内存分区中。

OSMemGet()声明如下：

    void *OSMemGet (OS_MEM *pmem, INT8U *err);

参数 pmem 为已经创建的有效内存区域句柄。返回值为指向所分配的内存的指针。每次调用此函数只能返回一个内存块。该函数可重复调用以获得多个内存块。若已无可分配内存块，则返回值为 NULL。

值得注意的是，用户可以在中断服务子程序中调用 OSMemGet()，因为在暂时没有内存块可用的情况下，OSMemGet()不会等待，而是马上返回 NULL 指针。

21.2.4　释放一个内存块

当用户应用程序不再使用一个内存块时，必须及时地把它释放并放回到相应的内存分区中。这个操作由 OSMemPut()函数完成。必须注意的是，OSMemPut()并不知道一个内存块是属于哪个内存分区的。例如，用户任务从一个包含 32 字节内存块的分区中分配了一个内存块，用完后，把它返还给了一个包含 120 字节内存块的内存分区。当用户应用程序下一次申请 120 字节分区中的一个内存块时，它只会得到 32 字节的可用空间，其他 88 字节属于其他的任务，这就有可能使系统崩溃。

OSMemPut()声明如下：

    INT8U OSMemPut (OS_MEM *pmem, void *pblk);

参数 pmem 为已经创建的有效内存区域句柄。pblk 为待释放的内存块的指针。pmem 必须与当初创建 pblk 内存块时所使用的内存句柄一致，否则将导致内存混乱。若成功释放内存块则返回 OS_NO_ERR。

21.2.5　查询一个内存分区的状态

在 μC/OS- Ⅱ 中，可以使用 OSMemQuery()函数来查询一个特定内存分区的有关消息。通过该函数可以知道特定内存分区中内存块的大小、可用内存块数和正在使用的内存块数等信息。所有这些信息都放在一个叫 OS_MEM_DATA 的数据结构中。

OS_MEM_DATA 声明如下：

```
typedef struct {
    void   *OSAddr;        /* 指向内存分区首地址的指针 */
    void   *OSFreeList;    /* 指向空闲内存块链表首地址的指针 */
    INT32U OSBlkSize;      /* 每个内存块所含的字节数 */
    INT32U OSNBlks;        /* 内存分区总的内存块数 */
    INT32U OSNFree;        /* 空闲内存块总数 */
    INT32U OSNUsed;        /* 正在使用的内存块总数 */
} OS_MEM_DATA;
```

OSMemQuery()声明如下：

    INT8U OSMemQuery (OS_MEM *pmem， OS_MEM_DATA *pdata);

参数 pmem 为已经创建的有效内存区域句柄，pdata 为输出的查询内容的指针。若函数执行成功则返回 OS_NO_ERR。

21.2.6　等待一个内存块

有时候，在内存分区暂时没有可用的空闲内存块的情况下，让一个申请内存块的任务等待也是有用的。但是，μC/OS-Ⅱ本身在内存管理上并不支持这项功能。如果确实需要，则可以通过为特定内存分区增加信号量的方法实现这种功能。应用程序为了申请分配内存块，首先要得到一个相应的信号量，然后才能调用 OSMemGet()函数。

思考与练习

1．简要说明在 μC/OS-Ⅱ系统中的时钟节拍及其意义。
2．简要说明与时钟节拍有关的系统服务。
3．简要说明在 μC/OS-Ⅱ系统中采用内存管理的意义。
4．如何实现在内存分区暂时没有可用的空内存块时让一个申请内存块的任务等待。

习题答案

参 考 文 献

[1] 王田苗. 嵌入式系统设计与实例开发——基于 ARM 微处理器与 μC/OS-II 实时操作系统（第 3 版）. 清华大学出版社，2008.

[2] Jean J.Labrosse. 嵌入式实时操作系统 μC/OS-II（第 2 版）. 邵贝贝译. 北京航空航天大学出版社，2003.

[3] 周立功. ARM 嵌入式系统基础教程.北京航空航天大学出版社，2005.

[4] Josep Yiu. ARM Cortex-M3 权威指南. 宋岩，译. 北京：北京航空航天大学出版社，2009.

[5] 沈建良. STM32F10X 系列 ARM 微控制器入门与提高. 北京航空航天大学出版社，2013.

[6] 喻金钱，喻斌. STM32F 系列 ARMCortex-M3 核微控制器开发与应用. 清华大学出版社，2011.

[7] STMicroelectronics Ltd. PM0056: Programming manual: STM32F10xxx /20xxx/ 21xxx/ L1xxxx Cortex-M3 programming manual Rev5, 2013

[8] STMicroelectronics Ltd. AN2586: Application note: Getting started with STM32F10xxx hardware development Rev7, 2011.

[9] STMicroelectronics Ltd. RM0008: Reference manual: STM32F101xx, STM32F102xx, STM32F103xx, STM32F105xxand STM32F107xx advanced ARM-based 32-bit MCUs Rev14, 2011

[10] STMicroelectronics Ltd. AN4013: Application note: STM32F1xx, STM32F2xx, STM32F4xx, STM32L1xx,STM32F30/31/37/38x timer overview Rev2, 2012

[11] STMicroelectronics Ltd. STM32F10x Standard Peripherals Firmware Library Manual, 2011.

反侵权盗版声明

　　电子工业出版社依法对本作品享有专有出版权。任何未经权利人书面许可，复制、销售或通过信息网络传播本作品的行为，歪曲、篡改、剽窃本作品的行为，均违反《中华人民共和国著作权法》，其行为人应承担相应的民事责任和行政责任，构成犯罪的，将被依法追究刑事责任。

　　为了维护市场秩序，保护权利人的合法权益，我社将依法查处和打击侵权盗版的单位和个人。欢迎社会各界人士积极举报侵权盗版行为，本社将奖励举报有功人员，并保证举报人的信息不被泄露。

　　举报电话：（010）88254396；（010）88258888
　　传　　真：（010）88254397
　　E-mail：　dbqq@phei.com.cn
　　通信地址：北京市海淀区万寿路173信箱
　　　　　　　电子工业出版社总编办公室
　　邮　　编：100036